Python

从菜鸟到高手

（第2版）

李宁 编著

清华大学出版社

北京

内 容 简 介

本书从实战角度系统讲解了Python核心知识点以及Python在Web开发、数据分析、网络爬虫、桌面应用等领域的各种应用实践。本书用超过10万行代码、500个案例完美演绎了Python在各个领域的出色表现，每一个案例都有详细的实现步骤，带领读者由浅入深系统掌握Python语言的核心内容以及Python全栈开发的技能。本书分为四篇，共26章，介绍Python基础、存储解决方案、网络与并发和Python高级技术等内容。

本书适用于零基础的初学者，适合作为高等院校教材，也适合想掌握Python开发的程序员以及所有对Python感兴趣的技术人员参考。

图书在版编目（CIP）数据

Python从菜鸟到高手/李宁编著. —2版. —北京：清华大学出版社，2022.11
ISBN 978-7-302-61394-7

Ⅰ．①P… Ⅱ．①李… Ⅲ．①软件工具—程序设计 Ⅳ．①TP311.561

中国版本图书馆CIP数据核字（2022）第124669号

策划编辑：盛东亮
责任编辑：钟志芳
封面设计：李召霞
责任校对：李建庄
责任印制：刘海龙

出版发行：清华大学出版社
　　　　网　　　　址：http://www.tup.com.cn, http://www.wqbook.com
　　　　地　　　　址：北京清华大学学研大厦A座　　邮　　编：100084
　　　　社　总　机：010-83470000　　邮　　购：010-62786544
　　　　投稿与读者服务：010-62776969，c-service@tup.tsinghua.edu.cn
　　　　质　量　反　馈：010-62772015，zhiliang@tup.tsinghua.edu.cn
　　　　课　件　下　载：http://www.tup.com.cn，010-83470236
印　装　者：北京嘉实印刷有限公司
经　　　销：全国新华书店
开　　　本：203mm×260mm　　印　　张：26.25　　字　　数：752千字
版　　　次：2018年9月第1版　2022年11月第2版　印　　次：2022年11月第1次印刷
印　　　数：1～2500
定　　　价：95.00元

产品编号：087662-01

推荐序

人类社会发展日新月异，科技正在为这个世界勾勒更加绚丽的未来。这其中离不开人类与计算机之间沟通的艺术。凭借一行行的代码、一串串的字符，交流不再受到语言的限制，不再受到空间的阻隔，计算机语言的魅力随着时代的发展体现得淋漓尽致。

JetBrains 致力于为开发者打造智能的开发工具，让计算机语言交流也能够轻松自如。历经 15 年的不断创新，JetBrains 始终在不断完善我们的平台，以满足最顶尖的开发需要。

在全球，JetBrains 的平台备受数百万开发者的青睐，深入各行各业见证着他们的创新与突破。在 JetBrains，我们始终追求为开发者简化复杂的项目，自动完成那些简单的部分，让开发者能够最大程度专注于代码的设计和全局的构建。

JetBrains 提供一流的工具，用来帮助开发者打造完美的代码。为了展现每种语言独特的一面，我们的 IDE 致力于为开发者提供如下产品：Java（IntelliJ IDEA）、C/C++（CLion）、Python（PyCharm）、PHP（PhpStorm）、.NET 跨平台（ReSharper, Rider），并提供相关的团队项目追踪、代码审查工具等。不仅如此，JetBrains 还创造了自己的语言 Kotlin，让程序的逻辑和含义更加清晰。

与此同时，JetBrains 还为开源项目、教育行业和社区提供了独特的免费版本。这些版本不仅适用于专业的开发者，满足相关的开发需求，同时也能够使初学者易于上手，由浅入深地使用计算机语言交互沟通。

JetBrains 将同清华大学出版社一道，策划一套涉及上述产品与技术的高水平图书，也希望通过这套丛书，让更广泛的读者体会到 JetBrains 的平台协助编程的无穷魅力。期待更多的读者能够拥抱高效开发，发挥最大的创造潜力。

让未来在你的指尖跳动！

JetBrains 大中华区市场经理

赵 磊

前 言
PREFACE

目前，Python 语言的应用如火如荼，甚至很多小学都开设了 Python 语言课程。究其原因，这在很大程度上是受深度学习的影响。自从 2016 年谷歌子公司 DeepMind 开发的围棋人工智能程序 AlphaGo 战胜世界围棋冠军李世石以来，科技界一直处于亢奋状态，因为 AlphaGo 的胜利不仅证明人工智能程序终于战胜了对人类最有挑战的游戏——围棋，而且预示着人工智能的无限可能。AlphaGo 背后的功臣就是近几年越来越火的深度学习，即让人工智能程序通过算法和数据模拟人脑的神经元，从而让人工智能在某些方面达到或超越人类的认知。而深度学习在近几年发展如此迅速，除了计算机硬件性能大幅度提高，大量数据被积累之外，与 Python 语言也有非常大的关系。Python 语言简单易用，运行效率较高，而且拥有众多的深度学习与数据分析程序库，已经成为深度学习的首选。

不仅如此，Python 还是一个非常强大的、完备的编程语言，几乎能实现各种类型的应用。例如，通过 Django，可以实现任意复杂的 Web 应用；通过 Tkinter 和 PyQt6 可以实现跨平台的桌面应用；通过 NumPy、Matplotlib、Pandas 等程序库可以进行科学计算、数据分析以及数据可视化；通过 Beautiful Soup、Scrapy 等程序库可以实现强大的网络爬虫。Python 语言还有大量第三方的程序库，几乎包含了人们需要的所有功能，所以有很多人将 Python 看作全栈语言，因为 Python 语言什么都能做。

由于 Python 语言涉及的领域很多，学习资料过于分散。因此，我觉得很有必要编写一本全面介绍 Python 语言在各主要领域应用与实战的书，并在书中分享我对 Python 语言以及相关技术的理解和经验，帮助同行和感兴趣的读者快速入门 Python 语言，并可以利用 Python 语言编写各种复杂的应用。我希望本书能起到抛砖引玉的作用，使读者对 Python 语言以及相关技术产生浓厚的兴趣，并将 Python 语言作为自己职业生涯中的一项必备技能。

本书第 2 版使用 Python 3 编写，并在书中探讨 Python 3 中大多数核心技术。本书分为四篇，共 26 章，涵盖 Python 的基础知识、Python 的高级技术、Web 开发、游戏开发、Python 办公自动化、桌面应用、网络爬虫等常用领域和技术，并在最后一篇提供 4 个实战项目供读者消化前面所学的知识。除此之外，本书还配套提供超过 100 集微课视频和部分电子文档等资源，读者可以利用这些资源更直观地学习本书的知识。

限于篇幅，本书无法囊括 Python 语言以及相关技术的方方面面，只能尽自己所能，与大家分享尽可能多的知识和经验，相信通过对本书的学习，读者可以完全拥有进一步深入学习的能力，成为 Python 高手只是时间问题。

最后，希望本书能为广大读者提供有价值的实践经验，帮助他们快速上手，并能为我国的 Python 语言以及相关技术的普及贡献绵薄之力。

作者
2022 年 7 月

目 录
CONTENTS

第一篇　Python 基础知识

第二篇　存储解决方案

第三篇 网络与并发

第四篇　Python 高级技术

第一篇　Python 基础知识

　　第一篇 Python 基础知识（第 1 章～第 10 章）介绍了 Python 的基本概念、开发环境安装与配置、Python 语言的基础知识、控制语句、列表、元组、字符串、字典、函数、类、对象、异常、方法、属性和迭代器。本篇各章内容如下：

第 1 章　Python 入门

第 2 章　Python 语言基础

第 3 章　条件与循环

第 4 章　列表和元组

第 5 章　字符串

第 6 章　字典

第 7 章　函数

第 8 章　类和对象

第 9 章　异常

第 10 章　方法、属性和迭代器

Python 入门

在本章中，你将运行第一个 Python 程序：first.py。为此，需要在计算机中安装较新版本的 Python；如果计算机上已经安装了旧版本的 Python，也不必卸载，因为 Python 支持多个版本共存。除此之外，还需要一个强有力的 IDE 来编写和运行 Python 程序，因为强大的 IDE 会让你的工作事半功倍。

1.1 搭建 Python 编程环境

使用 Python 开发程序之前，在计算机上必须要安装 Python 编程环境，本节将介绍如何在 Windows、macOS 和 Linux 平台上搭建 Python 编程环境。

微课视频

1.1.1 获取 Python 安装包

不管用什么 IDE 开发 Python 程序，都必须安装 Python 编程环境。读者可以直接到 Python 的官网 https://www.python.org/downloads 下载相应 OS 的 Python 安装包。

在进入下载页面时，浏览器会根据不同的 OS 显示不同的 Python 安装包下载链接。如图 1-1 所示是 Windows 的 Python 下载页面，与其他 OS 的下载页面类似。

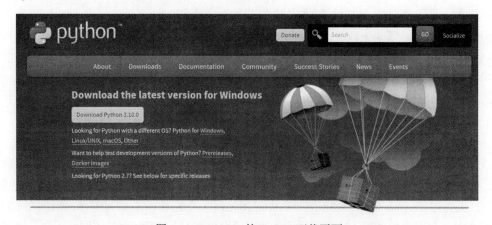

图 1-1　Windows 的 Python 下载页面

在出现下载页面后，单击 Download Python 3.10.0 按钮可以下载相应 OS 的 Python 安装包。注意，在读者阅读本书时，Python 的版本可能会升级，但下载页面大同小异，都是单击图 1-1 中页面左上角的按钮下载 Python 安装包。

1.1.2 安装 Windows 版的 Python 安装包

在安装 Python 3.10 之前要注意，Windows 必须是 Windows 8.1 或 Windows 2012 及以上版本，如果读者使用的是 Windows 7 或更低版本的 Windows，无法安装 Python 3.10。推荐读者使用 Windows 10 或 Windows 11。

在安装 Python 安装包之前，要先确认是否已经安装了其他的 Python 安装包，如果已经安装了其他的 Python 安装包，再安装新的 Python 安装包时就需要安装在其他目录。由于在系统中可以同时存在多个 Python 编程环境，所以安装多少个 Python 版本都可以。

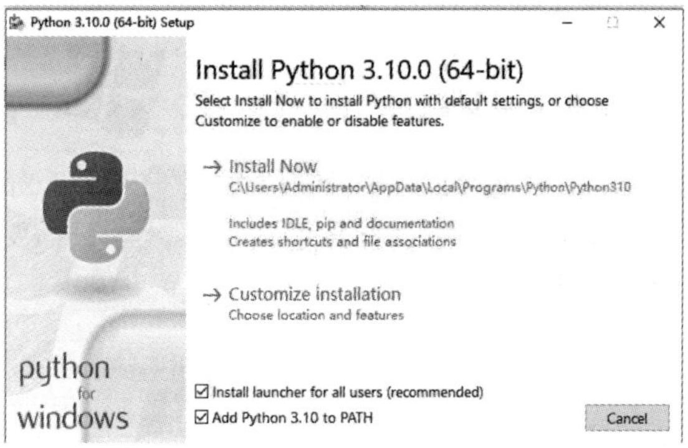

Windows 版的 Python 开发包是 exe 文件，只需要双击运行该文件即可。运行安装程序后，会显示如图 1-2 所示的页面。建议读者选中页面下方的 Add Python 3.10 to PATH 复选框，这样安装程序就会自动将 Python 的路径加到 PATH 环境变量中，否则就要自己设置 PATH 环境变量了。如果未将 Python 安装目录添加到 PATH 环境变量中，就无法在任意目录执行 python.exe，非常不方便。

接下来单击 Install Now，按提示操作即可。

图 1-2　运行 Windows 版的 Python 安装包

1.1.3 安装 macOS 版的 Python 安装包

macOS 版的 Python 安装包是一个 pkg 文件，直接双击即可安装。安装的步骤与 Windows 类似。

macOS 默认已经带了 Python 开发环境，只不过是 Python 2.7。之所以会带这么古老的 Python 开发环境，主要是因为在 macOS 中可能会有一些 Python 脚本需要执行，而这些 Python 脚本大多是用 Python 2.x 编写的，而 Python 2.7 是使用最广泛的 Python 2.x 版本。不过读者也不用管这个 Python 2.7，只需要安装 Python 3.10 即可。

Python 安装程序会将每个 Python 版本安装在一个新目录中。在 Mac OS 中，Python 通常会安装在 /Library/Frameworks/Python.framework/Versions 目录中，在 Versions 目录中会根据 Python 版本号生成不同的子目录，如 Python 3.10 会生成名为 3.10 的子目录。Python 的执行脚本在 3.10/bin 目录，所以需要将下面的目录添加到 Mac OS 系统的 PATH 变量中。

```
/Library/Frameworks/Python.framework/Versions/3.10/bin
```

1.1.4 安装 Linux 版的 Python 安装包

Linux 版的 Python 安装程序与 Windows 版和 macOS 版的安装程序有一些差异。由于 Linux 的发行版非常多，所以为了尽可能适合更多的 Linux 发行版，Linux 版的 Python 以源代码形式发布，因此要想使用 Linux 版的 Python，需要先在 Linux 下编译和安装，Python 源代码需要使用 GCC 进行编译，因此在 Linux 下要先安装 GCC 开发环境以及必要的库，这些编译所需的资源会根据 Linux 发行版的不同而不同，读者可以根据实际情况和提示安装不同的开发环境和库。

Linux 与 macOS 一样，也带了 Python 2.7 环境，较新的 Linux 发行版（如 Ubuntu Linux 20.04 或更新版本）已经更换为 Python 3.x 环境，不过一般都会比 Python 3.10 老，所以要想使用最新的 Python 版本，仍然要从 Python 源代码编译和安装。

下载的 Linux 版 Python 安装包是 tgz 文件，这是一个压缩文件。读者可以使用下面的命令解压、编译和安装 Python。假设下载的文件是 python-3.10.0.tgz，代码如下：

```
tar -zxvf python-3.10.0.tgz
cd python-3.10.0
./configure
make
make install
```

完成 Python 安装后，在 Linux 终端输入 python3，如果成功进入 Python Shell，表明 Python 开发环境已成功安装。

如果读者使用的是 Ubuntu Linux 20.04 或更高版本，运行本书中的大多数例子，是不需要再次安装 Python 环境的，因为 Ubuntu Linux 20.04 已经内置了 Python 3.8，本书的绝大多数例子同样可以在 Python 3.8 下运行。

1.2　搭建和使用 PyCharm

本节将介绍如何安装和使用 PyCharm，这是一款目前最流行的 Python IDE，有免费和收费两个版本。推荐读者使用 PyCharm 社区版，这个版本是完全免费的。

1.2.1　下载和安装 PyCharm

读者可以到 PyCharm 官网（https://www.jetbrains.com/pycharm）下载 PyCharm 的安装文件。进入 PyCharm 下载页面后，将页面垂直滚动条滑动到中下部，会看到如图 1-3 所示的 PyCharm 专业版和社区版的下载按钮。

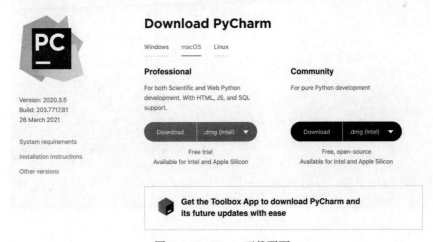

图 1-3　PyCharm 下载页面

PyCharm 下载页面会根据用户当前使用的 OS 自动切换到相应的安装包，Windows 是 exe 文件，macOS 是 dmg 文件，Linux 是 tar.gz 文件。读者只需要点击 Download 按钮即可下载相应 OS 的安装包。

启动 PyCharm，首先会显示如图 1-4 所示 PyCharm 的欢迎页面。如果是第一次运行 PyCharm，左侧的历史工程列表为空，如果要打开历史工程，可以单击相应的工程。要创建新的工程，可以单击右侧的 New Project 按钮。

图 1-4　PyCharm 的欢迎页面

1.2.2　创建 PyCharm Python 工程

单击图 1-4 中的 New Project 按钮，会弹出 New Project 窗口，这个窗口用来创建各种类型的 Python 工程。如果要创建 Python 命令行应用，可以选择第一个工程类型（Pure Python），如图 1-5 所示。

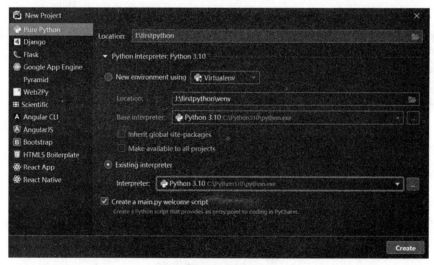

图 1-5　New Project 窗口

在图 1-5 中窗口的右侧会显示相关的设置项，可以选择 New environment using 或 Existing interpreter，但要注意，下面的 Python 解析器要选择 Python 3.10。

在 Location 文本框中输入 Python 工程的路径（本例是 J:\firstpython），然后单击右下角的 Create 按钮创建 Python 工程。

创建的 Python 工程如图 1-6 所示。左侧是工程树，默认生成了一个 main.py 文件，双击 main.py 文件，会在右侧打开该文件，里面是一段案例代码。

Python 源代码文件可以放在 Python 工程的任何位置，但为了与其他文件区分开，推荐将 Python 源代码文件放在 src 目录中，如图 1-7 所示。

图 1-6　Python 工程树和案例代码　　　　　　　　图 1-7　将 Python 源代码文件放到 src 目录中

1.2.3　在 PyCharm 中添加 Python 环境

在图 1-5 的窗口中如果未出现 Python 3.10 的环境，可以按下面操作步骤在 PyCharm 中添加 Python 环境。

（1）在图 1-4 中的欢迎页面右下方 Configure 列表中单击 Settings 列表项（一般是第 1 项）。

（2）在弹出的 Settings for New Projects 窗口左侧选择 Python Interpreter，如图 1-8 所示。

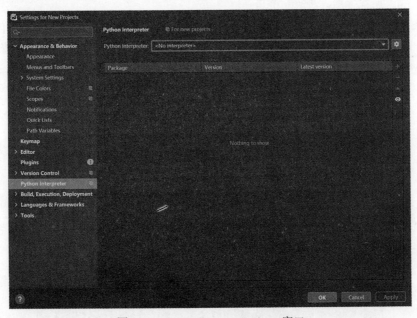

图 1-8　Settings for New Projects 窗口

（3）在右上角 Python Interpreter 列表中如果没有 Python 3.10 解析器，单击列表右侧按钮，会弹出一个菜单，单击 Add 菜单项，会弹出如图 1-9 所示的 Add Python Interpreter 窗口。

在 Add Python Interpreter 窗口左侧选择 System Interpreter 列表项，然后单击 Interpreter 列表右侧按钮（显示省略号的按钮），选择 Python 的执行文件或执行脚本，如本例中的 python.exe。最后单击 OK 按钮关闭 Add

Python Interpreter 窗口。

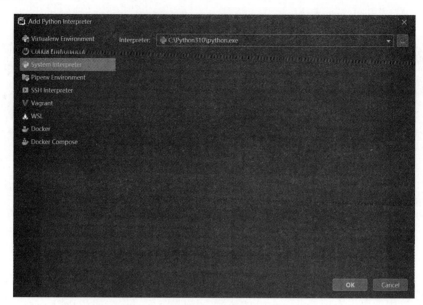

图 1-9　Add Python Interpreter 窗口

　　由于目前 PyCharm 最高识别到 Python 3.9，所以就算选择了 Python 3.10，识别出来的仍然是 Python 3.9，因此需要按步骤（4）所描述的方法改一个名字。

　　（4）回到图 1-8 中的 Settings for New Projects 窗口，单击右上角的按钮，在弹出的菜单中单击 Show All 菜单项，会弹出 Python Interpreters 窗口，选中刚才创建的 Python 环境，点击右侧第 3 个按钮（形状像小笔的按钮）编辑 Python Interpreter，如图 1-10 所示，直接修改 Name 即可。

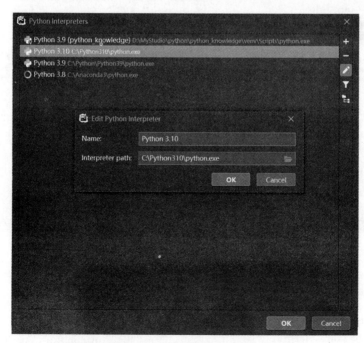

图 1-10　修改 Python Interpreter 窗口中的 Name

完成前面的操作后，就可以在图 1-5 所示的 Interpreter 列表中找到 Python 3.10 了。

1.2.4　在 PyCharm 中运行 Python 程序

PyCharm 默认生成了一个 main.py 文件，该文件中有一个简单的例子，代码如下（已经去掉注释部分）：

```python
def print_hi(name):
    print(f'Hi, {name}')
if __name__ == '__main__':
    print_hi('PyCharm')
```

如果是第一次运行 Python 程序可以选择 main.py 文件，然后在右键菜单中选择 Run 'main' 菜单项，这时 main.py 就会运行，以后再运行 main.py，可以直接单击 PyCharm 主页面左上角（或右上角）的绿色箭头按钮，如图 1-11 所示。

运行结果如图 1-12 所示。

图 1-11　运行 main.py

图 1-12　main.py 的运行结果

1.3　Python 中的 REPL 环境

Python 程序有如下 3 种运行方式。

- 直接通过 python 命令运行。
- 在 Python IDE（如 PyCharm）中运行。
- 在 Python 的 REPL 环境中运行。

本节将介绍如何在 REPL 环境中运行 Python 程序，REPL 是 Read-Eval-Print Loop 的缩写，是一个简单的交互式编程环境，也可以将 Python REPL 环境称为 Python 控制台或 Python 终端。为了统一，本书后面的章节都称 Python REPL 为 Python 控制台。

读者只需要在 Windows 命令行工具中执行 python 命令，即可进入 REPL 环境（其他 OS 的操作方式类似）。在命令提示符（>>>）后面输入 print('hello world')，按回车键，就会在 REPL 环境中输出 hello world，如图 1-13 所示。

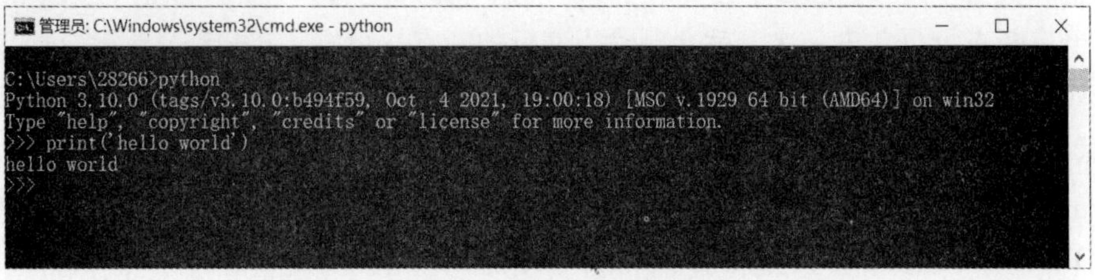

图 1-13　在 Python REPL 环境中输出 hello world

如果在 Windows 下，按快捷键 Ctrl+Z，然后再按回车键会退出 REPL 环境，如果在 macOS 中，按快捷键 Ctrl+D 退出 REPL 环境。也可以输入 quit( ) 后按回车键退出 Python 的 REPL 环境。

微课视频

1.4　第一个 Python 程序

源代码位置：src/start/first.py

在本节将编写本书的第一个 Python 程序，读者通过这个程序，可以了解使用 PyCharm 开发、调试和运行 Python 程序的基本流程。

在这个例子中定义了两个整数类型的变量 n 和 m，并将两个变量相加，最后调用 print 函数输出这两个变量的和。

首先用 PyCharm 创建一个 first.py 文件，并输入下面的 Python 代码。

```python
n = 20                              # 定义整数类型的变量 n
m = 30                              # 定义整数类型的变量 m
# 输出 n+m
print("n + m =", n + m)
```

在 PyCharm 中运行 first.py，会看到如图 1-14 所示的运行结果。

如果读者不理解本节编写的程序也无关紧要，在后面的章节会详细讲解 Python 的各种知识点，本节只是通过这个案例来让读者体验使用 PyCharm 开发 Python 程序的过程，在 1.5 节会看到如何使用 PyCharm 调试本节编写的 Python 程序。

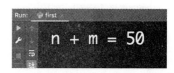

图 1-14　在 PyCharm 中输出运行结果

微课视频

1.5　调试 Python 程序

在开发复杂的 Python 程序时，如果出现 bug，就需要对程序进行调试，以便找出 bug 对应的代码行。调试程序的方法很多，例如，可以使用 print 函数在程序的不同位置输出特定的信息，以便缩小 bug 出现的范围。不过这种方法太原始了，现在普遍使用的方法是通过调试器一步步跟踪代码行，这种方式可以非常方便地找到 bug 所在的位置。

在 PyCharm 中调试 Python 代码的步骤如下。

1.　设置断点

设置断点是调试程序的过程中必不可少的一步。Python 调试器每次遇到断点时会将当前线程挂起，也就是暂停当前程序的运行。

在 PyCharm 编辑器中行号的后面单击，就可以为当前行添加断点，如果当前行已经有断点，再单击一次，就会删除当前行的断点。设置断点后的效果如图 1-15 所示。

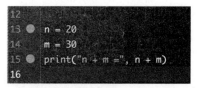

图 1-15　设置断点后的效果

2.　以调试方式运行Python程序

在 PyCharm 中运行分为两种方式：Release 和 Debug，也就是发行和调试。如果只想观察程序的执行效果，可以选择 Release 方式；如果要调试程序，就需要使用 Debug 方式。

Debug 按钮在 PyCharm 工具栏左侧，如图 1-16 所示（显示小爬虫的按钮，在 Release 按钮的右侧）。

现在单击 Debug 按钮，就会运行 Python 程序，如果 Python 程序没有设置任何断点，Debug 和 Release 方式运行的效果是一样的，都会输出运行结果，只不过以 Debug 方式运行程序，除了会输出运行结果，还会连接到调试服务器，并输出如图 1-17 所

图 1-16　Debug 按钮

示的连接成功信息。

　　如果 Python 程序中有断点，当程序执行到断点处，就会暂停程序，并且将断点行设为蓝色背景，如图 1-18 所示。

图 1-17　输出连接成功信息

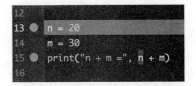

图 1-18　将断点行设为蓝色背景

　　同时，在 PyCharm 下方会显示 Debugger 视图，如图 1-19 所示。在该视图中会显示各种调试信息。

3. 跟踪调试程序

　　调试的主要目的是将程序中的数据展现出来，也就是说，调试调的就是程序中的数据。因此，通过 Python 调试器，可以用多种方式观察 Python 程序中数据的变化。例如，由于 n = 20 在 m = 30 前面，所以在 m = 30 处中断后，n = 20 肯定是已经执行了，可以将光标放到 n = 20 语句上，这时会在弹出的窗口中显示变量 n 的数据类型和当前的值，同时在每条变量赋值语句的后面会显示当前变量的值，如图 1-20 所示。

图 1-19　Debugger 视图

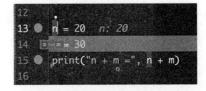

图 1-20　显示变量 n 的数据类型和当前的值

　　在 Debug 视图的上方有一排按钮，如图 1-21 所示。弯曲箭头的按钮是 Step Over，向下箭头的按钮是 Step Into。这两个按钮功能是用来一步一步调试代码的。使用 Step Into 调试代码，当遇到函数、方法等代码块时，会跟踪进入代码块，然后继续一步一步运行代码（单击一下按钮，就会执行一条语句）。使用 Step Over 调试，如果遇到代码块，会将这个代码块当作一条语句来处理，并不会进入代码块内部。通常来讲，如果用户不能确认代码块中的代码是否正确，建议使用 Step Into 进行调试，这样可以跟踪每一行代码，如果用户可以保证代码块一定是正确的，那么使用 Step Over 进行调试会更节省时间。

4. 在运行时修改变量的值

　　断点调试不仅可以跟踪代码，还可以在运行时修改变量的值，这样就不需要每次使用不同的值调试时都重新运行程序了。如果在使用某个变量之前改变该变量的值，那么下次使用该变量时，就会使用新值。

　　要想修改变量的值，需要在 Variables 窗口中选中该变量，然后在右键菜单中单击 Set Value...菜单项，如图 1-22 所示。这时该变量处于可编辑状态，如图 1-23，直接在文本框中输入新值即可。

图 1-21　用于调试的功能按钮

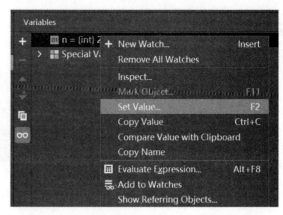

图 1-22　在右键菜单中单击 Set Value...菜单项

编辑完变量 n 的值后，在代码区域，变量后面的当前值提示也会变成修改后的值，但源代码是不会改变的，如图 1-24 所示。下一次使用变量 n，值就会变成 100。

图 1-23　该变量处于编辑状态

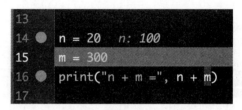

图 1-24　编辑变量后的效果

1.6　实战与演练

1. 尝试修改 1.4 节的例子，使程序输出 n * m 的值。

答案位置：src/start/solution1.py

2. 尝试编写 Python 程序，分别用 "*、+、-、/" 4 个符号将两行字符串包围起来，并在 PyCharm 的 Run 窗口中输出如图 1-25 所示的结果。

答案位置：src/start/solution2.py

图 1-25　Python 程序运行结果

1.7　本章小结

在本章中，你基本了解了 Python，并在自己的系统中搭建了 Python 编程环境。本章使用了 PyCharm 作为 Python IDE。在后面的章节中，如果不明确指出，默认使用的都是 PyCharm。本章在 PyCharm 中编写了第一个 Python 程序，并学习了如何运行和调试 Python 程序，尽管这个 Python 程序不大，但足以了解在 PyCharm 中运行和调试 Python 程序的全过程。

## 第 2 章

Python 语言基础

很多人在学习 Python 语言时为了图快、贪多，一上来就学网络、多线程、并发、网络爬虫，甚至是深度学习。其实学这些技术都没问题，有旺盛的求知欲总是好的。不过这些技术的基础，却是 Python 语言中被认为最简单，一看就知道，不看也能猜出个八九不离十的基础知识。有些人认为，基础的内容差不多就行，还是学些炫酷的内容更过瘾。其实学习 Python 语言就像踮着脚尖够东西，差 1mm 你也够不着。所以还是老老实实打好 Python 语言的基础，这样在以后学习 Python 高级技术的过程中才会游刃有余。

2.1 运行 helloworld.py 会发生什么情况

代码位置： src/basic/helloworld.py

当运行 helloworld.py 时，Python 会做哪些工作？实际上，即使只有一行代码，Python 也要做相当多的工作。代码如下：

```
helloworld.py
print('Hello Python!')
```

运行这行代码，会看到如下的输出：

```
Hello Python!
```

在运行程序时，文件的扩展名（py）会指出这是一个 Python 程序，所以会使用 Python 解析器运行 helloworld.py。

尽管输出的结果只是一行字符串，不过这其中的执行过程却相当复杂。Python 解析器要弄明白 helloworld.py 文件里的代码到底干了什么（分析代码）。首先 Python 解析器要将 helloworld.py 文件中的代码分成不能再分的单元，如将 print("Hello Python")拆成 print、(、"、Hello Python、"、)。然后会理解每部分的含义，接下来会将其组合起来，看是否有问题，如果没问题就开始执行了。Python 解析器经过一系列复杂的操作后，最后给出结果"Hello Python！"。

当然，在编辑 Python 代码时，这种分析也是必要的，因为在编辑器中，要对 Python 代码的不同部分改变颜色，如 print、圆括号、双引号、字符串都会显示不同的颜色，这样就会让代码一目了然，有助于更好地阅读代码，这种功能称为语法高亮，这对于初学者尤其重要。

2.2　变量

下面在 helloworld.py 中定义并初始化一个变量，在这个文件开头添加一行代码，并对第 2 行代码进行修改，代码如下：

```
msg = 'Hello Python!'
print(msg)
```

运行这段程序，会看到如下的输出结果：

```
Hello Python!
```

你会发现，输出结果与前面的相同。在这段代码中，定义了一个名为 msg 的变量，并为这个变量指定了一个值，这个过程称为变量的初始化，这个值就是与该变量关联的信息。如果以后不再为 msg 变量赋值，那么 msg 就代表 "Hello Python! "。在处理第 2 行代码时，print 函数会将与 msg 变量关联的值打印到屏幕上。

下面扩展这个程序，修改 helloworld.py，让其再打印一行消息。为此，需要在 helloworld.py 的最后再添加两行代码，为了让代码更清晰，可以在新添加的两行代码前面加一个空行：

```
msg = 'Hello Python!'
print(msg)

msg = '我爱 Python，我爱《Python 从菜鸟到高手》! '
print(msg)
```

现在运行程序，会看到输出了如下两行消息：

```
Hello Python!
我爱 Python，我爱《Python 从菜鸟到高手》!
```

在新添加的两行代码中的第 1 行重新设置了 msg 变量的值，所以最后一行代码会将 msg 变量最新的值打印到屏幕上。因此可以得出一个结论，在 Python 中可以随时随地修改变量的值，而每次使用变量时，都会获得变量最新的值。

2.2.1　变量的定义和初始化

微课视频

代码位置：src/basic/var.py

由于 Python 是动态编程语言[①]，所以在定义变量时并不需要事先指定变量的数据类型，变量的定义和初始化是同时进行的。Python 解析器会根据初始化值的数据类型动态确定变量的类型。例如，下面有 4 个变量 a、b、c、d，分别为这 4 个变量设置了不同类型的值，最后的 4 行代码使用 type 函数分别输出了这 4 个变量的类型。

```
a = 40
b = True
c = 30.4
d = "I love python"
```

---

① 动态编程语言：在程序运行时才能确定变量类型，以及动态添加对象成员，如为对象添加一个属性或方法。反之，则称为静态编程语言。

```
print("a 的数据类型: ",type(a))
print("b 的数据类型: ",type(b))
print("c 的数据类型: ",type(c))
print("d 的数据类型: ",type(d))
```

运行这段代码, 会输出如下内容:

```
a 的数据类型: <class 'int'>
b 的数据类型: <class 'bool'>
c 的数据类型: <class 'float'>
d 的数据类型: <class 'str'>
```

从输出结果可以看出, 在为 4 个变量赋值时, 其实变量已经创建和初始化了, 同时确定了变量的数据类型。

在 Python 中, 变量的数据类型是随时可以改变的, 现在扩展这个程序, 在 var.py 最后添加两行代码:

```
a = 40
b = True
c = 30.4
d = "I love python"

print("a 的数据类型: ",type(a))
print("b 的数据类型: ",type(b))
print("c 的数据类型: ",type(c))
print("d 的数据类型: ",type(d))

d = 20
print("d 的数据类型: ",type(d))
```

运行这段代码, 会输出如下内容:

```
a 的数据类型: <class 'int'>
b 的数据类型: <class 'bool'>
c 的数据类型: <class 'float'>
d 的数据类型: <class 'str'>
d 的数据类型: <class 'int'>
```

从输出结果可以看出, 变量的数据类型从 str 变成了 int, 所以验证了 Python 变量的数据类型是随时可以改变的。

2.2.2　变量的命名

Python 中的变量名要遵循一定的规则, 如果违反, 在运行 Python 程序时就会引发错误[①], 而按照这些规则对变量命名, 不仅可以避免发生错误, 还可以让程序更容易理解。读者可以参照下面的规则命名 Python 变量。

---

① 在 Python 中可以抛出 Exception, 表示一个错误或异常。但通常会将引发错误称为抛出异常, 为了统一, 在后面的章节中都称为抛出异常。

- 尽管 Python 支持 Unicode[①]，理论上可以使用每个国家的语言作为变量名，如中文、日文、韩文等。但强烈建议不要这样做。因为这样做可能会导致乱码，以及非本语种的人无法阅读的窘境。通常的做法是变量名只由英文、数字和下画线组成。如 abc、abc_、test_project 都是可以被大众接受的变量名。

- 变量名不能以数字开头，只能以英文字母或下画线开头。如 4a、20b 是错误的变量名，程序会出错。a4、b20、_20 是正确的变量名。

- 不能用某些特殊的字符作为变量名，变量名中也不能包含这些字符。如运算符号（+、0、*、/等）、比较符号（>、=、<等）、逻辑符号（&&、||、! 等）都不能包含在变量名中。如 a=b、a!都是错误的变量名。

- 不能用 Python 的关键字作为变量名，但变量名中可以包含这些关键字。如 if、while、for 都是错误的变量名，但 ifa、awhile、forxyz 是正确的变量名。

- 变量名应该用有意义的名字，除非做简单的验证和测试，否则正式的项目最好不要起像 a、b、c、d、name 这样的变量名，它们尽管合法，但不容易让人理解。变量名应该与实际表示的数据相关，例如 productName、studentSex、phonePrice 都是比较好的变量名。

- 统一变量名的命名规范。变量名的命名规范主要有 3 种：大驼峰、小驼峰、下画线分隔。大驼峰是组成变量名的每个英文单词首字母都大写，如 ProductName；小驼峰与大驼峰类似，只是组成变量名的第 1 个英文单词的首字母小写，其余英文单词的首字母都大写，如 productName；下画线分隔是组成变量名的所有英文单词的所有字母都小写，多个英文单词中间用下画线分隔，如 product_name。Python 用小驼峰和下画线分隔的方式比较多，这些命名规范并没有好坏之分，只要整个项目统一命名规范即可。

- 变量名尽量不要用容易混淆的字符和数字，如 1 和 l，0 和 O 等，前者是数字 1 和 0，后者是小写字母 l 和大写字母 O。如果不仔细看，是很容易混淆的。尤其是其他人看自己写的程序的情况下更容易弄错，如 a1 和 al，这两个变量在 word 文档里几乎是一样的，在 IDE 中有细微的差别，但需要仔细看才可以分辨。

2.2.3 避免弄错变量名

由于 Python 是动态语言，所以只有在程序运行时才能发现错误，其中一个非常容易发生的错误就是变量名写错了，代码如下：

```
message='Hello Python!'
print(mesage)
```

很明显，第 2 行代码将 message 写成了 mesage，中间少了一个字母 s。运行这段程序，就会抛出如图 2-1 所示的异常。

当执行到第 2 行代码时，Python 解析器会尽可能找到 mesage 变量，但很可惜，没找到，所以 Python 解析器就会告知有一个错误，并指明错误的具体原因，也就是 mesage 变量没定义。Python 不允许使用一个没定义的变量。

其实读者使用 PyCharm 开发 Python 程序，这种变量名写错的情况一般是可以避免的，如果使用了没定

---

① Unicode 称为统一码，也叫万国码，是国际标准的字符集。可以表示几乎所有国家的语言和各种字符。

义的变量名，PyCharm 会在变量名下方显示一个红色的波浪线，就表明该变量未定义，但下面的情况就不会得到任何提示了，除非程序执行到错误行，或自己读代码时发现，否则这个错误将永远隐藏在程序中。例如：

```
al = 20
a1 = "hello world"
print(a1+ 30)
```

执行这段代码，会抛出如图 2-2 所示的异常。

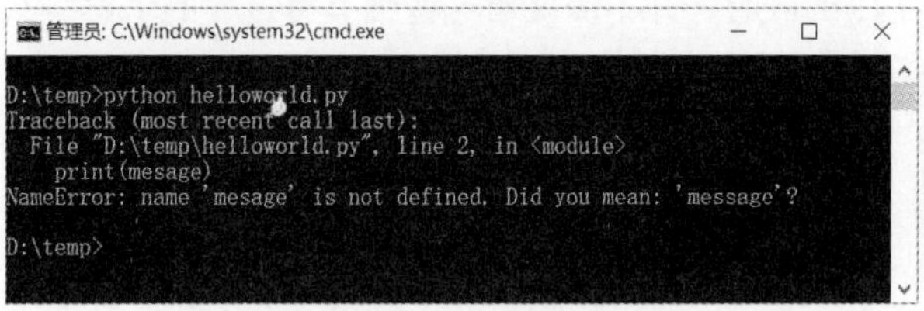

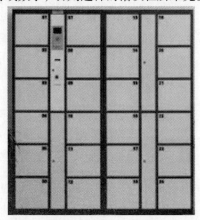

图 2-1　由于变量名错误抛出的异常 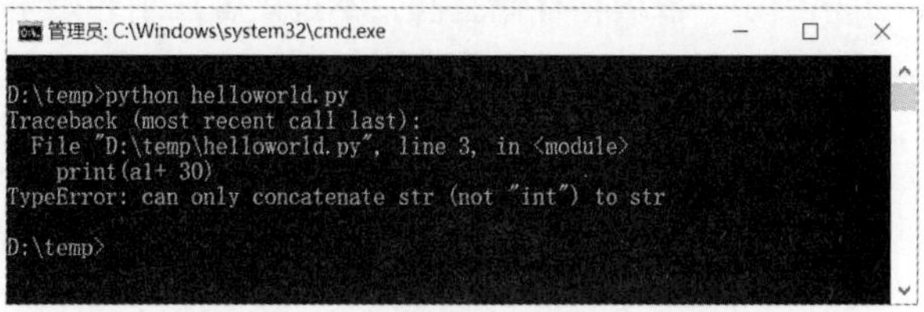　　　　　图 2-2　不容易发现的变量名错误

本来第 3 行是想让 al 与 30 相加的，其中 al 变量的值是 20，是一个整数类型。al 变量的第 2 个字符是小写的字母 l。而第 2 行的 a1 变量是字符串类型，a1 的第 2 个字符是数字 1。由于 l 和 1 非常像，所以将 l 写成了 1，但在这种情况下，PyCharm 是不会给出任何提示的，除非程序运行到第 3 行，否则是不会抛出任何异常的。

这里先普及一个知识点，在 Python 中，字符串是不能与数字直接相加的，否则会抛出异常。关于字符串的详细内容在后面的章节会讲解。

其实像前面的这段代码还好，至少程序在执行到第 3 行时会抛出异常，只要在测试时覆盖到这行代码，就会发现错误，但下面的代码压根就不会抛出异常，这属于 100% 的逻辑错误。

```
al = 20
a1 = 30
print(a1+30)                              # 期望输出 50，但输出了 60
```

执行这段代码，输出的是 60，但按业务逻辑，期望输出的是 50，就是由于将字母 l 写成了数字 1，所以导致了逻辑错误，但可惜的是，al 和 a1 都是整数类型，所以程序是不会抛出任何异常的。这样的错误极难被发现，所以再强调一点，起变量名时尽可能不要用容易混淆的字符或数字，否则这样的错误在所难免。

2.2.4　如何理解变量

尽管大家到现在为止已经学会了如何定义和使用 Python 变量，但对于初学者来说，对变量的概念可能还是有些模糊。

其实可以将变量想象成超市中存放物品的一个个的小柜子，如图 2-3 所示。

变量名相当于每个柜子的号码，变量中的值相当于柜子中存放的物品。变量的数据类型相当于柜子中可以存放物品的种类，如手机、鞋子、帽子、食品等。变量可以存储的值的大小就相当于柜子的容量。如太大的物品是无法放进较小的柜子里的（存储的值超出了变量运行的最大存储空间，如最大存储 4 字节的变量不能保存 8

图 2-3　变量与小柜子

字节的数据）。

　　按照这个比喻，可以很容易理解 Python 变量到底是怎么回事，读取变量中的值，就相当于根据柜子的编号找到柜子，并取出柜子中的物品①，对变量重新赋值，就相当于根据柜子的编号找到柜子，然后向柜子中放入相应的物品。变量可以随时改变数据类型就相当于可以向柜子中放入任何种类的物品。如果不可以改变变量的数据类型，那么就相当于第 1 次放入物品，柜子就会自动识别物品的种类，以后就只能放这类物品了。

　　当然，如果从底层来阐述，柜子的编号（变量）其实相当于内存地址，而柜子中的存储空间（变量的值）相当于一段内存存储空间，不过读者在刚开始学习 Python 时，并不需要对这些细节有过多的了解，只需要学会使用 Python 变量即可。

2.3　字符串基础

　　字符串是 Python 语言中另一个重要的数据类型，在 Python 语言中，字符串可以使用双引号（"）或单引号（'）将值括起来。例如，下面都是合法的字符串值。

```
s1 = "hello world"
s2 = 'I love you.'
```

字符串也同样可以被 print 函数输出到控制台，这种用法在前面已经多次使用过了。

```
print("hello world")
```

　　在前面的章节尽管已经多次使用了字符串，但只涉及了字符串的一些简单用法，如定义字符串变量、输出字符串等。本节将介绍字符串的更多用法。

2.3.1　单引号字符串和转义符

代码位置：src\basic\quotation_marks.py

　　字符串可以直接使用，在 Python 控制台中直接输入字符串，如"Hello World"，会按原样输出该字符串，只不过用单引号括了起来。

```
>>> "Hello World"
'Hello World'
```

　　那么用双引号和单引号括起来的字符串有什么区别？其实没有任何区别。只不过在输出单引号或双引号时方便而已。例如，在 Python 控制台输入'Let's go!'，会抛出如下的错误。

```
>>> 'Let's go!'
  File "<stdin>", line 1
    'Let's go!'
         ^
SyntaxError: invalid syntax
```

　　这是因为 Python 解释器无法判断字符串中间的单引号是正常的字符，还是多余的单引号，所以会抛出

---

　　① 这只是一个比喻，变量中的值可以用无数次都不会消失。而柜子中的东西取一次就没了，所以可以将小柜子想象成一个复制机，永远可以取同样的物品，或干脆忽略这些细节。

语法错误异常。要输出单引号的方法很多，其中之一就是使用双引号将字符串括起来。

```
>>> "Let's go!"
"Let's go!"
```

现在输出单引号是解决了，但如何输出双引号？其实很简单，只需要用单引号将字符串括起来即可。

```
>>> '我们应该在文本框中输入"Python"'
'我们应该在文本框中输入"Python"'
```

现在输出单引号和输出双引号都解决了，那么如何同时输出单引号和双引号？对于这种需求，就要使用本节要介绍的另一个知识点：转义符。Python 语言中的转义符是反斜杠（\）。转义符的功能是告诉 Python 解释器反斜杠后面的字符是字符串中的一部分，而不是用于将字符串括起来的单引号或双引号。所以如果字符串中同时包含单引号和双引号，那么转义符是必需的。

```
print('Let\'s go!. \"一起走天涯\"')                    #  Let's go!. "一起走天涯"
```

在上面这行代码中，单引号和双引号都是用的转义符，其实在这个例子中，由于字符串是由单引号括起来的，所以如果里面包含双引号，是不需要对双引号使用转义符的。

下面的例子演示了 Python 语言中单引号和双引号的用法，以及转义符在字符串中的应用。

```
# 使用单引号的字符串，输出结果：Hello World
print('Hello World')
# 使用双引号的字符串，输出结果：Hello World
print("Hello World")
#  字符串中包含单引号，输出结果：Let's go!
print("Let's go!")
#  字符串中包含双引号，输出结果："一起走天涯"
print('"一起走天涯"')
#  字符串中同时包含单引号和双引号，其中单引号使用了转义符，输出结果：Let's go! "一人我饮酒醉"
print('Let\'s go! "一人我饮酒醉" ')
```

2.3.2 拼接字符串

微课视频

代码位置：src/basic/join_string.py

在输出字符串时，有时字符串会很长，在这种情况下，可以将字符串写成多个部分，然后拼接到一起。可以尝试下面的一种写法。

```
>>> 'Hello' 'world'
'Helloworld'
```

这种写法是将两个字符串挨着写到一起，字符串中间可以有 0~n 个空格。现在看这种方式能否将两个字符串变量的值组合到一起。

```
>>> x = 'hello'
>>> y = 'world'
>>> x y
  File "<stdin>", line 1
    x y
      ^
SyntaxError: invalid syntax
```

可以看到，如果是两个字符串类型的变量紧挨着写在一起，Python 解释器就会认为是语法错误，所以这种方式实际上并不是字符串的拼接，只是一种写法而已，而且这种写法必须是两个或多个字符串值写在一起，而且不能出现变量，否则 Python 解释器就会认为是语法错误。

如果要连接字符串，要用加号（+），也就是字符串的加法运算。

```
>>> x = 'Hello '
>>> x + 'World'
'Hello World'
```

2.3.3 保持字符串的原汁原味

微课视频

代码位置：src/basic/str_repr.py

在 2.3.1 节已经讲过转义符（\）的应用，其实转义符不光能输出单引号和双引号，还能控制字符串的格式，例如，使用"\n"表示换行，如果在字符串中含有"\n"，那么"\n"后的所有字符都会被移到下一行。

```
>>> print('Hello\nWorld')
Hello
World
```

如果要混合输出数字和字符串，并且换行，可以先用 str 函数将数字转换为字符串，然后在需要换行的地方加上"\n"。

```
>>> print(str(1234) + "\n" + str(4321))
1234
4321
```

不过有时不希望 Python 解析器转义特殊字符，希望按原始字符串输出，这时需要使用 repr 函数。

```
>>> print(repr("Hello\nWorld"))
'Hello\nWorld'
```

使用 repr 函数输出的字符串，会使用一对单引号括起来。

其实如果只想输出"\n"或其他类似的转义符，也可以使用两个反斜杠输出"\"，这样"\"后面的 n 就会被认为是普通的字符。

```
>>> print("Hello\\nWorld")
Hello\nWorld
```

除了前面介绍的 repr 和转义符外，在字符串前面加 r 也可以原样输出字符串。

```
>>> print(r"Hello\nWorld")
Hello\nWorld
```

现在总结一下，让一个字符串按原始内容输出（不进行转义），有如下 3 种方法。

● repr 函数。
● 转义符（\）。
● 在字符串前面加 r。

下面的例子完整地演示了 str 和 repr 函数的用法。

```
# 输出带 "\n"的字符串，运行结果：<hello
#                              world>
print("<hello\nworld>")
# 用 str 函数将 1234 转换为字符串，运行结果：1234
print(str(1234))
# 抛出异常，len 函数不能直接获取数字的长度
#print(len(1234))
# 将 1234 转换为字符串后，获取字符串长度，运行结果：4
print(len(str(1234)))
# 运行结果：<hello
#              world>
print(str("<hello\nworld>"))
# 运行结果：13
print(len(str("<hello\nworld>")))
# 运行结果：'<hello\nworld>'
print(repr("<hello\nworld>"))
# 运行结果：16
print(len(repr("<hello\nworld>")))
# 使用转义符输出 "\"，输出的字符串不会用单引号括起来，运行结果：hello\nworld
print("<hello\\nworld>")
# 运行结果：14
print(len("<hello\\nworld>"))
# 在字符串前面加 "r"，保持字符串原始格式输出，运行结果：hello\nworld
print(r"<hello\nworld>")
# 运行结果：14
print(len(r"<hello\nworld>"))
```

这段代码在使用 repr 函数输出的 "<hello\nworld>" 字符串被一对单引号括了起来，而且字符串长度是16。而使用 str 函数输出同样的字符串，长度是 13。在 str 函数输出的字符串中，"\n" 算一个字符，长度为1，而用 repr 函数输出的字符串中，"\n" 是两个字符，长度为 2。再加上一对单引号，所以长度是 16。

2.3.4　长字符串

代码位置：src/basic/long_string.py

微课视频

使用 3 个单引号或双引号括起来的文本会成为一个长字符串。在长字符串中会保留原始的格式。

```
print("""Hello                        # 长字符串，会按原始格式输出
    World""");
```

如果使用长字符串表示一个字符串，中间可以混合使用双引号和单引号，而不需要加转义符。

```
print("""Hell"o                        # 长字符串，中间混合使用双引号和单引号
    W'o'rld""")
```

对于普通字符串来说，同样可以用多行来表示。只需要在每行后面加转义符（\），这样一来，换行符本身就 "转义" 了，会被自动忽略，所以最后都会变成一行字符串。

```
print("Hello\n                         # 输出一行字符串
    World")
```

下面的代码演示了长字符串的用法。

```
print('''I                       # 使用 3 个单引号定义长字符串
      'love'
        "Python"
           '''
    )

s = """Hello                      # 使用 3 个双引号定义长字符串
    World
        世界
    你好
"""

print(s)        # 输出长字符串

print("Hello\   # 每行字符串在回车符之前用转义
World")          # 符，就可以将字符串写成多行
```

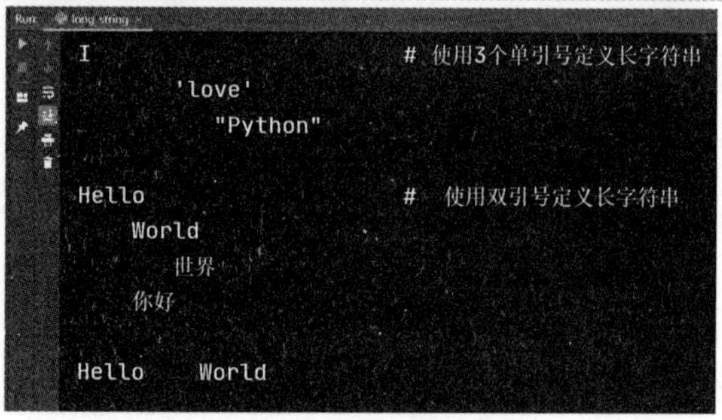

程序运行结果如图 2-4 所示。

图 2-4　输出长字符串

2.4　数字

数字是 Python 程序中最常见的元素。在 Python 控制台中可以直接输入用于计算的表达式（如 1+2 * 3），按回车键就会输出表达式的计算结果，因此，Python 控制台可以作为一个能计算表达式的计算器使用。

在 Python 语言中，数字分为整数和浮点数。支持基本的四则运算和一些其他的运算操作，并且可以利用一些函数在不同的进制之间进行转换，以及按一定的格式输出数字。本节会就这些知识点一一展开，深入讲解在 Python 语言中如何操作数字。

2.4.1　基础知识

代码位置：src/basic/operator.py

Python 语言支持四则运算（加、减、乘、除），以及圆括号运算符。在 Python 语言中，数字分为整数和浮点数。整数就是无小数部分的数，浮点数就是有小数部分的数。例如，下面的代码是标准的四则运算表达式。

```
2 + 4
4 * 5 + 20
5.3 / 7
(30 + 2) * 12
```

如果要计算两个数的除法，不管分子和分母是整数还是浮点数，使用除法运算符（/）的计算结果都是浮点数。例如 1/2 的计算结果是 0.5，2/2 的计算结果是 1.0。要想让 Python 解释器执行整除操作，可以使用整除运算符，也就是两个斜杠（//）。使用整除运算符后，1//2 的计算结果是 0，2//2 的计算结果是 1。

整除运算符不仅能对整数执行整除操作，也能对浮点数执行整除操作，在执行整除操作时，分子和分母

只要有一个是浮点数，那么计算结果就是浮点数。例如，1.0 // 2 的计算结果是 0.0，2.0 // 2 的计算结果是 1.0。

　　除了四则运算符外，Python 还提供了两个特殊的运算符：%（取余运算符）和 **（幂运算符）。取余运算符用于对整数和浮点数执行取余操作。例如，5 % 2 的计算结果是 1，而 5.0 % 2 的计算结果是 1.0。从这点可以看出，% 和 // 类似，只要分子和分母有一个是浮点数，计算结果就是浮点数。幂运算符用于计算一个数值的幂次方。例如，2 ** 3 的计算结果是 8，3.2 ** 2 的计算结果是 10.24。

　　到现在为止，一共介绍了 8 个运算符，它们是圆括号（(⋯)）、加（+）、减（−）、乘（*）、除（/）、整除（//）、取余（%）和幂运算符（**）。其中减号（−）也可以用作负号（一元运算符），所以现在涉及 9 个运算符。既然涉及这么多运算符，那么就有一个优先级的问题，也就是说，同一个表达式中包含有多个不同的运算符，需要先计算优先级高的运算符，如果优先级相同，那么就按从左向右的顺序执行。

　　这 9 个运算符的优先级顺序如表 2-1 所示。越靠前优先级越高，同一行的运算符的优先级相同。

表 2-1　运算符优先级

序　号	运　算　符
1	圆括号(⋯)
2	幂运算符（**）
3	负号（−）
4	乘（*）、除（/）、整除（//）、取余（%）
5	加（+）、减（−）

　　下面的代码演示了 Python 语言中运算符的使用方法，在编写 Python 代码时，应该注意运算符的优先级问题。

```python
print(2 + 4)                    # 运算结果: 6
print(126 - 654)                # 运算结果: -528
print(6 + 20 * 4)               # 运算结果: 86
print((20 + 54) * 30)           # 运算结果: 2220
print(1/2)                      # 运算结果: 0.5
print(1//2)                     # 运算结果: 0
print(3/2)                      # 运算结果: 1.5
print(3//2)                     # 运算结果: 1
print(4**3)                     # 运算结果: 64
print(3 + 5 * -3 ** 4 - (-5)**2)  # 运算结果: -427
# 用变量操作数值
x = 30
y = 50
k = 10.2
print(x + y * k)                # 运算结果: 540.0
```

2.4.2　大整数

　　对于有符号 32 位整数来说，可表示的最大值是 2 147 483 647（$2^{31}-1$），可表示的最小值是 −2 147 483 648（-2^{31}），如果超过这个范围，有符号 32 位整数就会溢出。不过在 Python 语言中，可以处理非常大的整数，并不受位数限制。例如，下面表达式的输出结果就超出了 32 位整数的范围。

```python
print(2 ** 35)                  # 输出 2 的 35 次幂，输出结果是 34359738368
```

再换个更大的数，看会不会溢出。

```
print(2**630 * 100000)                        # 2 的 630 次幂再乘 10 万
```

上面这行代码的输出结果如下：

```
44555084156466750182042691461916907469660434641099210072062426933610109054772401
02596804798021205075963303804429632883893444382044682011701686145700412247932148
85491799462403153068283658240000
```

很显然，Python 语言仍然可以正确处理 2**630 * 100000 的计算结果。因此，在 Python 语言中使用数字不需要担心溢出，因为 Python 语言可以处理非常大的数字，这也是很多人使用 Python 语言进行科学计算和数据分析的主要原因之一。

微课视频

2.4.3 二进制、八进制和十六进制

代码位置：src/basic/base.py

Python 语言可以表示二进制、八进制和十六进制数。表示这 3 种进制的数，必须以 0 开头，然后分别跟着表示不同进制的字母。表示二进制的字母是 b，表示八进制的字母是 o（这是英文字母中小写的 o，不要和数字 0 搞混了），表示十六进制的字母是 x。因此，二进制数的正确写法是 0b110011，八进制数的正确写法是 0o56432，十六进制数的正确写法是 0xF765A。

除了这 3 种进制外，前面章节一直使用的是十进制。因此，Python 语言一共可以表示 4 种进制：二进制、八进制、十进制和十六进制。Python 语言提供了一些函数用于在这 4 种进制数之间进行转换。

如果是从其他进制转换到十进制，需要使用 int 函数，该函数有两个参数，含义如下：

- 第 1 个参数：字符串类型，表示待转换的二进制、八进制或十六进制数。参数值只需要指定带转换的数即可，不需要使用前缀，如二进制直接指定 11011，不需要指定 0b11011。
- 第 2 个参数：数值类型，表示第 1 个参数值的进制，例如，如果要将二进制转换为十进制，第 2 个参数值就是 2。

int 函数返回一个数值类型，表示转换后的十进制数。

下面的代码将二进制数 110011 转换为十进制数，并输出返回结果。

```
print(int("110011",2))                        // 输出结果：51
```

如果要从十进制转换到其他进制，需要分别使用 bin、oct 和 hex 函数。bin 函数用于将十进制数转换为二进制数；oct 函数用于将十进制数转换为八进制数，hex 函数用于将十进制数转换为十六进制数。这 3 个函数都接收一个参数，就是待转换的十进制数。不过要注意，这 3 个函数的参数值也可以是二进制数、八进制数和十六进制数，也就是说，这 3 个函数可以在二进制、八进制、十进制和十六进制数之间互转。

下面的代码将十进制数 54321 转换为十六进制数，并输出转换结果。

```
print(hex(54321))                             # 输出结果：0xd431
```

下面的代码演示了 Python 语言中二进制、八进制、十进制和十六进制数之间的转换。

```
print(0b110011)                               # 输出二进制数
print(0o123)                                  # 输出八进制数
print(0xF15)                                  # 输出十六进制数
print(bin(12))                                # 十进制转换二进制，输出结果：0b1100
print(int("10110",2))                         # 二进制转换十进制，输出结果：22
```

```
print(int("0xF35AE",16))            # 十六进制转换十进制，输出结果：996782
print(hex(54321))                   # 十进制转换十六进制，输出结果：0xd431
print(bin(0xF012E))                 # 十六进制转换二进制，输出结果：0b1111000000100101110
print(hex(0b1101101))               # 二进制转换十六进制，输出结果：0x6d
print(oct(1234))                    # 十进制转换八进制，输出结果：0o2322
print(int("76532", 8))              # 八进制转换十进制，输出结果：32090
```

2.4.4　数字的格式化输出

微课视频

代码位置：src/basic/format.py

在输出数字时，有时需要对其进行格式化。例如，在输出 12.34 时，只希望保留小数点后 1 位数字，也就是 12.3，或整数位按 6 位输出，不足前面补 0，也就是 000012.34。Python 语言中提供了 format 函数用于对数字进行格式化。format 函数有两个参数，含义如下：

● 第 1 个参数：要格式化的数字。

● 第 2 个参数：格式字符串。

format 函数的返回值就是数字格式化后的字符串。

下面的代码演示了 format 函数在格式化数字方面的应用。

```
x = 1234.56789
# 小数点后保留两位数，输出结果：'1234.57'
print(format(x, '0.2f'))
# 数字在 12 个字符长度的区域内右对齐，并保留小数点后 1 位数字，
# 输出结果：'      1234.6'
print(format(x, '>12.1f'))
# 数字在 12 个字符长度的区域内左对齐，并保留小数点后 3 位数字，紧接着输出 20，
# 输出结果：'1234.568    20'
print(format(x, '<12.3f'), 20)
# 数字在 12 个字符长度的区域内右对齐，并保留小数点后 1 位数字，数字前面补 0，
# 输出结果：'0000001234.6'
print(format(x, '0>12.1f'))
# 数字在 12 个字符长度的区域内左对齐，并保留小数点后 1 位数字，数字后面补 0，
# 输出结果：'1234.6000000'
print(format(x, '0<12.1f'))
# 数字在 12 个字符长度的区域内中心对齐，并保留小数点后 2 位数字，紧接着输出 3，
# 输出结果：'  1234.57    3'
print(format(x, '^12.2f'),3)
# 每千位用逗号（,）分隔，输出结果：1,234.56789
print(format(x, ','))
# 每千位用逗号（,）分隔，并保留小数点后 2 位数字，输出结果：1,234.57
print(format(x, ',.2f'))
# 用科学记数法形式输出数字，输出结果：1.234568e+03
print(format(x, 'e'))
# 用科学记数法形式输出数字，尾数保留小数点后 2 位数字，输出结果：1.23E+03
print(format(x, '0.2E'))
```

2.5 获取用户输入

代码位置：src/basic/input.py

要编写一个有实际价值的程序，就需要与用户交互。当然，与用户交互有很多方法，例如，GUI（图形用户接口）就是一种非常好的与用户交互的方式，不过先不讨论 GUI 的交互方式，本节会采用一种原始，但很有效的方式与用户交互，这就是命令行交互方式，也就是说，用户通过命令行方式输入数据，程序会读取这些数据，并做进一步的处理。

从命令行接收用户的输入数据，需要使用 input 函数。input 函数接收一个字符串类型的参数，作为输入的提示。input 函数的返回值就是用户在命令行中录入的值。不管用户录入什么数据，input 函数都会以字符串形式返回。如果要获取其他类型的值，如整数、浮点数，需要用相应的函数转换。例如，字符串转换为整数的函数是 int，字符串转换为浮点数的函数是 float。

下面的程序要求用户在命令行中输入姓名、年龄和收入。其中年龄是整数，收入是浮点数。输入完这 3 个值后，会依次在控制台输出这 3 个值。由于年龄和收入都是数值，所以在获取用户输入值后，需要分别使用 int 和 float 函数将 input 函数的返回值分别转换为整数和浮点数。如果年龄和收入输入的是非数值，会抛出异常。

```
name = input("请输入你的名字：")              # 输入姓名，并把输入的结果赋给 name 变量
age - int(input("请输入你的年龄："))          # 输入年龄，并把输入的结果赋给 age 变量
salary = float(input("请输入你的收入："))      # 输入收入，并把输入的结果赋给 salary 变量

print("姓名：", name)                         # 输出姓名
print("年龄：", age)                          # 输出年龄
print("收入：", format(salary, "0.1f"))       # 输出收入
```

运行程序，分别输入姓名、年龄和收入，按回车键后，会输出如图 2-5 所示的内容。

图 2-5　在命令行分别输入姓名、年龄和收入

2.6 注释

代码位置：src/basic/annotation.py

任何编程语言都有注释的功能。所谓注释，就是用一段文本描述代码的作用、代码的作者或其他需要描述的东西。注释在程序编译时被忽略，也就是说，注释只在源代码中体现，编译生成的二进制文件中是没有注释的。

在 Python 语言中，注释分为单行注释和多行注释。单行注释用井号（#）开头，多行注释用 3 个引号（单引号或双引号）括起来。如果使用单行注释，井号后面的所有内容在编译程序时都会被忽略，如果使用多行注释，被引号括起来的内容在编译程序时都会被忽略。

在使用某些 Python IDE 时，默认会用 ASCII 编码格式保存源代码文件，这时如果源代码文件中含有中文，在运行 Python 程序时就会出错，这时需要使用注释标注当前源代码文件保存的编码格式。

用 utf-8 编码格式保存源代码文件：

```
# coding=utf-8
```

用 gbk 编码格式保存源代码文件：

```
# coding=gbk
```

建议读者使用 utf-8 编码格式保存源代码文件，因为 utf-8 不仅能保存中文，还可以保存其他国家的文字，如韩文、日文。所以 utf-8 编码格式使用更普遍。

下面的例子演示了 Python 语言中单行注释、多行注释的用法。

```
# coding=utf-8                              当前 Python 源代码文件以 utf-8 编码格式保存

"""                                         多行注释（用双引号括起来）
作者：李宁
地点：earth

"""

# 用于计算 2 的 4 次幂                        单行注释
print(2 ** 4)

'''                                         多行注释（用单引号括起来）
这段代码用于计算一个表达式的值
(1 + 2) * 20
'''
print((1 + 2) * 20)
```

2.7　实战与演练

1. 将下面的数值转成另外 3 种进制，并使用 print 函数输出转换结果。例如，如果数值是十进制，需要转换成二进制、八进制、十六进制，如果是十六进制，需要转换为二进制、八进制、十进制。

（1）12345。

（2）0xF98A。

（3）0b1100010110。

答案位置：src/basic/solution1.py

2. 现在有一个变量 x，值为 5423.5346，使用 format 函数对该变量进行格式化，并使用 print 函数输出如下的 5 个格式化后的值。

（1）保留小数点后 3 位数字，格式化后的结果：5423.535。

（2）保留小数点后 2 位数字，让整数和小数部分，以及小数点一共占 10 位，左侧位数不够补 0。格式化后的结果：0005423.53。

（3）保留小数点后 2 位数字，让整数和小数部分，以及小数点一共占 10 位，右侧位数不够补 0。格式化后的结果：5423.53000。

（4）在第 2 个格式化结果的基础上，在千分位用逗号（,）分隔，格式化后的结果：005,423.53。

（5）保留小数点后 2 位数字，让整数和小数部分，以及小数点一共占 10 位，位数不够前后补 0，格式化后的结果：05,423.530。

答案位置：src/basic/solution2.py

2.8　本章小结

本章介绍了一些 Python 语言的基础知识。其实核心知识点只有两个：数字和字符串。数字主要涉及一些进制之间的转换以及格式化输出数字。这些都是数字的基本操作。本章介绍的字符串操作非常基础，但很重要，尤其是转义符的应用，读者要认真阅读本章的内容。实际上，Python 语言中的字符串操作非常复杂，功能也十分强大，所涉及的内容远不止本章介绍的这些知识点。在本书后面会用专门的一章详细介绍字符串的操作。

## 第 3 章

条件与循环

在前面的章节学习了一些 Python 语言的基础知识，不过到目前为止，这些 Python 代码都只是从上到下顺序执行的，很像批处理，从第一条语句一直执行到最后一条语句，然后程序退出。但在实际应用中，这样的程序几乎没什么实际的用处。因为有实用价值的程序需要有两个功能：选择和重复执行。其中"选择"就是根据不同的条件，执行不同的程序分支，这样程序才会有所谓的"智能"，另外，"重复执行"也是程序的一个重要功能，计算机系统之所以完成机械工作的效率远比人类高，就是因为依靠强大的 CPU 和 GPU 不断重复执行程序。

"选择"和"重复执行"在编程语言中称为条件和循环。在 Python 语言中，条件使用 if 语句实现，而循环需要使用 while 或 for 语句，也就是说，Python 语言中有两种循环语句。其实，包括前面讲的顺序结构，以及本章要讲的条件和循环，有一个统一的名称，叫作"控制流程"，本章除了要介绍条件和循环语句外，还会讲一些 Python 语言中有趣的功能，例如，动态执行 Python 代码。

3.1 条件和条件语句

到目前为止，Python 语句都是一条一条顺序执行的，在本节会介绍如何让程序选择是否执行代码块中的语句。

3.1.1 布尔（Boolean）值和布尔变量

在讲条件语句之前，首先应该了解一下布尔类型。条件语句（if）需要为其指定布尔值或布尔类型的变量，才能根据条件判断是否要执行代码块中的语句。布尔值只有两个值：True 和 False，可以将这两个值翻译成"真"和"假"。

现在已经了解了布尔值是用来做什么的，但 Python 语言会将哪些值看作布尔值？其实在 Python 语言中，每种类型的值都可以被解释成布尔类型的值。例如，下面的值都会被解释成布尔值中的 False。

```
None  0  ""  ()  []  {}
```

这些值所涉及的数据类型有一些到现在为止并没有讲过（例如，[]表示长度为 0 的列表），不过读者也不用担心，在后面的章节会详细讲解这些数据类型。

如果在条件语句中使用上面的这些值，那么条件语句中的条件都会被解释成 False，也就是说，条件代码块中的语句不会被执行。

在 Python 语言底层，会将布尔值 True 看作 1，将布尔值 False 看作 0，尽管从表面上看，True 和 1、

False 和 0 是完全不同的两个值，但实际上，它们是相同的。可以在 Python 控制台验证这一点。

```
>>> True == 1
True
>>> False == 0
True
>>> True + False + 20
21
```

很明显，可以直接将 True 看成 1，False 看成 0，也可以直接将 True 和 False 当成 1 和 0 用，所以 True + False + 20 的计算结果是 21。

另外，可以用 bool 函数将其他类型的值转换为布尔类型的值。

```
>>> bool("")
False
>>> bool("Hello")
True
>>> bool([])
False
>>> bool([1,2,3])
True
>>> bool(20)
True
>>> bool('')
False
```

可以看到，在前面给出的几个值会被系统认为 False 的值，通过 bool 函数的转换，会变成真正的布尔值。不过这些值是不能直接和布尔值比较的，例如，不能直接使用 "[] == false"，正确的做法是先用 bool 函数将其转换为布尔值，然后再比较：

```
bool([]) == false
```

在前面的代码中使用了 "=="运算符，这是逻辑运算符，是二元运算符，需要指定左、右两个操作数用于判断两个值是否相等，如果两个操作数相等，运算结果为 True，否则为 False。这个运算符在后面的章节中会经常用到，当然，还有很多类似的运算符，在讲解条件语句时会一起介绍。

3.1.2　条件语句（if、else 和 elif）

微课视频

代码位置： src\statement\if_demo.py

对于计算机程序来说，要学会的第一项技能就是"转弯"，也就是根据不同的条件，执行不同的程序分支，这样的程序才有意义。

if 语句的作用就是为程序赋予这项"转弯"的技能。使用 if 语句就需要用到代码块。代码块是 Python 语言与其他编程语言的最大差异，大多数编程语言都是使用一对大括号（{…}）或结束符（如 end）建立代码块的，而 Python 语言需要通过缩进建立代码块，同一个代码块，缩进都是相同的。一般每次缩进用 4 个空格（尽量用空格，不要将制表符与空格混合使用，因为不同的 IDE 对制表符的解释是不一样的）。

if 语句的语法格式如下：

```
if logic expression:                              #  if 代码块开始
```

```
    statement1
    statement2
    …
    statementn
otherstatement                                    #  if 代码块结束
```

其中 logic expression 表示逻辑表达式，也就是返回布尔类型值（True 或 False）的表达式。由于 Python 语句的各种数据类型都可以用作布尔类型，所以 logic expression 可以看作普通的表达式。根据代码块的规则，每个代码块的开始行的结尾要使用冒号（:），如果 if 代码块结束，就会退到代码块开始行的缩进量即可。

下面是 if 语句的基本用法。

```
n = 3
if n == 3:
    print("n == 3")
print("if 代码块结束")
```

在上面这段代码中，"n == 3"是逻辑表达式，本例中的值为 True。而"print("n == 3")"是 if 代码块中的语句，由于"n == 3"的值为 True，所以"print("n == 3")"会被执行。最后一条语句不属于 if 代码块，所以无论 if 语句的条件是否为 True，这行代码都会被执行。

对于条件语句来说，往往分支不止一个。例如，上面的代码中如果变量 n 的值是 4，那么 if 语句的条件就为 False，这时要执行条件为 False 的分支，就可以使用 else 子句。

```
n = 4
if n == 3:
    print("n == 3")
else:
    print("n 等于其他值")
print("if 代码块结束")
```

在上面这段代码中，n 等于 4，所以 if 语句的条件为 False，因此 else 代码块中的语句会被执行。if 与 else 都是代码块，所以 if 语句和 else 语句后面都要以冒号（:）结尾。

在多分支条件语句，需要使用 elif 子句设置更多的条件。elif 后面跟逻辑表达式，elif 也需要使用代码块，所以后面要用冒号（:）结尾。另外，在 if 语句中，if 和 else 部分只能有一个，而 elif 部分可以有任意多个。

```
n = 4
if n == 3:
    print("n == 3")
elif n == 4:
    print("n == 4")
elif n == 5:
    print("n == 5")
else:
    print("n 等于其他值")
print("if 代码块结束")
```

下面的例子通过 raw_input 函数从控制台输入一个名字，然后通过条件语句判断名字以什么字母开头。

```python
from click._compat import raw_input
name = raw_input("请输入您的名字: ")        # 从控制台输入名字
if name.startswith("B"):                     # if 代码块
    print("名字以 B 开头")
elif name.startswith("F"):                   # elif 代码块
    print("名字以 F 开头")
elif name.startswith("T"):                   # elif 代码块
    print("名字以 T 开头")
else:                                        # else 代码块
    print("名字以其他字母开头")
```

程序运行结果如图 3-1 所示。

微课视频

3.1.3　嵌套代码块

代码位置： src\statement\nested_block.py

条件语句可以进行嵌套，也就是说，在一个条件代码块中，可以有另外一个条件代码块。包含嵌套代码块 B 的代码块 A 可以称为 B 的父代码块。嵌套代码块仍然需要在父代码块的基础上增加缩进量来放置自己的代码块。

下面的例子要求在 Python 控制台输入一个姓名，然后通过嵌套代码块判断输入的姓名，根据判断结果输出结果。

```python
name = input("你叫什么名字? ")              # 从 Python 控制台输入一个字符串（姓名）
if  name.startswith("Bill"):                # 以 Bill 开头的姓名
    if name.endswith("Gates"):              # 以 Gates 结尾的姓名（嵌套代码块）
        print("欢迎 Bill Gates 先生")
    elif name.endswith("Clinton"):          # 以 Clinton 结尾的姓名
        print("欢迎克林顿先生")
    else:                                   # 其他姓名
        print("未知姓名")
elif name.startswith("李"):                 # 以 "李" 开头的姓名
    if name.endswith("宁"):                 # 以 "宁" 结尾的姓名
        print("欢迎李宁老师")
    else:                                   # 其他姓名
        print("未知姓名")
else:                                       # 其他姓名
    print("未知姓名")
```

程序运行结果如图 3-2 所示。

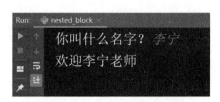

图 3-1　通过条件语句判断名字以什么字母开头　　　　图 3-2　嵌套代码块的输出结果

3.1.4　比较运算符

代码位置：src\statement\comparison_operator.py

尽管 if 语句本身的知识到现在为止已经全部讲完了，不过我们的学习远没有结束。前面给出的 if 语句的条件都非常简单，但在实际应用中，if 语句的条件可能非常复杂，这就需要使用本节要介绍的比较运算符。

先看表 3-1 列出的 Python 语言中的比较运算符。

表 3-1　Python语言中的比较运算符

逻辑表达式	描　　述
x == y	x等于y
x < y	x小于y
x > y	x大于y
x >= y	x大于或等于y
x <= y	x小于或等于y
x != y	x不等于y
x is y	x和y是同一个对象
x is not y	x和y是不同的对象
x in y	x是y容器的成员，例如，y是列表[1,2,3,4]，那么1是y的成员，而12不是y的成员
x not in y	x不是y容器的成员

在表 3-1 描述的比较运算符中，涉及对象和容器的概念，目前还没讲这些技术，在本节读者只需了解 Python 语言可以通过比较运算符操作对象和容器即可，在后面介绍对象和容器的章节，会详细介绍如何利用相关比较运算符操作对象和容器。

在比较运算符中，最常用的就是判断两个值是否相等，例如，a 大于 b，a 等于 b。这些运算符包括"=="">=""<="">=""<="x != y"。

如果比较两个值是否相等，需要使用"=="运算符，也就是两个等号。

```
>>> "hello" == "hello"
True
>>> "Hello" == "hello"
False
>>> 30 == 10
False
```

要注意，如果比较两个字符串是否相等，会比较两个字符串中对应的每一个字母，所以"Hello"和"hello"并不相等，也就是说比较运算符是对大小写敏感的。

在使用"=="运算符时一定要注意，不要写成一个等号（=），否则就成赋值运算符了，对于赋值运算符来说，等号（=）左侧必须是一个变量，否则会抛出异常。

```
>>> "hello" = "hello"                              # 使用赋值运算符，会抛出异常
  File "<stdin>", line 1
SyntaxError: can't assign to literal
```

```
>>> s = "hello"
>>> s
'hello'
```

对于字符串、数值等类型的值，也可以使用大于（>）、小于（<）等运算符比较它们的大小。

```
>>> "hello" > "Hello"
True
>>> 20 > 30
False
>>> s = 40
>>> s <= 30
False
>>> "hello" != "Hello"
True
```

Python 语言在比较字符串时，会按字母 ASCII 顺序进行比较，例如，比较"hello"和"Hello"的大小。首先会比较'h'和'H'的大小，很明显'h'的 ASCII 大于'H'的 ASCII，所以后面的都不需要比较了，因此，"hello" > "Hello"的结果是 True。

如果一个字符串是另一个字符串的前缀，那么比较这两个字符串，Python 语言会认为长的字符串更大一些。

```
>>> "hello" < "hello world"
True
```

除了比较大小的几个运算符外，还有用来确定两个对象是否相等的运算符，以及判断某个值是否属于一个容器的运算符，尽管现在还没有讲到对象和容器，但这里不妨做一个实验，来看这些运算符如何使用，以便以后学习对象和容器时，更容易掌握这些运算符。

用于判断两个对象是否相等的运算符是 is 和 is not，这两个运算符看起来和等于运算符（==）差不多，不过用起来却大有玄机。

```
>>> x = y = [1,2,3]
>>> z = [1,2,3]
>>> x == y
True
>>> x == z
True
>>> x is y
True
>>> x is z
False
>>> x is not z
True
```

在上面的代码中，使用"=="和 is 比较 x 和 y 时结果完全一样，不过在比较 x 和 z 时，就会体现出差异。x == z 的结果是 True，而 x is z 的结果却是 False。出现这样的结果，原因是"=="运算符比较的是对象的值，x 和 z 的值都是一个列表（也可以将列表看作一个对象），并且列表中的元素个数和值完全一样，所以 x == z 的结果是 True。但 is 运算符用于判断对象的同一性，也就是说，不仅对象的值要完全一样，而且对象本身还要是同一个对象，很明显，x 和 y 是同一个对象，因为在赋值时，先将一个列表赋给 y，然后再将 y 的值赋给 x，所以 x 和 y 指向了同一个对象，而 z 另外赋值了一个列表，所以 z 和 x、y 尽管值相同，但并不是指向的同一个对象，因此，x is z 的结果就是 False。

　　判断某个值是否属于一个容器，要使用 in 和 not in 运算符。下面的代码首先定义一个列表变量 x，然后判断变量 y 和一些值是否属于 x。

```
>>> x = [1,2,3,4,5]                        # 定义一个列表变量
>>> y = 3
>>> 1 in x
True
>>> y in x
True
>>> 20 in x
False
>>> 20 not in x
True
```

in 和 not in 运算符也可以用于判断一个字符串是否包含另外一个字符串，也就是说，可以将字符串看作字符或子字符串的容器。

```
>>> s = "hello world"
>>> 'e' in s
True
>>> "e" in s
True
>>> "x" in s
False
>>> "x" not in s
True
>>> "world"  in s
True
```

　　如果遇到需要将多个逻辑表达式组合在一起的情况，需要用到逻辑与（and）、逻辑或（or）和逻辑非（not）。逻辑与的运算规则是：只有 x and y 中的 x 和 y 都为 True 时，运算结果才是 True，否则为 False。逻辑或的运算规则是：只有 x or y 中的 x 和 y 都为 False 时，运算结果才是 False，否则都为 True。逻辑非的运算规则是：在 not x 中，x 为 True，运算结果为 False，x 为 False，运算结果为 True。

```
>>> 20 < 30 and 40 < 50
True
>>> 20 > 40 or 20 < 10
False
>>> not 20 > 40
True
```

3.1.5　断言

代码位置：src\statement\assert.py

　　断言（Assertions）的使用方式类似于 if 语句，只是在不满足条件时，会直接抛出异常。类似于下面的 if 语句（伪代码）：

微课视频

```
if not condition:                        # 如果不满足条件，会直接抛出异常，程序会中断
    crash program
```

那么究竟为什么需要这样的代码呢？主要是因为需要监测程序在某个地方是否满足条件，如果不满足条件，应该及时通知开发人员，而不是将这些 bug 隐藏起来，直到关键的时刻再崩溃。

其实在 TDD（Test-driven development，测试驱动开发①）中经常使用断言，TDD 会在程序发现异常时执行断言，并抛出异常。

在 Python 语言中，断言需要使用 assert 语句，在 assert 关键字的后面指定断言的条件表达式。如果条件表达式的值是 False，那么就会抛出异常。而且断言后面的语句都不会被执行，相当于程序的一个断点。

```
>>> value = 20
>>> assert value < 10 or value > 30              # 条件不满足，会抛出异常
Traceback (most recent call last):
  File "<stdin>", line 1, in <module>
AssertionError
>>> assert value < 30                            # 条件满足，会正常执行后面的语句
```

可以看到，value 变量的值是 20，而 assert 后面的条件是 value < 10 or value > 30，很明显，条件不满足，所以在断言处会抛出异常。而后面的断言，条件是 value < 30，这个条件是满足的，所以在断言后面的语句都会正常执行。

当断言条件不满足时，抛出异常，在默认情况下，只显示了抛出异常的位置，并没有显示因为什么抛出异常，所以为了异常信息更明确，可以为 assert 语句指定异常描述。

```
>>> value = 20
>>> assert value < 10 or value > 30, 'value 值必须在 10 和 20 之间'   # 为断言指定异常描述信息
Traceback (most recent call last):
  File "<stdin>", line 1, in <module>
AssertionError: value 值必须在 10 和 20 之间          # 显示了异常描述信息
```

3.1.6 pass 语句与空代码块

微课视频

代码位置：src\statement\pass.py

Python 语言是通过缩进表示代码块的，但这有一个问题，如果代码块中没有代码，那么该如何表示呢？为了解决这个问题，Python 语言提供了一个 pass 语句，用来实现空代码块。也就是说，在 Python 语言中，任何代码块必须至少有一条语句。如果代码块中没有实际的语句，那么就使用 pass 表示一条空语句。下面的例子演示了 pass 语句的基本用法。

```
name = input("请输入你的名字:")
if name == "Bill" :
    # 只有在 name 等于 Bill 时，才会执行下面两条语句
```

---

① TDD 是一种开发方式，简单地说，就是在正式开发之前，先确定测试点，并事先指定什么样测试点是正常的，什么样是异常的，例如，age 变量是一个测试点，该变量值必须满足 age >= 18 才是正常的。如果程序由于某些原因（可能是修改程序、修改数据库或其他原因），age 小于 18 了，这时 TDD 就会通知开发人员，age 变量有异常。因此，通过 TDD 可以及时发现程序中的 bug 或异常，以便及时处理。也就是在开发程序之前，为程序画了个安全区域，如果越过了安全区域，开发人员就会知晓。

```
    # 这两条语句是一个整体，要么一起执行，要么都不执行
    print("这是我们的 CEO")
    print("CEO 正在开会，一个小时后才能见记者")
else:
    pass                        # 代码块中没有任何语句时，必须用pass，这是一个空的代码块
```

执行这段代码后，如果输入的不是 Bill，那么将执行 else 分支。在该分支中，只有一条 pass 语句，所以 else 代码块是一个空的代码块。

3.2　循环

现在已经知道了如何使用 if 语句让程序沿着不同的路径执行，不过程序最大的用处就是利用 CPU 和 GPU 强大的执行能力不断重复执行某段代码，想想 Google 的 AlphaGo 与柯洁的那场人机大战，尽管表面上是人工智能的胜利，但实际上，人工智能只是算法，人工智能算法之所以会快速完成海量的数据分享，循环功能在其中的作用功不可没。

对于初次接触程序设计的读者，可能还不太理解循环到底是什么。下面先看循环的伪代码。

```
1. 查看银行卡余额
2. 没有发工资，等待 1 分钟，继续执行 1
3. Oh，yeah，已经发工资了，继续执行 4
4. 去消费
```

可以看到，这段伪代码重复展示了一个循环到底是怎样的。对于一个循环来说，首先要有一个循环条件。如果条件为 True，继续执行循环，如果条件为 False，则退出循环，继续执行循环后面的语句。对于这段伪代码来说，循环条件就是 "是否已经将工资打到银行卡中"，如果银行卡中没有工资，那么循环条件为 True，继续执行第 1 步（继续查看银行卡余额），期间会要求等待 1 分钟，其实这个过程可以理解为循环要执行的时间。如果发现工资已经打到银行卡上了，那么循环条件就为 False，这时就退出循环，去消费。

在 Python 语言中，有两类语句可以实现这个循环操作，这就是 while 循环和 for 循环，本节将详细讲解这两类循环的使用方法。

3.2.1　while 循环

为了更方便理解 while 循环，下面先用 "笨" 方法实现在 Python 控制台输出 1 ~ 10 共 10 个数字。

```
print(1)
print(2)
print(3)
print(4)
print(5)
print(6)
print(7)
print(8)
print(9)
print(10)
```

可以看到，在上面这段代码中，调用了 10 次 print 函数输出了 1 ~ 10 共 10 个数字，不过这只是输出了

10 个数字，如果要输出 10000 个或更多数字呢？显然用这种一行一行写代码的方式实现显得相当笨重，下面就该主角 while 循环出场了。

现在就直接用 Python 代码解释一下 while 循环的用法。

```
x = 1
while x <= 10:
    print(x)
    x += 1
```

可以看到，while 关键字的后面是条件表达式，最后用冒号（:）结尾，这说明 while 循环也是一个代码块，因此，在 while 循环内部的语句需要用缩进的写法。

在上面的代码中，首先在 while 循环的前面定义一个 x 变量，初始值为 1。然后开始进入 while 循环。在第 1 次执行 while 循环中的语句时，会用 print 函数输出 x 变量的值，然后 x 变量的值加 1，最后 while 循环中的语句第 1 次执行完毕，然后会重新判断 while 后面的条件，这时 x 变量的值是 2，x <= 10 的条件仍然满足，所以 while 循环将继续执行（第 2 次执行），直到 while 循环执行了 10 次，这时 x 变量的值是 11，x <= 10 不再满足，所以 while 循环结束，继续执行 while 后面的语句。

while 循环是不是很简单呢？其实 3.2.2 节要介绍的 for 循环也并不复杂，只是用法与 while 循环有一些差异。

微课视频

3.2.2　for 循环

代码位置：src\statement\loop.py

while 循环的功能非常强大，它可以完成任何形式的循环，从技术上说，有 while 循环就足够了，那么为什么还要加一个 for 循环呢？其实对于某些循环，while 仍然需要多写一些代码，为了进一步简化循环的代码，Python 语言引入了 for 循环。

for 循环主要用于对一个集合进行循环（序列和其他可迭代的对象），每次循环，会从集合中取得一个元素，并执行一次代码块。直到集合中所有的元素都被枚举（获得集合中的每个元素的过程称为枚举）了，for 循环才结束（退出循环）。

在使用 for 循环时需要使用到集合的概念，由于现在还没有讲到集合，所以本节会给出最简单的集合（列表）作为例子，在后面的章节中，会详细介绍集合与 for 循环的使用方法。

在使用 for 循环之前，先定义一个 keywords 列表，该列表的元素是字符串。然后使用 for 循环输出 keywords 列表中的所有元素值。

```
>>> keywords = ['this', 'is', 'while', 'for','if']      # 定义一个字符串列表
>>> for keyword in keywords:                             # 用 for 循环输出列表中的元素
...     print(keyword)
...
this
is
while
for
if
```

上面这段 for 循环的代码非常容易理解，for 语句中将保存集合元素的变量（keyword）与集合变量（keywords）用 in 关键字分隔。在本例中，keywords 是集合，当 for 循环执行时，每执行一次循环，就会依

次从 keywords 列表中获取一个元素值，直到迭代（循环的另一种说法）到列表中的最后一个元素 if 为止。

可能有的读者会发现，for 循环尽管迭代集合很方便，但可以实现 while 语句对一个变量进行循环吗？也就是说，变量在循环外部设置一个初始值，在循环内部，通过对变量的值不断改变来控制循环的执行。其实 for 循环可以用变通的方式来实现这个功能，可以想象，如果定义一个数值类型的列表，列表的元素值就是 1 ~ 10，那么不就相当于变量 x 从 1 变到 10 了吗！

```
>>> numbers = [1,2,3,4,5,6,7,8,9,10]
>>> for number in numbers:
···     print(number, end=" ")              # 输出 1~10 共 10 个数字
···
1 2 3 4 5 6 7 8 9 10 >>>
```

如果使用这种方式，从技术上说是可以实现这个功能的，不过需要手工填写所有的数字太麻烦了，因此，可以使用一个 range 函数来完成这个工作。range 函数有两个参数：分别是数值范围的最小值和最大值加 1。要注意，range 函数会返回一个半开半闭区间的列表，如果要生成 1~10 的列表，应该使用 range(1, 11)。

```
>>> for num in range(1,11):      # 用 range 函数生成元素值为 1~10 的列表，并对这个列表进行迭代
···     print(num, end=" ")
···
1 2 3 4 5 6 7 8 9 10 >>>
```

下面的例子演示了使用顺序结构、while 循环和 for 循环输出相邻数字的方法，其中 for 循环使用了 range 函数快速生成一个包含大量相邻数字的列表，并对这些列表进行迭代。

```
print(1,end=" ")
print(2,end=" ")
print(3,end=" ")
print(4,end=" ")
print(5,end=" ")
print(6,end=" ")
print(7,end=" ")
print(8,end=" ")
print(9,end=" ")
print(10)

# 用 while 循环输出 1~10
print("用 while 循环输出 1~10")
x = 1
while x <= 10:
    print(x,end=" ")
    x += 1

# 定义一个列表
numbers = [1,2,3,4,5,6,7,8,9,10]
print("\n 用 for 循环输出列表中的值（1~10）")
for num in numbers:
    print(num, end=" ")
# 用 range 函数生成一个元素值为 1~9999 的列表
```

```
numbers = range(1,10000)
print("\n 用 for 循环输出列表中的值（1~9999）")
for num in numbers:
    print(num, end= " ")
print("\n 用 for 循环输出列表中的值的乘积（1~99）")
# 用 range 函数生成一个元素值为 0~99 的列表，并对该列表进行迭代
for num in range(100):             # range 函数如果只指定一个参数，产生的列表元素值从 0 开始
    print(num * num, end= " ")
```

程序运行结果如图 3-3 所示。

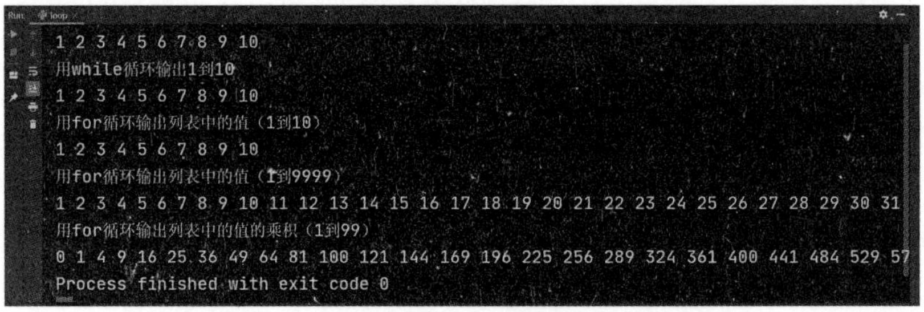

图 3-3　用 while 循环和 for 循环输出相邻数字

3.2.3　跳出循环

代码位置： src\statement\loop_break.py

微课视频

在前面介绍的 while 循环是通过 while 后面的条件表达式的值确定是否结束循环的，不过在很多时候，需要从循环体内部直接跳出循环，这就要用到 break 语句。

```
>>> x = 0
>>> while x < 100:
...    if x == 5:
...        break;
...    print(x)
...    x += 1
...
0
1
2
3
4
```

在上面的代码中，while 循环的条件语句是 x < 100，而 x 变量的初始值是 0，因此，如果在 while 循环中，每次循环都对 x 变量值加 1，那么 while 循环会循环 100 次。不过在 while 循环中通过 if 语句进行了判断，当 x 的值是 5 时，执行 break 语句退出循环。所以这个 while 循环只会执行 6 次（x 为 0~5），当执行到最后一次时，执行了 break 语句退出 while 循环，而后面的语句都不会调用，所以这段程序只会输出 0~4 共 5 个数字。

与 break 语句对应的还有另外一个 continue 语句，与 break 语句不同的是，continue 语句用来终止本次循环，而 break 语句用来彻底退出循环。continue 语句终止本次循环后，会立刻开始执行下一次循环。

```
>>> x = 0
>>> while x < 3:
...    if x == 1:
...        continue;
...    print(x)
...    x += 1
...
0
```

在上面的代码中，当 x 等于 1 时执行了 continue 语句，因此，if 条件语句后面的所有语句都不会执行，while 循环会继续执行下一次循环。不过这里有个问题，当执行这段代码时，会发现进入死循环了。所谓死循环是指 while 循环的条件表达式的值永远为 True，也就是循环永远不会结束。死循环是在使用循环时经常容易犯的一个错误。

现在分析一下这段代码。如果要让 while 循环正常结束，x 必须大于或等于 3，但当 x 等于 1 时执行了 continue 语句，所以 if 语句后面的所有语句在本次循环中都不会被执行了，但 while 循环最后一条语句是 x += 1，这条语句用于在每次循环中将 x 变量的值加 1。但这次没有加 1，所以下一次循环，x 变量的值仍然是 1，也就是说，if 语句的条件永远满足，因此，continue 语句将永远执行下去，所以 x 变量的值永远不可能大于或等于 3 了。最终导致的后果是 while 循环中的语句会永远执行下去，也就是前面提到的死循环。

解决的方法也很简单，只要保证执行 continue 语句之前让变量 x 加 1 即可，或者将 x += 1 放到 if 语句的前面，或放到 if 语句中。

```
>>> x = 0
>>> while x < 3:
...    if x == 1:
...        x += 1                # 需要在此处为 x 加 1，否则将进入死循环
...        continue
...    print(x)
...    x += 1
...
0
2
```

break 和 continue 语句同样支持 for 循环，而且支持嵌套循环。不过要注意，如果在嵌套循环中使用 break 语句，那么只能退出当前层的循环，不能退出最外层的循环。

3.2.4 循环中的 else 语句

代码位置： src\statement\loop_else.py

通过 break 语句可以直接退出当前的循环，但在某些情况下，想知道循环是正常结束的，还是通过 break 语句中断的，如果使用传统的方法，会有如下代码。

微课视频

```
import random                    # 导入随机数模块
x = 0
break_flag = False               # 设置是否使用 break 语句中断循环的标志变量
while x < 10:
    x += 1
```

```
        if x == random.randint(1,20):    # 产生一个 1～20 的随机整数
            break_flag = True            # 如果循环中断，则将标志设为 True
            print(x)
            break;
    if not break_flag:                    # 如果标志为 False，则表示循环是正常退出的
        print("没有中断 while 循环")
```

其实有更简单的写法，就是为 while 循环加一个 else 子句，else 子句的作用仅是 while 正常退出时执行
（在循环中没有执行 break 语句）。else 子句可以用在 while 和 for 循环中。

下面的例子会在 while 和 for 语句中加上 else 子句，并通过一个随机整数决定是否执行 break 语句退出
循环。如果程序是正常退出循环的（条件表达式为 False 时退出循环），则会执行 else 子句代码块。

```
import random
x = 0
while x < 10:
    x += 1
    if x == random.randint(1,20):
        print(x)
        break;
else:                                      # while 循环的 else 子句
    print("没有中断 while 循环")


numbers = [1,2,3,4,5,6]
for number in numbers:
    if number == random.randint(1,12):
        print(number)
        break;
else:                                      # for 循环的 else 子句
    print("正常退出循环")
```

要注意，由于这段代码使用了随机整数，所以每次执行的结果可能会不一样。

3.3　实战与演练

1. 编写 Python 程序，实现判断变量 x 是奇数还是偶数的功能。
答案位置：src\statement\solution1.py
2. 改写第 1 题，变量 x 需要从 Python 控制台输入，然后判断这个 x 是奇数还是偶数，并且需要将这一
过程放到循环中，这样可以不断输入要判断的数值。直到输入
end 退出循环。输入过程如图 3-4 所示。
答案位置：src\statement\solution2.py
3. 编写 Python 程序，使用 while 循环输出一个菱形。菱形
要用星号（*）打印。菱形的行数需要从 Python 控制台输入，行
数必须是奇数。
当输入 3 时，会输出如图 3-5 所示的菱形，当输入 13 时，
会输出如图 3-6 所示的菱形。

图 3-4　判断 x 是奇数还是偶数的输入过程

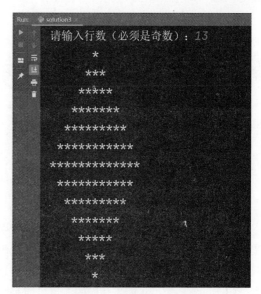

图 3-5　打印 3 行菱形　　　　　　　　　　图 3-6　打印 13 行菱形

答案位置：src\statement\solution3.py

4．利用 Python 语言中的 eval 函数编写一个命令行方式的计算器，可以计算 Python 表达式，并输出计算结果。需要通过循环控制计算器不断重复输入表达式，直到输入 end，退出计算器。输入过程如图 3-7 所示。

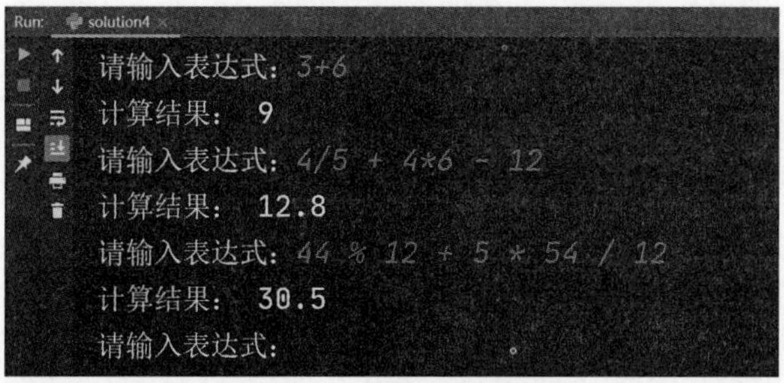

图 3-7　计算器输入过程

答案位置：src\statement\solution4.py

3.4　本章小结

本章主要介绍了流程控制语句（条件语句和循环语句），也可以将这种语句称为复合语句。通过设定条件，可以让程序沿着某个路径运行，并在一定条件下，不断重复执行某段程序，直到条件为 False 时退出循环。直到现在为止，Python 程序最基础的部分才算告一段落，有了流程控制语句，就可以通过更复杂的操作控制后面涉及的数据结构了（列表、对象、集合等）。

第 4 章

CHAPTER 4

列表和元组

在本章中将学习列表的基本操作，包括通过索引操作列表中的元素；列表的加法和列表的乘法；修改列表元素；用于操作列表的核心方法；列表元素迭代等。除此之外，还会了解到列表的一个近亲：元组，这是一类只读的列表。列表元素的类型和数量可以是任意的，在列表中，可能只有几个元素，也可能有成千上万个元素，每个元素的类型可能是相同的，也可能是完全不同的。总之，列表是一种非常灵活的数据结构。

4.1 定义列表

代码位置：src/sequence/create_list.py

Python 中的列表就是一组值的列表，这些值可以是同一个类型的，也可以是不同类型的。列表中的所有值需要被包含在一对中括号（[…]）中，多个值之间用逗号分隔：

字符串类型列表（列表中每个值都是字符串类型）：

```
names=["Bill", "Mary", "Jack"]
```

整数类型列表（列表中每个值都是整数类型）：

```
numbers=[1,2,3,4,5]
```

混合类型的列表（列表中每个值的类型可能是不同的）：

```
values=["Bill", 30,12.5, True]
```

4.2 列表的基本操作

微课视频

本节主要介绍与列表相关的基本操作，如获取列表元素、分片、列表的加法、列表的乘法、列表封包和列表解包等。

4.2.1 通过索引操作列表元素

列表中的所有元素都有编号，编号从 0 开始，逐渐递增，如 0、1、2、3 等。列表中的所有元素都可以通过编号访问，这个编号被称为索引。

下面的代码获取了 names 列表中的第 1 个和第 3 个元素的值，并输出这些元素值。

代码位置：src/sequence/access_list1.py

```
names = ["Bill", "Mary", "Jack"]
print(names[0])                              # 运行结果：Bill
```

```
print(names[2])                                    # 运行结果：Jack
```

在前面的代码中，通过索引 0 和索引 2，分别获取了 names 列表中的第 1 个和第 3 个元素值。Python 语言中的字符串也可以通过索引获取特定的字符。

代码位置： src/sequence/access_list2.py

```
s = "Hello World"
print(s[0])                                        # 运行结果：H
print(s[3])                                        # 运行结果：l
print("Apple"[2])                                  # 运行结果：p
```

这段代码通过索引获取并输出字符串 s 中的第 1 个和第 4 个字符，以及获取 Apple 的第 3 个字符。

还可以通过索引从输入的字符串中截取某一个字符。下面的代码从终端输入一个年份（必须是 4 位的年，如 2021），如果只对年份的最后一个字符感兴趣，获取使用索引截取年份的最后一位数字。

代码位置： src/sequence/year.py

```
fourth = input('请输入年份：')[3]                   # 假设输入 2021
print(fourth)                                       # 运行结果：1
```

如果索引是 0 或正整数，那么 Python 会从列表左侧第 1 个元素开始取值，如果索引是负数，那么 Python 会从列表右侧第 1 个元素开始取值。列表最后一个元素的索引是–1，倒数第 2 个元素的索引是–2，以此类推。

下面的代码通过正索引获取 names 列表中的第 1 个元素值，以及通过负索引获取 names 列表中倒数第 1 个和倒数第 2 个元素值。

代码位置： src/sequence/index.py

```
names = ["Bill", "Mary", "Jack"]
print(names[0])                                     #  运行结果：Bill
print(names[-1])                                    #  运行结果：Jack
print(names[-2])                                    #  运行结果：Mary
```

当索引超过列表的索引范围时，会抛出异常。下面的代码使用索引 4 和–4 引用 names 列表中的元素值，这两个索引都超出了 names 列表的索引范围，所以会抛出异常。不过当第 1 个异常抛出时，后面的语句都不会执行了。

代码位置： src\sequence\index_exception.py

```
names = ["Bill", "Mary", "Jack"]
print(names[4])                                     #  索引超出 names 列表的范围，将导致抛出异常
print(names[-4])                                    #  索引超出 names 列表的范围，将导致抛出异常
```

程序运行结果如图 4-1 所示。

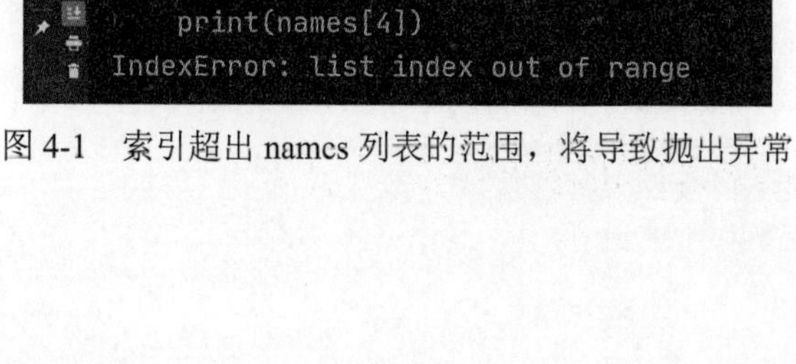

图 4-1 索引超出 namcs 列表的范围，将导致抛出异常

4.2.2 分片

分片（Slicing）操作可以从列表 A 中获取一个子列表 B。从 A 中获取 B，需要指定 B 在 A 中的开始索引和结束索引，因此，分片操作需要指定两个索引。

由于字符串可以看作字符的列表，所以可以用列表的这个分片特性截取子字符串。

代码位置： src/sequence/slicing.py

```
url = 'https://geekori.com'
print(url[8:15])                          # 运行结果：geekori
print(url[8:19])                          # 运行结果：geekori.com
```

在上面的代码中，使用 url[8:15] 截取 url 中的 "geekori"，其中 8 和 15 是 url 中的两个索引。可以看到，两个索引之间要使用冒号（:）分隔。可能有的读者会发现，索引 15 并不是 "i" 的索引，而是 "." 的索引，没错，在指定子列表结束索引时，要指定子列表最后一个元素的下一个元素的索引，因此，应该指定 "." 的索引，而不是 "i" 的索引。

那么如果子列表的最后一个元素恰好是父列表的最后一个元素该怎么办呢？例如，url 中的最后一个元素是 "m"，如果要截取 "geekori.com"，子列表的结束索引应该如何指定呢？其实子列表的结束索引只要指定父列表最后一个元素的索引加 1 即可。由于父索引最后一个元素 "m" 的索引是 18，因此，要截取 "geekori.com"，需要指定结束索引为 19，也就是 url[8:19]。

分片中使用的索引同样可以是负值，如下面的代码截取了 numbers 中的不同的子列表。

代码位置： src/sequence/sub_sequence.py

```
numbers = [1,2,3,4,5,6,7,8]
print(numbers[3:5])                       # 运行结果：[4, 5]
print(numbers[0:1])                       # 运行结果：[1]
print(numbers[5:8])                       # 运行结果：[6, 7, 8]
print(numbers[-3:-1])                     # 运行结果：[6,7]
```

如果将结束索引设为 0，会获取一个空列表。

代码位置： src\sequence\null_sequence.py

```
numbers = [1,2,3,4,5,6,7,8]
print(numbers[-3:0])                      # 运行结果：[]
```

Python 语言规定，如果结束索引在列表中的位置不大于开始索引在列表中的位置，那么就会返回空列表，在这里索引 0 比索引 -3 的位置小。如果要使用负数作为索引，并且获取的子列表的最后一个元素与父列表的最后一个元素相同，那么可以省略结束索引，或结束索引直接用列表长度值即可。

代码位置： src/sequence/negative_index.py

```
numbers = [1,2,3,4,5,6,7,8]
print(numbers[-3:])                       # 省略了结束索引，运行结果：[6, 7, 8]
print(numbers[-3:8])                      # 结束索引用了 8，这是列表的长度，运行结果：[6,7,8]
```

如果省略了开始索引，那么会截取结束索引前面所有的值。

代码位置：src/sequence/omit_start_index.py

```
numbers = [1,2,3,4,5,6,7,8]
print(numbers[:3])                    # 截取父列表中前 3 个元素作为子列表，运行结果：[1, 2, 3]
```

如果开始索引和结束索引都不指定，那么会复制整个子列表。

代码位置：src/sequence/copy_sequence.py

```
numbers = [1,2,3,4,5,6,7,8]
print(numbers[:])                     # 复制整个子列表，运行结果：[1, 2, 3, 4, 5, 6, 7, 8]
```

在对列表分片时，默认的步长是 1，也就是说，获取的子列表的元素都是相邻的。如果要获取不相邻的元素，就需要指定步长。例如，要获取索引为 1、3、5 的元素作为子列表的元素，就需要将步长设为 2。

代码位置：src/sequence/step_sub_sequence.py

```
numbers = [1,2,3,4,5,6,7,8,9]
print(numbers[1:6:2])                 # 指定步长为 2，运行结果：[2, 4, 6]
```

在上面代码中，使用 numbers[1:6:2] 获取了索引为 1、3、5 的元素作为子列表的元素，其中 2 是步长，可以看到，开始索引、结束索引和步长之间都用冒号（:）分隔。

实际上开始索引、结束索引和步长都是可以省略的。下面的代码在分片时指定步长，但省略了开始索引以及结束索引。

代码位置：src/sequence/omit_start_end_index.py

```
numbers = [1,2,3,4,5,6,7,8,9]
print(numbers[:7:2])                  # 省略了开始索引，运行结果：[1, 3, 5, 7]
print(numbers[::2])                   # 省略了开始索引和结束索引，运行结果：[1, 3, 5, 7, 9]
print(numbers[3::2])                  # 省略了结束索引，运行结果：[4, 6, 8]
```

步长不能为 0，但可以是负数。如果步长为 0，会抛出异常，如果步长是负数，分片会从列表的右侧开始，这时开始索引要大于结束索引。

代码位置：src/sequence/negative_zero.py

```
numbers = [1,2,3,4,5,6,7,8,9]
# 步长为-2，从索引为 8 的元素开始，一直到索引为 3 的元素，运行结果：[9, 7, 5]
print(numbers[8:2:-2])
print(numbers[8:2:-1])                # 步长为-1，运行结果：[9, 8, 7, 6, 5, 4]
print(numbers[1:6:0])                 # 步长为 0，会抛出异常
```

程序运行结果如图 4-2 所示。

在上面代码中，如果步长为负数，那么分片的开始索引需要大于结束索引。例如，numbers[8:2:-2] 表示从索引为 8 的元素开始，往前扫描，直到索引为 2 的元素的上一个元素，也就是索引为 3 的元素为止。

当然，如果使用负数作为步长，还有一些比较复杂的用法，得出这些用法的分片结果，需要动一下脑筋。

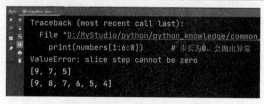

图 4-2　步长为 0，抛出异常

代码位置：src/sequence/negative_step.py

```
numbers = [1,2,3,4,5,6,7,8,9]
# 步长为-3，从列表的最后一个元素开始，一直到列表第一个元素结束，运行结果：[9, 6, 3]
print(numbers[::-3])
# 步长为-2，从列表的最后一个元素开始，一直到索引为 4 的元素结束，运行结果：[9, 7, 5]
print(numbers[:3:-2])
```

微课视频

4.2.3　列表的加法

列表也可以相加，但要注意，这里的相加，并不是相对应的列表元素值相加，而是列表首尾相接。由于字符串属于字符列表，所以字符串相加也可以看作列表相加。但一个字符串不能和一个列表相加，否则会抛出异常。

代码位置：src/sequence/add_list.py

```
print([1,2,3] + [6,7,8])          # 运行结果：[1,2,3,6,7,8]
print("Hello" + " world")         # 运行结果：Hello world
print([1,2,3] + ["hello"])        # 把字符串作为列表的一个元素，运行结果：[1,2,3,"hello"]
# 运行结果：[1,2,3, 'h', 'e', 'l', 'l', 'o']
print([1,2,3] + ['h', 'e', 'l', 'l', 'o'])
print([1,2,3] + "hello")          # 抛出异常，列表不能和字符串直接相加
```

```
[1, 2, 3, 6, 7, 8]
Hello world
[1, 2, 3, 'hello']
[1, 2, 3, 'h', 'e', 'l', 'l', 'o']
Traceback (most recent call last):
  File "D:/MyStudio/python/python_knowledge/common_resources/books
    print([1,2,3] + "hello")      # 抛出异常，序列不能和字符串直接相加
TypeError: can only concatenate list (not "str") to list
```

图 4-3　列表的加法

程序运行结果如图 4-3 所示。

可以看到，上面代码在运行最后一条语句时会抛出异常，原因是列表和字符串相加。而要想让“hello”和列表相加，需要将“hello”作为列表的一个元素，如["hello"]，然后再和列表相加。两个相加的列表元素的数据类型可以是不一样的，例如，上面代码中第 3 行将一个整数类型的列表和一个字符串类型的列表相加，这两个列表会首尾相接连在一起。

4.2.4　列表的乘法

如果用数字 n 乘以一个列表会生成新的列表，而在新的列表中，原来的列表将被重复 n 次。如果列表的值是 None（Python 语言内建的一个值，表示“什么都没有”），那么将这个列表与数字 n 相乘，假设这个包含 None 值的列表长度是 1，那么就会产生占用 n 个元素空间的列表。

代码位置：src/sequence/multi_list.py

```
# 字符串与数字相乘，运行结果：hellohellohellohellohello
print('hello' * 5)
# 列表与数字相乘，运行结果：[20, 20, 20, 20, 20, 20, 20, 20, 20, 20]
print([20] * 10)
# 将值为 None 的列表和数字相乘，运行结果：[None, None, None, None, None, None]
print([None] * 6)
```

微课视频

4.2.5　in 运算符

为了检查某个值是否属于一个列表，可以使用 in 运算符。这个运算符是布尔运算符，也就是说，如果

某个值属于一个列表，那么 in 运算符返回 True，否则返回 False。

下面的例子使用 in 运算符判断一个字符串是否属于另一个字符串，以及一个值是否属于一个列表。

代码位置： src/sequence/in_list.py

```
str = "I love you"
print("you" in str)                # 运行结果：True
print("hello" in str)              # 运行结果：False
names = ["Bill","Mike","John"]
print("Mike" in names)             # 运行结果：True
print("Mary" in names)             # 运行结果：False
```

在上面代码中，通过 in 运算符，检查了"you"和"hello"是否在 str 中，很显然，str 包含"you"，而"hello"并不属于 str，所以前者返回 True，后者返回 False。接下来检查"Mike"和"Mary"是否属于 names 列表，很明显，"Mike"是列表 names 的第 2 个元素，而"Mary"并不是列表 names 的元素，所以前者返回 True，后者返回 False。

4.2.6 列表的长度、最大值和最小值

微课视频

本节会介绍 3 个内建函数：len、max 和 min。这 3 个函数用于返回列表中元素的数量、列表中值最大的元素和值最小的元素。使用 max 和 min 函数要注意一点，就是列表中的每个元素值必须是可比较的，否则会抛出异常，例如，如果列表中同时包含整数和字符串类型的元素值，那么使用 max 和 min 函数将抛出异常。

下面的例子测试了 len、max 和 min 函数的用法，在使用 max 和 min 函数时，如果函数参数指定了不同类型的列表或值，并且这些值无法比较，将抛出异常。

代码位置： src/sequence/len_max_min.py

```
values = [10,40,5,76,33,2,-12]
print(len(values))                 # 运行结果：7
print(max(values))                 # 运行结果：76
print(min(values))                 # 运行结果：-12
print(max(4,3,2,5))                # 运行结果：5
print(min(6,5,4))                  # 运行结果：4
print(max("abc",5,4))              # 字符串和数字不能比较，将抛出异常
list = ["x",5,4]
print(min(list))                   # 字符串和数字不能比较，将抛出异常
```

程序的运行结果如图 4-4 所示。

从上面的代码中可以看出，max 函数和 min 函数的参数不仅可以是一个列表，还可以是可变参数，这两个函数会返回这些参数中的最大值和最小值。不管 max 和 min 函数的参数是一个列表，还是可变参数，每个值都必须是可比较的，否则会抛出异常。

```
7
76
-12
5
4
Traceback (most recent call last):
  File "D:/MyStudio/python/python_knowledge/common_resources/books/我学...
    print(max("abc",5,4))          # 字符串和数字不能比较，将抛出异常
TypeError: '>' not supported between instances of 'int' and 'str'
```

图 4-4 测试 len、max 和 min 函数的用法

4.2.7 列表封包和列表解包

列表封包（Packing）是指将将多个离散的值组成列表，而列表解包（Unpacking）恰恰相反，是将列表拆成离散的值。也就是说，列表封包和列表解包，就是指将多个值组成一个列表（封包）或将一个列表拆成多个值（解包）。其他任何编程语言都可以完成列表封包和列表解包的操作，只是 Python 将这些功能作为语言的一部分提供，而不是使用循环这种原始的方式从列表中一个一个地提取元素值。所以通过 Python 实现这些功能更容易。

列表封包和列表解包有如下几种形式。

1. 直接将值赋给列表变量

```
values = 10,20,30
```

在上面代码中，等号（=）右侧有 3 个整数值，并用逗号分隔，这时 values 变量就会变成一个列表变量。如果要解包，就需要执行逆过程，代码如下：

```
x,y,z = values
```

在上面代码中，values 是前面生成的包含 10、20、30 的列表，而 x、y、z 是 3 个变量，如果右侧是一个列表，左侧是一组变量，那么这个赋值过程就叫作列表解包。Python 解析器会将 values 列表中的每个值分别赋给等号（=）左侧的相应变量。但要注意，列表中元素的个数要与左侧变量数量相同，否则会抛出异常。

2. 通配符匹配

前面提到过，在列表解包时，变量的数量必须与列表中元素的个数相同，否则会抛出异常。但是这种规则有一个问题，就是如果列表中元素个数非常多时，如有 100 个，岂不是要提供 100 个变量才可以解包。其实并非如此，如果只想将列表的部分元素解包，其他的元素作为原列表的子列表，可以使用通配符，也就是一个星号（*），看下面的代码：

```
a,b,*c = [1,2,3,4,5,6,7,8]
```

在上面代码中，右侧的列表有 8 个元素，而左侧只有 3 个变量，如果按以前的逻辑，执行这行代码肯定是要抛出异常的，但由于 c 变量前面有一个星号（*），这就是通配符，如果放在一个变量前面，表示列表，也就是说，变量 c 本身就是一个列表。Python 解析器首先会按列表中元素的顺序和匹配对应的单个变量，剩下的值都给列表变量，也就是 c。所以执行这行代码后，a 和 b 的值分别是 1 和 2，而 c 的值是[3,4,5,6,7,8]。

要注意，等号左侧的变量组中只能有一个带星号的变量，否则 Python 解析器无法确定将剩下的列表元素的哪些部分匹配给哪个子列表变量。所以执行下面的代码会抛出异常。

```
a,b,*c,*d = [1,2,3,4,5,6,7,8]                    # 抛出异常
```

如果等号左右都是变量，并且数量相等，也可以互相赋值，通过这个特性，可以非常容易地交换变量的值（不需要临时变量）。

```
x = 20
y = 30
x,y = y,x                                        # 交换 x 和 y 的值
```

下面的案例完整地演示了列表封包和列表解包的用法。

代码位置：src/sequence/packing_unpacking.py

```python
# 列表封包：将 10、20、30 封装成元组后赋值给 values
values = 10, 20, 30
print(values) # (10, 20, 30)
print(type(values)) # <class 'tuple'>
print(values[1]) # 20


# 创建一个元组
a_tuple = tuple(range(1, 10, 2))
print(a_tuple)    # (1, 3, 5, 7, 9)
# 列表解包：将 a_tuple 元组的各元素依次赋值给 a、b、c、d、e 变量
a, b, c, d, e = a_tuple
print(a, b, c, d, e) # 1 3 5 7 9


# 定义一个列表
a_list = ['unitymarvel', 'UM']
# 列表解包：将 a_list 列表的各元素依次赋值给 a_str、b_str 变量
a_str, b_str = a_list
print(a_str, b_str) # unitymarvel UM



# 将 10、20、30 依次赋值给 x、y、z
x, y, z = 10, 20, 30
print(x, y, z) # 10 20 30
# 将 y, z, x 依次赋值给 x、y、z
x, y, z = y, z, x
print(x, y, z) # 20 30 10

# first、second 保存前 2 个元素，rest 列表包含剩下的元素
first, second, *rest = range(10)
print(first) # 0
print(second) # 1
print(rest) # [2, 3, 4, 5, 6, 7, 8, 9]
# last 保存最后一个元素，begin 保存前面剩下的元素
*begin, last = range(10)
print(begin) # [0, 1, 2, 3, 4, 5, 6, 7, 8]
print(last) # 9
# first 保存第一个元素，last 保存最后一个元素，middle 保存中间
# 剩下的元素
first, *middle, last = range(10)
print(first) # 0
print(middle) # [0, 1, 2, 3, 4, 5, 6, 7, 8]
print(last) # 9
```

程序运行结果如图 4-5 所示。

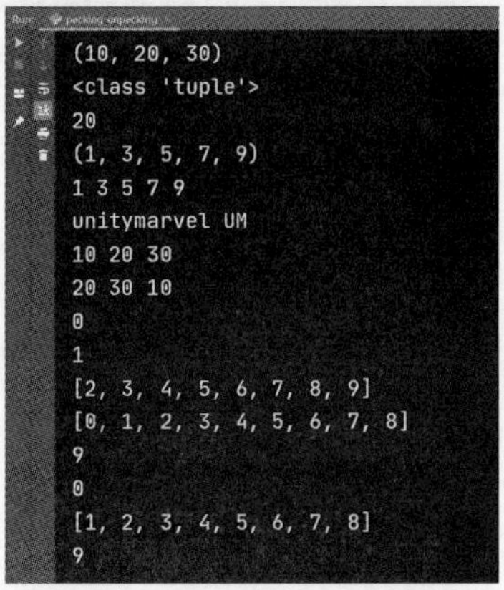

图 4-5　列表封包和列表解包的用法

微课视频

4.2.8 修改列表元素

如果要修改列表中的某个元素，与使用列表元素一样，要使用索引，并将索引放到一对中括号中。下面的例子修改了列表 s 中的前两个元素值。

代码位置：src/sequence/modify_list.py

```
s = ["Bill", "Mike", "John"]
s[0] = "Mary"
s[1] = 20
print(s)                                  # 运行结果：['Mary', 20, 'John']
```

在上面的代码中，通过列表的元素赋值操作，修改了列表 s 中的前两个元素，第 1 个元素修改成了"Mary"，第 2 个元素修改成了 20。

在列表元素赋值的操作中，列表索引可以是负数，在这种情况下，会从列表最后一个元素开始算起。例如，s[-1]表示倒数第 1 个列表元素，s[-2]表示倒数第 2 个列表元素。不管列表索引使用正数还是负数，都不能超过索引范围，否则会抛出异常。

代码位置：src/sequence/list_overflow.py

```
s = ["Bill", "Mike", "John"]
s[-1] = "Mary"                            # 修改列表最后一个元素值
print(s)                                  # 运行结果：['Bill', 'Mike', 'Mary']
s[3] = "Peter"                            # 索引 3 超出了列表 s 的索引范围（-3~2），会抛出异常
s[-3] = "蜘蛛侠"                           # 索引-3 是列表 s 的第 1 个元素，相当于 s[0]
print(s)                                  # 运行结果：['蜘蛛侠', 'Mike', 'Mary']
s[-4] = "钢铁侠"                           # 索引-4 超出了列表 s 的索引范围（-3~2），会抛出异常
```

程序运行结果如图 4-6 所示。

```
['Bill', 'Mike', 'Mary']
Traceback (most recent call last):
  File "D:/MyStudio/python/python_knowledge/common_resources/books/我写的书
    s[3] = "Peter"                        # 索引3超出了列表s的索引范围（-3到2）
IndexError: list assignment index out of range
```

图 4-6 列表赋值操作索引超出范围，抛出异常

4.2.9 删除列表元素

从列表中删除元素也很容易，使用 del 语句就可以做到。

```
numbers = [1,2,3,4,5,6,7,8]
del numbers[2]                            # 删除列表 numbers 中的第 3 个元素
```

微课视频

4.2.10 分片赋值

分片赋值和分片获取子列表一样，也需要使用分片操作，也就是需要指定要操作的列表的范围。

下面的例子将利用分片赋值将列表中的子列表替换成其他列表。并使用 list 函数将字符串分解成由字符组成的列表，并替换字符串中的某一部分。

代码位置：src/sequence/slicing_assignment.py

```
s = ["hello", "world","yeah"]
s[1:] = ["a","b","c"]              # 将列表 s 从第 2 个元素开始替换成一个新的列表
print(s)                          # 运行结果：['hello', 'a', 'b', 'c']
name = list("Mike")               # 使用 list 函数将 "Mike" 转换成由字符组成的列表
print(name)                       # 运行结果：['M', 'i', 'k', 'e']
name[1:] = list("Mary")           # 利用分片赋值操作将 "Mike" 替换成 "Mary"
print(name)                       # 运行结果：['M', 'a', 'r', 'y']
```

上面的代码使用了分片赋值对原列表进行了赋值操作，可以看到，分片赋值是用另一个列表修改原列表中的子列表。也就是将原列表中的子列表替换成另外一个子列表。而且在赋值时，被替换的子列表和新的子列表可以不等长。例如，["world","yeah"]可以被替换为['a', 'b', 'c']。

可能有很多读者会想到，可以利用这个特性在列表中插入一个列表，或删除一些列表元素。

代码位置：src/sequence/slicing_insert_remove.py

```
numbers = [1,6,7]
# 在列表 numbers 中插入一个列表，运行
numbers[1:1] = [2,3,4,5]
print(numbers)                    # 运行结果：[1, 2, 3, 4, 5, 6, 7]
numbers[1:4] = []
print(numbers)                    # 运行结果：[1, 5, 6, 7]
```

在上面的代码中，使用分片赋值操作在列表 numbers 中的 1 和 6 之间插入了列表[2,3,4,5]。numbers[1:1] 中冒号（:）前面的数字表示要替换的子列表的第 1 个元素在父列表中的索引，而冒号后面的数字表示子列表下一个元素在父列表中的索引，所以冒号前后两个数字相等，表示不替换列表中的任何元素，直接在冒号前面的数字表示的索引的位置插入一个新的列表。最后使用分片赋值将第 2、3、4 个元素值替换成了空列表，所以最后 numbers 列表的值是[1,5,6,7]。

4.3　列表方法

微课视频

在列表中定义了很多方法[①]，用于操作列表中的数据以及列表本身，本节将给出一个完整的案例讲解这些方法的核心功能。

下面是列表中定义的一些常用方法。

- append：在列表最后插入新的值。
- clear：用于清除列表的内容。
- copy：用于复制列表。
- count：用于统计某个元素在列表中出现的次数。
- extend：用于在列表结尾插入另一个列表，也就是用新列表扩展原有的列表。有点类似列表相加，不过 extend 方法改变的是被扩展的列表，而列表相加产生了一个新列表。
- index：用于从列表中找出某个值第一次出现的索引位置。
- insert：用于将值插入列表的指定位置。

---

① 方法与函数的定义类似，只是方法需要在类中定义，函数是独立的。关于函数和类，会在后面的章节详细讲解。

- pop：用于移除列表中的元素（默认是最后一个元素），并返回该元素的值。
- remove：用于移除列表中某个值的第一次匹配项。
- reverse：用于将列表中的元素反向存放。
- sort：用于对列表进行排序，调用该方法会改变原来的列表。

下面的例子完整地演示了如何使用这些方法操作列表。

代码位置：src/sequence/list_methods.py

```python
print("----测试 append 方法-----")
numbers = [1,2,3,4]
numbers.append(5)                   # 将 5 添加到 numbers 列表的最后
print(numbers)                      # 运行结果：[1, 2, 3, 4, 5]
numbers.append([6,7])               # 将列表[6,7]作为一个值添加到 numbers 列表后面
print(numbers)                      # [1, 2, 3, 4, 5, [6, 7]]

print("----测试 clear 方法-----")
names = ["Bill","Mary", "Jack"]
print(names)
names.clear();                      # 清空 names 列表
print(names)                        # 运行结果：[]

print("----测试 copy 方法-----")
a = [1,2,3]
b = a                               # a 和 b 指向了同一个列表
b[1] = 30                           # 修改 b 列表的元素值，a 列表中对应的元素值也会改变
print(a)                            # 运行结果：[1, 30, 3]

aa = [1,2,3]
bb = aa.copy()                      # bb 是 aa 的副本
bb[1] = 30                          # 修改 bb 中的元素值，aa 中的元素值不会有任何变化
print(aa)                           # 运行结果：[1, 2, 3]

print("----测试 count 方法-----")
search = ["he", "new", "he", "he", "world", "peter",[1,2,3],"ok",[1,2,3]]
# 搜索 "he" 在 search 出现的次数，运行结果：3
print(search.count("he"))
# 搜索[1,2,3]在 search 出现的次数，运行结果：2
print(search.count([1,2,3]))

print("----测试 extend 方法-----")
a = [1,2,3]
b = [4,5,6]
a.extend(b)                         # 将 b 列表接在 a 列表的后面，extend 方法并不返回值
print(a)                            # 运行结果：[1, 2, 3, 4, 5, 6]

# 如果使用列表连接操作，效率会更低，并不建议使用
a = [1,2,3]
```

```
b = [4,5,6]
print(a + b)                              # 运行结果：[1, 2, 3, 4, 5, 6]

# 可以使用分片赋值的方法实现同样的效果
a = [1,2,3]
b = [4,5,6]
a[len(a):] = b
print(a)                                  # 运行结果：[1, 2, 3, 4, 5, 6]

print("----测试 index 方法-----")
s = ["I", "love", "python"];
print(s.index("python"))                  # 查询"python"的索引位置，运行结果：2
print("xyz 在列表中不存在，所以搜索时会抛出异常.")
#str.index("xyz")                          # 会抛出异常，因为"xyz"在 s 列表中不存在

print("----测试 insert 方法-----")
numbers = [1,2,3,4,5]
numbers.insert(3,"four")                  # 在 numbers 列表的第 4 个元素的位置插入一个"four"
print(numbers)                            # 运行结果：[1, 2, 3, 'four', 4, 5]
# 可以使用分片赋值实现同样的效果
numbers = [1,2,3,4,5]
numbers[3:3] = ['four']                   # 使用分片赋值在列表中插入另一个列表
print(numbers)                            # 运行结果：[1, 2, 3, 'four', 4, 5]

print("----测试 pop 方法-----")
numbers = [1,2,3]
# pop 方法返回删除的元素值
print(numbers.pop())                      # 删除 numbers 列表中的最后一个元素值，运行结果：3
print(numbers.pop(0))                     # 删除 numbers 列表中的第 1 个元素值，运行结果：1
print(numbers)                            # 运行结果：[2]

print("----测试 remove 方法-----")
words = ["he", "new", "he", "yes", "bike"]
words.remove("he")                        # 删除 words 列表中的第 1 个"he"
print(words)                              # 运行结果：['new', 'he', 'yes', 'bike']
# words.remove("ok")                      # 删除不存在的列表元素，会抛出异常

print("----测试 reverse 方法-----")
numbers = [1,2,3,4,5,6]
numbers.reverse()                         # 将 numbers 列表中的元素值倒序摆放
print(numbers)                            # 运行结果：[6, 5, 4, 3, 2, 1]

print("----测试 sort 方法-----")
numbers = [5,4,1,7,4,2]
numbers.sort()                            # 对 numbers 列表中的元素值按升序排序（默认）
print(numbers)                            # 运行结果：[1, 2, 4, 4, 5, 7]
```

```
values = [6,5,2,7,"aa","bb","cc"]
# 待排列表的元素类型必须是可比较的，字符串和数值类型不能直接比较，否则会抛出异常
# values.sort()                    # 抛出异常

# 使用 sort 方法排序，会直接修改原列表，如果要想对列表的副本进行排序，可以使用下面的代码
# 方法 1：使用分片操作
x = [5,4,1,8,6]
y = x[:]
y.sort();                          # 对列表的副本进行排序
print(x)                           # 运行结果：[5, 4, 1, 8, 6]
print(y)                           # 运行结果：[1, 4, 5, 6, 8]

# 方法 2：使用 sorted 函数
x = [7,6,4,8,5]
y = sorted(x)                      # 对 x 的副本进行排序
print(x)                           # 运行结果：[7, 6, 4, 8, 5]
print(y)                           # 运行结果：[4, 5, 6, 7, 8]

# sorted 函数可以对任何列表进行排序，例如对字符串进行排序
print(sorted("geekori"))          # 运行结果：['e', 'e', 'g', 'i', 'k', 'o', 'r']

x = [5,4,1,7,5]
x.sort(reverse=True)              # 对列表 x 中的元素值降序排列
print(x)                          # 运行结果：[7, 5, 5, 4, 1]
```

4.4　元组

微课视频

元组与列表一样，也是一种列表。唯一的不同是元组不能修改，也就是说，元组是只读的。定义元组非常简单，只需要用逗号（,）分隔元素值即可。

```
1,2,3,4,5                         # 创建一个元组
```

当然，也可以将元组用一对圆括号括起来。

```
(1,2,3,4,5)                       #　创建一个元组
```

既然元组中的元素值是用逗号分隔的，那么如何定义只有一个元素的元组呢？当然也是在一个值后面加逗号了。

```
30,                               # 创建一个只有一个元素值的元组
(12,)                             # 创建一个只有一个元素值的元组
40                                # 只是一个普通的值，并不是元组
```

如果要创建一个空元组（没有任何元素的元组），可以直接用一对圆括号。

```
()                                # 创建一个空元组
```

如果想将列表转换为元组，可以使用 tuple 函数。

```
value = tuple([1,2,3])            # 将列表[1,2,3]转换为元组（value 变量是元组类型）
```

　　下面的例子演示了如何创建元组，以及如何生成 5 个同样值的元组，最后使用 tuple 函数将列表和字符串转换为元组。

　　代码位置：src/sequence/tuple_demo.py

```
numbers = 1,2,3                    # 创建元组
print(numbers)                     # 运行结果：(1, 2, 3)

names = ("Bill", "Mike", "Jack")
print(names)                       # 运行结果：('Bill', 'Mike', 'Jack')


values = 40,                       # 创建一个值的元组
print(values)                      # 运行结果：(40,)

# 生成 5 个同样值的元组
print(5 * (12 + 4,))               # 运行结果：(16, 16, 16, 16, 16)
# 不是元组，就是一个数
print(5 * (12 + 4))                # 运行结果：80

# 将一个列表转换为元组（tuple 函数）
print(tuple([1,2,3]))              # 运行结果：(1, 2, 3)
print(tuple("geekori"))            # 运行结果：('g', 'e', 'e', 'k', 'o', 'r', 'i')
```

　　可能有很多读者感到奇怪，Python 语言为什么要加入元组呢？如果要只读的列表，直接用列表不就得了，不修改列表不就相当于只读的了。如果从技术上来说，这么做是可行的。但有如下两个重要原因，让我们必须使用元组。

　　（1）元组可以在映射中作为键值使用，而列表不能这么用。关于映射的内容会在后面的章节详细介绍。

　　（2）很多内建函数和方法的返回值就是元组，也就是说，如果要使用这些内建的函数和方法的返回值，就必须使用元组。

4.5　for 循环与列表

　　本节将详细介绍 for 循环与列表的使用方法，其中包括使用 for 循环枚举列表与元组中的元素，以及使用 for 表达式自动生成列表等。

4.5.1　使用 for 循环枚举列表与元组中的元素

　　如果想枚举列表或元组中的全部元素或部分元素，可以使用循环语句，for 循环和 while 循环都可以，本节主要讲解如何使用 for 循环枚举列表与元组中的元素，while 循环枚举列表与元组中元素的方式与 for 循环类似。　　　　　　　　　　　　　　　　　　　　　　　　　　　　微课视频

　　本节以列表为例（元组类似），要想用 for 循环枚举列表中的元素，首先需要获取列表的长度，可以使用 len 函数完成这个功能，获取了列表的长度后，就可以通过索引来引用列表中的特定元素了。

　　下面的例子演示了如何通过 for 循环和索引枚举列表中的所有元素。

代码位置：src/sequence/for_list.py

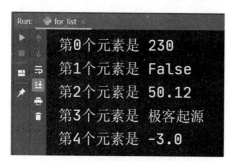

```
a_list = [230,False, 50.12, '极客起源', -3.0]
# 遍历 0 到 len(a_list) - 1 的范围
for i in range(0, len(a_list)):
    # 根据索引访问列表元素
    print("第%d个元素是 %s" % (i , a_list[i]))
```

程序运行结果如图 4-7 所示。

本例使用了一个 range 函数，该函数返回一个可以迭代的整数区间，是半闭半开区间。例如，range(0,10)就表示 0<= i <10。

图 4-7　使用 for 循环和索引枚举列表中的所有元素

微课视频

4.5.2　使用 for-in 循环遍历列表与元组中的元素

for-in 循环同样可以遍历列表与元组中的所有元素，因为列表与元组本身就是可以迭代的。for-in 循环的基本使用方式如下：

```
for value in a_list:
    print(value)
```

其中 a_list 是一个列表变量，换成元组也可以。要注意，使用 for-in 循环遍历列表与元组的方式无法直接获取当前索引（除非添加计数变量）。

下面的例子演示了如何通过 for-in 循环遍历列表中的所有元素。

代码位置：src/sequence/for_in_list.py

```
a_tuple = ('李宁', '蒙娜丽宁', '极客起源')
for value in a_tuple:
    print('当前元素是:', value)
print('--------------')
new_list = [15, 44, 3.2, 64, True, 'hello world',
56, '极客起源', 6666]
my_sum = 0
my_count = 0
for value in new_list:
    # 如果该元素是整数或浮点数
    if isinstance(value, int) or
isinstance(value, float):
        print(value)
        # 累加该元素
        my_sum += value
        # 数值元素的个数加 1
        my_count += 1
print('总和:', my_sum)
print('平均数:', my_sum / my_count)
```

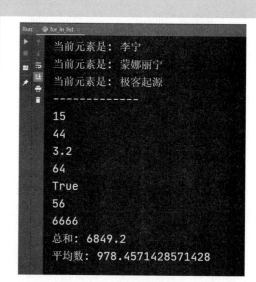

程序运行结果如图 4-8 所示。

图 4-8　使用 for-in 循环遍历列表中的所有元素

4.5.3 使用 for 表达式自动生成列表

如果列表中的元素有一定的规则，就可以通过 for 循环自动生成列表中的元素，不过这样代码比较冗长，所以推荐使用 for 表达式自动生成列表。在 Python 语言中，for 表达式可以与列表结合，看下面代码：

```
my_list = [x for x in range(10)]
```

上面代码生成的列表是[0,1,2,3,4,5,6,7,8,9]。第 1 个 x 相当于列表元素的计算表达式，第 2 个 x 是 for 表达式中的自变量。当 for 表达式每循环一次时，就会向列表中添加一个元素，而这个元素的值就是第 1 个 x，那么这个 x 的值就是 for 表达式中的 x 赋予的。所以这行代码与下面的代码等价：

```
my_list = []
for x in range(10):
    my_list.append(x)
```

下面的例子演示了如何通过 for 表达式自动生成列表。

代码位置：src/sequence/for_expr1.py

```
num_range = range(10)
# 对 num_range 执行 for 表达式
num_list1 = (x + x for x in num_range)
print(type(num_list1))      # <class 'generator'>
num_list2 = [x + x for x in num_range]
print(type(num_list2))      # <class 'list'>
for num in num_list1:
    print(num, end=' ')
print()
# num_range 集合包含 10 个元素
print(num_list2)
```

程序运行结果如图 4-9 所示。

在本例中，num_list1 使用了一对圆括号，这并不能创建元组，而是创建了一个生成器（generator），关于生成器的内容会在后面的章节详细介绍，现在只要知道生成器是可以迭代的就可以了。使用 for 表达式不能创建元组，只能创建列表和生成器。

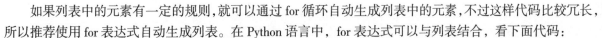

图 4-9　使用 for 表达式自动生成列表

下面的例子演示了如何通过 for 表达式自动生成更复杂的列表。

代码位置：src/sequence/for_expr2.py

```
num_range = range(10)
# 列表的每个元素是两个 x 的和
num_list = [x + x for x in num_range if x % 2 == 1]
# 运行结果: [2, 6, 10, 14, 18]
print(num_list)
```

for 表达式支持多个变量，也就是说，生成的列表元素本身可以是一个非常复杂的表达式，最终生成的列表元素是这个表达式的计算结果，而且表达式中可以有任意多个变量，只不过 for 表达式中的循环层次要与变量个数相同。也就是说，表达式如果有两个变量，那么 for 表达式需要是二重循环。

下面的例子演示了如何在 for 表达式中使用多变量生成列表。

代码位置：src/sequence/for_expr3.py

```
num_list = [2 * [x, y] for x in range(5) for y in range(4)]
# num_list 列表包含 20 个元素
print(num_list)
# 前面的代码相当于下面的代码，产生了同样的列表
last_list = []
for x in range(5):
    for y in range(4):
        last_list.append(2 * [x, y])
print(last_list)


num_list = [[x, y, z] for x in range(5) for y in range(4) for z in range(8)]
# 3_list 列表包含 160 个元素
print(num_list)


num_list1 = [30, 12, 77, 34, 39, 78, 36, 36, 121]
num_list2 = [3, 6, 7, 12]
# 只要 y 能整除 x，就将它们配对在一起
result = [(x, y) for x in num_list2 for y in num_list1 if y % x == 0]
print(result)
```

程序运行结果如图 4-10 所示。

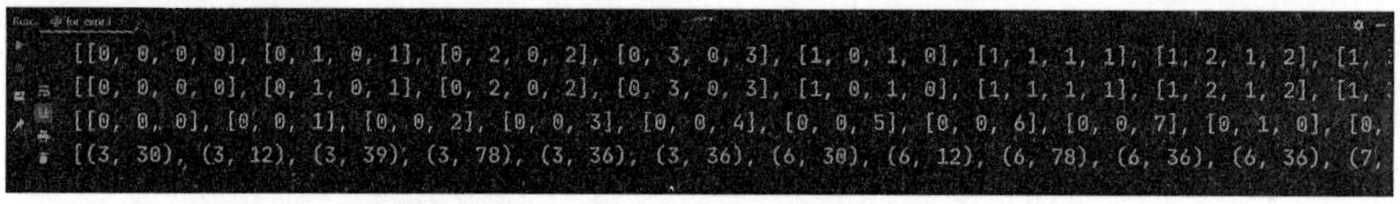

图 4-10　在 for 表达式中使用多变量生成列表

4.6　实战与演练

1. 编写 Python 程序，通过 Python 控制台输入若干整数，直到输入 end 结束输入（可以使用 while 或 for 循环），在输入的过程中，将输入的每个整数追加到 numbers 列表中，然后对 numbers 列表进行降序排列，最后输出 numbers 列表的元素值。

运行程序后，输出结果如图 4-11 所示。

答案位置：src/sequence/solution1.py

2. 编写 Python 程序，创建两个列表：numbers1 和 numbers2，将 numbers1 中的索引 1~3 的元素值追加到 numbers2 列表的结尾，然后对 numbers2 中的元素值进行升序排列，最后输出 numbers 中的所有元素值。

答案位置：src/sequence/solution2.py

3. 编写 Python 程序，通过 Python 终端输入一个大于 1 的整数 n，然后产生一个二维列表。二维列表的尺寸是 n * n。每个列表元素的值为 1~n * n，依次排列。例如，输入的整数是 3，会产生如下的二维列表。

```
[1,2,3]
```

```
[4,5,6]
[7,8,9]
```

产生完列表后，会互换二维列表中的行列元素值。如将上面的二维列表互换行列值的结果如下：

```
[1,4,7]
[2,5,8]
[3,6,9]
```

答案位置：src/sequence/solution3.py

4. 输入年、月、日，并将月转换为中文输出，如输入的月份是 4，要求输出"四月"。程序运行结果如图 4-12 所示。

图 4-11　输入列表中的元素

图 4-12　将月转换为中文输出

答案位置：src/sequence/solution4.py

5. 从 Python 控制台输入一个 Url 和一个数字 n。然后对 Url 分片，获取 Url 的 scheme 和 host。程序运行结果如图 4-13 所示。

答案位置：src/sequence/solution5.py

6. 从 Python 终端输入一个整数 n，然后生成包含 1 ~ n–1 个数字的列表，最后使用分片挑出列表中所有的奇数和偶数，并输出这些数。运行效果如图 4-14 所示。

图 4-13　拆分 Url 的运行结果

图 4-14　挑出奇数和偶数的运行效果

答案位置：src/sequence/solution6.py

7. 利用列表的乘法生成一个 6×11 二维的列表，列表的每个元素是一个一维的列表，列表中的每个元素是空格或星号（*），二维列表中的元素会形成一个由星号（*）组成的正三角形。程序运行效果如图 4-15 所示。

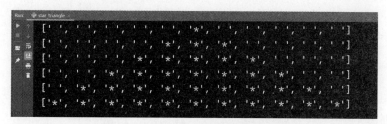

图 4-15　包含正三角形的二维列表

答案位置：src/sequence/solution7.py

8. 从控制台输入用户名和密码，并通过 in 运算符在 account 列表中查找是否存在输入的用户名和密码，如果存在，则输出"登录成功"，如果不存在，则输出"登录失败"。

答案位置：src/sequence/solution8.py

4.7　本章小结

在本章中学习了关于列表的各种知识，这些知识中最重要，也是最常用的是对列表元素的增、删、改、查，列表元素迭代、分片以及列表的连接与排序。所以读者在学习到这些知识点时应格外注意。另外，在使用列表时，也不是一帆风顺的，有时也会抛出异常，最常见的异常原因是列表索引越界，所以读者在使用列表时要注意这点。

## 第 5 章

字　符　串

在本章中将学习字符串的格式化与常用方法。Python 中字符串格式化的功能尤为强大，可以说是随心所欲，让你的字符串呈现各种形式。而字符串中的方法可以辅助我们对字符串进行各种常用的操作，如搜索字符串、连接字符串、对字符串中的字母进行大小写转换、替换字符串、截取字符串等。

5.1　字符串格式化

字符串的一类重要操作就是格式化，例如，将整数转换为字符串时，要求不满 8 位的，前面补 0，这就是字符串格式化的一个标准案例。本节将详细讲解 Python 中有哪些格式化字符串的方法。

5.1.1　字符串格式化基础

微课视频

字符串格式化相当于字符串模板。也就是说，如果一个字符串有一部分是固定的，而另一部分是动态变化的，那么就可以将固定的部分做成模板，然后那些动态变化的部分使用字符串格式化操作符（%）[①]替换。如一句问候语："Hello 李宁"，其中"Hello"是固定的，但"李宁"可能变成任何一个人的名字，如"乔布斯"，所以在这个字符串中，"Hello"是固定的部分，而"李宁"是动态变化的部分，因此，需要用"%"操作符替换"李宁"，这样就形成了一个模板。

```
Hello %s
```

上面的代码中，"%"后面的 s 是什么呢？其实字符串格式化操作符后面需要跟着动态值的数据类型，以及更复杂的格式（如对于浮点数来说，小数点后要保留几位），这里的"%s"表示动态部分要被替换成字符串类型的值。如果在字符串模板中有多个要被替换的部分，需要按顺序用"%"表示，然后在格式化字符串时，传入的值也要符合这个顺序。

下面的例子首先定义了一个字符串模板，然后传入了两个字符串类型的值来格式化字符串，最后将格式化后的字符串输出。

代码位置： src/string/basic_format1.py

```
# 定义字符串模板
formatStr = "Hello %s. Today is %s, Are there any activities today?"
# 初始化字符串格式化参数值，此处必须使用元组，不能使用列表
```

---

① %运算符也可以作为取模运算符使用，不过在这里是要替换字符串中的一部分。

```
values = ('Mike', 'Wednesday')
#  格式化字符串
print(formatStr % values)
```

程序运行结果如图 5-1 所示。

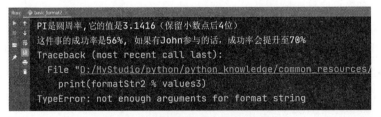

```
Hello Mike. Today is Wednesday, Are there any activities today?
```

图 5-1　格式化字符串

从上面的代码可以看出，不仅在为字符串模板指定格式化参数时要使用百分号（%），在格式化字符串时，也要使用“%”操作符。还有就是指定字符串格式化参数值要使用元组，在这里不能使用列表。

在前面的例子中，只是使用了字符串作为格式化参数，但在实际的应用中，可能会有其他类型的字符串格式化参数。如果遇到这种情况，可以使用 str 函数将这些数据类型的值转换为字符串类型的值，然后再传入字符串模板，这么做在大多数情况下是可行的，但如果要对格式化参数值有更进一步的要求，仅使用 str 函数就做不到了，这就要使用能表示这些数据类型的格式化参数，如“%f”表示浮点类型的格式化参数。

代码位置：src/string/basic_format2.py

```
#  在这个字符串模板中，包含了浮点数和整数类型的格式化参数
formatStr1 = "PI 是圆周率,它的值是%.4f（保留小数点后%d 位）"
#  导入 math 模块中的 pi 变量
from math import pi
#  定义与 formatStr1 对应的格式化参数值
values1 = (pi, 4)
#  字符串格式化，运行结果：PI 是圆周率,它的值是 3.1416（保留小数点后 4 位）
print(formatStr1 % values1)
#  在这个字符串模板中，包含了整数和字符串类型的格式化参数
formatStr2 = "这件事的成功率是%d%%, 如果有%s 参与, 成功率会提升至%d%%"
values2 = (56, "John",70)
#  运行结果：这件事的成功率是 56%, 如果有 John 参与, 成功率会提升至 70%
print(formatStr2 % values2)
values3 = (66,"Mike")
#  由于指定的参数值的数量和格式化参数的数量不匹配,所以会抛出异常
print(formatStr2 % values3)
```

程序的运行结果如图 5-2 所示。

```
PI是圆周率,它的值是3.1416（保留小数点后4位）
这件事的成功率是56%, 如果有John参与的话, 成功率会提升至70%
Traceback (most recent call last):
  File "D:/MyStudio/python/python_knowledge/common_resources/
    print(formatStr2 % values3)
TypeError: not enough arguments for format string
```

图 5-2　不同数据类型的格式化参数

在上面的代码中，为字符串格式化指定了不同数据类型的格式化参数。如果要在格式化字符串中显示百分号（%），就要使用两个百分号（%%）表示。当传入的参数值的数量与格式化参数的数量不匹配时，

就会抛出异常。

5.1.2　模板字符串

在 string 模块中提供了一个用于格式化字符串的 Template 类，该类的功能是用同一个值替换所有相同的格式化参数。Template 类的格式化参数用美元符号（$）开头，后面跟着格式化参数名称，相当于变量名。在格式化时，需要使用 Template 类的 substitute 方法，该方法用于指定格式化参数对应的值。

```
from string import Template
template = Template("$s  $s  $s ")
template.substitute(s = "Hello")        # 这种参数被称为命名参数，会在后面的章节详细介绍
```

在上面的代码中，通过 Template 类的构造方法传入了一个格式化字符串，在这个格式化字符串中包含了 3 个 "$s"，然后调用了 substitute 方法格式化这个字符串，该方法指定了 s 参数值为 "Hello"，最后的替换结果是 "Hello Hello Hello"，也就是说，在格式化字符串中，有多少个 "$s"，就替换多少个 "$s"。substitute 方法还可以通过字典（见第 6 章）设置格式化参数的值。

下面的例子使用 Template 格式化字符串，当格式化参数是一个字符串的一部分时，需要用一对大括号（{}）将格式化参数变量括起来。

代码位置：src/string/template_string.py

```
# 引用 string 模块中的 Template 类
from string import Template
template1 = Template("$s 是我最喜欢的编程语言，$s 非常容易学习，而且功能强大")
# 指定格式化参数 s 的值是 Python
# 运行结果：Python 是我最喜欢的编程语言，Python 非常容易学习，而且功能强大
print(template1.substitute(s='Python'))
# 当格式化参数是一个字符串的一部分时，为了和字符串的其他部分区分开，
# 需要用一对大括号将格式化参数变量括起来
template2 = Template("${s}stitute")
# 运行结果：substitute
print(template2.substitute(s='sub'))


template3 = Template("$dollar$$相当于多少$pounds")
# 运行结果：20$相当于多少英镑
print(template3.substitute(dollar=20,pounds='英镑'))
template4 = Template("$dollar$$相当于多少$pounds")
data = {}
data['dollar'] = 100
data['pounds'] = '英镑'
# 运行结果：100$相当于多少英镑
print(template4.substitute(data))
```

5.1.3　字符串的 format 方法

字符串本身也有一个 format 方法用于格式化当前的字符串。这个 format 方法和前面讲的格式化操作符（%）不太一样。字符串格式化参数并不是用百分号（%）表示，而是用一对大括号（{}），而且支持按顺序指定格式化参数值和关键字格式化参数。例如，下面的代码通过 format 方法按顺序为格式化字符串指定

了参数值。

```
print("{}  {}  {}".format(1,2,3))                # 运行结果：1  2  3
```

可以看到，上面的代码在字符串中指定了 3 对空的大括号，这代表 3 个格式化参数，不需要指定数据类型，可以向其传递 Python 语言支持的任何值。通过 format 方法传入 3 个值（1，2，3），这 3 个值会按顺序替换格式化字符串中的 3 对空的大括号。

命名格式化参数是指在一对大括号中指定一个名称，然后调用 format 方法时也要指定这个名称。

```
print("{a}  {b}  {c}".format(a = 1,c = 2,b = 3))       # 运行结果：1  3  2
```

上面的代码在 3 对大括号中分别添加了 "a""b""c"。通过 format 方法指定了这 3 个命名参数的值。可以看到，并没有按顺序指定命名参数的值。这也是使用命名参数的好处，只要名字正确，format 参数的顺序可以任意指定。当然，顺序方式和命名参数方式可以混合使用，而且还可以指定顺序方式中格式化参数从 format 方法提取参数值的顺序，甚至可以提取 format 方法参数值的一部分。接连抛出了这么多功能，可能很多读者有点应接不暇了，下面的例子演示了 format 的一些核心用法。

代码位置：src/string/format_method.py

```
# 包含了两个空的大括号，format 方法需要按顺序指定格式化参数值
s1 = "Today is {}, the temperature is {} degrees."
# format 方法的第 1 个参数值对应 s1 的第 1 对大括号，第 2 个参数值对应 s1 的第 2 对大括号
# 运行结果：Today is Saturday, the temperature is 24 degrees.
print(s1.format("Saturday", 24))

# 包含了两个命名格式化参数：一个是{week}，另一个是{degree}
s2 = "Today is {week}, the temperature is {degree} degrees. "
# format 方法的第 1 个参数指定了{degree}的值，第 2 个参数指定了{week}的值，
# 可以将 degree 和 week 调换，s2.format(week ="Sunday", degree = 22)
# 运行结果：Today is Sunday, the temperature is 22 degrees.
print(s2.format(degree = 22, week ="Sunday"))

# 混合了顺序格式化参数和关键字格式化参数的两种方式
s3 = "Today is {week}, {}, the {} temperature is {degree} degrees. "
# format 方法的参数，前面应该是按顺序传递的格式化参数值，后面是关键字格式化参数值，顺序不能调换
# 这样做是错误的：s3.format(degree = 22, "aaaaa", 12345, week ="Sunday")
# 运行结果：Today is Sunday, aaaaa, the 12345 temperature is 22 degrees.
print(s3.format("aaaaa", 12345, degree = 22, week ="Sunday"))

# 为顺序格式化参数指定了从 format 方法获取参数值的顺序，{1}表示从 format 方法的第 2 个参数取值
# {0}表示从 format 方法的第 1 个参数取值
s4 = "Today is {week}, {1}, the {0} temperature is {degree} degrees. "
# 运行结果：Today is Sunday, 12345, the aaaaa temperature is 22 degrees.
print(s4.format("aaaaa", 12345, degree = 22, week ="Sunday"))

# 定义了一个列表
fullname = ["Bill", "Gates"]
# {name[1]}取 fullname 列表中的第 2 个值（Gates）
# format 方法通过命名参数，为 name 名字指定了 fullname 列表。运行结果：Mr Gates
```

```
print("Mr {name[1]} ".format(name = fullname))
# 导入 math 模块
import math
# 访问 math 模块中的 "__name__" 变量来获取模块的名字，访问 math 模块中的 pi 变量获取 PI 的值
s5 = "The {mod.__name__} module defines the value {mod.pi} for PI"
# format 方法为 mod 命名参数指定了 math 模块
# 运行结果: The math module defines the value 3.141592653589793 for PI
print(s5.format(mod = math))
```

5.1.4　更进一步控制字符串格式化参数

format 方法的功能远不止这些，在一对大括号中添加一些字符串格式化类型符，可以对格式化字符串进行更多的控制。例如，下面的代码会将一个字符串类型的格式化参数值按原样输出、通过 repr 函数输出，以及输出其 Unicode 编码。

```
print("{first!s}  {first!r}  {first!a}".format(first = "中"))
```

执行这行代码，会输出如下的结果。

```
中  '中'  '\u4e2d'
```

除此之外，format 方法还支持很多其他的控制符，例如，可以将整数按浮点数输出，也可以将十进制数按二进制、八进制、十六进制格式输出。

下面的例子使用了 s、r、a、f、b、o、x 和%字符串格式化类型符对字符串进行格式化。

代码位置：src/string/format_args.py

```
# 运行结果: 原样输出: 中  调用 repr 函数: '中'  输出 Unicode 编码: '\u4e2d'
print("原样输出:{first!s}  调用 repr 函数:{first!r}  输出 Unicode 编码:{first!a}".format
(first = "中"))
# 将 21 按浮点数输出，运行结果: 整数: 21  浮点数: 21.000000
print("整数: {num}  浮点数: {num:f}".format(num = 21))
# 将 56 按十进制、二进制、八进制和十六进制格式输出
# 运行结果: 十进制: 56  二进制: 111000  八进制: 70  十六进制: 38
print("十进制:{num}  二进制:{num:b}  八进制:{num:o}  十六进制:{num:x}".format(num = 56))
# 将 533 按科学记数法格式输出，运行结果: 科学记数法: 5.330000e+02
print("科学记数法: {num:e}".format(num = 533))
# 将 0.56 按百分比格式输出，运行结果: 百分比: 56.000000%
print("百分比: {num:%} ".format(num = 0.56))
```

表 5-1 是 format 支持的一些常用的字符串格式化类型符。

表 5-1　常用的字符串格式化类型符

类　型　符	描　　　　述
a	将字符串按Unicode编码输出
b	将一个整数格式化为一个二进制数
c	将一个整数解释成ASCII
d	将整数格式化为十进制的整数
e	将十进制数格式化为科学记数法形式，用小写的e表示

类 型 符	描　　　述
E	将十进制数格式化为科学记数法形式，用大写的 E 表示
f	将十进制整数格式化为浮点数。会将特殊值（nan 和 inf）转换为小写
F	与 f 的功能相同，只是将特殊值（nan 和 inf）转换为大写
g	会根据整数值的位数，在浮点数和科学记数法之间，在整数位超过 6 位时，与 e 相同，否则与 f 相同
G	与 g 的功能相同，只是科学记数法中的 E 以及特殊值会大写
o	将一个整数格式化为八进制数
s	按原样格式化字符串
x	将一个整数格式化为十六进制数，字母部分用小写
X	与 x 的功能相同，只是字母部分用大写
%	将数值格式化为百分比形式

在表 5-1 中提到的 inf 和 nan 是 Python 中的特殊值。inf 表示无穷大。float("inf") 表示正无穷，float("−inf") 表示负无穷（无穷小）。NaN 可解释为非数字，NaN 既不是无穷大，也不是无穷小，而是无法在计算时返回的一个符号。例如，执行下面的代码会格式化 inf 和 NaN。

```
# 运行结果：NAN  inf
print("{:F}  {:f}".format(float("nan"),float("inf")))
```

注意，在使用表 5-1 中的字符串格式化类型符时需要在前面加上冒号（:）或感叹号（!），大多数类型符加冒号，有一部分（如 a、r）要加感叹号。如{!r}、{!a}，如果写成{r}、{a}会抛出异常。

5.1.5　字段宽度、精度和千分位分隔符

微课视频

使用类型符 f 格式化浮点数时，默认在小数点后会保留 6 位数。其实，使用 format 方法也可以让该格式化数值的整数部分占用一个固定的位数，也可以看作控制字段的宽度。例如，使用{num:10}格式化一个数值，可以让该数值靠右对齐，如果数值的长度（整数部分+小数点+小数部分的长度）不足 10 位，那么左边会保留空格。当然，如果数值的长度超过了 10 位，就会按原样显示。

format 方法同样也可以控制一个浮点数显示的小数位数，也就是数值的精度。例如，使用{pi:.2f}可以让 pi 指定的浮点数保留 2 位小数，这种格式与格式化运算符（%）类似。

还可以使用{num:10.2f}让 num 指定的数值既保留 2 位小数，又可以右对齐，不足 10 位左侧补空格。

本节涉及最后一个问题就是千分位分隔符(,)，对于一个特别长的数值，如果不使用千分位分隔符对数值进行分隔，那么就需要一位一位地数了。如果使用{:,}格式化一个数值，那么 format 方法就会为该数值的整数部分加上千分位分隔符。

下面的例子通过 format 方法将数值的宽度设为 12，将字符串的宽度设为 10，这样数值和字符串前面都会补空格了（如果长度不足的话）。然后让圆周率 PI 保留小数点后 2 位，并且设置 PI 显示的宽度为 10。再将精度设置应用于字符串中，相当于截取字符串前面 n 个字符。最后，用千分位分隔符显示一个非常大的整数 googol。这是 Google 的由来，表示 10 的 100 次幂。

代码位置：src/string/format_features1.py

```
# 设置 52 的显示宽度为 12，也就是说，52 的左侧会有 10 个空格
print("{num:12}".format(num = 52))
```

```
# 将"Bill"的显示宽度设为 10，对于字符串来说，是右侧补空格，也就是说，"Bill"右侧会显示 6 个字符
print("{name:10}Gates".format(name="Bill"))
# 从 math 模块导入了 pi
from math import pi
# 让圆周率 PI 保留 2 位小数
print("float number:{pi:.2f}".format(pi=pi))
# 让圆周率 PI 保留 2 位小数的同时，整个宽度设为 10，如果不足 10 位，会左侧补空格
print("float number:{pi:10.2f}".format(pi=pi))
# 将精度应用于字符串，{:.5}表示截取"Hello World"的前 5 个字符，运行结果：Hello
print("{:.5}".format("Hello World"))
# 用千分位分隔符输出 googol
print("One googol is {:,}".format(10 ** 100))
```

程序运行结果如图 5-3 所示。

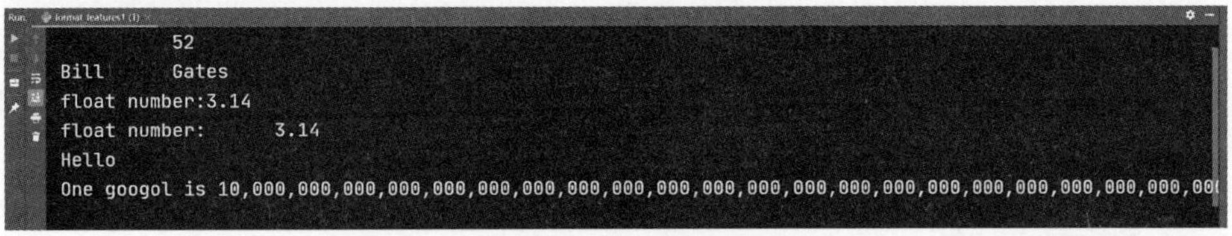

图 5-3　字段宽度、精度和千分位分隔符

5.1.6　符号、对齐、用 0 填充和进制转换

在 5.1.5 节讲到使用 format 方法可以让该格式化的值左侧或右侧补空格，不过这种补空格的效果看上去并不美观，而且一般的用户也分不清前面或后面到底有多少个空格。所以最合适的方式就是在值的前面或后面补 0。例如，如果写一本书，章节超过了 10 章，为了让每一章的序号长度都一样，可以使用 01、02、03、……、11、12 这样的格式。对于 10 以后的章节，按原样输出即可。不过对于 10 以下的章节，就需要在数字前面补一个 0 了。要实现这个功能，就需要使用{chapter:02.0f}格式化章节序号。其中 chapter 是格式化参数，第一个 0 表示如果位数不足时前面要补 0；2 表示整数部分是 2 位数字；第 2 个 0 表示小数部分被忽略；f 表示以浮点数形式格式化 chapter 指定的值。

```
# 运行结果：第 04 章
print("第{chapter:02.0f}章".format(chapter = 4));
```

如果想用 format 方法控制值的左、中、右对齐，可以分别使用"<""^"">"。

```
# 让 1、2、3 分别以左、中和右对齐方式显示
print('{:<10.2f}\n{:^10.2f}\n{:>10.2f}'.format(1,2,3))
```

不管是哪种方式对齐（左、中、右），在很多情况下，值的总长度要比指定宽度小，在默认情况下，不足的位要补空格，但也可以通过在"<""^"">"前面加符号，让这些不足的位用这些符号替代空格补齐。

```
# "#"号在宽度为 20 的区域内中心对齐，并左、右两侧添加若干井号（#），两侧各添加 8 个井号
# 运行结果：######## 井号 ########
print("{:#^20}".format(" 井号 "))
```

对于需要在前面显示负号的数值，如 –3、–5。可以通过在等号（=）前面加上字符，以便在负号和数

值之间加上特殊符号。

```
# 在 5.43 和负号（-）之间显示"^"，运行结果：-^^^^^5.43
print("{0:^=10.2f}".format(-5.43))
```

最后讨论 下进制转换。如果将十进制数分别转换为二进制、八进制和十六进制数，需要分别使用"b"、"o"和"x"类型符。如下面的代码将 43 转换为二进制数。

```
# 运行结果：101011
print("{:b}".format(43))
```

5.1.7 f 字符串

在 Python 中有一种 f 字符串，也就是在字符串之前加一个 f，这样在字符串中就可以直接使用外部变量了，只不过变量要使用一对大括号括起来。

```
name = 'Bill'
age = 30
# 运行结果：姓名：Bill，年龄：30
print(f'姓名：{name}，年龄：{age}')
```

5.2　字符串方法

本节会详细介绍字符串中的核心方法，通过这些方法，可以完成字符串的大多数操作。

5.2.1　center 方法

微课视频

center 方法用于将一个字符串在一定宽度的区域居中显示，并在字符串的两侧填充指定的字符（只能是长度为 1 的字符串），默认填充空格。

可能很多读者看到对 center 方法的描述，一下子就想起来前面讲的 format 方法和居中符号（^），其实完全可以用 format 方法代替 center 方法实现同样的效果，只是使用 center 方法更简单，更直接一些。

center 方法有两个参数：第 1 个参数是一个数值类型，指定字符串要显示的宽度；第 2 个参数是可选的，需要指定一个长度为 1 的字符串，如果指定了第 2 个参数，那么 center 方法会根据第 1 个参数指定的宽度让字符串居中显示，字符串的两侧填充第 2 个参数指定的字符，如果不指定第 2 个参数，那么就用空格填充字符串的两侧区域。

下面的例子同时使用 center 方法和 format 方法让一个字符串在一定宽度的区域居中显示，并且在字符串两侧的区域填充指定的字符。

代码位置：src/string/center.py

```
# 使用 center 方法让"hello"在宽度为 30 的区域居中显示，两侧区域填充空格
print("<" + "hello".center(30) + ">")
# 使用 format 方法让"hello"在宽度为 30 的区域居中显示，两侧区域填充空格
print("<{:^30}>".format("hello"))

# 使用 center 方法让"hello"在宽度为 30 的区域居中显示，两侧区域填充星号（*）
print("<" + "hello".center(30,"*") + ">")
# 使用 format 方法让"hello"在宽度为 30 的区域居中显示，两侧区域填充星号（*）
print("<{:*^30}>".format("hello"))
```

程序运行结果如图 5-4 所示。

5.2.2　find 方法

find 方法用于在一个大字符串中查找子字符串，如果找到，find 方法返回子字符串的第 1 个字符在大字符串中出现的位置，如果未找到，find 方法返回-1。

图 5-4　使用 center 方法和 format 方法让字符串居中显示

```
s = "hello world"
# 在 s 中查找 "world"，运行结果：6
print(s.find("world"))
# 在 s 中查找 "ok"，未找到，运行结果：-1
print(s.find("ok"))
```

find 方法还可以通过第 2 个参数指定开始查找的位置。

```
s = "hello world"
# 从开始的位置查找 "o"，运行结果：4
print(s.find("o"))
# 从位置 5 开始查找 "o"，运行结果：7
print(s.find("o",5))
```

find 方法不仅可以通过第 2 个参数指定开始查找的位置，还可以通过第 3 个参数指定结束查找的位置。

```
s = "hello world"
# 从第 5 个位置开始查找，到第 8 个位置查找结束，运行结果：-1
print(s.find("l",5,9))
# 从第 5 个位置开始查找，到第 9 个位置查找结束，运行结果：9
print(s.find("l",5,10))
```

要注意的是，find 方法的第 3 个参数指定的位置是查找结束位置的下一个字符的索引。所以 s.find("l",5,9) 会搜索到 s 中索引为 8 的字符为止。

5.2.3　join 方法

join 方法用于连接列表中的元素，是 split 方法（在 5.2.4 节介绍）的逆方法。

微课视频

```
list = ['1','2','3','4','5']
s = "*"
# 将字符串 s 与 list 中的每个元素值分别进行连接，然后再把连接的结果进行合并
# 运行结果：1*2*3*4*5
print(s.join(list))
```

可以看到，join 方法会将 s 放到 list 列表元素的后面，从而得到了 "1*2*3*4*5"。那么可能有的读者会问，这个 join 方法有什么用呢？其实 join 方法的一个典型的应用就是组合出不同平台的路径。例如，Linux/UNIX 平台的路径分隔符是斜杠（/），而 Windows 平台的路径分隔符是反斜杠（\），而且前面还有盘符。使用 join 方法可以很轻松地生成不同平台的路径。

下面的例子演示了如何使用 join 方法连接字符串和序列元素，并通过 join 方法生成 Linux 和 Windows 平台的路径。

代码位置：src/string/join.py

```
list = ['a','b','c','d','e']
s = "+"
# 连接 s 和 list，运行结果：a+b+c+d+e
print(s.join(list))
# 用逗号（,）运算符指定路径的每部分
dirs = '','usr','local','nginx',''
# 使用 join 方法生成 Linux 格式的路径
linuxPath = '/'.join(dirs)
# 运行结果：/usr/local/nginx/
print(linuxPath)
# 使用 join 方法生成 Windows 格式的路径
windowPath = 'C:' + '\\'.join(dirs)
# 运行结果：C:\usr\local\nginx\
print(windowPath)

numList = [1,2,3,4,5]
# 抛出异常
print(s.join(numList))
```

程序运行结果如图 5-5 所示。

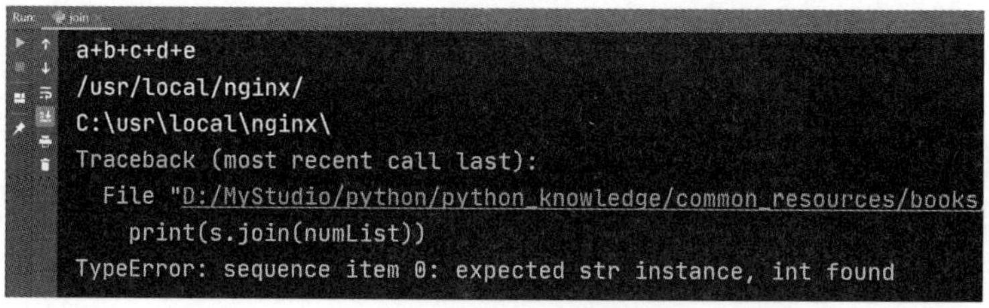

图 5-5　使用 join 方法连接字符串和序列元素

从上面的代码可以看到，与字符串连接的序列元素必须是字符串类型，如果是其他数据类型，如数值，在调用 join 方法时会抛出异常。

5.2.4　split 方法

split 方法和 join 方法互为逆方法。split 方法通过分隔符将一个字符串拆成一个序列。如果 split 方法不指定任何参数，那么 split 方法会把所有空格（空格符、制表符、换行符等）作为分隔符。

下面的例子使用 split 方法将一个加法表达式的操作数放到了一个序列中，并输出该序列。并且将一个 Linux 格式的路径中的每个组成部分放到了一个序列中，并利用这个列表和 join 方法，将路径转换为 Windows 的格式。最后将一条英文句子利用空格分隔符将每个单词放到了一个序列中，并输出该序列。

代码位置：src/string/split.py

```
# 将表达式的操作数放到了序列中，并输出该序列
# 运行结果：['1', '2', '3', '4', '5']
print("1+2+3+4+5".split("+"))
# 将 Linux 格式的路径的每个组成部分放到一个序列中
```

```
list = '/usr/local/nginx'.split('/')
# 运行结果: ['', 'usr', 'local', 'nginx']
print(list)
# 利用 join 方法重新生成了 Windows 格式的路径
# 运行结果: C:\usr\local\nginx
print("C:" + "\\".join(list))
# 将英文句子中的单词放到序列中，然后输出
# 运行结果: ['I', 'like', 'python']
print("I like python".split())
```

5.2.5　lower 方法、upper 方法和 capwords 函数

微课视频

lower 方法和 upper 方法分别用于将字符串中的所有字母字符转换为小写和大写。而 capwords 函数并不是字符串本身的方法，而是 string 模块中的函数，之所以在这里介绍，是因为该函数与 lower 方法和 upper 方法有一点关系，就是 capwords 函数会将一个字符串中独立的英文单词的首字母都转换为大写，例如，"that's all"如果用 capwords 函数转换，就会变成"That's All"。

下面的例子使用 lower 方法和 upper 方法将字符串中的字母字符大小写互转，并在序列中查找指定字符串时，首先将列表中的元素都转换为小写，然后进行比较。最后使用 capwords 函数将一个字符串中的所有独立的英文单词的首字母都转换为大写。

代码位置： src/string/lower_upper_capwords.py

```
# 将 "HEllo" 转换为小写，运行结果: hello
print("HEllo".lower())
# 将 "hello" 转换为大写,运行结果: HELLO
print("hello".upper())
list = ["Python", "Ruby", "Java", "KOTLIN"]
# 在 list 中查找 "Kotlin"，由于大小写的关系，没有找到 Kotlin
if "Kotlin" in list:
    print("找到 Kotlin 了")
else:
    print("未找到 Kotlin")
# 迭代 list 中的每个元素，首先将元素值转换为小写，然后再比较
for lang in list:
    if "kotlin" == lang.lower():
        print("找到 Kotlin 了")
        break;
s = "i not only like Python, but also like Kotlin."
import string
# 将 s 中的英文单词首字母都转换为大写
# 运行结果: I Not Only Like Python, But Also Like Kotlin.
print(string.capwords(s))
```

如果无法保证字符串在序列、数据库中保存的是大写还是小写形式，那么在查找字符串时，应该先将数据源中的字符串转换为小写或大写形式，然后再进行比较。

5.2.6　replace 方法

replace 方法用于将一个字符串中的子字符串替换成另外一个子字符串。该方法返回被替换后的字符串，如果在原字符串中未找到要替换的子字符串，那么 replace 方法就返回原字符串。其实 replace 方法就是一个查找替换的过程。

```
# 运行结果：This is a bike
print("This is a car".replace("car", "bike"))
# 运行结果：This is a car
print("This is a car".replace("place", "bike"))
```

5.2.7　strip 方法

微课视频

strip 方法用于截取字符串的前后空格，以及截取字符串前后指定的字符。

下面的例子演示了如何使用 strip 方法截取字符串前后空格，以及如何截取字符串前后指定的字符。

代码位置：src/string/strip.py

```
# 截取字符串前后空格，运行结果：geekori.com
print("  geekori.com  ".strip())
# 截取字符串前后空格，运行结果：<  geekori.com  >
print("  <  geekori.com  >  ".strip())


langList = ["python", "java", "ruby", "scala", "perl"]
lang = "  python  "
# lang 前后带有空格，因此无法在 langList 中找到相应的元素
if lang in langList:
    print("<找到了 python>")
else:
    print("<未找到 python>")
# 将 lang 前后空格去掉，可以在 langList 中找到相应的元素
if lang.strip() in langList:
    print("{找到了 python}")
else:
    print("{未找到 python}")
# 指定要截取字符串前后的字符是空格、*和&，运行结果：Hello& *World
print("***  &* Hello& *World**&&&".strip(" *&"))
```

使用 strip 方法应了解如下几点：

（1）strip 方法与 lower 方法一样，在比较字符串时，最好利用 lower 方法将两个要比较的字符串都变成小写，以及都截取前后的空格。因为无法保证数据源是否满足要求，所以要尽可能通过代码来保证规范一致。

（2）strip 方法只会截取字符串前后的空格，不会截取字符串中间的空格。

（3）如果指定 strip 方法的参数（一个字符串类型的值），strip 方法会将字符串参数值中的每个字符当作要截取的目标。只要在字符串前后出现了其中一个字符，将会被截取。在本例中指定的参数值是" *&"，因此，只要在字符串前后有空格，'*'和'&'就会被截取。但字符串中间的这些字符不会被截取。

微课视频

5.2.8　translate 方法与 maketrans 方法

translate 方法与 replace 方法类似，都用来替换字符串中的某一部分，只是 translate 方法只用来替换单个字符，而 replace 方法可以用来替换一个子字符串。不过从效率上来说，translate 方法要更快一些。

在使用 translate 方法之前，需要先使用 maketrans 方法创建一张替换表，该方法属于字符串本身。

```
# 创建一张替换表，表示要将'a'和'k'分别替换成'*'和'$'
table = s.maketrans("ak", "*$")
```

然后调用字符串的 translate 方法根据 table 替换相应的字符。

下面的例子首先使用 maketrans 方法创建一张替换表，然后使用 translate 方法替换字符串中相应的字符，并且删除相应的字符。

代码位置： src/string/translate.py

```
s = "I not only like python, but also like kotlin."
# 创建一张替换表
table = s.maketrans("ak", "*$")
# 在控制台输出替换表，运行结果：{97: 42, 107: 36}
print(table)
# 在控制台输出替换表的长度，运行结果：2
print(len(table))
# 根据替换表替换 s 中相应的字符，运行结果：I not only li$e python, but *lso li$e $otlin.
print(s.translate(table))
# 创建另外一张替换表，在这里指定了 maketrans 方法的第 3 个参数，该参数用于指定要删除的字符
table1 = s.maketrans("ak", "$%", " ")
# 根据替换表替换 s 中相应的字符，并删除所有的空格
# 运行结果：Inotonlyli%epython,but$lsoli%e%otlin.
print(s.translate(table1))
```

在使用 translate 方法和 maketrans 方法时要了解如下几点：

（1）translate 方法替换的不止一个字符，如果在原字符串中有多个字符满足条件，那么就替换所有满足条件的字符。

（2）maketrans 方法的第 3 个参数指定了要从原字符串中删除的字符，不是字符串。如果第 3 个参数指定的字符串长度大于 1，那么在删除字符时只会考虑其中的每个字符。例如，参数值为"ab"，那么只会删除原字符串中的"a"或"b"，包括在字符串中间出现的这些字符。

5.3　实战与演练

1. 编写一个 Python 程序，从控制台输入一个字符串（保存到变量 s 中），然后通过 while 循环不断输入字符串（保存到变量 subStr 中），并统计 subStr 在 s 中出现的次数，最后利用 format 方法格式化统计结果。程序运行结果如图 5-6 所示。

答案位置：src/string/solution1.py

2. 编写一个 Python 程序，从控制台输入一个整数（大于 0），然后利用 format 方法生成一个星号三角形，如图 5-7 所示。

图 5-6　统计子字符串在原字符串中出现的次数

图 5-7　8 层星号三角形

答案位置：src/string/solution2.py

3. 通过控制台输入了位数等数值，通过 format 方法完成补 0、对齐、填充字符、进制转换等操作。

答案位置：src/string/solution3.py

4. 通过控制台输入一个大字符串，然后在 while 循环中不断输入一个子字符串、开始索引和结束索引，并根据输入的值在大字符串中查找子字符串，最后输出查找结果。如果输入的子字符串是"end"，则退出循环。

程序运行结果如图 5-8 所示。

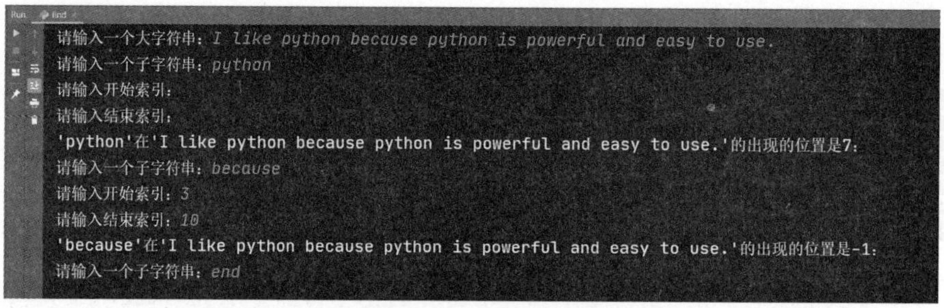

图 5-8　通过 find 方法在大字符串中查找子字符串

答案位置：src/string/solution4.py

5.4　本章小结

本章深入讲解了 Python 中字符串的核心操作。主要包括字符串格式化和字符串方法。其中字符串格式化是本章的重点。在 Python 语言中，可以通过字符串格式化操作符（%）、字符串模板、format 方法、f 字符串对字符串进行格式化，其中 format 方法的功能最强大，f 字符串最简单。Python 之所以在深度学习、网络爬虫等领域非常受欢迎，主要就是因为 Python 在文本处理方面功能强大，而字符串格式化就是文本处理的核心操作之一。当然，Python 在其他方面也有非常强大的功能，如网络，这点在后面的章节就会体会到。

## 第 6 章

字　　典

在本章中将学习字典的用法，包括字典的创建和使用字典，字典迭代，利用字典格式化字符串，以及字典的常用方法，通过这些方法可以完成对字典的大多数操作。

6.1　为什么要引入字典

字典这个名称已经可以解释其部分功能了。与经常查阅的英文字典、汉语字典一样，通过一个关键字，快速查询更多的内容。而且查询速度与字典的厚度无关。Python 语言中的字典也完全符合这一特性。根据创建字典时指定的关键字查询值，而且查询的速度与字典中的数据量无关。因此，字典非常适合根据特定的词语（键），查找与其对应的海量信息的应用。例如，电话簿就是一个非常典型的字典应用，对于一个电话簿来说，一般是用电话号码作为字典的键值，然后根据电话号码，可以在字典中快速定位与该电话号码相关联的其他信息，如联系人姓名、通信地址、QQ 号、微信等。

其实，不使用字典，仍然可以快速定位某个值，看下面的例子。

假设有一个姓名列表：

```
names = ["Bill", "Mike", "John", "Mary"]
```

现在要创建一个可以存储这些人的电话号码的小型数据库。最直接的方法就是创建一个新的列表，按 names 列表中的姓名顺序依次保存电话号码。也就是说，Bill 的电话号码要保存在新列表的第 1 个位置，Mike 的电话号码要保存在新列表的第 2 个位置，以此类推。

```
numbers = ["1234", "4321", "6645", "7753"]
```

如果要找到某个姓名对应的电话号码，或找到某个电话号码对应的姓名，应该如何做呢？对于列表来说，定位某个元素的唯一方法是通过索引，因此，不管是查询姓名，还是电话号码，都需要先获取相应的索引。例如，要获取 Mike 在 names 列表中的索引，应该使用 names.index("Mike")。因此，实现姓名和电话号码之间的互查，要使用下面的代码。

```
# 查询 Mike 对应的电话号码
print(numbers[names.index("Mike")])
# 查询 6645 对应的姓名
print(names[numbers.index("6645")])
```

尽管用上面的代码可以实现我们要的功能，但这太麻烦了，那么为什么不简化一些呢？如使用下面的代码直接获取 Mike 对应的电话号码。

```
print(numbers["Mike"])
```

其实上面的代码使用的格式就是一个典型的字典的用法。那么字典到底如何创建，如何使用呢？在 6.2 节将会揭晓答案。

6.2 创建和使用字典

字典可以用下面的方式创建。

```
phoneBook = {"Bill":"1234", "Mike":"4321", "John":"6645","Mary":"7753"}
```

可以看到，一个字典是用一对大括号来创建的，键与值之间用冒号（:）分隔，每对键值之间用逗号（,）分隔。如果大括号中没有任何的值，就是一个空的字典。

在字典中，键是唯一的，这样才能通过键唯一定位某个值。当然，如果键不唯一，那么程序也不会抛出异常，只是相同的键值会被覆盖。

```
phoneBook = {"Bill":"1234", "Bill":"4321", "John":"6645","Mary":"7753"}
```

可以看到上面的代码定义的字典中，前两对键值中的键是相同的，如果通过 Bill 定位，那么查到的值是"4321"，而不是"1234"。

6.2.1 dict 函数

可以用 dict 函数，通过列表（元组）或命名参数建立字典。

```
items = [["Bill","1234"], ("Mike","4321"),["Mary", "7753"]]
d = dict(items)
# 运行结果: {'Bill': '1234', 'Mike': '4321', 'Mary': '7753'}
print(d)
```

从上面的代码可以看出，为 dict 函数传入了一个列表类型参数值，列表的每个元素或者是一个列表，或者是一个元组。每个元素值包含两个值：第 1 个值表示字典的键，第 2 个值表示字典的值。这样 dict 函数就会将每个 items 列表元素转换为字典中对应的一个键值。

下面的代码使用 dict 函数和命名参数来创建字典：

```
items = dict(name = "Bill", number = "5678", age = 45)
# 运行结果: {'name': 'Bill', 'number': '5678', 'age': 45}
print(items)
```

dict 函数如果不指定任何参数，那么该函数会返回一个空的字典。

微课视频

6.2.2 字典的基本操作

字典的很多操作与列表类似，如下面的一些操作仍然适合于字典。

- len(dict)：返回字典 dict 中元素（键值对）的数量。
- dict[key]：返回关联到键 key 上的值，对于列表，key 就是索引。
- dict[key] = value：将值 value 关联到键 key 上。
- del dict[key]：删除键为 key 的项。
- key in dict：检查 dict 中是否包含有键为 key 的项。

尽管字典和列表有很多特性相同，但也有下面的一些重要区别。

- **键类型**：字典的键可以是任意不可变类型，如浮点数、元组、字符串等，而列表的 key 只能是整数类型。
- **自动添加**：字典可以通过键值自动添加新的项，也就是说，进行 dict[key] = value 操作时，如果 key 在字典 dict 中不存在，那么就会在 dict 中添加一个新的元素（键-值对）。而在列表中，必须要使用 append 方法或 insert 方法才能在列表中添加新的元素。
- **查找成员**：在字典中使用 key in dict 操作，查找的是 key，而不是 value。在列表中使用 key in dict 操作，查找的是值，而不是索引。对于列表来说，key 就代表值。尽管字典和列表在引用其中的值时都用 dict[key]，但 key in dict 操作的含义是不同的。

下面的代码演示了字典的键类型，为字典添加新的元素（键-值对），以及如何使用 in 操作符在字典中查找指定的 key。在演示 in 操作符时，在名为 IDEs 的字典中添加各种 IDE 支持的编程语言以及所属机构，然后通过控制台输入要查找的 IDE 名字，并指定要查找 IDE 支持的编程语言或所属机构，最后在控制台输出结果。

代码位置： src/dict/basic_dict.py

```python
dict = {}                                   # 定义一个字典
dict[20] = "Bill"                           # 向字典 dict 中添加整数类型的 key
dict["Mike"] = {'age':30,'salary':3000}     # 向字典 dict 中添加字符串类型的 key
dict[(12, "Mike", True)] = "hello"          # 向字典 dict 中添加元组类型的 key
print(dict)                                 # 输出字典 dict 中的所有元素

#list = []                                  # 定义一个列表
#list[30] = "hello"                         # 索引为 30 的元素并不存在，所以会抛出异常


IDEs = {                                    # 定义一个字典
    'eclipse':
        {
        'languages':['Java', 'Python', 'JavaScript','PHP'],
        'organization':'Eclipse 基金会'
        },
    'visualstudio':
        {
        'languages':['C#','C++', 'VB.NET'],
        'organization':'微软'
        },
    'webstorm':
        {
        'languages':['JavaScript'],
        'organization':'JetBrains'
        }

}
```

```
labels = {                                  # 定义一个字典，用于存储显示的标签
    'languages':'支持的编程语言',
    'organization':'所属机构'
    }
IDE = input('请输入 IDE 的名字：')          # 从控制台输入一个 IDE 的名字
findIDE = IDE.replace(" ", "").lower()      # 去除 IDE 名字中的所有空格，并将其转换为小写
# 从控制台输入 lang 或 org，表示要查询 IDE 支持的编程语言或所属机构
choice = input('要查询 IDE 支持的编程语言(lang)还是所属组织机构(org)? ')
if choice == "lang": key = 'languages'
if choice == "org": key = 'organization'


# 在 IDEs 字典中查找指定的 IDE，如果找到，就输出查询结果
if findIDE in IDEs:
    print("{}{}是{}.".format(IDE, labels[key], IDEs[findIDE][key]))
```

程序运行结果如图 6-1 所示。

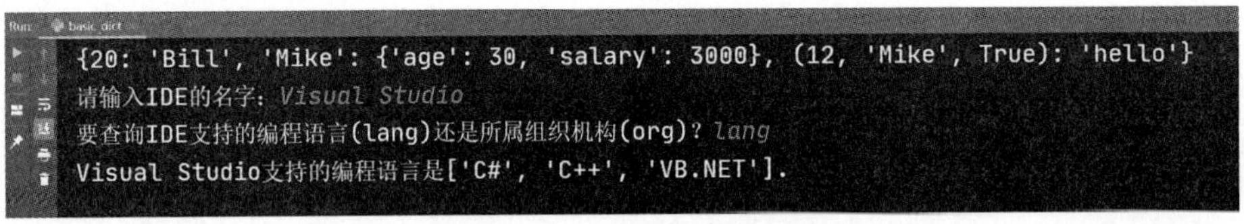

图 6-1　字典的基本操作

在上面的代码中，从字典 IDEs 中查找指定 IDE 时，首先将输入的 IDE 名字中所有的空格去掉，然后又将其中所有的字母都转换为小写。而 IDEs 中保存的 key 也符合这个规则，也就是 IDE 名字全部用小写，而且中间没有空格。由于在输入 IDE 名字时，可能会输入多个空格，名字也可能带有大小写字母，所以将输入的 IDE 名字转换为 IDEs 中 key 的命名规则，以保证输入不同格式的 IDE 名字都可以查到相应的 IDE。例如，输入 "Visual Studio" "visual studio" "VisualStudio" 都可以查询到 Visual Studio 的相应信息。

6.2.3　字典的格式化字符串

在 5.1 节讲过使用百分号（%）配合元组对字符串进行格式化的方式。在字符串中使用%s、%d 等格式表示要替换的值，这个字符串可以称为模板，然后用字符串模板与元组通过%进行格式化。

```
'xyz %d  abc %s' % (20,'ok')
```

如果使用字典对字符串进行格式化，要比使用元组更酷。因为在字符串模板中可以用命名的方式指定格式化参数。在 Python 2.x 中，仍然可以使用%运算符和字典对字符串进行格式化，不过在 Python 3.x 中，改用了字符串的 format_map 方法，而且格式化参数需要用一对花括号（{}）括起来。

代码位置： src/dict/dict_format_string.py

```
values1 = (1,3,"hello")                     # 定义一个格式化参数元组 zheyangzuo
str1 = "abc %d, xyz %d, %s world"           # 定义一个字符串模板
print(str1 % values1)                       # 使用%和元组格式化字符串

# 定义一个格式化参数字典
values2 = {'title':'极客起源', 'url':'https://geekori.com', 'company':'欧瑞科技'}
```

```
# 定义一个字符串模板
str2 = """
<html>
    <head>
        <title>{title}</title>
        <meta charset="utf-8" />
    <head>
    <body>
        <h1>{title}</h1>
        <a href="{url}">{company}</a>
    </body>
</html>
"""
print(str2.format_map(values2))            # 使用 format_map 方法格式化字符串
```

程序运行结果如图 6-2 所示。

我们可以看到，format_map 方法使用的字符串
模板中，格式化参数使用一对大括号({})表示，大括
号里面就是格式化参数的名字，如 "{title}"，这个
格式化参数名也是字典中的 key。使用字典提供格
式化参数值的好处是不需要按字符串模板中的顺
序指定格式化参数值，而且同一个格式化参数可以
放在多个位置，在格式化时会替换所有同名的格式
化参数。如本例中的{title}放在了两个位置。如果格
式化模板中的格式化参数名在字典中未找到，系统
会抛出异常。

图 6-2　使用 format_map 方法格式化字符串

6.2.4　字典迭代

本节将详细讲解如何获取字典中 key 和 value 的列表。

1. 获取字典中key的列表

在使用字典时，如果要想知道字典里有哪些 key，可以直接使用 for 语句对字典进行遍历。

```
dict = {'x':1, 'y':2,'z':3}
# 输出 x y z
for key in dict:
    print(key, end=' ')
```

在这段代码中，key 的值分别为 x、y、z，因此，会输出 "x y z"。

2. 同时获取字典中的key和value列表

如果要同时获取字典中的 key 和 value，除了在上面的代码中使用 dict[key]获取值外，还可以使用字典
中的 items 方法同时获取 key 和 value。

```
dict = {'x':1, 'y':2,'z':3}
# 同时获取字典中的 key 和 value
```

```
#  运行结果: x 1 y 2 z 3
for key,value in dict.items():
    print(key, value, end=' ')
```

6.3　字典方法

与其他内建类型一样，字典也有方法。这些方法非常有用，不过字典中的这些方法可能并不会像列表、字符串中的方法那样频繁使用。本节介绍的方法读者也不需要全部记住，只需要浏览一下，看字典中有哪些方法，并了解这些方法的作用与使用方法，等以后需要用时再查找即可。

6.3.1　clear 方法

clear 方法用于清空字典中的所有元素。

```
dict = {'a':1, 'b':2}
dict.clear();
#  清空字典中的元素: 运行结果: {}
print(dict)
```

微课视频

6.3.2　copy 方法与 deepcopy 函数

copy 方法用于复制一个字典，该方法返回复制后的新字典。

```
dict = {"a":30, "b":"hello","c":[1,2,3,4]}
#  复制一个新的字典
newDict = dict.copy()
```

copy 方法复制的字典只是浅层复制，也就是说只复制第 1 层的字典数据。至于第 2 层及以下的所有层，原字典和新字典都指向同一个值，也就是说，不管是修改原字典中的这些元素，还是新字典中的这些元素，原字典和新字典中对应的元素都会同时改变。对于上面的代码，如果修改字典 dict 中 key 等于 "a" 或 "b" 的值，字典 newDict 中对应的值并不会发生改变，因为 "a" 和 "b" 的值都属于第 1 层（只是一个简单的数值或字符串），而不管修改哪个字典中 key 为 "c" 的值，另外一个字典对应的值都会改变。这里修改 key 为 "c" 的值并不是指替换整个列表（[1,2,3,4]），而是修改该列表中的某个值，如将 "4" 修改成 "20"。

如果要想改变这种情况，就需要使用 copy 模块中的 deepcopy 函数，该函数可以对字典进行深层复制。

```
#  导入 copy 模块中的 deepcopy 函数
from copy import deepcopy
dict = {"a":30,"b":"hello","c":[1,2,3,4]}
#  newDict 是经过深层复制的字典, 与 dict 中的元素完全脱离
newDict = deepcopy(dict)
```

下面的例子完整地演示了如何使用 copy 方法与 deepcopy 函数对字典进行浅层复制和深层复制，并将字典元素修改前后的结果输出到控制台，以便读者进行对比。

代码位置: src/dict/copy_deepcopy.py

```
#  定义一个字典
persons1= {"Name":"Bill", "age":30, "fullName":["Bill", "Gates"]}
#  对 persons1 进行浅层复制
```

```
persons2 = persons1.copy()
# 输出 persons1
print("persons1",persons1)
# 输出 persons2
print("persons2",persons2)
print("-------浅层复制---------")
print("-------修改第 1 层元素---------")
# 修改 persons2 中 key 为 "age" 的值
persons2['age'] = 54
# 运行结果: persons1 {'Name': 'Bill', 'age': 30, 'fullName': ['Bill', 'Gates']}
print("persons1",persons1)
# 运行结果: persons2 {'Name': 'Bill', 'age': 54, 'fullName': ['Bill', 'Gates']}
print("persons2",persons2)
print("-------修改第 2 层元素---------")
# 修改 persons2 的第 2 层数据（字符串列表中第 2 个元素）
persons2["fullName"][1] = "Clinton"
# 运行结果: persons1 {'Name': 'Bill', 'age': 30, 'fullName': ['Bill', 'Clinton']}
print("persons1",persons1)
# 运行结果: persons2 {'Name': 'Bill', 'age': 54, 'fullName': ['Bill', 'Clinton']}
print("persons2",persons2)
print("-------深层复制---------")
from copy import deepcopy
persons1 = {"Name":"Bill", "age":30, "fullName":["Bill", "Gates"]}
# persons2 为浅层复制的字典
persons2 = persons1.copy()
# persons3 为深层复制的字典
persons3 = deepcopy(persons1)
# 修改原字典的第 2 层元素
persons1["fullName"][1] = "Clinton"
# 运行结果: persons1 {'Name': 'Bill', 'age': 30, 'fullName': ['Bill', 'Clinton']}
print("persons1", persons1)
# 运行结果: persons1 {'Name': 'Bill', 'age': 30, 'fullName': ['Bill', 'Clinton']}
print("persons2", persons2)
# 运行结果: persons3 {'Name': 'Bill', 'age': 30, 'fullName': ['Bill', 'Gates']}
print("persons3", persons3)
```

从上面的代码可以看出，最后分别使用 copy 方法和 deepcopy 函数将 persons1 浅层复制和深层复制一个字典：persons2 和 persons3。如果修改 persons1 的第 2 层元素，那么 persons2 中对应的元素也会随着改变，但 persons3 中对应的元素并未发生改变。这是因为 persons2 中 key 为 "fullName" 的元素值其实与 persons1 中 key 为 "fullName" 的元素值是同一个值（['Bill', 'Clinton']），而 persons3 中 key 为 "fullName" 的元素值是与 persons1 中同样的值完全脱离的，所以 persons3 中的该元素值并未发生改变。

6.3.3　fromkeys 方法

微课视频

fromkeys 方法用于根据 key 建立新的字典（该方法的返回值就是新的字典）。在新的字典中，所有的 key 都有相同的默认值。在默认情况下，fromkeys 方法会为每个 key 指定 None 为其默认值。不过可以使用 fromkeys

方法的第 2 个参数设置新的默认值。

下面的例子演示了如何调用字典的 fromkeys 方法创建一个默认值为 None 的字典，以及默认值为"没有值"的字典。

代码位置：src/dict/fromkeys.py

```python
# 在一个空字典上调用 fromkeys 方法创建一个新的字典（newDict1），通过列表指定 key
newDict1 = {}.fromkeys(['name', 'company','salary'])
# 运行结果：{'name': None, 'company': None, 'salary': None}
print(newDict1)
# 在 newDict1 上调用 fromkeys 方法创建一个新的字典（newDict2），通过元组指定 key
newDict2 = newDict1.fromkeys(('name', 'company','salary'))
# 运行结果：{'name': None, 'company': None, 'salary': None}
print(newDict2)
# 通过 fromkeys 方法的第 2 个参数指定 key 的默认值，通过列表指定 key
newDict3 = newDict1.fromkeys(['name', 'company','salary'],'没有值')
# 运行结果：{'name': '没有值', 'company': '没有值', 'salary': '没有值'}
print(newDict3)
```

从上面的代码可以看出，fromkeys 方法第 1 个参数用于指定新字典的 key 集合，可以使用列表或元组指定这些 key。第 2 个参数指定新字典中 key 对应的默认值，本例使用了字符串类型的值，该值可以是任何数据类型，例如，数值类型、布尔类型等。

6.3.4　get 方法

get 方法用于更宽松的方式从字典中获取 key 对应的 value。当使用 dict[key]形式从字典中获取 value 时，如果 key 在 dict 中不存在，那么程序会抛出异常。

```python
dict = {"name":"Bill", "age":30}
value = dict["salary"]
```

执行上面的代码，会抛出如图 6-3 所示的异常。

```
Traceback (most recent call last):
  File "D:/MyStudio/python/python_knowledge/common_resources
    value = dict["salary"]
KeyError: 'salary'
```

图 6-3　访问字典中不存在的 key 抛出的异常

如果要阻止在 key 不存在的情况下抛出异常，那么就需要使用本节介绍的 get 方法。该方法在 key 不存在时，会返回 None 值。也可以通过 get 方法的第 2 个参数指定当 key 不存在时返回的值。

```python
dict = {'a':20,'b':30, 'c':40}
# 运行结果：0
print(dict.get('x', 0))
```

6.3.5　items 方法和 keys 方法

items 方法用于返回字典中所有的 key-value 对。获得的每个 key-value 对用一个元组表示。items 方法返回的值是一个被称为字典视图的特殊类型，可以被用于迭代（如使用在 for 循环中）。items 方法的返回值与字典使用了同样的值，也就是说，修改了字典或 items 方法的返回值，修改的结果就会反映在另一方法上。keys 方法用于返回字典中所有的 key，返回值类型与 items 方法类似，可以用于迭代。

下面的例子演示了如何使用 items 方法获取字典中的 key-value 对，以及使用 keys 方法获取字典中所有的 key，并通过 for 循环迭代 items 方法和 keys 方法的返回值。

代码位置：src/dict/items_keys.py

```python
# 定义一个字典
dict = {"help":"帮助", "bike":"自行车", "geek":"极客","China":"中国"}
# 在控制台输出字典中所有的 key-value 对
print(dict.items())
# 通过 for 循环对 dict 中所有的键-值对进行迭代
for key_value in dict.items():
    print("key","=",key_value[0],"value","=",key_value[1])
# 判断("bike","自行车")是否在 items 方法的返回值中
print(("bike","自行车") in dict.items())
# 获取 key-value 对
dict_items = dict.items()
# 修改字典中的值
dict["bike"] = "自行车；摩托车；电动自行车；"
# 修改字典中的值后，dict_items 中的值也会随着变化
print(dict_items)
# 输出字典中所有的 key
print(dict.keys())
# 对字典中所有的 key 进行迭代
for key in dict.keys():
    print(key)
```

程序运行结果如图 6-4 所示。

```
dict_items([('help', '帮助'), ('bike', '自行车'), ('geek', '极客'), ('China', '中国')])
key = help value = 帮助
key = bike value = 自行车
key = geek value = 极客
key = China value = 中国
True
dict_items([('help', '帮助'), ('bike', '自行车；摩托车；电动自行车；'), ('geek', '极客'), ('China', '中国')])
dict_keys(['help', 'bike', 'geek', 'China'])
help
bike
geek
China
```

图 6-4　items 方法和 keys 方法程序运行结果

6.3.6　pop 方法和 popitem 方法

pop 方法与 popitem 方法都用于弹出字典中的元素。pop 方法用于获取指定 key 的值，并从字典中弹出这个 key-value 对。popitem 方法用于返回字典中最后一个 key-value 对，并弹出这个 key-value 对。对于字典来说，里面的元素并没有顺序的概念，也没有 append 或类似的方法，所以这里所说的最后一个 key-value 对，也就是为字典添加 key-value 对时的顺序，最后一个添加的 key-value 对就是最后一个元素。

微课视频

下面的例子演示了 pop 方法和 popitem 方法的用法。

代码位置： src/dict/pop_popitem.py

```
dict = {'c':10,'a':40,'b':12,'x':44}
dict['1'] = 3
dict['5'] = 3
# 获取 key 为'b'的值
print(dict.pop('b'))
# 弹出字典中所有的元素
for i in range(len(dict)):
    print(dict.popitem())
```

程序运行结果如图 6-5 所示。

图 6-5　pop 方法与 popitem 方法程序运行结果

从上面的代码可以看出，如果想一个一个地将字典中的元素弹出，使用 popitem 方法是非常方便的，这样就不需要指定 key 了。

6.3.7　setdefault 方法

setdefault 方法用于设置 key 的默认值。该方法接收两个参数：第 1 个参数表示 key，第 2 个参数表示默认值。如果 key 在字典中不存在，那么 setdefault 方法会向字典中添加这个 key，并用第 2 个参数值作为 key 的值。该方法会返回这个默认值。如果未指定第 2 个参数，那么 key 的默认值是 None。如果字典中已经存在这个 key 了，setdefault 方法不会修改 key 原来的值，而且该方法会返回 key 原来的值。

下面的代码演示了如何使用 setdefault 方法向字典中添加新的 key-value 对，以及获取原有 key 的值。

代码位置： src/dict/setdefault.py

```
# 定义一个空字典
dict = {}
# 向字典中添加一个名为 name 的 key，默认值是 Bill。运行结果：Bill
print(dict.setdefault("name", 'Bill'))
# 运行结果：{'name': 'Bill'}
print(dict)
# 并没有改变 name 的值。运行结果：Bill
print(dict.setdefault("name", "Mike"))
# 运行结果：{'name': 'Bill'}
print(dict)
# 向字典中添加一个名为 age 的 key，默认值是 None。运行结果：None
print(dict.setdefault("age"))
# 运行结果：{'name': 'Bill', 'age': None}
print(dict)
```

可以看到，在上面的代码中使用 setdefault 方法第 1 次设置 name 时向字典中添加了一个新的 key-value 对，而第 2 次设置 name 时，字典元素并没有任何变化。而 setdefault 方法返回了第 1 次设置 name 的值（Bill），也就是 name 原来的值。

可能有的读者会有这样的疑问：这个 setdefault 方法不就是向字典中添加一个 key-value 对吗？这里所谓的默认值（setdefault 方法第 2 个参数）其实就是 key 的值。与 dict[key] = value 有什么区别呢？

其实如果 key 在字典中不存在，setdefault(key,value)方法与 dict[key] = value 形式是完全一样的，区别就是当 key 在字典中存在的情况下。setdefault(key, value)并不会改变原值，而 dict[key] = value 是会改变原值的。所以 setdefault 方法主要用于向字典中添加一个 key-value 对，而不是修改 key 对应的值。

6.3.8　update 方法

update 方法可以用一个字典中的元素更新另外一个字典。该方法接收一个参数，该参数表示用作更新数据的字典数据源。如 dict1.update(dict2)可以用 dict2 中的元素更新 dict1。如果 dict2 中的 key-value 对在 dict1 中不存在，那么会在 dict1 中添加一个新的 key-value 对。如果 dict1 中已经存在了这个 key，那么会用 dict2 中 key 对应的值更新 dict1 中 key 的值。

下面的例子演示了如何使用 update 方法用字典 dict2 中的元素更新字典 dict1。

代码位置：src/dict/update.py

```python
dict1 = {
    'title':'欧瑞学院',
    'website':'https://geekori.com',
    'description':'从事在线 IT 课程研发和销售'
    }
dict2 = {
    'title':'欧瑞科技',
    'products':['欧瑞学院','博客','读书频道','极客题库','OriUnity'],
    'description':'从事在线 IT 课程研发和销售，工具软件研发'
    }
# 用 dict2 中的元素更新 dict1
dict1.update(dict2)
# 输出字典 dict1 中所有的 key-value 对
for item in dict1.items():
    print("key = {key}  value = {value}".format(key = item[0],value = item[1]))
```

程序运行结果如图 6-6 所示。

```
key = title  value = 欧瑞科技
key = website  value = https://geekori.com
key = description  value = 从事在线IT课程研发和销售，工具软件研发
key = products  value =['欧瑞学院','博客','读书频道','极客题库','OriUnity']
```

图 6-6　通过 update 方法用字典 dict2 中的元素更新字典 dict1

从上面的代码可以看出，dict2 中的 products 在 dict1 中并不存在，所以向 dict1 中添加了 products。而 title 和 description 在 dict1 和 dict2 中都存在，只是在这两个字典中值不同，所以调用 update 方法后，用 dict2 中相应 key 的值更新了 dict1 中同名 key 的值。

6.3.9　values 方法

values 方法用于以迭代器形式返回字典中值的列表。与 keys 方法不同的是，values 方法返回的值列表可以有重复的，而 keys 方法返回的键值列表不会有重复的 key。

下面的例子演示了如何使用 values 方法获取字典中值的列表，并对这个列表进行迭代。

实例位置：src/dict/values.py

```
dict = {
    "a":1,
    "b":2,
    "c":2,
    "d":4,
    "e":1
    }
# 输出值的列表
print(dict.values())
# 对值的列表进行迭代
for value in dict.values():
    print(value)
```

程序运行结果如图 6-7 所示。

Run: values
dict_values([1, 2, 2, 4, 1])
1
2
2
4
1

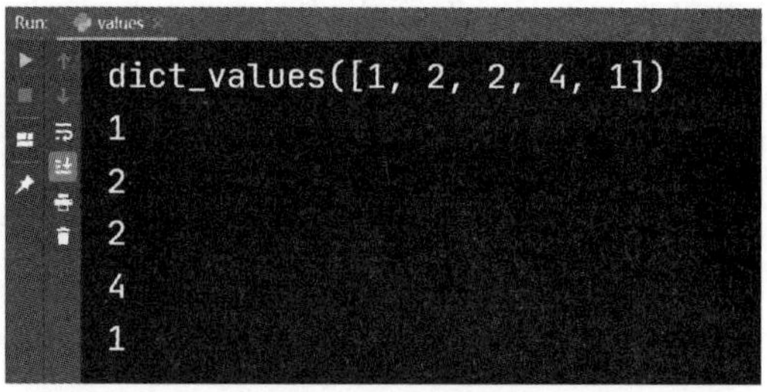

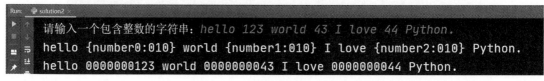

图 6-7　使用 values 方法获取字典中值的列表，并对列表进行迭代

6.4　实战与演练

1. 编写一个 Python 程序，在字典中添加 1000 个 key-value 对，其中 key 是随机产生的，随机范围是 0 ~ 99，value 任意指定。要求当 key 在字典中如果已经存在，仍然保留原来的 key-value 对。最后输出字典中所有的 key-value 对。

答案位置：src/dict/solution1.py

2. 编写一个 Python 程序，从控制台输入一个包含整数的字符串，将字符串中的整数格式化为长度为 10 的格式，位数不足前面补 0。例如，456 格式化成 0000000456。具体要求如下：

（1）不使用正则表达式。

（2）使用字典格式化字符串。

（3）将从控制台输入的字符串转换为字符串模板再进行格式化。

（4）最后在控制台输出字符串模板和格式化结果。

程序运行结果如图 6-8 所示。

Run: solution2
请输入一个包含整数的字符串：hello 123 world 43 I love 44 Python.
hello {number0:010} world {number1:010} I love {number2:010} Python.
hello 0000000123 world 0000000043 I love 0000000044 Python.

图 6-8　格式化整数的程序运行结果

答案位置：src/dict/solution2.py

3. 通过控制台输入一组 key 和 value，首先通过每对 key-value 创建一个列表，并将这个列表放到一个大的列表（items）中。最后使用 dict 函数将 items 转换为字典，并在控制台输出这个字典。

程序的运行效果如图 6-9 所示。

答案位置：src/dict/solution3.py

4. 定义了一个英文和中文含义对应的字典，并通过 while 循环不断输入英文单词，在该字典中查询，如果英文单词在字典中存在，那么输出该英文单词的中文含义，否则输出该英文单词在字典中不存在的信息。

程序的运行效果如图 6-10 所示。

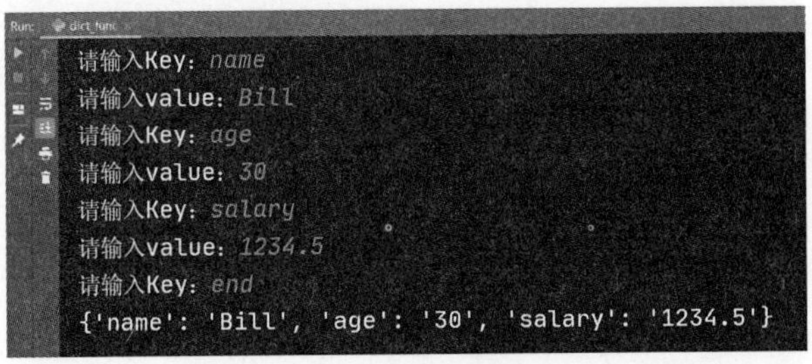

图 6-9 使用 dict 函数将列表转换为字典，并输出

图 6-10 英文字典输出的程序运行效果

答案位置：src/dict/solution4.py

6.5 本章小结

如果业务逻辑的主要功能是通过某个值搜索更多的数据，那么最适合这种场景的数据结构就是字典。由于字典采用了树形的存储结构，所以搜索速度与字典中的数据个数无关。字典、列表和元组是 Python 中 3 种非常重要的数据结构。如果要搜索数据，就用字典；要按顺序读取数据，就使用列表或元组；要按顺序读写数据，就只能使用列表了。

## 第 7 章

函　　数

在本章中将学习函数的相关知识，包括定义函数，定义和调用没有返回值的函数，为函数添加文档注释，以及函数的各种类型参数，如命名参数、可变参数、单星参数（在参数前面加一个星号（*））和双星参数（在参数前面加两个星号（**））等。通过本章的知识点讲解以及实战演练，可以让读者对 Python 中的函数有一个非常深入的掌握。

7.1　函数基础

本节将介绍如何定义函数和为函数添加文档注释，以及定义和调用没有返回值的函数。

7.1.1　定义函数

定义函数要使用 def 关键字，代码如下：

```
def greet(name):
    return 'Hello {}'.format(name)
```

从上面的代码可以看出，函数名是 greet。后面是一对圆括号，函数的参数就放在这里。圆括号中有一个 name 参数。最后用一个冒号（:）结尾，这表明函数体也是一个需要依赖缩进的代码块。

由于 Python 是动态语言，所以函数参数与返回值都不需要事先指定数据类型，函数参数直接写参数名即可，如果函数有多个参数，中间用逗号（,）分隔。如果函数有返回值，直接使用 return 语句返回即可。return 语句可以返回任何东西，一个值，一个变量，或是另一个函数的返回值，如果函数没有返回值，可以省略 return 语句。

将代码封装在函数中，然后就可以调用函数了。

```
print(greet("李宁"))          # 运行结果：Hello 李宁
print(greet("特斯拉"))        # 运行结果：Hello 特斯拉
print(greet("达·芬奇"))       # 运行结果：达·芬奇
```

7.1.2　为函数添加文档注释

微课视频

代码位置：src/func/func_document_comment.py

注释尽管在程序中不是必需的，但却是必要的。如果没有注释，那么程序就很难被别人读懂，甚至过段时间，自己都看不明白自己编写的程序。Python 支持单行注释和多行注释，前者使用井号（#）表示，后者使用 3 个单引号或双引号将多行注释内容括起来。对于函数来说，还可以使用另外一种注释：文档注释。

不管是单行注释还是多行注释，在程序编译后，这些注释都会被编译器去掉，也就是说，无法在程序中通过代码来动态获取单行注释和多行注释的内容。而文档注释作为程序的一部分一起存储，通过代码可以动态获取这些注释。文档注释有一个重要的作用，就是让函数、类（第 8 章介绍）等 Python 元素具有自描述功能，通过一些工具，可以为所有添加了文档注释的函数和类生成文档。很多编程语言的 API 帮助信息就是这么做的。

为函数添加文档注释，需要在函数头（包含 def 关键字的那一行）的下一行用一对单引号或双引号将注释括起来。

```
def add(x,y):
    "计算两个数的和"
    return x + y
```

在上面的代码中，"计算两个数的和"就是 add 函数的文档注释。可以使用 "__doc__" 函数属性获取 add 函数的文档注释。要注意，"__doc__" 中 "doc" 两侧的__表示双下画线。

```
# 运行结果："计算两个数的和"
print(add.__doc__)
```

还可以直接使用 help 函数获取函数的文档注释。

```
help(add)
```

执行这行代码，会输出如图 7-1 所示的内容。

关于 "__doc__" 函数属性和 help 函数的更多用法，会在后面的章节详细介绍。

图 7-1　使用 help 函数获取函数的文档注释

7.1.3　没有返回值的函数

微课视频

并不是所有的函数都需要返回值，有些函数只需要在内部处理些东西，如果要输出，可以直接通过 print 函数输出信息，那么在这种情况下，就没有必要返回值了。

在几乎所有的编程语言中，都会有这种没有返回值的函数。在有些编程语言（如 Pascal）中，将这些没有返回值的函数称为过程，还有些编程语言（主要指 C 风格的编程语言）用 void 或类似的关键字声明该函数不返回任何值。不过 Python 没有这么多称呼。如果 Python 函数没有返回值，不使用 return 语句就可以了，或使用 return 语句，但 return 后面不传入任何参数值。

如果 Python 函数没有返回值，那么使用 print 函数输出这样的函数，会输出 None。这个值表示没有值。

下面的例子定义了一个 test 函数，并要求传入一个 flag 参数，该参数是布尔类型。如果 flag 为 True，则执行 return 语句跳出函数。

代码位置：src/func/no_return.py

```
# 定义一个 test 函数
def test(flag):
    print("这是在函数中打印的信息")
    if flag:
        return
```

```
        print("这行信息只有在 flag 为 False 时才会输出")
# flag 参数值为 False，会输出最后一行信息
test(False)
print("----------")
# 调用 test 函数，flag 参数值为 True，最后一行信息不会输出
returnValue = test(True)
# 运行结果：None
print(returnValue)
```

7.2 函数参数

函数使用起来很简单，创建起来也不复杂，但函数参数的用法却需要详细讲解，因为函数参数用起来非常灵活。

写在 def 语句中函数名后面圆括号中的参数称为形参，而调用函数时指定的参数称为实参。形参对于函数调用者来说是透明的。也就是说形参叫什么，与调用者无关。这个形参是在函数内部使用的，函数外部并不可见。

微课视频

7.2.1 改变参数的值

如果将一个变量作为参数传入函数，并且在函数内部改变这个变量的值，那么结果会怎么样呢？不妨做一个实验。

```
x = 20
s = "世界您好"
def test(x,s):
    x = 40
    s = "hello world"
test(x,s)
# 运行结果：20 世界您好
print(x,s)
```

在上面的代码中，首先定义了两个变量：x 和 s，然后将其传入 test 函数，并在该函数中修改这两个变量的值。最后在函数外部输出这两个变量，得到的结果是它们的值并没有改变。所以说，对于数值类型、字符串类型等简单类型，在函数内部可以修改变量的值，但不会影响到原始变量的值。也就是说，函数内部操作的参数变量实际上是 x 和 s 的一个副本。将变量传入函数，并修改变量值的过程与下面的代码类似。

```
x = 20
s = "世界您好"
# 下面的代码相当于函数内部的操作
x1 = x                                      # x1 是 x 的副本，相当于将 x 传入函数
s1 = s                                      # s1 是 s 的副本，相当于将 s 传入函数
x1 = 40
s1 = "hello world"
# 这里相当于退出函数，在函数外部输出 x 变量和 s 变量
print(x,s)
```

在下面的代码中，变量 x 和变量 y 的数据类型分别是字典和列表。

```
x = {"a":30, "b":20}
y = ["a","b","c"]

def test(x,y):
    x["a"] = 100
    y[1] = "abcd"
test(x,y)
# 运行结果: {'a': 100, 'b': 20} ['a', 'abcd', 'c']
print(x,y)
```

可以看到，如果将字典和列表变量传入函数，在函数内部修改字典和列表变量的值，是可以影响 x 变量和 y 变量的。这就涉及一个值传递和引用传递的问题。如果传递的变量类型是数值、字符串、布尔等基础类型，那么就是值传递；如果传递的变量类型是列表、字典、对象（在第 8 章介绍）等复合类型，就是引用传递。

值传递就是在传递时，将自身复制一份，而在函数内部接触到的参数值实际上是传递给函数的变量的副本，修改副本的值自然不会影响到原始变量。而像列表、字典、对象这样的复合类型的变量，在传入函数时，实际上也将其复制了一份，但复制的不是变量中的数据，而是变量的引用。因为这些复合类型在内存中是一块连续或不连续的内存空间，要想找到这些复合类型的数据，必须得到这些内存空间的首地址，而这个首地址就是复合类型数据的引用。因此，如果将复合类型的变量传入函数，复制的是内存空间的首地址，而不是首地址指向的内存空间本身。对于本例来说，在函数内部访问的 x 和 y 与在函数外部定义的 x 和 y 指向同一个内存空间，所以修改内存空间中的数据，自然会影响到函数外部的 x 变量和 y 变量中的值。

现在已经知道了，如果要想在函数内部修改参数变量的值，从而在函数退出时，仍然保留修改痕迹，那么就要向函数传入复合类型的变量。这一点非常有用，利用函数的这个特性对某些经常使用的代码进行抽象，这样会使代码更简洁，也更容易维护。

下面的例子定义了一个名为 data 的字典类型变量，字典 data 有 3 个 key：d、names 和 products。其中 d 对应的值类型是一个字典，names 和 products 对应的值类型都是列表。要求从控制台输入这 3 个 key 对应的值。多个值之间用逗号分隔，如 "Bill,Mike,John"，在输入完数据后，通过程序将由逗号分隔的字符串转换成字典或列表。如果要转换为字典，列表偶数位置的元素为 key，奇数位置的元素为 value。如 "a,10,b,20" 转换为字典后的结果是 "{a:10,b:20}"。最后输出字典 data，要将每个 key 和对应的值在同行输出，不同的 key 和对应的值在不同行输出。可能这个描述看着有点复杂，不过还是先看如下代码吧！

代码位置： src/func/change_func_args.py

```
# 未使用函数抽象的代码实现
data = {}
# 下面的代码初始化字典 data 和 key 的值
data["d"] = {}
data["names"] = []
data["products"] = []
print("请输入字典数据，key 和 value 之间用逗号分隔")
# 从控制台输入 key 为 d 的值
dictStr = input(":")
# 将以逗号分隔的字符串转换为列表
list = dictStr.split(",")
keys = []
```

```
values = []
# 将列表拆分成 keys 和 values 两个列表
for i in range(len(list)):
    # key
    if i % 2 == 0:
        keys.append(list[i])
    else:
        values.append(list[i])
# 利用 zip 和 dict 函数将 keys 和 values 两个列表合并成一个字典，
# 并利用 update 方法将该字典追加到 key 为 d 的值的后面
data["d"].update(dict(zip(keys,values)))

print("请输入姓名，多个姓名之间用逗号分隔")
# 从控制台输入 key 为 names 的值
nameStr = input(":")
# 将以逗号分隔的字符串转换为列表
names = nameStr.split(",")
# 将列表 names 追加到 key 为 names 的值的后面
data["names"].extend(names)

print("请输入产品，多个产品之间用逗号分隔")
# 从控制台输入 key 为 products 的值
productStr = input(":")
# 将以逗号分隔的字符串转换为列表
products = productStr.split(",")
# 将列表 products 追加到 key 为 products 的值的后面
data["products"].extend(products)
# 输出字典 data 中的数据，每个 key 和对应的值是一行
for key in data.keys():
    print(key,":",data[key])
```

程序运行结果如图 7-2 所示。

图 7-2　从控制台输入字典 data 中的数据

　　如果从功能上看，上面的代码实现得很完美。不过问题是，如果要对多个字典进行同样操作呢？是不是要将这些代码复制多份？这太麻烦了，而且会造成代码极大的冗余。那么接下来，就用函数对这段代码进行抽象，将经常使用的代码段提炼处理封装在函数中。

　　在抽象代码之前，要先看有哪些代码可以被抽象出来。本例可以抽象出来的代码有如下几种。

- 初始化字典 data。
- 从控制台输入以逗号分隔的字符串，并将其转换为列表或字典。
- 输出字典 data。

其中初始化字典 data 和输出字典 data 这两段代码都很简单，也很容易抽象，而第二点需要费脑子，由于字典 data 中有的 value 是字典类型，有的 value 是列表类型，所以就要求这个函数既可以将字符串转换为列表，又可以将字符串转换为字典。本例采用了一个 flag 参数进行控制，flag 是布尔类型，如果该变量的值为 True，则表示将字符串转换为列表；如果为 False，则表示将字符串转换为字典。

为了一步到位，将这些抽象出来的函数放到一个单独的 Python 脚本文件中，然后通过 import 作为模块导入这些函数。下面先来实现这些函数。

代码位置：src/func/dataman.py

```python
# 初始化函数
def init(data):
    data["d"] = {}
    data["names"] = []
    data["products"] = []
# 从控制台采集数据，并转化为列表或字典的函数，flag 为 True 将字符串转换为列表，为 False，转换为字典
# msg 表示提示文本，为了方便，这里假设输入的数据以逗号分隔，也可以将分隔符通过函数参数传入
def inputListOrDict(flag,msg):
    print(msg)
    # 从控制台输入字符串
    inputStr = input(":")
    # 将字符串用逗号拆分成列表
    list = inputStr.split(",")
    # 返回列表
    if flag:
        return list
    # 下面的代码将 list 转换为字典，并返回这个字典
    keys = []
    values = []
    result = {}
    for i in range(len(list)):
        # key
        if i % 2 == 0:
            keys.append(list[i])
        else:
            values.append(list[i])
    # 返回字典
    return dict(zip(keys,values))

# 输出字典中的数据
def outDict(data):
    for key in data.keys():
        print(key,":",data[key])
```

在上面的代码中定义了 3 个函数：init、inputListOrDict 和 outDict，分别用来初始化字典、从控制台输入字符串，并将其转换为列表或字典，以及在控制台输出字典。下面利用这 3 个函数处理两个字典：data1

和 data2。

代码位置： /src/func/change_func_args1.py

```python
# 导入 dataman.py 中的所有函数
from dataman import *
# 定义字典 data1
data1 = {}
# 定义字典 data2
data2 = {}
# 初始化 data1
init(data1)
# 初始化 data2
init(data2)
# 从控制台输入字符串，并将其转换为字典，最后追加到 key 为 d 的值的后面
data1["d"].update(inputListOrDict(False, "请输入字典数据，key 和 value 之间用逗号分隔"))
# 从控制台输入字符串，并将其转换为列表，最后追加到 key 为 names 的值的后面
data1["names"].extend(inputListOrDict(True, "请输入姓名，多个姓名之间用逗号分隔"))
# 从控制台输入字符串，并将其转换为列表，最后追加到 key 为 products 的值的后面
data1["products"].extend(inputListOrDict(True, "请输入产品，多个产品之间用逗号分隔"))
# 下面的代码与对 data1 的操作类似
data2["d"].update(inputListOrDict(False, "请输入字典数据，key 和 value 之间用逗号分隔"))
data2["names"].extend(inputListOrDict(True, "请输入姓名，多个姓名之间用逗号分隔"))
data2["products"].extend(inputListOrDict(True, "请输入产品，多个产品之间用逗号分隔"))
# 输出 data1
outDict(data1)
# 输出 data2
outDict(data2)
```

程序运行结果如图 7-3 所示。

图 7-3　利用 3 个函数处理 data1 和 data2

利用函数将经常使用的代码抽象成了 3 个函数，是不是使用起来很方便呢？尤其在处理多个字典的情

况下更是如此。

7.2.2 命名参数与默认值

微课视频

函数参数的位置很重要，因为在调用函数时，传递实参时都是按照形参的定义顺序传递的。先看下面的 greet 函数。

```
def greet(name, greeting):
    return "问候语: {} 姓名: {}".format(greeting,name)
```

greet 函数有两个参数：name 和 greeting。其中 name 表示要问候的人名，greeting 表示问候语。可以按下面的形式调用 greet 函数。

```
print(greet("李宁", "Hello"))
```

执行上面的代码，会输出如下内容。

问候语: Hello 姓名: 李宁

不过在调用 greeting 函数时，可能会记不清楚到底 name 是第 1 个参数，还是 greeting 是第 1 个参数，如果函数的参数更多，可能这种情况会经常发生。例如，greeting 函数的参数顺序弄反了，就会使用下面的代码调用 greeting 函数。

```
print(greet("Hello","李宁"))
```

当然这么调用并不会抛出异常，但会输出如下的内容，输出的内容并不符合要求。

问候语: 李宁 姓名: Hello

从这点可以看出，在调用 greet 函数时，实参的顺序与形参严重相关。为了抵消这种相关性，在调用 greet 函数时可以用命名参数，在调用 greet 函数时使用的参数名称就是 greet 函数的形参名称。

```
print(greet(name = "李宁",greeting = "Hello"))
print(greet(greeting = "Hello", name = "李宁"))
```

执行上面的代码，会输出如下内容。

问候语: Hello 姓名: 李宁
问候语: Hello 姓名: 李宁

可以看出，上面的代码尽管指定的实参位置不同，但由于使用了命名参数 name 和 greeting，因此，不管实参位置如何变换，name 的值都是"李宁"，greeting 的值都是"Hello"。

命名参数也可以与位置参数混合使用。

```
print(greet("李宁",greeting = "Hello"))
```

在混合使用时，命名参数必须放在位置参数后面，否则会抛出异常。

```
print(greet(name = "李宁","Hello"))
```

执行上面的代码，会抛出如图 7-4 所示的异常。

```
Run    test ×
     File "D:/MyStudio/python/python_knowledge/common_resources/books/
        print(greet(name = "李宁","Hello"))
                                  ^
     SyntaxError: positional argument follows keyword argument
```

图 7-4 命名参数放在位置参数前面抛出的异常

如果函数的参数过多，或者在特定的场景，大多数参数只使用固定的值，那么可以为函数的形参指定默认值，如果不指定形参的值，那么函数就会使用形参的默认值。

```
def greet(name = "Bill", greeting = "Hello"):
    return "问候语: {} 姓名: {}".format(greeting,name)
```

上面的代码中为 greet 函数的 name 参数和 greeting 参数都指定了默认值，所以在调用 greet 函数时可以不指定任何参数。

```
greet()
```

调用 greet 函数时未指定任何参数，所以 name 参数和 greeting 参数都会使用各自的默认值。当然，下面的例子编写了两个函数：sub1 和 sub2。这两个函数的功能相同，只是 sub1 未指定参数默认值，而 sub2 指定了参数默认值。我们会使用这两个函数展示命名参数和参数默认值的各种用法。

代码位置：src/func/key_arg_default.py

```
def sub1(m, n):
    return m - n
# 使用位置参数传递参数值，运行结果: 16
print(sub1(20,4))
# 使用位置参数传递参数值，运行结果: -16
print(sub1(4,20))

# 使用命名参数传递参数值，运行结果: 16
print(sub1(m = 20, n = 4))
#使用命名参数传递参数值，运行结果: 16
print(sub1(n = 4, m = 20))

# 为 sub2 的两个参数指定默认值
def sub2(m = 100, n = 50):
    return m - n
# 调用 sub2 时未指定任何参数值，运行结果: 50
print(sub2())
# 调用 sub2 时使用了位置参数，运行结果: 24
print(sub2(45,21))
# 调用 sub2 时使用了混合参数模式，运行结果: 41
print(sub2(53, n = 12))
# 调用 sub2 时使用了命名参数，m 仍然使用默认值,运行结果: -23
print(sub2(n = 123))
# 调用 sub2 时使用了命名参数，运行结果: 399
print(sub2(m = 542,n = 143))
# 尽管命名参数在位置参数后面使用，但产生了歧义，系统不知道 m 的值应该是 53，还是 12，所以会抛出异常
print(sub2(53, m = 12))
```

在调用函数时，如果使用命名参数与位置参数混合的方式，要注意如下两点：

● 命名参数必须写在位置参数的后面。

● 只能将位置参数还未设置的参数作为命名参数指定。如在本例中，使用 sub2(53, m = 12)调用 sub2 函数，由于 m 是形参中的第 1 个参数，而 53 是位置参数，所以自然会将 m 和 53 匹配。但后面又使用

了命名参数重新指定了 m 的值。这样 Python 解析器就不知道 m 的值到底等于多少了，所以就会抛出异常。因此，只能将排在 m 以后的形参作为命名参数使用，所以只能将 n 作为命名参数。

7.2.3　可变参数

在前面的章节已经多次使用过 print 函数，这个函数可以接收任意多个参数，在输出到控制台时，会将输出的参数值之间加上空格。像 print 函数这样可以传递任意多个参数的形式成为可变参数。定义函数的可变参数需要在形参前面加一个星号（*）。

```
# 定义一个带有可变参数的函数
def printParams(*params):
    print(params)
```

可使用下面的代码调用 printParams 函数。

```
# 运行结果: ('hello', 1,2,3,True,30.4)
printParams("hello", 1,2,3,True,30.4)
```

可以看到，params 参数前面有一个星号（*），表明该参数是一个可变参数，在调用 printParams 函数时可以指定任意多个参数，而且参数类型也可以是任意的。从输出结果可以看出，可变参数在函数内部是以元组的形式体现的，所以在函数内部可以像元组一样使用可变参数中每个参数值。

```
def printParams(*params):
    for param in params:
        print("<" + str(param) + ">", end = " ")
# 调用printParams 函数
printParams("hello", 1,2,3,True,30.4)
```

在上面的代码中，通过 for 语句枚举了可变参数中所有的参数值，并为每个参数值两侧加上了一对尖括号（<…>）。

使用可变参数需要考虑形参位置的问题。如果在函数中，既有普通参数，也有可变参数，通常可变参数会放在最后。

```
def printParams(value,*params):
    print("[" + value + "]")
    for param in params:
        print("<" + str(param) + ">", end = " ")
# 调用printParams 函数
printParams("hello", 1,2,3,True,30.4)
```

其实可变参数也可以放在函数参数的中间或最前面，只是在调用函数时，可变参数后面的普通参数要使用命名参数形式传递参数值。

```
def printParams(value1,*params, value2, value3):
    print("[" + value1 + "]")
    for param in params:
        print("<" + str(param) + ">", end = " ")
    print("{},{}".format(value2,value3))
# 调用printParams 函数, value2 和 value3 必须使用命名参数形式指定参数值
printParams("hello", 1,2,3,True,30.4,value2=100,value3=200)
```

如果可变参数在函数参数的中间位置，而且在为可变参数后面的普通参数传值时也不想使用命名参数，那么就必须为这些普通参数指定默认值了。

```python
# 为 value2 和 value3 指定了默认值
def printParams(value1,*params, value2 = 43, value3 = 123):
    print("[" + value1 + "]")
    for param in params:
        print("<" + str(param) + ">", end = " ")
    print("{},{}".format(value2,value3))
#由于 value2 和 value3 有默认值，所以调用函数时不需要指定 value2 和 value3 的值
printParams("hello", 1,2,3,True,30.4)
```

如果将上面的代码改成下面的形式，运行程序，会显示如图 7-5 所示的错误。

```python
def printParams(value1,*params,value2,value3):
    print("[" + value1 + "]")
    for param in params:
        print("<" + str(param) + ">", end = " ")
    print("{},{}".format(value2,value3))
# 除了 hello 以外的所有其他参数值都会认为是可变参数的值，而且 value2 和 value3 也
# 没有默认值，所以相当于 value2 和 value3 都没有赋值
printParams("hello", 1,2,3,True,30.4)
```

```
Run:   test
  ▶  ↑   Traceback (most recent call last):
  ■  ↓     File "D:/MyStudio/python/python_knowledge/common_resources/books/
  ■        printParams("hello", 1,2,3,True,30.4)
  ★  ☰   TypeError: printParams() missing 2 required keyword-only arguments:
```

图 7-5 没有为可变参数后面的普通参数指定值，将抛出异常

7.2.4 将序列作为函数的参数值

微课视频

函数参数值可以是任何数据类型，自然也包括序列（元组、列表、字典等）。不过本节讲的并不是直接将序列作为单个的参数值传入函数，而是将序列中的每个元素单独作为函数的参数值，相当于把序列拆开进行传值。代码如下：

```python
def printParams(s1, s2):
    print(s1, s2)


printParams("hello", "world")
list = ["hello", "world"]
# 将列表或元组中的元素作为单个参数值传递为 printParams 函数，需要在实参前面加星号（*）
printParams(*list)
```

从上面的代码可以看出，如果要想将列表中的元素作为单个参数值传给函数，需要在列表前面加星号（*）。printParams 函数并未使用可变参数，如果使用可变参数，也可以通过列表或元组参数传值。

```python
def printParams(*ss):
    for s in ss:
        print("<{}>".format(s), end =' ')
```

```
list = ["hello", "world"]
# 运行结果: <hello> <world>
printParams(*list)
print()
# 将字符串作为一个序列传入 printParams 函数
# 运行结果: <a> <b> <c> <d> <e> <f> <g>
printParams(*"abcdefg")
print()
# 运行结果: <1> <2> <3> <4>
printParams(*[1,2,3,4])
print()
```

从上面的代码可以看出，不仅可以将列表变量前面加星号（*）后传入 printParams 函数，而且也可以将列表值前面加星号（*）传入 printParams 函数。如果要传递前面加星号（*）的字符串，那么也会将字符串看作字符的序列进行拆分。

不仅元组和列表可以被拆分后传入函数，字典也可以这么做。

```
def printParams(**ss):
    for item in ss.items():
        print("{} = {}".format(item[0], item[1]))


dict = {'a':40,'b':50,'c':12}
# 将字典中的元素作为单个参数传入函数时，要使用两个星号（**）
printParams(**dict)
printParams(**{"name":"Bill","age":23})
```

程序运行结果如图 7-6 所示。

在传递参数时，字典和列表（元组）的区别是字典前面需要加两个星号（**）（定义函数与调用函数都需要加两个星号），而列表（元组）前面只需要加一个星号（*）。可能很多读者注意到了，在 printParams 函数中使用字典的方式与不加两个星号（**）的方式完全相同，所以 printParams 函数可以写成下面的形式。

```
def printParams(ss):
    for item in ss.items():
        print("{} = {}".format(item[0], item[1]))
```

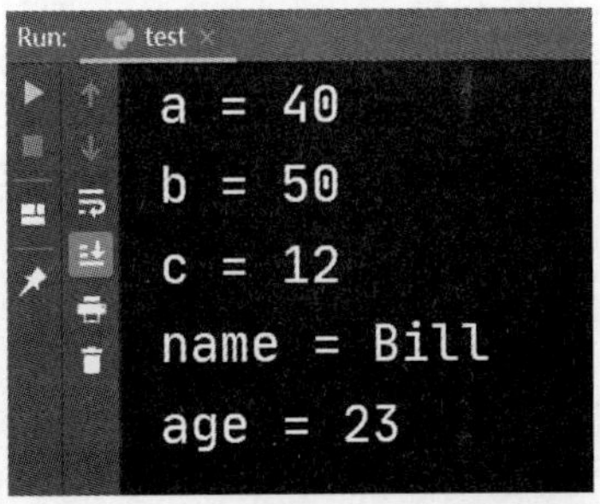

图 7-6　将字典中的元素作为单个参数传入函数

如果在定义函数时，参数未加两个星号（**），那么在调用该函数时，也不能加两个星号（**）。

```
dict = {'a':40,'b':50,'c':12}
printParams(dict)
printParams({"name":"Bill","age":23})
```

执行上面的代码，会输出与图 7-6 完全相同的内容。

下面的例子通过 add1、add2、add3 和 add4 四个函数对如何使用列表和字典中单个元素作为函数参数传递进行了完整的演示。

代码位置：src/func/sequence_args.py

```
def add1(x,y,z):
    return x + y + z
# 运行结果：6
print(add1(1,2,3))

list = [2,3,4]                         # 定义一个列表，也可以使用元组
# 将 list 中的 2、3、4 拆分，作为单独的参数值传入 add1 函数，运行结果：9
print(add1(*list))

dict = {'x':100, 'y':200, 'z':12}
# 将字典中的 x、y 和 z 拆分成名为 x、y、z 的 3 个形参值，然后传入函数，运行结果：312
print(add1(**dict))
# 用可变参数定义函数
def add2(*numbers):
    result = 0
    for number in numbers:
        result += number
    return result
# 运行结果：15
print(add2(1,2,3,4,5))
# 使用星号（*）同样可以拆分列表，并将单个元素作为参数传入 add2 的可变参数中
# 运行结果：9
print(add2(*list))
# 定义 add3 函数时，numbers 参数前使用两个星号（**），表示这个参数值接收字典类型数据
def add3(**numbers):
    result = 0
for item in numbers.items():
    # 将 numbers 字典中的所有 value 相加
        result += item[1]
    return result
# 将字典 dict 中的元素作为单独的参数传入了 add3 函数
# 运行结果：312
print(add3(**dict))
# 定义一个只拥有普通参数的 add4 函数
def add4(numbers):
    result = 0
    for item in numbers.items():
        result += item[1]
    return result
# 如果在定义函数时不加两个星号（**），那么在调用时也不需要加
# 运行结果：312
print(add4(dict))
```

7.3　作用域

代码位置：src/func/scope.py

作用域就是变量、函数、类等 Python 语言元素是否可见的范围。如果直接在 Python 文件的最顶层定义的变量、函数，它们都属于全局作用域。如果在函数中定义的变量，属于函数本身的局部作用域。在局部作用域中定义的变量，在上层作用域是不可见的。

```
x = 1                                    # 全局变量
def fun1():
    x = 30                               # 局部变量
fun1()
# 运行结果：1
print(x)
```

上面的代码中，在全局作用域中定义了一个变量 x，该变量的值是 1，在 fun1 函数中也定义了一个变量 x，该变量的值为 30。其实这两个变量 x 是完全不同的。在 fun1 函数中只能看见 x 等于 30 的局部变量，而在全局作用域中，也只能看到 x 等于 1 的全局变量。

当然，在局部作用域中也可以访问上层作用域中的变量（这里是全局作用域）。

```
x = 123                                  # 全局变量
def fun2():
    print(x)                             # 运行结果：123
fun2()
```

在上面的代码中，之所以在 fun2 函数中可以访问全局变量 x，是因为在 fun2 函数中并没有定义局部变量 x。一旦定义了局部变量 x，那么全局变量 x 对于 fun2 函数是隐藏的。

```
x = 123
def fun3():
    x = 30
    print(x)                             # 运行结果：30
fun3()
```

在上面代码的 fun3 函数中定义了一个局部变量 x，所以将全局变量隐藏了，在 fun3 函数中将无法访问全局变量 x，只能访问局部变量 x。

可能有的读者会想到，先访问全局变量 x，然后再定义局部变量 x 行吗？其实也是不行的，这样做会抛出异常。

```
x = 123
def fun4():
    print(x)                             # 执行这行代码会抛出异常
    x = 30
fun4()
```

执行上面的代码，会抛出如图 7-7 所示的异常。

这个异常的含义是在 fun4 函数中为 x 赋值之前就使用了 x。在 Python 中，不管在作用域的哪个位置为变量赋值，都会认为这个变量属于当前作用域，而且会隐藏上层作用域同名的变量。所以在本例中，print(x)并不会使用全局变量 x，而仍然会使用本地变量 x。但 x 是在 print(x)后面赋值的，所以会抛出异常。应该将

x = 30 和 print(x)调换个位置就会正常输出局部变量 x 了。

图 7-7　本地变量在使用之前必须先赋值

在 Python 中，函数支持嵌套，也就是说，可以在一个函数中定义另一个函数，并且可以直接返回函数本身（相当于 C 语言中返回函数的指针）。

```python
x = 30
def fun5():
    x = 40
    # 嵌套函数
    def fun6():
        # 这里的变量 x 是在函数 fun5 中定义的局部变量
        print(x)
        print("fun6")
    # 返回 fun6 函数本身
    return fun6

fun5()()                        # 调用了 fun5 函数的嵌套函数 fun6
```

程序运行结果如图 7-8 所示。

在上面的代码中，定义了一个全局变量 x，在函数 fun5 中定义了一个局部变量 x，在嵌套函数 fun6 中访问的是在 fun5 中定义的局部变量 x。也就是说，如果在当前函数中没有定义局部变量 x，那么当前函数会从上个作用域开始查找，直到找到变量 x 或到了全局作用域为止。

图 7-8　调用函数的嵌套函数

7.4　实战与演练

1. 编写一个名为 sortNumbers 的 Python 函数，该函数有两个参数：其中一个是可变参数 numbers，另一个是普通参数 type。该参数的默认值是 asc。函数的功能是按升序或降序排列可变参数 numbers 中的参数值，并以列表形式返回排序结果。type 参数指定该函数是按升序或降序排列，type 参数值为 asc 表示按升序排序，其他的值为降序排列。

答案位置：src/func/solution1.py

2. 编写一个递归的 Python 函数来实现二分查找。如果在有序列表中查到了指定值，返回该值在列表中的索引，否则返回-1。

答案位置：src/func/solution2.py

3. 编写一个可以计算斐波那契数列的函数，并在终端输入一个整数，用来计算这个整数的斐波那契数列，输入 ":exit" 退出终端，效果如图 7-9 所示。

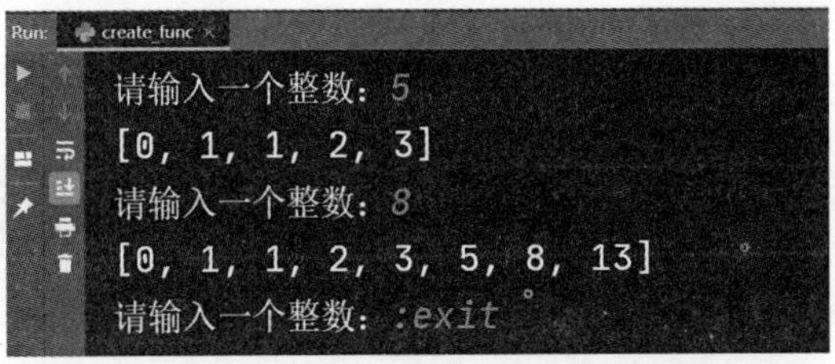

图 7-9　调用 fibs 函数计算斐波那契数列

答案位置：src/func/solution3.py

4．编写了 4 个函数：addNumbers、calculator、calculator1 和 calculator2。其中 addNumbers 函数用于计算多个数值之和。该函数只有一个可变参数 numbers，要求传入 numbers 的参数值是数值类型。calculator、calculator1 和 calculator2 函数的功能类似，都用于计算传入可变参数值的加（Add）、减（Sub）、乘（Mul）和除（Div）。calculator 函数在可变参数前面加了一个普通参数 type，用来指定执行的是哪种操作；calculator1 函数在可变参数后面指定了一个普通参数 ratio；calculator2 函数与 calculator1 函数的参数类似，只是为 ratio 参数指定了一个默认值。

答案位置：src/func/solution4.py

5．实现递归函数的阶乘和斐波那契数列。

答案位置：src/func/solution5.py

7.5　本章小结

本章深入讲解了 Python 中函数的核心知识。其中比较复杂的是 Python 函数的参数。有两个类型的参数比较重要，一个是命名参数，另一个是可变参数。命名参数可以在调用函数时让代码更容易阅读，因为通过命名参数可以明确指定为哪个参数传递值。可变参数可以让函数在调用上更灵活，可以通过可变参数为函数传入任意多个值。Python 函数还提供了单星参数和双星参数。在传递参数值时，在函数内部可以将单独传入的参数值作为序列处理。

第 8 章

CHAPTER 8

类 和 对 象

面向对象编程是最有效的软件设计方法之一。在面向对象编程中，可以用类表示现实世界中的事物，尽管有时代码会稍微多一些，但代码更容易让人理解。而且如果面向对象技术运用得当，还可以利用继承、多态、组合等方式大大提高代码的重用率，降低代码的冗余。当然，前提是你要真正理解面向对象编程。

8.1 对象的魔法

在面向对象程序设计中，对象（Object）可以看作是数据以及可以操作这些数据的一系列方法的集合。这里所说的方法其实就是第 7 章介绍的函数，只是这些函数都写在了类中，为了区分全局函数，将这些写在类中的函数称为方法。要想访问这些类中的函数，必须要对类实例化，实例化后的类被称为对象。实例化后，调用方法时需要先指定对象名称，然后才可以调用这些方法。

前面的描述已经基本阐述了使用面向对象技术的基本过程，那么面向对象技术到底有什么好处呢？难道使用全局变量和函数还不够吗？实际上，面向对象至少有如下 3 点优势，也可以称为面向对象的 3 大特征。

- 继承（Inheritance）：当前类从其他类获得资源（数据和方法），以便更好地代码重用，并且可以描述类与类之间的关系。
- 封装（Encapsulation）：对外部世界隐藏对象的工作细节。
- 多态（Polymorphism）：多态是面向对象中最有意思的部分，多态意味着同一个对象的同样的操作（方法）在不同的场景会有不同的行为，好像施了魔法一样，非常神奇。

本节突然抛出了这么多概念，可能很多读者看到本节的内容会有点手足无措，尤其是第一次接触面向对象概念的读者。其实本节只是对面向对象技术做了一个简要的介绍。从 8.2 节开始，会通过 Python 代码来展示类，对象这些东西是怎么被创造出来的，以及它们之间到底有什么关系。

8.2 类

本节主要介绍了如何创建 Python 类，以及如何利用 Python 类创建对象。其中涉及类的方法、命名空间、超类等知识。

8.2.1 创建自己的类

微课视频

学习面向对象编程的第一步，就是创建一个类。因为类是面向对象的基石。Python 类和其他编程语言（如 Java、C#等）的类差不多，也需要使用 class 关键字。下面通过一个实际的例子看 Python 类是如何创建的。

代码位置：src/class/create_class.py

```python
# 创建一个 Person 类
class Person:
    # 定义 setName 方法
    def setName(self, name):
        self.name = name
    # 定义 getName 方法
    def getName(self):
        return self.name
    # 定义 greet 方法
    def greet(self):
        print("Hello, I'm {name}.".format(name = self.name))


# 创建 Person 对象
person1 = Person()
# 创建 Person 对象
person2 = Person()
# 调用 person1 对象的 setName 方法
person1.setName("Bill Gates")
# 调用 person2 对象的 name 属性
person2.name = "Bill Clinton"
# 调用 person1 对象的 getName 方法，运行结果：Bill Gates
print(person1.getName())
# 调用 person1 对象的 greet 方法，运行结果：Hello, I'm Bill Gates.
person1.greet()
# 调用 person2 对象的属性，运行结果：Bill Clinton
print(person2.name)
# 调用 person2 对象的 greet 方法，另外一种调用方法的方式，运行结果：Hello, I'm Bill Clinton.
Person.greet(person2)
```

从上面的代码可以了解到 Python 类的如下知识点：

● Python 类使用 class 关键字定义，类名直接跟在 class 关键字的后面。

● 类也是一个代码块，所以类名后面要跟着一个冒号（:）。

● 类中的方法其实就是函数，定义的方法也完全一样，只是由于函数定义在类的内部，所以为了区分，将定义在类内部的函数称为方法。

● 每个方法的第 1 个参数都是 self，其实这是必需的。这个参数名不一定叫 self（可以叫 abc 或任何其他名字），但任意一个方法必须至少指定一个 self 参数，如果方法中包含多个参数，第 1 个参数将作为 self 参数使用。在调用方法时，这个参数的值不需要自己传递，系统会将方法所属的对象传入这个参数。在方法内部可以利用这个参数调用对象本身的资源，如属性、方法等。

● 通过 self 参数添加的 name 变量是 Person 类的属性，可以在外部访问。本例设置了 person2 对象的 name 属性的值，与调用 person2.setName 方法的效果完全相同。

● 使用类创建对象的方式与调用函数的方式相同。在 Python 语言中，不需要像 Java 一样使用 new 关键字创建对象，只需要用类名加上构造方法（在后面的章节会详细介绍）参数值即可。

● 调用对象中的方法有两种方式：一种是直接通过对象调用方法，另一种是通过类调用方法，并且将相应的对象传入方法的第1个参数。在本例中使用了 Person.greet(person2)的方式调用了 person2 对象中的 greet 方法。如果使用类调用方法，必须将对象作为方法的第1个参数传入方法，相当于为 self 赋值。如果使用对象调用方法，Python 解析器会自动将对象作为方法的第1个参数传入方法。

如果使用集成开发环境，如 PyDev、PyCharm，那么代码编辑器也会对面向对象有很好的支持，例如，当在对象变量后输入一个下圆点（.）后，IDE 会列出该对象中所有可以调用的资源，包括方法和属性，如图 8-1 所示。

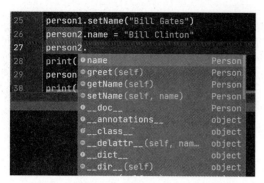

图 8-1　列出对象中所有可以调用的资源

8.2.2　方法和私有化

Python 类默认情况下，所有的方法都可以被外部访问。不过像很多其他编程语言，如 Java、C#等，都提供了 private 关键字将方法私有化，也就是说只有类的内部方法才能访问私有化的方法，通过正常的方式是无法访问对象的私有化方法的（除非使用反射技术，这就另当别论了）。不过在 Python 类中并没有提供 private 或类似的关键字将方法私有化，但可以迂回解决。

在 Python 类的方法名前面加双下画线（__）可以让该方法在外部不可访问。

```python
class Person:
    # method1 方法在类的外部可以访问
    def method1(self):
        print("method1")
    # __method2 方法在类的外部不可访问
    def __method2(self):
        print("method2")


p = Person()
p.method1()
p.__method2()                                        # 抛出异常
```

如果执行上面的代码，会抛出如图 8-2 所示的异常信息，原因是调用了私有化方法 method2。

```
method1
Traceback (most recent call last):
    File "D:/MyStudio/python/python_knowledge/common_resources/books
    p.__method2()        # 抛出异常
AttributeError: 'Person' object has no attribute '__method2'
```

图 8-2　访问私有化方法抛出异常

其实"__method2"方法也不是绝对不可访问。Python 编译器在编译 Python 源代码时并没有将"__method2"方法真正私有化，而是一旦遇到方法名以双下画线（__）开头的方法，就会将方法名改成"_ClassName__methodName"的形式。其中 ClassName 表示该方法所在的类名，"__methodName"表示方法名。ClassName 前面要加上单下画线（_）前缀。

对于上面的代码，Python 编译器会将"__method2"方法更名为"_Person__method2"，所以在类的外部调用"__method2"方法会抛出异常。抛出异常的原因并不是"__method2"方法被私有化了，而是 Python 编译器把"__method2"的名称改为"_Person__method2"了。当了解了这些背后的原理，就可以通过调用"_Person__method2"方法来执行"__method2"方法。

```
p = Person()
p._Person__method2()                          # 正常调用"__method2"方法
```

下面的例子会创建一个 MyClass 类，并定义两个公共的方法（getName 和 setName）和一个私有的方法（__outName）。然后创建了 MyClass 类的实例，并调用了这些方法。为了证明 Python 编译器在编译 MyClass 类时做了手脚，本例还使用了 inspect 模块中的 getmembers 函数获取 MyClass 类中所有的成员方法，并输出方法名。很显然，"__outName"被改成了"_MyClass__outName"。

代码位置：src/class/methods.py

```
class MyClass:
    # 公共方法
    def getName(self):
        return self.name
    # 公共方法
    def setName(self, name):
        self.name = name
        # 在类的内部可以直接调用私有方法
        self.__outName()
    # 私有方法
    def __outName(self):
        print("Name = {}".format(self.name))


myClass = MyClass()
# 导入 inspect 模块
import inspect
# 获取 MyClass 类中所有的方法
methods = inspect.getmembers(myClass, predicate=inspect.ismethod)
print(methods)
# 输出类方法的名称
for method in methods:
    print(method[0])
print("------------")
# 调用 setName 方法
myClass.setName("Bill")
# 调用 getName 方法
print(myClass.getName())
# 调用"__outName"方法，这里调用了改完名后的方法，所以可以正常执行
myClass._MyClass__outName()
# 抛出异常，因为"__outName"方法在 MyClass 类中并不存在
print(myClass.__outName())
```

程序运行结果如图 8-3 所示。

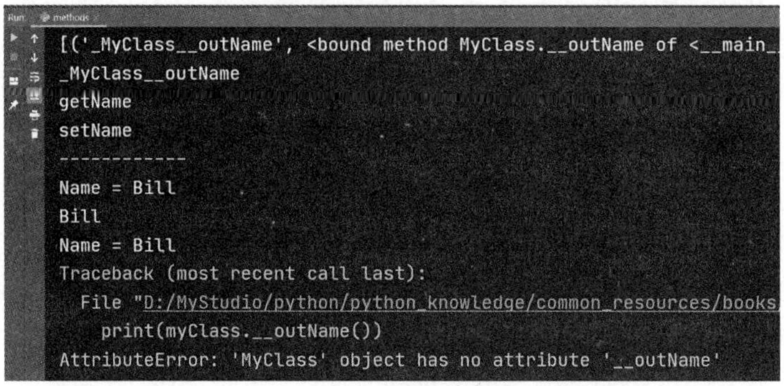

图 8-3　方法的私有化

从 getmembers 函数列出的 MyClass 类方法的名字可以看出，"_MyClass__outName" 被绑定到了 "__outName" 方法上，可以将 "_MyClass__outName" 看作 "__outName" 的一个别名，一旦为某个方法起了别名，那么原来的名字在类外部就不可用了。MyClass 类中的 getName 方法和 setName 方法的别名和原始方法名相同，所以在外部可以直接调用 getName 和 setName 方法。

8.2.3　类代码块

微课视频

class 语句与 for、while 语句一样，都是代码块，这就意味着，定义类其实就是执行代码块。

```python
class MyClass:
    print("MyClass")
```

执行上面代码后，会输出 "MyClass"。在 class 代码块中可以包含任何语句。如果这些语句是立即可以执行的（如 print 函数），那么会马上执行它们。除此之外，还可以动态向 class 代码块中添加新的成员。

下面的例子创建了一个 MyClass 类，并在这个类代码块中添加了一些语句。MyClass 类中有一个 count 变量，通过 counter 方法可以让该变量值加 1。在创建 MyClass 类的实例后，可以动态向 MyClass 对象添加新的变量。

代码位置：src/class/class_code_block.py

```python
# 创建 MyClass 类
class MyClass:
    # class 代码块中的语句，会立刻执行
    print("MyClass")
    count = 0
    def counter(self):
        self.count += 1
my = MyClass()
my.counter()                        # 调用 counter 方法
print(my.count)                     # 运行结果：1
my.counter()                        # 调用 counter 方法
print(my.count)                     # 运行结果：2
my.count = "abc"                    # 将 count 变量改成字符串类型
print(my.count)                     # 运行结果：abc
```

```
my.name = "Hello"                    # 向 my 对象动态添加 name 变量
print(my.name)                       # 运行结果：Hello
```

8.2.4　类的继承

微课视频

Python 类的继承，就是指一个类（子类）从另外一个类（父类）中获得了所有的成员。父类的成员可以在子类中使用，就像子类本身的成员一样。

Python 类的父类需要放在类名后的圆括号中。

```
# 父类
class Filter:
    def filter1(self):
        return 20
# 子类
class MyFilter(Filter):
    def filter2(self):
        return 30
```

在上面的代码中，MyFilter 是 Filter 的子类，拥有 Filter 类的所有成员，包括 filter1 方法。所以在创建 MyFilter 类的实例后，可以直接调用 filter1 方法。

```
filter = MyFilter()
filter.filter1()
```

下面的例子创建了一个父类（ParentClass）和一个子类（ChildClass），并通过创建子类的实例调用父类的 method1 方法。

代码位置：src/class/inheritance.py

```
# 父类
class ParentClass:
    name = 30
    def method1(self):
        print("method1")
# 子类
class ChildClass(ParentClass):
    def method2(self):
        print("method2")
        print(self.name)

child = ChildClass()
# 调用父类的 method1 方法
child.method1()
child.method2()
```

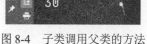

程序运行结果如图 8-4 所示。

图 8-4　子类调用父类的方法

8.2.5　检测继承关系

微课视频

在很多场景中，需要知道一个类 A 是否是从另外一个类 B 继承，这种校验主要是为了调用 B 类中的成员（方法和属性）。如果 B 是 A 的父类，那么创建 A 类的实例肯定会拥有 B 类所有的成员，关键是要判断 B 是否为 A 的父类。

判断类与类之间的关系可以使用 issubclass 函数，该函数接收两个参数：第 1 个参数是子类，第 2 个参数是父类。如果第 1 个参数指定的类与第 2 个参数指定的类确实是继承关系，那么该函数则返回 True，否则返回 False。

```
# 如果 MyClass2 是 MyClass1 的父类，则返回 True，否则返回 False
issubclass(MyClass1, MyClass2)
```

如果要想获得已知类的父类（们）[①]，可以直接使用 "__bases__"，这是类的一个特殊属性，bases 两侧是双下画线。

```
print(MyClass.__bases__)
```

执行这行代码，如果 MyClass 类的父类是 ParentClass，那么会输出如下内容。

```
(<class '__main__.MyParentClass'>,)
```

除了可以使用前面介绍的方法检测类本身的继承关系外，还可以使用 isinstance 函数检测一个对象是否是某个类的实例。isinstance 函数有两个参数：第 1 个参数是要检测的对象，第 2 个参数是一个类。如果第 1 个参数指定的对象是第 2 个参数指定的类的实例，那么该函数则返回 True，否则返回 False。

```
person = Person()
# 如果 person 是 Person 类的实例，则返回 True，否则返回 False
print(isinstance(person, Person))
```

下面的例子创建了 4 个类，其中 ChildClass、ParentClass 和 MyParentClass 三个类有继承关系，也就是说，后一个类是前一个类的父类。另外一个 MyClass 类是一个独立的类。接下来利用这 4 个类演示 issubclass、__bases__ 和 isinstance 的用法。

代码位置：src/class/inheritance_relations.py

```
class MyParentClass:
    def method(self):
        return 50
class ParentClass(MyParentClass):
    def method1(self):
        print("method1")
class MyClass:
    def method(self):
        return 40
class ChildClass(ParentClass):
    def method2(self):
        print("method2")
# 运行结果：True
print(issubclass(ChildClass, ParentClass))
# 运行结果：False
print(issubclass(ChildClass, MyClass))
```

[①] 这里面加了个 "们"，就说明父类不只是一个，也就是说，Python 类支持多继承。

```
# 运行结果: True
print(issubclass(ChildClass, MyParentClass))
# 运行结果: (<class '__main__.ParentClass'>,)
print(ChildClass.__bases__)
# 运行结果: (<class '__main__.MyParentClass'>,)
print(ParentClass.__bases__)

child = ChildClass()
# 运行结果: True
print(isinstance(child, ChildClass))
# 运行结果: True
print(isinstance(child, ParentClass))
# 运行结果: True
print(isinstance(child, MyParentClass))
# 运行结果: False
print(isinstance(child, MyClass))
```

在上面的代码中，使用 issubclass 函数检测类的继承关系时，不只是直接的继承关系返回 True，间接的继承关系也会返回 True。例如，A 继承自 B，B 继承自 C。那么 issubclass(A,C)返回 True。使用 isinstance 函数也是一样，就拿 A、B、C 这 3 个类举例。如果创建的是 A 类的实例，那么下面的代码都输出 True。

```
# 其中 a 是 A 类的实例
print(isinstance(a, A))
print(isinstance(a, B))
print(isinstance(a, C))
```

8.2.6　多继承

Python 类支持多继承，这点与 C++相同。目前支持多继承的面向对象语言不多，但 Python 语言算是其中之一。

要想为某个类指定多个父类，需要在类名后面的圆括号中设置。多个父类名之间用逗号（,）分隔。

```
class MyClass(MyParent1,MyParent2,MyParent3):
    pass                    # 如果类中没有任何代码，必须加一条 pass，否则会编译出错
```

注意，MyClass 类有 3 个父类，所以 MyClass 会同时拥有这 3 个父类的所有成员。但如果多个父类中有相同的成员，例如，在两个或两个以上父类中有同名的方法，那么会按照父类书写的顺序继承。也就是说，写在前面的父类会覆盖写在后面的父类同名的方法。在 Python 类中，不会根据方法参数个数和数据类型进行重载[①]。

下面的例子创建了 4 个类，其中 Calculator 类和 MyPrint 类是 NewCalculator 类和 NewCalculator1 类的父类，只是继承的顺序不同。如果将 Calculator 放到 MyPrint 前面，那么 Calculator 类中的 printResult 方法将覆

---

① 在 Java、C#等面向对象语言中，如果方法名相同，但参数个数和数据类型不同，也会认为是不同的方法，这叫作方法的重载，也就是拥有方法名相同，但参数不同的多个方法。不过由于 Python 是动态语言，无法像这些静态类型语言一样根据参数的不同实现重载，所以 Python 类只判断方法名是否相同，如果相同就认为是同一个方法。先继承的父类同名方法会覆盖后继承的父类的同名方法。

盖 MyPrint 类中的 printResult 方法，如果把顺序调过来，那么方法覆盖的结果也会调过来。

代码位置：src/class/multi_inheritance.py

```python
class Calculator:
    def calculate(self,expression):
        self.value = eval(expression)
    def printResult(self):
        print("result:{}".format(self.value))
class MyPrint:
    def printResult(self):
        print("计算结果：{}".format(self.value))
# Calculator 在 MyPrint 的前面，所以 Calculator 类中的 printResult 方法会覆盖
# MyPrint 类中的同名方法
class NewCalculator(Calculator, MyPrint):
    pass # 如果类中没有代码，需要加 pass 语句
# MyPrint 在 Calculator 的前面，所以 MyPrint 类中的 printResult 方法会覆盖
# Calculator 类中的同名方法
class NewCalculator1(MyPrint,Calculator):
    pass # 如果类中没有代码，需要加 pass 语句
calc = NewCalculator()
calc.calculate("1 + 3 * 5")
# 运行结果：result:16
calc.printResult()
# 运行结果：(<class '__main__.Calculator'>, <class '__main__.MyPrint'>)
print(NewCalculator.__bases__)


calc1 = NewCalculator1()
# 运行结果：(<class '__main__.MyPrint'>, <class '__main__.Calculator'>)
print(NewCalculator1.__bases__)
calc1.calculate("1 + 3 * 5")
# 运行结果：计算结果：16
calc1.printResult()
```

注意：尽管多继承看着很好，但用起来可能会带来很多的问题（如让继承关系过于复杂），如果读者还没有完全理解多继承理论，建议尽可能少用多继承。

8.2.7　接口

在很多面向对象语言（如 Java、C#等）中都有接口的概念。接口其实就是一个规范，指定了一个类中都有哪些成员。接口也被经常用在多态中，一个类可以有多个接口，也就是有多个规范。不过 Python 语言中并没有这些东西，在调用一个对象的方法时，就假设这个方法在对象中存在。当然，更稳妥的方法就是在调用方法之前先使用 hasattr 函数检测一下，如果方法在对象中存在，该函数则返回 True，否则返回 False。

```python
# c是一个对象，如果c中存在名为process的方法，hasattr函数则返回True，否则返回False
print(hasattr(c, "process"))
```

除了可以使用 hasattr 函数判断对象中是否存在某个成员外，还可以使用 getattr 函数实现同样的功能。

该函数有 3 个参数，其中前两个参数与 hasattr 函数完全一样，第 3 个参数用于设置默认值。当第 2 个参数指定的成员不存在时，getattr 函数会返回第 3 个参数指定的默认值。

与 getattr 函数对应的是 setattr 函数，该函数用于设置对象中成员的值。setattr 函数有 3 个参数，前两个参数与 getattr 函数完全相同。第 3 个参数用于指定对象成员的值。

```
# 如果 c 对象中有 name 属性，则更新该属性的值，如果没有 name 属性，则会添加一个新的 name 属性
setattr(c, "name", "new value")
```

下面的代码创建了一个 MyClass 类，该类中定义了两个方法：method1 和 default。在调用 MyClass 对象中的方法时，首先会判断调用的方法是否存在。使用 getattr 函数判断方法是否在对象中存在时，将 default 方法作为默认值返回。

代码位置：src/class/interface.py

```python
class MyClass:
    def method1(self):
        print("method1")
    def default(self):
        print("default")
my = MyClass()
# 判断 method1 是否在 my 中存在
if hasattr(my, 'method1'):
    my.method1()
else:
print("method2 方法不存在")
# 判断 method2 是否在 my 中存在
if hasattr(my,'method2'):
    my.method2()
else:
    print("method2 方法不存在")
# 从 my 对象中获取 method2 方法，如果 method2 方法不存在，则返回 default 方法作为默认值
method = getattr(my, 'method2',my.default)
# 如果 method2 方法不存在，那么 method 方法实际上就是 my.default 方法
method()

def method2():
    print("动态添加的 method2")
# 通过 setattr 函数将 method2 函数作为 method2 方法的值添加到
# my 对象中
# 如果 method2 方法在 my 中不存在，那么会添加一个新的 method2
#方法，相当于动态添加 method2 方法
setattr(my, 'method2', method2)
# 调用 my 对象中的 method2 方法
my.method2()
```

程序运行结果如图 8-5 所示。

图 8-5　判断方法是否在对象中存在

8.3　实战与演练

1．编写一个 Python 程序，创建 3 个类：Person、Teacher 和 Student。这 3 个类中，Person 是 Teacher 和 Student 的父类。类中的方法可以自己任意指定。用这 3 个类演示 Python 类的继承关系。

答案位置：src/class/solution1.py

2．接第 1 题，在调用 Student 类中不存在的方法时，使用 setattr 函数添加一个新的方法，然后再调用 Student 类的这个方法。

答案位置：src/class/solution2.py

8.4　本章小结

本章介绍了很多 Python 语言的新概念，现总结如下：

- 对象：包括若干个属性和方法。属性其实就是变量，方法与全局函数类似。只是方法的第 1 个参数必须是对象本身。这个参数值是自动传入的，在调用方法时不需要指定这个参数值。
- 类：类是对象的抽象。类实例化后称为对象，每个对象都有其对应的类。类的主要任务是定义对象中的属性和方法。
- 多态：多态是将不同类的对象用统一接口访问。不需要管接口后面对应的是哪个对象。
- 封装：对象可以将它们的内部状态隐藏（封装）起来，在一些面向对象语言（如 Java、C#等）中，存在一种私有成员，只允许对象内部访问这些成员。但在 Python 语言中，所有的对象成员都是公开的，不存在私有的成员。
- 继承：一个类可以是一个或多个类的子类。子类从父类中继承了所有的成员。不过 Python 语言中的多继承并不建议大家经常使用，因为会造成继承关系过于复杂。
- 接口：Python 语言中并没有像 Java、C#这些语言的接口的语法。在 Python 语言中如果要使用接口，就直接使用对象好了，而且可以事先假设要调用的对象成员都存在。为了保险起见，在调用对象成员之前，可以使用 hasattr 函数或 getattr 函数判断成员是否属于对象。

第 9 章 异　常

CHAPTER 9

在编写程序的过程中，程序员通常希望识别正常执行的代码和执行异常的代码。这种异常可能是程序的错误，也可以是不希望发生的事情。为了能够处理这些异常，可以在所有可能发生这种情况的地方使用条件语句进行判断。但这么做既没效率，也不灵活，而且还无法保证条件语句覆盖了所有可能的异常。为了更好地解决这个问题，Python 语言提供了非常强大的异常处理机制。通过这种异常处理机制，可以直接处理所有发生的异常，也可以选择忽略这些异常。

9.1 什么是异常

Python 语言用异常对象（Exception Object）表示异常情况。当遇到错误后，会引发异常。如果异常对象没有处理异常，或未捕获异常，程序就会终止执行，并向用户返回异常信息。通常异常信息会告知出现错误的代码行以及其他有助于定位错误的信息，以便程序员可以快速定位有错误的代码行。

让程序抛出异常的情况很多，但可以分为两大类：系统抛出的异常和主动抛出的异常。如果由于执行了某些代码（如分母为 0 的除法），系统会抛出异常，这种异常是系统自动抛出的（由 Python 解析器抛出），还有一种异常，是由于执行 raise 语句抛出的异常，这种异常是属于主动抛出的异常。这么做的目的主要是系统多种异常都由统一的代码处理，所以将程序从当前的代码行直接跳到了处理异常的代码块。

```
x = 1/0                                    # 由于分母为 0，所以会抛出异常
```

由于分母为 0，所以执行上面的代码，会在终端中输出如图 9-1 所示的异常信息。很明显，异常信息明确指出异常在 test.py 文件中的第 1 行，而且将抛出异常的代码显示在了异常信息中。

在捕获异常时，可以选择用同一个代码块处理所有的异常，也可以每个异常由一个代码块处理。之所以可以单独对某个异常进行处理，是因为每个异常就是一个类。抛出异常的过程也就是创建这些类的实例的过程。如果单独捕获某个异常类的实例，那么自然可以用某个代码块单独处理该异常。

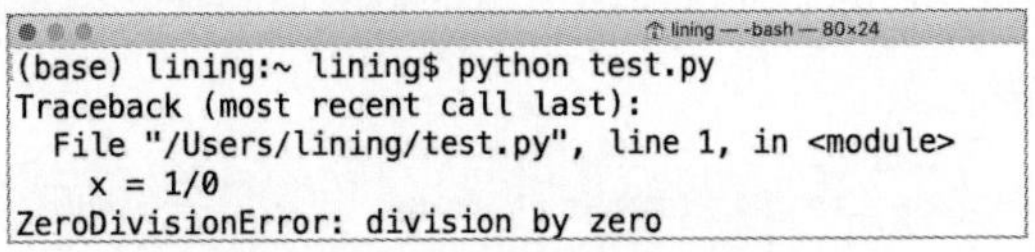
lining — -bash — 80×24
(base) lining:~ lining$ python test.py
Traceback (most recent call last):
File "/Users/lining/test.py", line 1, in <module>
x = 1/0
ZeroDivisionError: division by zero

图 9-1　分母为 0 抛出异常

9.2 主动抛出异常

异常可以是系统抛出的，也可以由程序员编写代码抛出。本节会详细介绍如何通过 raise 语句抛出异常，

以及如何自定义异常类。

微课视频

9.2.1 raise 语句

代码位置：src/exception/raise.py

使用 raise 语句可以直接抛出异常。raise 语句可以使用一个类（必须是 Exception 类或 Exception 类的子类）或异常对象抛出异常。如果使用类，系统会自动创建类的实例。下面的一些代码会使用内建的 Exception 异常类抛出异常。

`raise Exception`

上面的代码在 raise 语句后跟了一个 Exception 类，执行这行代码，会抛出如图 9-2 所示的异常信息。

```
Run     raise
  ↑   Traceback (most recent call last):
  ↓     File "D:/MyStudio/python/python_knowledge/
  ⇄       raise Exception
  ⚲   Exception
```

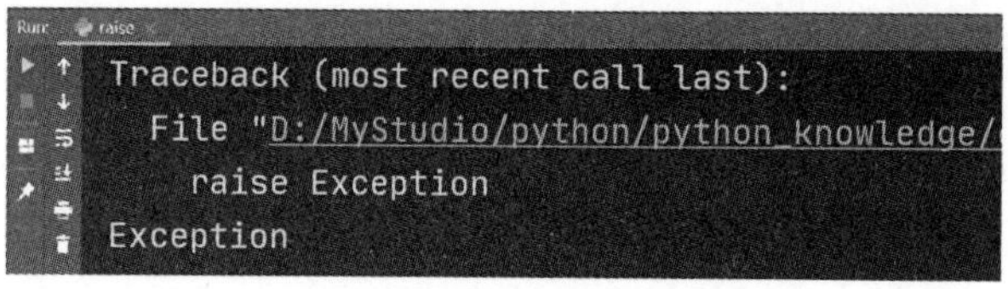

图 9-2　Exception 对象异常信息

从图 9-2 所示的异常信息可以看出，除了抛出异常信息的代码文件和代码行外，没有其他有价值的信息。如果程序抛出的异常都是这些信息，那么就无从得知到底是什么原因引发的异常。因此，最简单的做法就是为异常加上一个描述。

`raise Exception("这是自己主动抛出的一个异常")`

上面的代码在 raise 语句中加了一个 Exception 对象，并通过类的构造方法传入了异常信息的描述。执行这行代码，会抛出如图 9-3 所示的异常信息。

```
Run     raise
  ↑   Traceback (most recent call last):
        File "D:/MyStudio/python/python_knowledge/common_resources/
  ⇄       raise Exception("这是自己主动抛出的一个异常")
  ⚲   Exception: 这是自己主动抛出的一个异常
```

图 9-3　为异常信息加一个描述

很明显，在图 9-3 所示的异常信息的最后显示了添加的异常信息描述，这样的异常更容易让人理解。

在 Python 语句中内置了很多异常类，用来描述特定类型的异常，如 ArithmeticError 表示与数值有关的异常。

`raise ArithmeticError("这是一个和数值有关的异常")`

执行上面的代码，会抛出如图 9-4 所示的异常信息。

```
Run     raise
  ↑   Traceback (most recent call last):
        File "D:/MyStudio/python/python_knowledge/common_resources/
  ⚲       raise ArithmeticError("这是一个和数值有关的异常")
        ArithmeticError: 这是一个和数值有关的异常
```

图 9-4　抛出与数值有关的异常

尽管 ArithmeticError 类没有强迫我们必须用它来表示与数值有关的异常，但使用有意义的异常类是一个好习惯。就像为变量命名一样，尽管可以命名为 a、b、c，但为每个变量起一个有意义的名字会让程序的可读性大大加强。

使用内建的异常类是不需要导入任何模块的，不过要使用其他模块中的异常类，就需要导入相应的模块了。下面的代码抛出了一个 InvalidRoleException 异常，该类通常表示与 Role 相关的异常（至于什么是 Role，先不用管它，这里只是演示一下如何抛出其他模块中的异常）。InvalidRoleException 类的构造方法有两个参数：第 1 个参数需要传入一个数值，表示状态。第 2 个参数需要传入一个字符串，表示抛出异常的原因。

```
from boto.codedeploy.exceptions import InvalidRoleException
raise InvalidRoleException(2,"这是一个和 Role 有关的异常")
```

程序运行结果如图 9-5 所示。

```
Traceback (most recent call last):
  File "D:/MyStudio/python/python_knowledge/common_resources/books/我写的书/清华大学出版社/基础知识/
    raise InvalidRoleException(2,"这是一个和Role有关的异常")
boto.codedeploy.exceptions.InvalidRoleException: InvalidRoleException: 2 这是一个和Role有关的异常
```

图 9-5　抛出模块中的异常

表 9-1 描述了一些最重要的内建异常类。

表 9-1　一些重要的内建异常类

异 常 类 名	描　　述
Exception	所有异常的基类
AttributeError	属性引用或赋值失败时抛出的异常
OSError	当操作系统无法执行任务时抛出的异常
IndexError	在使用序列中不存在的索引抛出的异常
KeyError	在使用映射中不存在的键值时抛出的异常
NameError	在找不到名字（变量）时抛出的异常
SyntaxError	在代码为错误形式时触发
TypeError	在内建操作或函数应用于错误类型的对象时抛出的异常
ValueError	在内建操作或者函数应用于正确类型的对象，但该对象使用了不合适的值时抛出的异常
ZeroDivisionError	在除法或者取模操作的第2个参数值为0时抛出的异常

9.2.2　自定义异常类

在很多时候需要自定义异常类。任何一个异常类必须是 Exception 的子类。最简单的自定义异常类就是一个空的 Exception 类的子类。

微课视频

```
class MyException(Exception):
    pass
```

下面用一个科幻点的例子来演示如何自定义异常类，以及如何抛出自定义异常。在这个例子中会定义一个曲速引擎（超光速引擎）过载的异常类，当曲速达到 10 或以上值时就认为是过载，这时会抛出异常。

代码位置： src/exception/custom_exception.py

```python
# 定义曲速引擎过载的异常类
class WarpdriveOverloadException(Exception):
    pass


# 当前的曲速值
warpSpeed = 12
# 当曲速为10或以上值时认为是曲速引擎过载，应该抛出异常
if warpSpeed >= 10:
    # 抛出自定义异常
    raise WarpdriveOverloadException("曲速引擎已经过载，请停止或弹出曲速核心，否则飞船将会爆炸")
```

程序运行结果如图 9-6 所示。

```
Traceback (most recent call last):
  File "D:/MyStudio/python/python_knowledge/common_resources/books/我写的书/清华大学出版社
    raise WarpdriveOverloadException("曲速引擎已经过载，请停止或弹出曲速核心，否则飞船将会爆炸")
__main__.WarpdriveOverloadException: 曲速引擎已经过载，请停止或弹出曲速核心，否则飞船将会爆炸
```

图 9-6　抛出自定义异常

其实在自定义异常类中可以做更多的工作，如为异常类的构造方法添加更多的参数，但到目前为止，关于 Python 类的更高级应用还没有讲（具体内容会在第 10 章详细介绍），所以本例只是实现了一个最简单的自定义异常类。读者可以利用这些 Python 类的高级技术编写更复杂的异常类。

9.3　捕捉异常

如果异常未捕捉，系统就会一直将异常传递下去，直到程序由于异常而导致中断。为了尽可能避免出现这种程序异常中断的情况，需要对"危险"的代码段[①]进行异常捕捉。在 Python 语言中，使用 try…except 语句进行异常捕获。那么这个语句有哪些用法呢？要知详情，继续阅读本节的内容。

9.3.1　try…except 语句的基本用法

微课视频

try…except 语句用于捕捉代码块的异常。在使用 try…except 语句之前，先看不使用该语句的情况。

```python
x = int(input("请输入分子："))
y = int(input("请输入分母："))
print("x / y = {}".format(x / y))
```

执行上面的代码，分子输入任意的数值，分母输入 0，会抛出如图 9-7 所示的异常，从而导致程序崩溃，也就是说，本来正常执行第 3 条语句（print 函数），但由于 x / y 中的 y 变量是 0，所以直接抛出了异常，因此，第 3 条语句后面的所有语句都不会被执行。

---

① 这里的"危险"代码段由程序员根据经验来判断，对可能会抛出异常的代码段，需要进行异常捕捉，例如，从一个文件读取数据，可能会遇到这个文件不存在的情况，那么就需要对这段代码进行异常捕捉，否则，当文件不存在或不可访问时可能会让程序崩溃。

由于用户的输入是不可控的，所以当采集用户输入的数据时，应该使用 try…except 语句对相关代码进行异常捕捉，尽管异常并不会每次都发生，但这么做可以有备无患。

下面的例子通过 try…except 语句捕捉用户输入可能造成的异常，如果用户输入了异常数据，会提示用户，并要求重新输入数据。

代码位置： src/exception/try_except.py

```python
# 先定义一个 x 变量，但 x 变量中没有值（为 None）
x = None
while True:
    try:
        # 如果 x 已经有了值，表示已经捕捉了异常，那么再次输入数据时，就不需要输入 x 的值了
        if x == None:
            x = int(input("请输入分子："))          # 输入分子的值
        y = int(input("请输入分母："))               # 输入分母的值
        print("x / y = {}".format(x / y))            # 输出 x/y 的结果
        break;                                        # 如果分子和分母都正常，那么退出循环
    except:                                           # 开始捕捉异常
        print("分母不能为 0，请重新输入分母！")       # 只有发生异常时，才会执行这行代码
```

执行上面的代码，分子输入 30，分母输入 0，按回车键会输出异常提示信息，然后会要求再次输入分母，输入一个非零的数值，如 20，按回车键后，会输出 x/y 的结果。程序执行效果如图 9-8 所示。

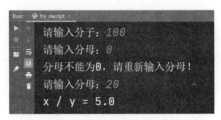

图 9-7　分子输入任意的数值，分母输入 0 抛出的异常　　　　　图 9-8　捕获分母为 0 的异常

从前面的例子中可以了解关于 try…except 语句的如下几方面内容：

- try…except 语句是一个代码块，所以 try 和 except 后面都要加冒号（:）。
- try 和 except 之间是正常执行的语句，如果这些代码不发生错误，那么就会正常执行下去，这时 except 部分的代码是不会执行的。如果 try 和 except 之间的代码发生了错误，那么错误点后面的代码都不会被执行了，而会跳到 except 子句去执行 except 代码块中的代码。
- 如果 except 关键字后面没有指定任何异常类，那么 except 部分可以捕捉任何的异常，如果想捕捉具体的异常，继续看本章后面的部分。

9.3.2　捕捉多个异常

我们并不能预估一个代码块到底会不会抛出异常，以及抛出多少种异常。所以需要使用 try…except 语句捕捉尽可能多的异常，因此，except 子句可以包含任意多个。不过程序员并不能准确估计一个代码块抛出的异常种类，所以使用具体异常类来捕捉异常，有可能会遗漏某个异常，在这种情况下，当抛出这个被遗漏的异常后，程序还是会崩溃，所以比较保险的做法是最后一个 except 子句不使用任何异常类，这样就

微课视频

会捕捉其他所有未指定的异常，从而让程序更加健壮。

```
try:
    ...
except 异常类1:
    ...
except 异常类2:
    ...
except 异常类n:
    ...
except:                              # 捕捉其他未指定的异常
    ...
```

下面的例子通过 SpecialCalc 类的 3 个方法（add、sub 和 mul）和 raise 语句抛出了两个自定义的异常（NegativeException 和 ZeroException），div 方法可能会抛出内建的 ZeroDivisionError 异常。这 3 个异常分别通过 3 个 except 子句捕捉。最后使用 except 子句捕捉其他未指定的异常。本例的核心逻辑代码在 while 循环中，通过 Console 输入表达式（如 add(4,2)），动态调用 SpecialCalc 类的相应方法，不管是抛出异常，还是正常调用，都会重新要求输入新的表达式，直到输入 ":exit" 命令退出 while 循环。

代码位置：src/exception/catch_multi_exceptions.py

```python
# 自定义异常类，表示操作数或计算结果为负数时抛出的异常
class NegativeException(Exception):
    pass
# 自定义异常类：表示操作数为 0 时抛出的异常
class ZeroException(Exception):
    pass

class SpecialCalc:
def add(self,x,y):
    # 当 x 和 y 至少有一个小于 0 时抛出 NegativeException 异常
        if x < 0 or y < 0:
            raise NegativeException
        return x + y
def sub(self,x,y):
    # 当 x 和 y 的差值是负数时抛出 NegativeException 异常
        if x - y < 0:
            raise NegativeException
        return x - y
def mul(self,x,y):
    # 当 x 和 y 至少有一个为 0 时抛出 ZeroException 异常
        if x == 0 or y == 0:
            raise ZeroException
        return x * y
    def div(self,x,y):
        return x / y
```

```
while True:
try:
    # 创建 SpecialCalc 类的实例
    calc = SpecialCalc()
    # 从 Console 输入表达式
    expr = input("请输入要计算的表达式，例如，add(1,2): ")
    # 当输入 ":exit" 时退出 while 循环
    if expr == ":exit":
        break;
    # 使用 eval 函数动态执行输入的表达式，前面需要加上 "calc." 前缀，
    # 因为这些方法都属于 SpecialCalc 类
    result = eval('calc.' + expr)
    # 在控制台输出计算结果，保留小数点后两位
    print("计算结果：{:.2f}".format(result))
except NegativeException:                       # 捕捉 NegativeException 异常
    print("******负数异常******")
except ZeroException:                           # 捕捉 ZeroException 异常
    print("******操作数为 0 异常******")
except ZeroDivisionError:                       # 捕捉 ZeroDivisionError 异常
    print("******分母不能为 0******")
except:                                         # 捕捉其他未指定的异常
    print("******其他异常******")
```

运行上面的程序，并输入不同的表达式来引发两个定制的异常和 ZeroDivisionError 异常，以及输入错误的表达式，以便引发其他异常。图 9-9 是本例的测试结果。

在输入表达式的过程中，最后输入了一个 abcd，很明显，输入的内容并不是正确的表达式，而且抛出的异常并没有使用 except 子句明确指定，因此，最后的 except 子句会捕捉这个异常。

9.3.3　用同一个代码块处理多个异常

虽然代码块可能抛出多个异常，但有时多个异常的处理程序可以是一个，在这种情况下，如果用多个 except 子句捕捉这些异常，就需要在每个 except 子句中使用同一段代码处理这些异常。为了解决这个问题，except 子句允许指定多个异常，这样指定后，同一个 except 子句就可以捕捉多个异常了。

```
Run:  catch multi exceptions
请输入要计算的表达式，例如，add(1,2): add(6,34.2)
计算结果：40.20
请输入要计算的表达式，例如，add(1,2): add(-6,2)
******负数异常******
请输入要计算的表达式，例如，add(1,2): sub(4,7)
******负数异常******
请输入要计算的表达式，例如，add(1,2): mul(34,0)
******操作数为0异常******
请输入要计算的表达式，例如，add(1,2): div(56,0)
******分母不能为0******
请输入要计算的表达式，例如，add(1,2): div(67,32.4)
计算结果：2.07
请输入要计算的表达式，例如，add(1,2): abcdefg
******其他异常******
请输入要计算的表达式，例如，add(1,2): :exit
```

图 9-9　捕捉多个异常

微课视频

```
try:
    …
except(异常类 1,异常类 2,异常类 3,…,异常类 n):
    …
```

下面的例子定义了一个 raiseException 函数，用于随机抛出 3 个自定义异常，然后用同一个 except 子句

捕捉这 3 个异常。

代码位置：src/exception/one_except.py

```python
# 第 1 个自定义异常类
class CustomException1(Exception):
    pass
# 第 2 个自定义异常类
class CustomException2(Exception):
    pass
# 第 3 个自定义异常类
class CustomException3(Exception):
    pass
# 导入 random 模块
import random

# 随机抛出前面 3 个自定义异常
def raiseException():
    n = random.randint(1,3)                 # 随机参数 1~3 的随机整数
    print("抛出 CustomException{}异常".format(n))
    if n == 1:
        raise CustomException1              # 抛出 CustomException1
    elif n == 2:
        raise CustomException2              # 抛出 CustomException2
    else:
        raise CustomException3              # 抛出 CustomException3

try:
    raiseException()                        # 随机抛出 3 个异常
# 使用 except 子句同时捕捉这 3 个异常
except (CustomException1,CustomException2,CustomException3):
    print("******执行异常处理程序******")
```

程序运行结果如图 9-10 所示。多次运行程序，会输出不同的结果。

图 9-10　使用一个 except 子句捕捉多个异常

9.3.4　捕捉对象

在前面的例子中，使用 except 子句捕捉了多个异常，但都是根据异常类来输出异常信息的。例如，如果抛出的是 NegativeException 类，就会输出"负数异常"信息。不过这么做是有问题的，因为可能有多处代码都抛出了同一个 NegativeException 类，尽管异常类似，但会有细微的差别。在 9.3.2 节的例子中，add 方法和 sub 方法都抛出了 NegativeException 类，但 add 方法是由于操作数为负数抛出该异常，而 sub 方法是因为操作数的差值抛出了该异常。为了更进一步体现异常的差异性，需要为异常类指定一个变量，也可以称为异常对象。其实 raise 语句抛出的异常类最终也是被创建了异常对象后才抛出的。也就是说，except 子句捕捉到的都是异常对象，这里只是给这些异常对象一个名字而已。

为异常对象指定名字需要用 as 关键字。

```
try:
    ...
except 异常类 as e:
    ...
except (异常类1,异常类2,…,异常类n) as e:
    ...
```

如果使用 print 函数输出 e，会将通过构造方法参数传给异常对象的异常信息输出到 Console。

下面的例子会改进 9.3.2 节的代码，用同一个 except 子句捕捉多个异常，并为这些异常指定一个异常对象变量，当输出异常对象时，就会输出相应的异常信息。

代码位置： src/exception/except_object.py

```python
class NegativeException(Exception):
    pass
class ZeroException(Exception):
    pass

class SpecialCalc:
    def add(self,x,y):
        if x < 0 or y < 0:
            #  为异常指定异常信息
            raise NegativeException("x 和 y 都不能小于 0")
        return x + y
    def sub(self,x,y):
        if x - y < 0:
            #  为异常指定异常信息
            raise NegativeException("x 与 y 的差值不能小于 0")
        return x - y
    def mul(self,x,y):
        if x == 0 or y == 0:
            #  为异常指定异常信息
            raise ZeroException("x 和 y 都不能等于 0")
        return x * y
    def div(self,x,y):
        return x / y

while True:
    try:
        calc = SpecialCalc()
        expr = input("请输入要计算的表达式，例如，add(1,2): ")
        if expr == ":exit":
            break;
        result = eval('calc.' + expr)
        print("计算结果: {:.2f}".format(result))
    # 同时捕捉 NegativeException 和 ZeroException 异常，并为其指定一个异常对象变量 e
    except (NegativeException,ZeroException) as e:
    # 输出相应的异常信息
```

```
        print(e)
# 捕捉 ZeroDivisionError 异常
except ZeroDivisionError as e:
# 输出相应的异常信息
        print(e)
except:
        print("******其他异常******")
```

运行上面的代码，通过输入相应的表达式，会抛
出 NegativeException、ZeroException 和 Zero DivisionError
异常。输出的异常信息如图 9-11 所示。从输出的异
常信息可以看出，e 就是这些输出的异常信息。当
add 方法和 sub 方法都抛出 Negative Exception 异常
时，根据异常信息就可以更清楚地了解到底是什
么引发的 NegativeException 异常。

微课视频

9.3.5　异常捕捉中的 else 子句

与循环语句类似，try…except 语句也有 else 子
句。与 except 子句正好相反，except 子句中的代码

```
请输入要计算的表达式，例如，add(1,2)：add(4,5)
计算结果：9.00
请输入要计算的表达式，例如，add(1,2)：add(-5,1)
x和y都不能小于0
请输入要计算的表达式，例如，add(1,2)：sub(3,12)
x与y的差值不能小于0
请输入要计算的表达式，例如，add(1,2)：mul(4,0)
x和y都不能等于0
请输入要计算的表达式，例如，add(1,2)：div(44,0)
division by zero
请输入要计算的表达式，例如，add(1,2)：exit
```

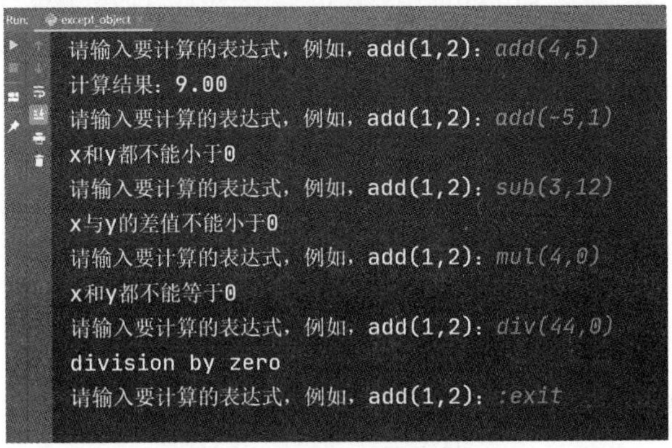

图 9-11　输出的异常信息

会在 try 和 except 之间的代码抛出异常时执行，而 else 子句会在 try 和 except 之间的代码正常执行后才执行。
可以利用 else 子句的这个特性控制循环体的执行，如果没有任何异常抛出，那么循环体就结束，否则一直
处于循环状态。

```
try:
    ...
except:
    # 抛出异常时执行这段代码
    ...
else:
    # 正常执行后执行这段代码
    ...
```

下面的例子通过 while 循环控制输入正确的数值（x 和 y），并计算 x/y 的值。如果输入错误的 x 和 y
的值，那么就会抛出异常，并输出相应的异常信息。如果输出正确，会执行 else 子句中的 break 语句退
出循环。

代码位置：src/exception/except_else.py

```
while True:
    try:
        x = int(input('请输入分子：'))
        y = int(input('请输入分母：'))
        value = x / y
        print('x / y is', value)
    except Exception as e:
        print('不正确的输入：',e)
```

```
        print('请重新输入')
    else:
        break                          # 没有抛出任何异常，直接退出 while 循环
```

程序运行结果如图 9-12 所示。对于本例来说，将 break 语句放到 try 和 except 之间的代码块的最后也可以，只是为了将正确执行后要执行的代码分离出来，需要将这些代码放到 else 子句的代码块中。

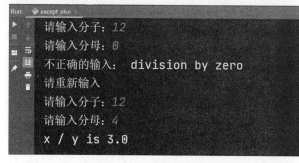

微课视频

图 9-12　try 语句的 else 子句

9.3.6　异常捕捉中的 finally 子句

捕捉异常语句的最后一个子句是 finally。从这个子句的名字基本可以断定是做什么用的。所有需要最后收尾的代码都要放到 finally 子句中。不管是正常执行，还是抛出异常，最后都会执行 finally 子句中的代码，所以应该在 finally 子句中放置关闭资源的代码，如关闭文件、关闭数据库等。

如果使用 return 语句退出函数，那么会首先执行 finally 子句中的代码，才会退出函数。因此并不用担心 finally 子句中的代码不会被执行，只要为 try 语句加上了 finally 子句，并且程序执行流程进入了 try 语句，finally 子句中的代码是一定会执行的。

```
try:
    ...
except:
    ...
finally:                              # 无论是否抛出异常，都会执行 finally 子句中的代码
    ...
```

下面的例子演示了 finally 子句在各种场景下的执行情况。

代码位置：src/exception/except_finally.py

```python
# 未抛出异常时执行 finally 子句中的代码
def fun1():
    try:
        print("fun1 正常执行")
    finally:
        print("fun1 finally")
# 抛出异常时执行 finally 子句中的代码
def fun2():
    try:
        raise Exception
    except:
        print("fun2 抛出异常")
    finally:
        print("fun2 finally")
# 用 return 语句退出函数之前执行 finally 子句中的代码
def fun3():
    try:
```

```
        return 20
    finally:
        print("fun3 finally")
# 抛出异常时执行 finally 子句中的代码，但在 finally 子句中执行 del x 操作，再一次抛出了异常
def fun4():
    try:
        x = 1/0
    except ZeroDivisionError as e:
        print(e)
    finally:
        print("fun4 finally")
        del x
fun1()
fun2()
print(fun3())
fun4()
```

程序运行结果如图 9-13 所示。

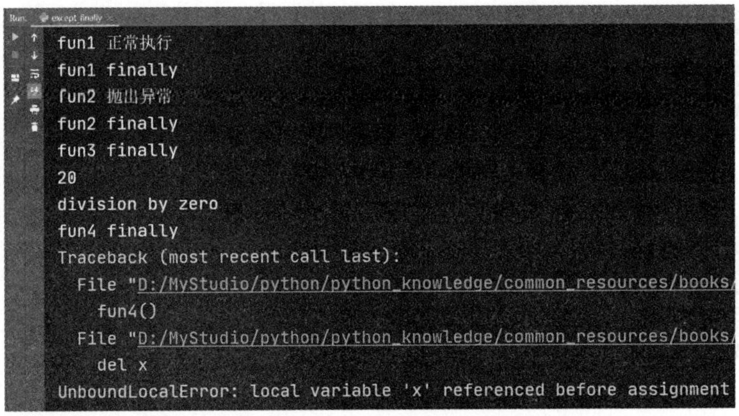

图 9-13　finally 子句在各种场景下的执行情况

从上面的代码可以看到，当在 fun3 函数中通过 return 语句退出函数时，会首先执行 finally 子句中的代码，然后再退出函数。在 fun4 函数中，尽管 finally 子句中的代码正常执行了，但在 finally 子句中试图通过 del 语句删除 x 变量，但由于 x 变量在创建之初由于抛出异常（分母为 0），并未创建成功，所以 x 变量其实并不存在，因此，在使用 del 语句删除一个并不存在的变量时会抛出异常，而且这次是在 finally 子句中抛出异常，并没有其他 try 语句捕捉这个异常，所以这个异常将直接导致程序崩溃。因此，在 finally 子句中，应该尽可能避免执行容易抛出异常的语句，如果非要执行这类语句，建议再次加上 try 语句。

```
try:
    x = 1/0
except ZeroDivisionError as e:
    print(e)
finally:
    print("fun4 finally")
    try:                                    # 由于 del 语句可能出错，所以使用 try 语句捕捉异常
```

```
    del x
except Exception as e:
    print(e)
```

执行上面的代码，会输出如下的异常信息。

```
local variable 'x' referenced before assignment
```

9.4　异常、函数与栈跟踪

微课视频

如果异常被隐藏得很深，而且又不被处理，这种异常是不太好捕捉的，幸亏 Python 解析器可以利用栈进行跟踪。例如，当多个函数进行调用时，如果最里层的函数抛出一个异常，而且没有得到处理，那么这个异常会一直进行传播，直到传播到最顶层函数，并让程序异常中断。

下面的例子定义了 5 个函数：fun1 ~ fun5，后面的函数会调用前面的函数，如 fun2 会调用 fun1，fun3 会调用 fun2，以此类推。在 fun1 中抛出了一个异常，但并未处理，这个异常会一直传播到 fun5，最后会导致程序异常中断。在 Console 中会输出异常栈跟踪信息。

代码位置：src/exception/except_stack.py

```
def fun1():
    raise Exception("fun1 抛出的异常")
def fun2():
    fun1()
def fun3():
    fun2()
def fun4():
    fun3()
def fun5():
    fun4()
fun5()                                      # 调用 fun5 函数会抛出异常
```

程序执行结果如图 9-14 所示。

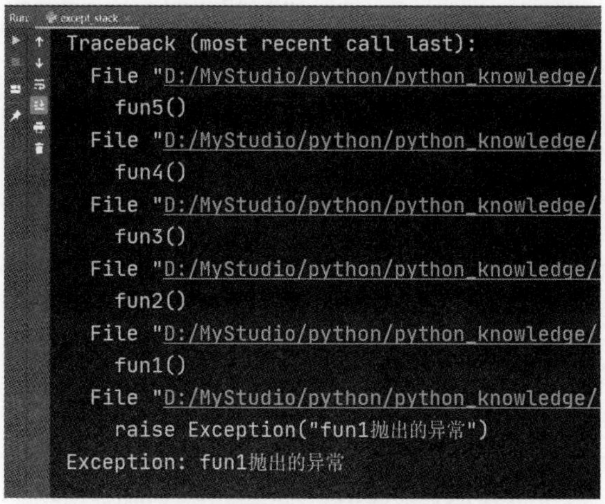

从图 9-14 的异常信息可以看出，Python 解析器会将异常发生的源头以及其传播的路径都显示出来，这样就可以很容易地按图索骥，找到异常发生的根源。

9.5　异常的妙用

在合适的地方使用异常，会让程序更简单、更容易理解。例如，通过 key 从字典中获取 value 时，为了防止由于 key 不存在而导致的异常，可以利用条件语句进行判断。

下面的代码直接通过 key 从字典中获取 value。

```
Run:    except stack
Traceback (most recent call last):
  File "D:/MyStudio/python/python_knowledge/
    fun5()
  File "D:/MyStudio/python/python_knowledge/
    fun4()
  File "D:/MyStudio/python/python_knowledge/
    fun3()
  File "D:/MyStudio/python/python_knowledge/
    fun2()
  File "D:/MyStudio/python/python_knowledge/
    fun1()
  File "D:/MyStudio/python/python_knowledge/
    raise Exception("fun1 抛出的异常")
Exception: fun1 抛出的异常
```

图 9-14　输出异常栈跟踪信息

```
dict = {'name':'Bill', 'age':40}
dict['Age']
```

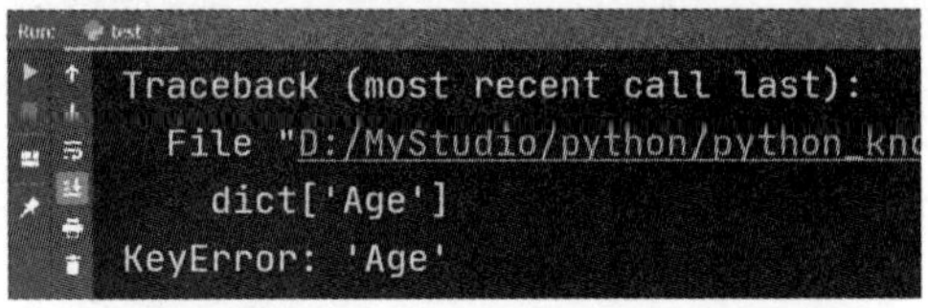

图 9-15　由于 key 不存在而抛出的异常

很显然，上面的代码会抛出异常，因为字典中的 key 是大小写敏感的。Age 在 dict 中并不存在。执行代码后，抛出的异常信息如图 9-15 所示。

为了避免抛出这个异常，可能使用 if 语句和 in 操作符进行判断，代码如下：

```
dict = {'name':'Bill', 'age':40}
# 该条件为 False，所以条件语句内的代码不会执行，也就不会抛出异常了
if 'Age' in dict:
    print(dict['Age'])
```

访问对象中的属性和方法也存在这种情况，由于 Python 是动态语言，所以事先不会判断对象中是否存在某个属性或方法，只有在运行时才会由于属性或方法不存在而抛出异常。

```
class WifiManager:
    def testWifi(self):
        print("testWifi")
wifiManager = WifiManager()
wifiManager.testWiFi()
```

在上面的代码中，testWifi 方法在 WifiManager 中并不存在（F 的大小写问题），所以调用 testWifi 方法会抛出如图 9-16 所示的异常。

图 9-16　由于对象方法不存在而抛出的异常

为了防止抛出类似的异常，需要在访问对象属性或方法之前，使用 if 语句进行判断。

```
class WifiManager:
    def testWifi(self):
        print("testWifi")
wifiManager = WifiManager()
# 使用 hasattr 函数判断 testWiFi 方法是否属于 wifiManager 对象
if hasattr(wifiManager, 'testWiFi'):
    wifiManager.testWiFi()
```

前面两个例子都使用了 if 语句判断 key 在字典中是否存在，以及方法是否在对象中存在来避免抛出异常，这样做从技术上看没有任何问题，不过在代码中充斥太多这样的 if 语句，会降低代码的可读性，因此可以用 try 语句取代 if 语句，并让程序更加健壮。

下面的例子会使用 try 语句替换前面代码中的 if 语句，这样即使程序抛出异常，也不会产生异常中断的情况。

代码位置： src/exception/exception_interesting.py

```python
dict = {'name':'Bill', 'age':40}
try:
    print(dict['Age'])
except KeyError as e:                    # 捕捉 key 不存在的异常
    print("异常信息: {}".format(e))
class WifiManager:
    def testWifi(self):
        print("testWifi")

wifiManager = WifiManager()
try:
    wifiManager.testWiFi()
except AttributeError as e:              # 捕捉对象属性（方法也可以看作对象的属性）不存在的异常
    print("异常信息: {}".format(e))
```

程序运行结果如图 9-17 所示。

图 9-17　使用 try 语句捕捉异常

9.6　实战与演练

1. 编写一个异常类 StartMobileException，再编写一个 Mobile 类。该类有一个抛出异常的 start 方法。在 start 方法中随机产生 1~100 的随机数，当随机数小于 50 时抛出 StartMobileException 异常。最后调用 Mobile 类的 start 方法产生这个异常。

答案位置：src/exception/solution1.py

2. 编写用于计算阶乘的 JC 类，该类有一个 compute 方法，用于计算阶乘。然后编写一个异常类 JCException。当 compute 方法的参数 n 的值小于 0 时，抛出 JCException 异常，否则正常计算阶乘的值。在调用 compute 方法时使用 try…except 语句明确捕捉 JCException 异常，并输出异常信息。

答案位置：src/exception/solution2.py

9.7　本章小结

本章深入讲解了 Python 中异常的概念以及如何异常捕捉。这里有一个概念需要澄清，不管是系统抛出的异常，还是自己使用 raise 语句抛出的异常，其实都是异常对象。如果在 raise 语句后面直接跟异常类，那么 raise 语句会自动利用该类创建一个异常对象，并抛出这个异常对象。所以平常说的抛出异常，其实就是抛出异常对象，而不是抛出异常类。另外，Python 中的 try 语句其实有 4 个关键字：try、except、else 和 finally。这里只有 try 是必须要有的，但 except 和 finally 必须至少要有一个，else 子句可有可无。

## 第 10 章

方法、属性和迭代器

在 Python 语言中,存在一些特殊方法,这些方法往往在命名上与普通方法不同。例如,一些方法会在名字前后各加双下画线(__method__),这种拼写方式有特殊含义,所以在命名普通方法时,千万不要用这种命名方式。如果类实现了这些方法中的某一个,那么这个方法会在特殊情况下被 Python 调用,一般并没有直接调用这些方法的必要。

本章会详细讨论这些特殊的方法(包括__init__方法和一些处理对象访问的方法,这些方法允许创建自己的序列或映射)。除此之外,本章还会深入讲解 Python 方法重载、属性、静态方法、类方法,以及 Python 中的 3 个神器:迭代器、生成器和装饰器。

10.1 构造方法

本章之所以首先介绍构造方法,是因为构造方法非常重要,是创建对象的过程中被调用的第一个方法,通常用于初始化对象中需要的资源,如初始化一些变量。本节会详细介绍 Python 中构造方法的使用细节。

10.1.1 构造方法的基础知识

在类实例化时需要做一些初始化的工作,而构造方法就是完成这些工作的最佳选择。当类被实例化时,首先会调用构造方法。由于构造方法是特殊方法,所以在定义构造方法时,需要在方法名两侧各加两个下画线,构造方法的方法名是 init,所以完整的构造方法名应该是__init__。除了方法名比较特殊外,构造方法的其他方面与普通方法类似。

下面的例子编写了一个 Person 类,并为该类定义了一个构造方法,在构造方法中初始化了成员变量 name,在创建 Person 对象后,调用 getName 方法,就立刻可以获取这个 name 变量值。

代码位置: src/class_member/basic_constructor.py

```
class Person:
    # Person 类的构造方法
    def __init__(self,name = "Bill"):
        print("构造方法已经被调用")
        self.name = name
    def getName(self):
        return self.name
    def setName(self,name):
        self.name = name
```

```
# 运行结果：构造方法已经被调用
person = Person()                    # 创建 Person 类的实例，在这里 Person 类的构造方法会调用
# 运行结果：Bill
print(person.getName())
# 运行结果：构造方法已经被调用
person1 = Person(name = "Mike")# 创建 Person 类的实例，并指定 name 参数值，构造方法会调用
# 运行结果：Mike
print(person1.getName())
person1.setName(name = "John")
# 运行结果：John
print(person1.getName())
```

10.1.2　重写普通方法和构造方法

微课视频

当 B 类继承 A 类时，B 类就会拥有 A 类的所有成员变量和方法。如果 B 类中的方法名与 A 类中方法名相同，那么 B 类中同名方法就会重写 A 类中同名方法。如果在 B 类中定义了构造方法，同样也会重写 A 类中的构造方法，也就是说，创建 B 对象，实际上是调用的 B 类中的构造方法，而不是 A 类中的构造方法。

```
class A:
    def __init__(self):
        print("A 类的构造方法")
    def method(self):
        print("A 类的 method 方法")
class B(A):
    def __init__(self):
        print("B 类的构造方法")
    def method(self):
        print("B 类的 method 方法")
# 运行结果：B 类的构造方法
b = B()
# 运行结果：B 类的 method 方法
b.method()
```

上面的代码中，B 是 A 的子类，而且在 B 类中定义了构造方法，以及与 A 类同名的 method 方法，所以创建 B 对象，以及调用 method 方法，都是调用的 B 类本身的方法。

下面的例子编写了一个 Bird 类和一个 SongBird 类。SongBird 是 Bird 的子类，由于 SongBird 类重写了 Bird 类的构造方法，所以在 Bird 类的构造方法中初始化的 hungry 变量，在 SongBird 类中是不存在的，调用该变量将会抛出异常。

代码位置： src/class_member/override_method.py

```
class Bird:
    def __init__(self):
        self.hungry = True
    def eat(self):
        if self.hungry:
            print("已经吃了虫子！")
            self.hungry = False
```

```
        else:
            print("已经吃过饭了，不饿了！")
b = Bird()
b.eat()
b.eat()


class SongBird(Bird):
    def __init__(self):
        self.sound = '向天再借五百年'
    def sing(self):
        print(self.sound)


sb = SongBird()
sb.sing()                    # 调用了 SongBird 类中的 sing 方法
sb.eat()                     # 调用了 Bird 类中的 eat 方法，由于没有 hundgry 变量，会抛出异常
```

程序运行结果如图 10-1 所示。

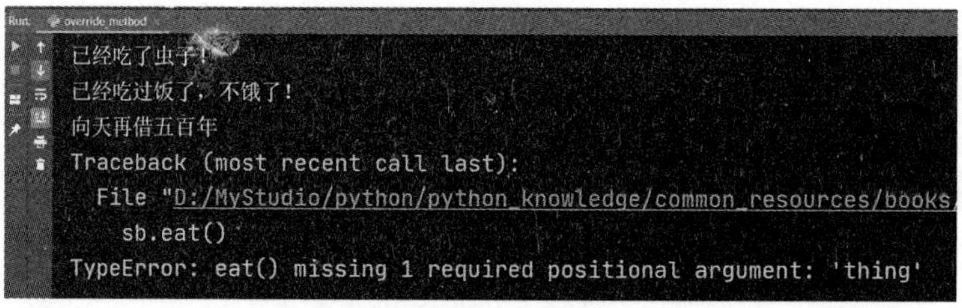

图 10-1　重写构造方法

可以看到，在调用 SongBird 类从 Bird 类继承过来的 eat 方法时，由于 SongBird 类重写了 Bird 类的构造方法，所以在 Bird 类的构造方法中初始化的 hungry 变量也不存在了，因此，调用 SongBird 类的 eat 方法会抛出异常。那么如果 SongBird 类仍然需要使用 hungry 变量，以及调用 Bird 类的构造方法，应该怎么办？在 10.1.3 节会介绍相关技术解决这个问题。

另外要注意的是，在 Python 中，重写方法只看方法名，并不看参数。只要方法名相同，就会覆盖父类的同名方法。例如，在 SongBird 类中添加一个 eat 方法，该方法多了一个 thing 参数，仍然会覆盖 Bird 类的 eat 方法。

```
class SongBird(Bird):
    def __init__(self):
        self.sound = '向天再借五百年'
    def sing(self):
        print(self.sound)
    def eat(self,thing):                    # 该方法重写了 Bird 类中的 eat 方法
        print(thing)
sb = SongBird()
sb.sing()
sb.eat()          # eat 方法已经被 SongBird 类的 eat 方法重新，必须传入一个参数值，否则会抛出异常
```

程序运行结果如图 10-2 所示。很明显，抛出的异常与图 10-1 不同了，这个异常是由于 eat 缺少参数造成的。

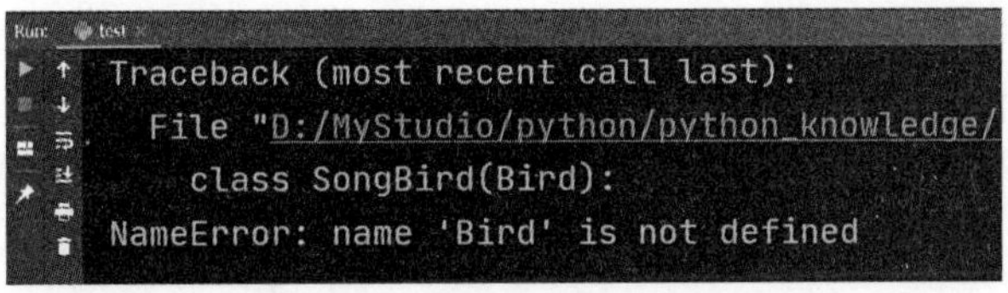

```
Traceback (most recent call last):
  File "D:/MyStudio/python/python_knowledge/
    class SongBird(Bird):
NameError: name 'Bird' is not defined
```

图 10-2 eat 方法缺少参数

10.1.3 使用 super 函数

在子类中如果重写了超类①的方法，通常需要在子类方法中调用超类的同名方法，也就是说，重写超类的方法，实际上应该是一种增量的重写方式，子类方法会在超类同名方法的基础上做一些其他的工作。

如果在子类中要访问超类中的方法，需要使用 super 函数。该函数返回的对象代表超类对象，所以访问 super 函数返回的对象中的资源都属于超类。super 函数可以不带任何参数，也可以带两个参数，第 1 个参数表示当前类的类型，第 2 个参数需要传入 self。

下面的例子对 10.1.2 节的例子进行改进，再引入一个 Animal 类，Bird 类是 Animal 类的子类。在 Bird 类的构造方法中通过 super 函数调用了 Animal 类的构造方法。在 SongBird 类的构造方法中通过 super 函数调用了 Bird 类的构造方法。

代码位置： src/class_member/super.py

```python
class Animal:
    def __init__(self):
        print("Animal init")
class Bird(Animal):
    # 为 Bird 类的构造方法增加一个参数（hungry）
    def __init__(self, hungry):
        # 调用 Animal 类的构造方法
        super().__init__()
        self.hungry = hungry
    def eat(self):
        if self.hungry:
            print("已经吃了虫子! ")
            self.hungry = False
        else:
            print("已经吃过饭了，不饿了! ")
b = Bird(False)                          # 运行结果: Animal init
b.eat()                                  # 运行结果: 已经吃过饭了，不饿了!
b.eat()                                  # 运行结果: 已经吃过饭了，不饿了!

class SongBird(Bird):
    def __init__(self,hungry):
        # 调用 Bird 类的构造方法,如果为 super 函数指定参数,第 1 个参数需要是当前类的类型(SongBird)
        super(SongBird,self).__init__(hungry)
```

① 如 C 是 B 的子类，那么 B 可以称为 C 的父类，如果 B 是 A 的子类，而 C 也从 A 继承，只是 A 不是 C 的直接父类，那么 A 可以称为 C 的超类。

```
        self.sound = '向天再借五百年'

    def sing(self):
        print(self.sound)


sb = SongBird(True)              # 运行结果：Animal init
sb.sing()                        # 运行结果：向天再借五百年
sb.eat()                         # 运行结果：已经吃了虫子!
```

从输出结果可以看到，当 SongBird 类的构造方法通过 super 函数调用 Bird 类的构造方法时，Bird 类的构造方法同时也会调用 Animal 类的构造方法，是一个连锁调用。另外，super 函数可以放在构造方法的任何位置。例如，下面的代码中，super 函数在构造方法的最后调用。

```
class Bird(Animal):
    # 为 Bird 类的构造方法增加一个参数（hungry）
    def __init__(self, hungry):
        self.hungry= hungry
        # 调用 Animal 类的构造方法
        super().__init__()
```

10.2　特殊成员方法

尽管构造方法（__init__）对于一个类非常重要，但还有一些其他的特殊方法也同样重要，因此非常有必要介绍一下它们。通过这些特殊方法，可以建立自定义的序列。

10.2.1　自定义序列

除了构造方法（__init__），还可以使用如下 4 个特殊方法定义自己的序列类，就像我们以前介绍的列表、字典等序列一样，只不过拥有自己特殊的行为。所有的特殊方法在名称前后都需要__。

- __len__ (self)：返回序列中元素的个数。使用 len 函数获取序列对象的长度时会调用该方法。
- __getitem__ (self,key)：返回与所给键对应的值。__getitem__方法的第 2 个参数表示键（key）。在使用 sequence[key]获取值时会调用该方法。
- __setitem__ (self, key, value)：设置 key 对应的值。__setitem__方法的第 2 个参数表示键（key）、第 3 个参数不表示值（value）。当使用 sequence[key] = value 设置序列中键对应的值时调用该方法。
- __delitem__ (self, key)：从序列中删除键为 key 的 key-value 对。当使用 del 关键字删除序列中键为 key 的 key-value 对时调用该方法。

从这 4 个方法的描述来看，都是对序列的某些操作触发了这些特殊方法的调用，下面通过例子演示如何使用这 4 个方法定义自己的序列类。

下面的例子定义了一个名为 FactorialDict 的序列类，该类的功能是计算 key 对应的 value 的阶乘，也就是说，在赋值时需要为某个 key 设置一个整数或可以转换为整数的值，但在使用该 key 获取对应的 value 时，返回的却是 value 的阶乘。

代码位置： src/class_member/custom_sequence.py

```
class FactorialDict:
    def __init__(self):
```

```
        # 创建字典对象
        self.numDict = {}
    # 用于计算阶乘的方法
    def factorial(self,n):
        if n == 0 or n == 1:
            return 1
        else:
            return n * self.factorial(n-1)
    # 从字典中获取 key 对应的 value 时调用该方法
    def __getitem__(self,key):
        print("__getitem__方法被调用,key={}".format(key))
        # 判断 key 是否在字典中存在，如果存在，则返回 value 的阶乘，否则返回 0
        if key in self.numDict:
            return self.factorial(self.numDict[key])
        else:
            return 0
    # 设置 key 对应的 value 时调用该方法
    def __setitem__(self,key, value):
        print("__setitem__方法被调用,key={}".format(key))
        self.numDict[key] = int(value)
    # 使用 del 语句删除 key 对应的 key-value 对时调用
    def __delitem__(self,key):
        print("__delitem__方法被调用,key={}".format(key))
        del self.numDict[key]
    # 使用 len 函数获取字典中 key-value 对个数时调用
    def __len__(self):
        print("__len__方法被调用")
        return len(self.numDict)
# 创建 FactorialDict 对象
d = FactorialDict()
# 设置字典中的 key-value 值对
d['4!'] = 4                          # 运行结果：__setitem__方法被调用,key=4!
d['7!'] = 7                          # 运行结果：__setitem__方法被调用,key=7!
d['12!'] = '12'                      # 运行结果：__setitem__方法被调用,key=12!
# 运行结果：__getitem__方法被调用,key=4!
# 运行结果：4! = 24
print('4!', '=', d['4!'])
# 运行结果：__getitem__方法被调用,key=7!
# 运行结果：7! = 5040
print('7!', '=',d['7!'])
# 运行结果：__getitem__方法被调用,key=12!
# 运行结果：12! = 479001600
print('12!', '=',d['12!'])
# 运行结果：__len__方法被调用
# 运行结果：len = 3
print('len','=',len(d))
# 运行结果：__delitem__方法被调用,key=7!
```

```
del d['7!']
# 运行结果：__getitem__方法被调用,key=7!
# 运行结果：7! = 0
print('7!', '=',d['7!'])
# 运行结果：__len__方法被调用
# 运行结果：len = 2
print('len','=',len(d))
```

在定义序列类时要注意，如果未定义某个特殊方法，但却执行了对应的操作，就会抛出异常。例如，将本例中的 __delitem__ 方法删除，再使用 del 语句字典元素时就会抛出如图 10-3 所示的异常。

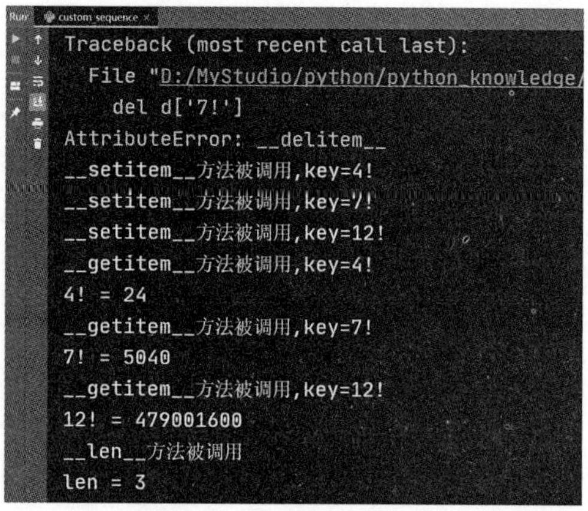

微课视频

10.2.2 从内建列表、字符串和字典继承

图 10-3　未定义某个特殊方法，却执行了对应的操作，导致抛出异常

到目前为止，已经介绍了与序列相关的 4 个特殊方法，在实现自定义的序列时，需要实现这 4 个方法，不过每次都要实现所有的 4 个方法太麻烦了，为此，Python 提供了几个内建类（list、dict 和 str），分别实现了列表、字典和字符串的默认操作。如果要实现自己的列表、字典和字符串，大可不必从头实现这 4 个方法，只需要从这 3 个类继承，并实现必需的方法即可。

下面的例子编写了 3 个类（CounterList、CounterDict 和 MultiString），分别从 list、str 和 dict 继承。其中 CounterList 和 CounterDict 只重写了 __init__ 方法和 __getitem__ 方法，分别用来初始化计数器（counter）和当获取值时计数器加 1。MultiString 类扩展了字符串，可以通过构造方法的可变参数指定任意多个字符串类型参数，并将这些参数值首尾相连形成一个新的字符串，MultiString 类还可以通过构造方法的最后一个参数（sep）设置多个字符串相连的分隔符，默认是一个空格（类似于 print 函数）。

代码位置：src/class_member/inheritance.py

```python
# 定义一个从 list 继承的类
class CounterList(list):
    # list 的构造方法必须指定一个可变参数，用于初始化列表
    def __init__(self,*args):
        super().__init__(*args)
        # 初始化计数器
        self.counter = 0
    # 当从列表中获取值时，计数器加 1
    def __getitem__(self,index):
        self.counter += 1
        # 调用超类的 __getitem__ 方法获取指定的值，当前方法只负责计数器加 1
        return super(CounterList, self).__getitem__(index)

# 创建一个 CounterList 对象，并初始化列表
c = CounterList(range(10))
# 运行结果：[0, 1, 2, 3, 4, 5, 6, 7, 8, 9]
print(c)
# 反转列表 c
c.reverse()
```

```
# 运行结果: [9, 8, 7, 6, 5, 4, 3, 2, 1, 0]
print(c)
# 删除 c 中的一组值
del c[2:7]
# 运行结果: [9, 8, 2, 1, 0]
print(c)
# 运行结果: 0
print(c.counter)
# 将列表 c 中的两个值相加, 这时计数器加 2, 运行结果: 10
print(c[1] + c[2])
# 运行结果: 2
print(c.counter)


# 定义一个从 dict 继承的类
class CounterDict(dict):
    # dict 的构造方法必须指定一个可变参数, 用于初始化字典
    def __init__(self,*args):
        super().__init__(*args)
        #  初始化计数器
        self.counter = 0
    # 当从列表中获取值时, 计数器加 1
    def __getitem__(self,key):
        self.counter += 1
        # 调用超类的__getitem__方法获取指定的值, 当前方法只负责计数器加 1
        return super(CounterDict, self).__getitem__(key)
# 创建 CounterDict 对象, 并初始化字典
d = CounterDict({'name':'Bill'})
# 运行结果: Bill
print(d['name'])
# get 方法并不会调用__getitem__方法, 所以计数器并不会加 1, 运行结果: None
print(d.get('age'))
# 为字典添加新的 key-value 对
d['age'] = 30
# 运行结果: 30
print(d['age'])
# 运行结果: 2
print(d.counter)


# 定义一个从 str 继承的类
class MultiString(str):
    # 该方法会在__init__方法之前调动, 用于验证字符串构造方法的参数,
    # 该方法的参数要与__init__方法的参数保持一致
    def __new__(cls, *args, sep = ' '):
        s = ''
        # 将可变参数中所有的值连接成一个大字符串, 中间用 end 指定的分隔符分隔
        for arg in args:
            s += arg + sep
```

```
            # 最后需要去掉字符串结尾的分隔符，所以先算出最后的分隔符的开始索引
            index = -len(sep)
            if index == 0:
                index = len(s)
            # 返回当前的 MultiString 对象
            return str.__new__(cls, s[:index])
        def __init__(self, *args, sep = ' '):
            pass
# 连接'a'、'b'、'c'3 个字符串，中间用空格分隔
cs1 = MultiString('a', 'b', 'c')
# 连接'a'、'b'、'c'3 个字符串，中间用逗号分隔
cs2 = MultiString('a', 'b', 'c', sep=',')
# 连接'a'、'b'、'c'3 个字符串，中间没有分隔符
cs3 = MultiString('a', 'b', 'c', sep='')
# 运行结果：[a b c]
print('[' + cs1 + ']')
# 运行结果：[a,b,c]
print('[' + cs2 + ']')
# 运行结果：[abc]
print('[' + cs3 + ']')
```

从上面的程序可以看出，CounterList 类和 CounterDict 类只实现了__init__方法和__getitem__方法，当使用 del 语句删除字典中的元素时，实际上调用的是 dict 类的__delitem__方法。

在实现 MultiString 类时，为__new__方法和__init__方法添加了一个可变参数，是为了接收任意多个字符串，然后将这些字符串用分隔符（sep）连接起来。所以 MultiString 类的使用方法与 print 函数类似。

10.3 方法重载

方法重载是面向对象中一个非常重要的概念，在类中包含了成员方法和构造方法。如果类中存在多个同名，且参数（个数和类型）不同的成员方法或构造方法，那么这些成员方法或构造方法就被重载了。下面先给出一个 Java 的案例（Python 从语法上并不支持方法重载，但可以变通处理，这点在后面会详细介绍）。

```java
class MyOverload {
    public MyOverload() {
        System.out.println("MyOverload");
    }
    public MyOverload(int x) {
        System.out.println("MyOverload_int:" + x);
    }
    public MyOverload(long x) {
        System.out.println("MyOverload_long:" + x);
    }
    public MyOverload(String s, int x, float y, boolean flag) {
        System.out.println("MyOverload_String_int_float_boolean:" + s + x  + y + flag);
    }
}
```

这是一个 Java 类，有 4 个构造方法，很明显这 4 个构造方法的参数个数和类型都不同。其中第 2 个构造方法和第 3 个构造方法尽管都有一个参数，但类型分别是 int 和 long。而在 Java 中，整数默认被识别为 int 类型，如果要输入 long 类型的整数，需要后面加 L，如 20 表示 int 类型的整数，而 20L 则表示 long 类型的整数。

如果要调用这 4 个构造方法，可以使用如下代码：

```
new MyOverload();
new MyOverload(20);
new MyOverload(20L);
new MyOverload("hello",1,20.4f,false);
```

编译器会根据传入构造方法的参数值确定调用哪个构造方法，例如，在分析 new MyOverload(20)时，20 被解析为 int 类型，所以会调用 public MyOverload(int x) {…}构造方法。

以上是 Java 语言中构造方法重载的定义和处理过程。Java 之所以支持方法重载，是因为可以通过如下 3 个维度来确认到底使用哪个重载形式。

（1）方法名。

（2）数据类型。

（3）参数个数。

如果这 3 个维度都相同，那么就会认为存在相同的构造方法，在编译时就会抛出异常。

方法的参数还有一种特殊形式，就是带有默认值的参数，如果在调用该方法时不指定参数值，就会使用默认的参数值。

```
class MyClass {
    public test(int x, String s = "hello") {
        ...
    }
}
```

如果执行如下代码，仍然是调用 test 方法。

```
new MyClass().test(20);
```

不过可惜的是，Java 并不支持默认参数值，所以上面的形式并不能在 Java 中使用，如果要实现默认参数这种效果，唯一的选择就是方法重载。从另一个角度看，默认参数其实与方法重载是异曲同工的，也就是过程不同，但结果相同。所以 Java 并没有同时提供两种形式。

10.3.1 Python 为什么在语法上不支持方法重载

首先下一个结论，Python 不支持方法重载，至少在语法层次上不支持。但可以通过变通的方式实现类似方法重载的效果。也就是说，按正常的方式不支持，但你想让它支持，那就支持。

先看一下 Python 为什么不支持方法重载，前面说过，方法重载需要 3 个维度：方法名、数据类型和参数个数。但 Python 只有 2 个维度，那就是参数名和参数个数。所以下面的代码是没办法实现重载的。

```
class MyClass:
    def method(self, x,y):
        pass
    def method(self, a, b):
        pass
```

在上面的代码中，尽管两个 method 方法的参数名不同，但这些参数名在调用上无法区分，也就是说，如果使用如下代码，Python 编译器根本不清楚到底应该调用哪个 method 方法。

```
MyClass().method(20, "hello")
```

由于 Python 是动态语言，所以变量的类型随时可能改变，因此，x、y、a、b 可能是任何类型，所以就不能确定，20 到底是 x 还是 a 了。

不过 Python 有参数注解，也就是说，可以在参数后面标注数据类型，那么是不是可以利用这个注解实现方法重载呢？看下面的代码：

```
class MyClass:
    def method(self, x: int):
        print('int:', x)
    def method(self, x: str):
        print('str:',x)


MyClass().method(20)
MyClass().method("hello")
```

在上面的代码中，两个 method 方法的 x 参数分别使用了 int 注解和 str 注解标注为整数类型和字符串类型。并且在调用时分别传入了 20 和 hello。不过输出的却是如下内容：

```
str: 20
str: hello
```

这很显然都是调用了第 2 个 method 方法。那么这是怎么回事呢？

其实 Python 的类就相当于一个字典，key 是类的成员标识，value 就是成员本身。不过可惜的是，在默认情况下，Python 只会用成员名作为 key，这样一来，两个 method 方法的 key 是相同的，都是 method。Python 会从头扫描所有的方法，遇到一个方法，就会将这个方法添加到类维护的字典中。这就会导致后一个方法会覆盖前一个同名的方法，所以 MyClass 类最后就剩下一个 method 方法了，也就是最后定义的 method 方法。所以就会输出前面的结果。也就是说，参数注解并不能实现方法的重载。

另外，要注意一点，参数注解也只是一个标注而已，与注释差不多，并不会影响传入参数的值。也就是说，将一个参数标注为 int，也可以传入其他类型的值，如字符串类型。这个标注一般用作元数据，也就是给程序进行二次加工用的。

10.3.2 用魔法方法让 Python 支持方法重载

微课视频

既然 Python 默认不支持方法重载，那么有没有什么机制让 Python 支持方法重载呢？答案是肯定的。

Python 中有一种机制，叫魔法（magic）方法，也就是方法名前后各有双下画线（__）的方法。如 __setitem__、__call__ 等。通过这些方法，可以干预类的整个生命周期。

先说一下实现原理。在前面提到，类默认会以方法名作为 key，将方法本身作为 value，保存在类维护的字典中。其实这里可以做一个变通，只要利用魔法方法，将 key 改成方法名与类型的融合体，那么就可以区分具体的方法了。

这里的核心魔法方法是 __setitem__，该方法在 Python 解析器每扫描到一个方法时调用，用于将方法保存在字典中。该方法有两个参数：key 和 value。key 默认就是方法名，value 是方法对象。只要改变这个 key，将其变成方法名和类型的组合，就能达到我们的要求。

采用的方案是创建一个 MultiMethod 类，用于保存同名方法的所有实例，而 key 不变，仍然是方法名，只是 value 不再是方法对象，而是 MultiMethod 对象。然后 MultiMethod 内部维护一个字典，key 是同名方法的类型组成的元组，value 是对应的方法对象。

另外一个核心魔法方法是 __call__，该方法在调用对象方法时被调用，可以在该方法中扫描调用时传入的参数类型，然后将参数类型转换成元组，再到 MultiMethod 类维护的字典中搜索具体的方法实例，并在 __call__ 方法中调用该方法实例，最后返回执行结果。

现在给出完整的实现代码：

代码位置： src/class_member/override.py

```python
import inspect
import types


class MultiMethod:

    def __init__(self, name):
        self._methods = {}
        self.__name__ = name

    def register(self, meth):
        '''
        根据方法参数类型注册一个新方法
        '''
        sig = inspect.signature(meth)

        # 用于保存方法参数的类型
        types = []
        for name, parm in sig.parameters.items():
            # 忽略 self
            if name == 'self':
                continue
            if parm.annotation is inspect.Parameter.empty:
                raise TypeError(
                    '参数 {} 必须使用类型注释'.format(name)
                )
            if not isinstance(parm.annotation, type):
                raise TypeError(
                    '参数 {} 的注解必须是数据类型'.format(name)
                )
            if parm.default is not inspect.Parameter.empty:
                self._methods[tuple(types)] = meth
            types.append(parm.annotation)

        self._methods[tuple(types)] = meth
    # 当调用 MyOverload 类中的某个方法时，会执行 __call__ 方法，在该方法中通过参数类型注解检测具
    # 体的方法实例，然后调用并返回执行结果
    def __call__(self, *args):
```

```
        '''
        '''
        types = tuple(type(arg) for arg in args[1:])
        meth = self.methods.get(types, None)
        if meth:
            return meth(*args)
        else:
            raise TypeError('No matching method for types {}'.format(types))

    def __get__(self, instance, cls):
        if instance is not None:
            return types.MethodType(self, instance)
        else:
            return self

class MultiDict(dict):
    def __setitem__(self, key, value):
        if key in self:
            # 如果 key 存在，一定是 MultiMethod 类型或可调用的方法
            current_value = self[key]
            if isinstance(current_value, MultiMethod):
                current_value.register(value)
            else:
                mvalue = MultiMethod(key)
                mvalue.register(current_value)
                mvalue.register(value)
                super().__setitem__(key, mvalue)
        else:
            super().__setitem__(key, value)
class MultipleMeta(type):
    def __new__(cls, clsname, bases, clsdict):
        return type.__new__(cls, clsname, bases, dict(clsdict))

    @classmethod
    def __prepare__(cls, clsname, bases):
        return MultiDict()
# 任何类只要使用 MultipleMeta，就可以支持方法重载
class MyOverload(metaclass=MultipleMeta):
    def __init__(self):
        print("MyOverload")

    def __init__(self, x: int):
        print("MyOverload_int: ", x)

    def bar(self, x: int, y:int):
        print('Bar 1:', x,y)
```

```
        def bar(self, s:str, n:int):
            print('Bar 2:', s, n)
        def foo(self, s:int, n:int):
            print('foo:', s, n)

        def foo(self, s: str, n: int):
            print('foo:', s, n)
        def foo(self, s: str, n: int, xx:float):
            print('foo:', s, n)
        def foo(self, s: str, n: int, xx:float,hy:float):
            print('foo:', s, n)

my = MyOverload(20)     # 调用的是第 2 个构造方法
my.bar(2, 3)
my.bar('hello',20)
my.foo(2, 3)
my.foo('hello',20)
```

运行程序，会输出如下的运行结果：

```
MyOverload_int: 20
Bar 1: 2 3
Bar 2: hello 20
foo: 2 3
foo: hello 20
```

很显然，构造方法、Bar 方法和 foo 方法都成功重载了。以后如果要让一个类可以重载方法，直接通过 metaclass 指定 MultipleMeta 类即可。

10.4　属性

通常会将类的成员变量称为属性[1]，在创建类实例后，可以通过类实例访问这些属性，也就是读写属性的值。不过直接在类中定义成员变量，尽管可以读写属性的值，但无法对读写的过程进行监视。例如，在读取属性值时无法对属性值进行二次加工，在写属性值时也无法校验属性值是否有效。在 Python 语言中可以通过 property 函数解决这个问题，该函数可以将一对方法与一个属性绑定，当读写该属性值时，就会调用相应的方法进行处理。当然，还可以通过某种机制，监控类中所有的属性。

10.4.1　传统的属性

在 Python 语言中，如果要为类增加属性，需要在构造方法（__init__）中通过 self 添加，如果要读写属性的值，需要创建类的实例，然后通过类的实例读写属性的值。

```
class MyClass:
    def __init__(self):
        self.value = 0                    # 为 MyClass 类添加一个 value 属性
```

① 不同编程语言，对类成员变量的称谓不同，例如，Java 语言中会将类成员变量称为字段（Field）。

```
c = MyClass()                                      # 创建 MyClass 类的实例
c.value = 20                                        # 改变 value 的值
```

对于 value 属性来说，直接读写 value 的值是不能对读写的过程进行监控的，除非为 MyClass 类增加两个方法分别用于读写 value 属性值。

```
class MyClass:
    def __init__(self):
        self.value = 0                             # 为 MyClass 类添加一个 value 属性
    # 用于获取 value 属性的值
    def getValue(self):
        print('value 属性的值已经被读取')
        return self.value
    # 用于读取 value 属性的值
    def setValue(self,value):
        print('value 属性的值已经被修改')
        self.value = value


c = MyClass()                                      # 创建 MyClass 类的实例
c.value = 20                                        # 改变 value 的值
c.setValue(100)                                    # 运行结果：value 属性的值已经被修改
# 运行结果：value 属性的值已经被读取
# 运行结果：getValue: 100
print('getValue:',c.getValue())
# 运行结果：value: 100
print('value:',c.value)
```

习惯上将与 getValue 和 setValue 类似的方法称为 getter 方法和 setter 方法。通过为属性添加 getter 方法和 setter 方法的方式，还可以同时设置多个属性。

下面的例子为 Rectangle 类添加了两个属性（left 和 top），并通过 setPosition 方法同时设置了 left 和 top 属性的值，通过 getPosition 方法同时返回了 left 和 top 属性的值。

代码位置：src/class_member/common_property.py

```
class Rectangle:
    def __init__(self):
        self.left = 0
        self.top = 0
    # 同时设置 left 属性和 top 属性的值，position 参数值应该是元组或列表类型
    def setPosition(self,position):
        self.left,self.top = position
    # 同时获取 left 属性和 top 属性的值，返回的值是元组类型
    def getPosition(self):
        return self.left,self.top


r = Rectangle()
r.left = 10
r.top = 20
```

```
print('left','=',r.left)                     # 运行结果: left = 10
print('top','=',r.top)                       # 运行结果: top = 20
# 通过 setPosition 方法设置 left 属性和 top 属性的值
r.setPosition((30,50))                       # 运行结果: position = (30, 50)
# 通过 getPosition 方法返回 left 属性和 top 属性的值
print('position', '=', r.getPosition())
```

尽管通过 getter 方法和 setter 方法可以解决监控属性的问题，但为了监控属性值的变化，就暴露内部的实现机制有些不妥，而且如果属性访问者由于某些原因，要直接使用属性，而不是 getter 方法和 setter 方法，那么所有使用 getter 方法和 setter 方法的代码都需要修改，这样做工作量是很大的，而且容易出错。为了解决问题，可以使用 10.4.2 节介绍的 property 函数。

10.4.2　property 函数

微课视频

在使用对象的属性时，按一般的理解直接使用 obj.propertyName 即可。同时希望可以监控对 propertyName 的读写操作。如果要鱼和熊掌兼得，那么就要使用本节介绍的 property 函数。

property 函数可以与 3 个方法绑定，该函数会创建一个属性，并通过返回值返回这个属性。property 函数的第 1 个参数需要指定用于监控读属性值的方法，第 2 个参数需要指定用于监控写属性值的方法，第 3 个参数需要指定删除该属性时调用的方法。

下面的例子重新改写了 10.4.1 节的 Rectangle 类，使用 property 函数将 3 个方法绑定到 position 属性上，这 3 个方法分别用于监控 position 属性的读操作、position 属性的写操作和 position 属性的删除操作。通过 position 属性同时读写 left 属性和 top 属性。

代码位置： src/class_member/property_func.py

```python
class Rectangle:
    def __init__(self):
        self.left = 0
        self.top = 0
    # 用于监控 position 属性的写操作，可以同时设置 left 属性和 top 属性
    def setPosition(self,position):
        self.left,self.top = position
    # 用于监控 position 属性的读操作，可以同时获取 left 属性和 top 属性
    def getPosition(self):
        return self.left,self.top
    # 用于监控 position 属性的删除操作
    def deletePosition(self):
        print('position 属性已经被删除')
        # 重新初始化 left 和 top 属性
        self.left = 0
        self.top = 0
    # 通过 property 函数将上面 3 个方法与 position 属性绑定，对 position 属性进行相关操作时
    # 就会调用相应的方法
    position = property(getPosition, setPosition,deletePosition)

r = Rectangle()
r.left = 10
```

```
r.top = 20
print('left','=',r.left)                    # 运行结果: left = 10
print('top','=',r.top)                       # 运行结果: top = 20
# 通过 position 属性获取 left 属性和 top 属性的值，在获取属性值的过程中，getPosition 方法被调用
# 运行结果: getPosition 方法被调用
# 运行结果: position = (10, 20)
print('position', '=', r.position)
# 通过 position 属性设置 left 属性和 top 属性的值，在设置属性值的过程中，setPosition 方法被调用
# 运行结果: setPosition 方法被调用
r.position = 100,200
# 通过 position 属性获取 left 属性和 top 属性的值，在获取属性值的过程中，getPosition 方法被调用
# 运行结果: getPosition 方法被调用
# 运行结果: position = (100, 200)
print('position', '=', r.position)
# 删除 position 属性，deletePosition 方法被调用，left 属性和 top 属性被重新设置为 0
# 运行结果: position 属性已经被删除
del r.position
# 运行结果: getPosition 方法被调用
# 运行结果: (0, 0)
print(r.position)
# 运行结果: setPosition 方法被调用
r.position = 30,40
# 运行结果: getPosition 方法被调用
# 运行结果: r.position = (30, 40)
print('r.position','=',r.position)
```

使用 property 函数时应了解如下几点:

- 通过 property 函数设置的与属性绑定的方法的名称没有任何限制，例如，方法名叫 abc、xyz 都可以。只是方法的参数需要符合要求。也就是说，用于监控属性读和删除属性操作方法只能有一个 self 参数，用于监控属性写操作的方法除了 self，还需要有一个参数，用于接收设置属性的值。
- 删除对象的属性只是调用了通过 property 函数绑定的回调方法，并没有真正删除对象的属性。至于删除对象属性的实际意义，就需要在该回调方法（本例是 deleteProperty）中定义。本例是在 deleteProperty 方法中重新初始化了 left 属性和 top 属性的值。

10.4.3 监控对象中所有的属性

微课视频

尽管使用 property 函数可以将 3 个方法与一个属性绑定，在读写属性值和删除属性时，就会调用相应的方法进行处理。但是，如果需要监控的属性很多，则这样做就意味着在类中需要定义大量的 getter 和 setter 方法。所以说，property 函数只是解决了外部调用这些属性的问题，并没有解决内部问题。而本节要介绍 3 个特殊成员方法（__getattr__、__setattr__ 和 __delattr__），当任何一个属性进行读写和删除操作时，都会调用它们中的一个方法进行处理。

- __getattr__(self,name)：用于监控所有属性的读操作，其中 name 表示监控的属性名。
- __setattr__(self,name,value)：用于监控所有属性的写操作，其中 name 表示监控的属性名，value 表示设置的属性值。
- __delattr__(self,name)：用于监控所有属性的删除操作，其中 name 表示监控的属性名。

　　下面的例子重新改写了 10.4.2 节的 Rectangle 类，在 Rectangle 类的构造方法中为 Rectangle 类添加了 4
个属性（width、height、left 和 top）。并定义了 __setattr__、__getattr__ 和 __delattr__ 方法，分别用于监控这 4
个属性值的读写操作以及删除操作。在这 3 个特殊成员方法中访问了 size 和 position 属性。读写和删除 size
属性实际上操作的是 width 和 height 属性，读写和删除 position 属性实际上操作的是 left 和 top 属性。

　　代码位置： src/class_member/monitor_property.py

```python
class Rectangle:
    def __init__(self):
        self.width = 0
        self.height = 0
        self.left = 0
        self.top = 0
    # 对属性执行写操作时调用该方法，当设置 size 属性和 position 属性时实际上
    # 设置了 width 属性、height 属性以及 left 属性和 top 属性的值
    def __setattr__(self,name,value):
        print("{}被设置，新值为{}".format(name,value))
        if name == 'size':
            self.width, self.height = value
        elif name == 'position':
            self.left, self.top = value
        else:
            # __dict__ 是内部维护的一个特殊成员变量，用于保存成员变量的值，所以这条语句必须加上
            self.__dict__[name] = value
    # 对属性执行读操作时调用该方法，当读取 size 属性和 position 属性值时实际上
    # 返回的是 width 属性、height 属性以及 left 属性和 top 属性的值
    def __getattr__(self,name):
        print("{}被获取".format(name))
        if name == 'size':
            return self.width,self.height
        elif name == 'position':
            return self.left, self.top
    # 当删除属性时调用该方法，当删除 size 属性和 position 属性时，实际上是
    # 重新将 width 属性、height 属性、left 属性和 top 属性设置为 0
    def __delattr__(self,name):
        if name == 'size':
            self.width,self.height = 0, 0
        elif name == 'position':
            self.left, self.top = 0,0


r = Rectangle()
# 设置 size 属性的值
r.size = 300,500
# 设置 position 属性的值
r.position = 100,400
# 获取 size 属性的值
print('size', '=', r.size)
```

```
# 获取 position 属性的值
print('position', '=', r.position)
# 删除 size 属性和 position 属性
del r.size,r.position
print(r.size)
print(r.position)
```

可以看到，在上面的代码中，Rectangle 类的构造方法中只初始化了 4 个属性（width、height、left 和 top），而 size 属性和 position 属性其实相当于组合属性，在上述 3 个特殊成员方法中进行特殊操作。因此，也可以使用本节介绍的 3 个特殊成员方法添加一些需要特殊处理的属性。

在 Rectangle 类的 __setattr__ 方法中使用了一个 __dict__ 成员变量，这是系统内置的成员变量，用于保存对象中所有属性的值。如果不在类中定义 __setattr__ 方法，系统默认会在设置属性值时将这些值都保存在 __dict__ 变量中，不过要是定义了 __setattr__ 方法，那么就要靠自己将这些属性的值保存到字典 __dict__ 中。可以利用这个特性来控制某个属性可设置的值范围。例如，在下面代码的 MyClass 类中有一个 value 属性，可以利用 __setattr__ 方法让 value 属性的值只能是正数，如果是负数或 0，则不进行设置，value 属性还保留原来的值。

```
class MyClass:
    def __setattr__(self,name,value):
        if name == 'value':
            # 只允许 value 的值大于 0，否则不设置 name 指定的属性值
            if value > 0:
                self.__dict__[name] = value
            else:
                    print('{}属性的值必须大于 0'.format(name))
        else:
            self.__dict__[name] = value
c = MyClass()
c.value = 20
# 运行结果: c.value = 20
print('c.value','=',c.value)
# value 属性值无效，仍然保留 value 原来的值（20）
# 运行结果: value 属性的值必须大于 0
c.value = -43
# 运行结果: c.value = 20
print('c.value','=',c.value)
```

微课视频

10.5 静态方法和类方法

Python 类包含 3 种方法：实例方法、静态方法和类方法。其中实例方法在前面的章节已经多次使用了。要想调用实例方法，必须要实例化类。而静态方法在调用时根本不需要类的实例（静态方法不需要 self 参数）。

类方法的调用方式与静态方法完全一样，所不同的是，类方法与实例方法的定义方式相同，都需要一个 self 参数，只不过这个 self 参数的含义不同。对于实例方法来说，这个 self 参数就代表当前类的实例，

可以通过 self 访问对象中的方法和属性。而类方法的 self 参数表示类的元数据，也就是类本身，并不能通过 self 参数访问对象中的方法和属性，而只能通过这个 self 访问类的静态方法和静态属性。

定义静态方法需要使用@staticmethod 装饰器（decorator），定义类方法需要使用@classmethod 装饰器。

```python
class MyClass:
    # 实例方法
    def instanceMethod(self):
        pass
    # 静态方法
    @staticmethod
    def staticMethod():
        pass
    # 类方法
    @classmethod
    def classMethod(self):
        pass
```

下面的例子演示了如何定义实例方法、静态方法和类方法，并演示了如何调用这些方法。

实例位置： src/class_member/static_class_method.py

```python
class MyClass:
    # 定义一个静态变量，可以被静态方法和类方法访问
    name = "Bill"
    def __init__(self):
        print("MyClass 的构造方法被调用")
        # 定义实例变量，静态方法和类方法不能访问该变量
        self.value = 20
    # 定义静态方法
    @staticmethod
    def run():
        # 访问 MyClass 类中的静态变量 name
        print('*', MyClass.name, '*')
        print("MyClass 的静态方法 run 被调用")
    # 定义类方法
    @classmethod
    # 这里 self 是类的元数据，不是类的实例
    def do(self):
        print(self)
        # 访问 MyClass 类中的静态变量 name
        print('[', self.name, ']')
        print('调用静态方法 run')
        self.run()
        # 在类方法中不能访问实例变量，否则会抛出异常（因为实例变量需要用类的实例访问）
        #print(self.value)
        print("成员方法 do 被调用")
    # 定义实例方法
    def do1(self):
        print(self.value)
```

```
        print('<',self.name, '>')
        print(self)
# 调用静态方法 run
MyClass.run()
# 创建 MyClass 类的实例
c = MyClass()
# 通过类的实例也可以调用类方法
c.do()
# 通过类访问类的静态变量
print('MyClass2.name','=',MyClass.name)
# 通过类调用类方法
MyClass.do()
# 通过类的实例访问实例方法
c.do1()
```

从实例方法、静态方法和类方法的调用规则可以得出如下的结论：

通过实例定义的变量只能被实例方法访问，而直接在类中定义的静态变量（如本例的 name 变量）既可以被实例方法访问，也可以被静态方法和类方法访问。实例方法不能被静态方法和类方法访问，但静态方法和类方法可以被实例方法访问。

10.6 迭代器

在前面的章节已经多次使用过迭代器（Iterator），迭代就是循环的意思，也就是对一个集合中的元素进行循环，从而得到每个元素。对于自定义的类，也可以让其支持迭代，这就是本节要介绍的特殊成员方法 __iter__ 的作用。

可能有的读者会问，为什么不使用列表呢？列表可以获取长度，然后使用变量 i 对列表索引进行循环，也可以获取列表的所有元素，且容易理解。没错，使用列表的代码是容易理解，也很好操作，但这是要付出代价的。列表之所以可以用索引来快速定位其中的任何一个元素，是因为列表是一下子将所有的数据都装载到内存中，而且是一块连续的内存空间。当数据量比较小时，实现较容易；当数据量很大时，会非常消耗内存资源。而迭代就不同，迭代是读取多少元素，就将多少元素装载到内存中，不读取就不装载。这有点像处理 XML 的两种方式：DOM 和 SAX。DOM 是一下子将所有的 XML 数据都装载到内存中，所以可以快速定位任何一个元素，但代价是消耗内存；而 SAX 是顺序读取 XML 文档，没读到的 XML 文档内容是不会装载到内存中的，所以 SAX 比较节省内存，但只能从前向后顺序读取 XML 文档的内容。

如果在一个类中定义 __iter__ 方法，那么这个类的实例就是一个迭代器。__iter__ 方法需要返回一个迭代器，所以就返回对象本身即可（也就是 self）。当对象每迭代一次时，就会调用迭代器中的另外一个特殊成员方法 __next__。该方法需要返回当前迭代的结果。下面看一个简单的例子，在这个例子中，通过自定义迭代器对由星号（*）组成的直角三角形的每行进行迭代，然后通过 for 循环进行迭代，输出一定行数的直角三角形。

```
# 可无限迭代直角三角形的行
class RightTriangle:
    def __init__(self):
        # 定义一个变量 n，表示当前的行数
```

```
        self.n = 1
    def __next__(self):
    # 通过字符串的乘法获取直角三角形每行的字符串，每行字符串的长度是 2 * n - 1
        result = '*' * (2 * self.n - 1)
        # 行数加 1
        self.n += 1
        return result
    # 该方法必须返回一个迭代器
    def __iter__(self):
        return self
rt = RightTriangle()
# 对迭代器进行迭代
for e in rt:
    # 限制输出行的长度不能大于 20，否则会无限输出行
    if len(e) > 20:
        break;
    print(e)
```

程序运行结果如图 10-4 所示。

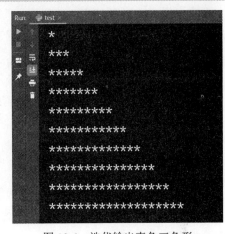

图 10-4　迭代输出直角三角形

10.7　生成器

如果说迭代器是以类为基础的单值产生器，那么生成器（Generator）就是以函数为基础的单值产生器。也就是说，迭代器和生成器都只能一个值一个值地生产。每迭代一次，只能得到一个值。所不同的是，迭代器需要在类中定义__iter__和__next__方法，在使用时需要创建迭代器的实例。而生成器是通过一个函数展现的，可以直接调用，所以从某种意义上来说，生成器在使用上更简洁。

要定义一个生成器，首先需要定义一个函数，然后在该函数中需要对某个集合或迭代器进行迭代，最后使用 yield 语句返回当前要生成的值，这时函数会被冻结，直到调用生成器的代码继续迭代下个值，生成器才会继续执行。

```
# 定义一个生成器函数
def myGenerator():
    numList = [1,2,3,4,5,6,7,8]
    for num in numList:
        # yield 语句会冻结当前函数，并提交当前要生成的值（本例是 num）
        yield num
# 对生成器进行迭代
# 运行结果: 1 2 3 4 5 6 7 8
for num in myGenerator():
    print(num, end = ' ')
```

如果将 yield num 换成 print(num)就非常容易理解了，对 numList 列表进行迭代，并输出该列表中每个元素值。不过这里使用了 yield 语句提交当前生成的值，也就是 for 循环中 num 的值，然后 myGenerator 函数会被冻结(暂停不再往下执行了)，直到 for 循环继续下次循环，再次对 myGenerator 函数进行迭代，myGenerator 函数才会继续执行，继续使用 yield 语句提交下个要生成的值，直到 numList 列表的最后一个元素为止。从这点可以看出，生成器函数是惰性的，在迭代的过程中，取一个值，生成器函数就往下执行一步。

10.8 装饰器

装饰器是 Python 中一个非常有趣的特性，可以利用 Python 装饰器对一个函数包装再包装，其实从效果上看有点像 AOP 中的切面，也就是对函数调用进行拦截，那么通过 Python 装饰器可以做哪些有趣的事情，以及 Python 装饰器的原理是什么呢？读者可以继续关注本节的内容。

10.8.1 叠加使用 Python 装饰器

Python 装饰器是对 Python 函数（方法）的包装，实例代码如下：

```
@makebold
@makeitalic
def say():
    return "Hello"
print(say()))
```

在上面的代码中，函数 say 使用了两个装饰器：@makebold 和@makeitalic，而且是叠加状态。@makeitalic 会首先作用于 say 函数，然后@makebold 会作用于@makeitalic 装饰器的结果，这两个装饰器分别用…和<i>…</i>包装 say 函数返回的字符串，所以这段代码的执行结果如下：

```
<b><i>Hello</i></b>
```

不过直接执行这段代码肯定会出错，因为这两个装饰器还没定义，在 10.8.2 节定义这两个装饰器。

10.8.2 定义 Python 装饰器

装饰器本身就是一个普通的 Python 函数，只是函数的参数需要是函数类型（通常传入被装饰的函数），典型的装饰器的定义形式如下：

```
def decorator(fun):
    # 装饰器中的代码
```

现在就来定义前面给出的两个装饰器：

```
from functools import wraps

def makebold(fn):
    @wraps(fn)
    def makebold_wrapped(*args, **kwargs):
        return "<b>" + fn(*args, **kwargs) + "</b>"
    return makebold_wrapped

def makeitalic(fn):
    @wraps(fn)
    def makeitalic_wrapped(*args, **kwargs):
        return "<i>" + fn(*args, **kwargs) + "</i>"
    return makeitalic_wrapped
```

很明显，makebold 和 makeitalic 是两个普通的 Python 函数，而且在函数内部分别定义了另外两个函数，这两个函数被作为返回值返回。其中使用了 wraps 函数，这个函数其实可以不加，不过会有一些副作用。

由于使用@makebold 和@makeitalic 修饰某个函数时，会将这个被修饰的函数传入 makebold 函数和 makeitalic 函数，也就是说，fn 参数就是这个被修饰的函数。而在外部调用这个被修饰函数时，实际上是调用了修饰器返回的函数，也就是 makebold_wrapped 和 makeitalic_wrapped，这样就会导致被修饰函数属性的改变，如函数名、函数文档等，现在可以先去掉@wraps，执行下面的代码：

```
@makeitalic
@makebold
def say():
    return "Hello"
print(say.__name__)                              # 输出函数名
```

执行上面的代码会输出如下的内容：

```
makebold_wrapped
```

由于最后使用了@makebold 装饰器，所以输出的是 makebold 函数返回的 makebold_wrapped 函数的名字。如果加上@wraps，那么就会输出 say。

注意，需要通过装饰器方式调用 wraps 函数，这样其实就相当于在@makebold 外面又包了一层装饰器（wraps）。

10.8.3　理解 Python 函数

现在已经了解了如何定义 Python 装饰器，但应该如何理解 Python 装饰器呢？到底装饰器是什么原理呢？要想理解 Python 装饰器，首先应该知道 Python 函数就是对象，看下面的例子：

```
def shout(word="yes"):
    return word.capitalize()
# 运行结果: Yes
print(shout())

# 将 shout 函数赋给另一个变量，这里并没有使用圆括号，
# 所以不是调用函数，而是将函数赋给另一个变量，也就是为函数起一个别名
scream = shout

# 可以用 scream 调用 shout 函数
# 运行结果: Yes
print(scream())

# 目前，同一个函数，有两个引用: scream 和 shout，可以使用 del 删除一个引用
del shout
try:
    # 该引用删除后，就不能通过该引用调用函数了
    print(shout())
except NameError as e:
    print(e)

# 仍然可以通过另外一个引用调用函数
```

```
# 运行结果：Yes
print(scream())
```

上面的代码演示了把函数作为对象使用。如果加一对圆括号，就是调用函数；如果不加一对圆括号，函数就是对象，可以赋给另一个变量，也可以作为函数参数值传入函数。

由于 Python 函数本身就是对象，所以可以在任何地方定义，包括函数内容，这就是 Python 内建函数，代码如下：

```
def talk():
    # 内嵌函数
    def whisper(word="YES"):
        return word.lower()+"…"

    # 调用内嵌函数
    print(whisper())

# 调用 talk，whisper 函数在 talk 内部被调用
# 运行结果：yes…
talk()

try:
    # 但 whisper 函数在 talk 函数外部并不可见，所以调用 whisper 函数会抛出异常
    print(whisper())
except NameError as e:
    print(e)
```

总结 Python 函数的特性如下：

（1）可以将函数本身赋给一个变量，或作为参数值传入函数（方法）。

（2）可以在一个函数（方法）内部定义。

有了这两个特性，就意味着函数可以被另一个函数返回，代码如下：

```
def getTalk(kind="shout"):
    # 定义第 1 个内嵌函数
    def shout(word="yes"):
        return word.capitalize()+"!"
    # 定义第 2 个内嵌函数
    def whisper(word="yes") :
        return word.lower()+"…"

    # 根据参数值返回特定的函数
    if kind == "shout":
        # 这里没有使用一对圆括号，所以不是调用函数，而是返回函数本身
        return shout
    else:
        return whisper
# talk 是函数本身，并没有被调用
talk = getTalk()
```

```
# 输出函数本身
# 运行结果：<function getTalk.<locals>.shout at 0x7f93a00475e0>
print(talk)

# 调用 talk 函数（其实是 shout 函数）
print(talk())
#outputs : Yes!

# 调用 whisper 函数
print(getTalk("whisper")())
```

在上面的代码中，getTalk 函数根据 kind 参数的值返回不同的内嵌函数，所以 getTalk 函数的返回值是函数本身，或称为函数对象，如果要调用函数，需要使用一对圆括号，如 getTalk( )( )。

根据这一特性，还可以做更多事，例如，在调用一个函数之前自动完成其他工作，代码如下：

```
def doSomethingBefore(func):
    print("I do something before then I call the function you gave me")
    print(func())
doSomethingBefore(talk)
```

其实上面的代码用 doSomethingBefore 函数包装了 talk，这样可以通过 doSomethingBefore 函数调用 talk 函数，并在调用 talk 函数之前输出一行文本。

10.8.4　理解 Python 装饰器

理解了 Python 函数，再理解 Python 装饰器就容易得多了。先看下面的代码：

```
# 装饰器函数，参数是另一个函数（被装饰的函数）
def my_shiny_new_decorator(a_function_to_decorate):
    # 装饰器的内嵌函数，用来包装被修饰的函数
    def the_wrapper_around_the_original_function():
        # 在调用被修饰函数之前输出一行文本
        print("Before the function runs")

        # 调用被装饰函数
        a_function_to_decorate()

        # 在调用被修饰函数之后输出一行文本
        print("After the function runs")

    # 返回包装函数
    return the_wrapper_around_the_original_function

# 这个函数将被 my_shiny_new_decorator 函数修饰
def a_stand_alone_function():
    print("I am a stand alone function, don't you dare modify me")

# 调用函数
a_stand_alone_function()
```

```
# 修饰 a_stand_alone_function 函数
a_stand_alone_function_decorated = my_shiny_new_decorator(a_stand_alone_function)
a_stand_alone_function_decorated()
```

运行上面的代码，会输出如下内容：

```
I am a stand alone function, don't you dare modify me
Before the function runs
I am a stand alone function, don't you dare modify me
After the function runs
```

在上面的代码中，通过 my_shiny_new_decorator 函数修饰了 a_stand_alone_function 函数，并在调用 a_stand_alone_function 函数前后各输出了一行文本。其实这就是 Python 装饰器的作用：包装函数。只是这里并没有使用装饰器的语法，而是用了最朴素的方式直接调用了装饰器函数来修饰 a_stand_alone_function 函数。

如果用装饰器来修饰 a_stand_alone_function 函数，那么可以用下面的代码：

```
@my_shiny_new_decorator
def a_stand_alone_function():
    print("I am a stand alone function, don't you dare modify me")
```

这时再调用 a_stand_alone_function 函数，就会自动使用 my_shiny_new_decorator 函数对 a_stand_alone_function 函数进行包装，也就是说，@my_shiny_new_decorator 是 my_shiny_new_decorator(a_stand_alone_function) 的简写形式。

10.9　实战与演练

1．编写一个可以无限迭代阶乘的 Python 迭代器类，并通过 for 循环对这个迭代器进行迭代，迭代的最大值不能超过 10000。

答案位置：src/class_member/solution1.py

2．在第 1 题的基础上，将这个迭代器转换为列表。列表元素的最大值不能超过 10000。

答案位置：src/class_member/solution2.py

3．编写一个可以无限迭代斐波那契数列的 Python 迭代器类，并将其转换为生成器函数，然后通过 for 循环迭代这个生成器函数，并输出迭代及结果。迭代值不能超过 300。

答案位置：src/class_member/solution3.py

4．将斐波那契数列迭代器通过 list 函数转换为列表。斐波那契数列迭代器的最大迭代值不能超过 500。

答案位置：src/class_member/solution4.py

5．利用生成器将如下的二维列表转换为一维的列表。

```
nestedList = [[1,2,3],[4,3,2],[1,2,4,5,7]]
```

转换结果：[1,2,3,4,3,2,1,2,4,5,7]

答案位置：src/class_member/solution5.py

6．利用生成器函数将如下的多维列表转换为一维列表。

```
[4,[1,2,[3,5,6]],[4,3,[1,2,[4,5]],2],[1,2,4,5,7]]
```

转换结果：[4,1,2,3,5,6,4,3,1,2,4,5,2,1,2,4,5,7]

答案位置：src/class_member/solution6.py

7. 改进第 6 题的生成器函数，如果列表元素是字符串，不会迭代字符串，而是将字符串当作一个整体返回。

答案位置：src/class_member/solution7.py

8. 编写一个 Python 类，然后用 Python 装饰器修饰它，具体业务逻辑由读者自己决定。

答案位置：src/class_member/solution8.py

10.10　本章小结

本章介绍的内容属于类的高级部分。这些技术涉及很多特殊成员方法，所有特殊成员方法的名称必须用两个下画线作为前缀和后缀，这也是为了尽可能不和普通的成员方法重名。本章介绍的特殊成员方法中，最有意思的就是__iter__，该方法允许自定义一个迭代器，为了节省内存资源，可以利用迭代器从数据源中一个一个地获取数据，与迭代器类似的是生成器，前者以类作为载体，后者以函数作为载体。还有一个更有意思的是装饰器，它可以对函数和类进行嵌套包装，实现更强大的功能。

第二篇 存储解决方案

第二篇存储解决方案（第 11 章和第 12 章）主要介绍了 Python 中存储数据的各种解决方案，包括文件、流、XML 文件、数据库等。本篇各章内容如下：

第 11 章 文件和流

第 12 章 数据存储

文 件 和 流

到目前为止，本书介绍过的内容都和 Python 语言自身带的数据结构有关，而与用户交互的部分也只是通过 input 和 print 函数在控制台输入/输出。但真正有价值的应用需要将程序的处理结果保存，还会读取外部数据作为数据源，这就涉及本章要介绍的与文件和流相关的函数和类，通过这些函数和类，可以让 Python 程序处理来自其他程序的数据，并可以存储和读取这些数据。

11.1　打开文件

open 函数用于打开文件，通过该函数的第 1 个参数指定要打开的文件名（可以是相对路径，也可以是绝对路径）。

```
f = open('test.txt')
f = open('./files/test.txt')
```

如果使用 open 函数成功打开文件，那么该函数会返回一个 TextIOWrapper 对象，该对象中的方法可用来操作这个被打开的文件。如果要打开的文件不存在，会抛出如图 11-1 所示的 FileNotFoundError 异常。

图 11-1　FileNotFoundError 异常

open 函数的第 2 个参数用于指定文件模式（用一个字符串表示）。这里的文件模式是指操作文件的方式，如只读、写入、追加等。表 11-1 描述了 Python 3 支持的常用文件模式。

表 11-1　Python 3 支持的常用文件模式

文 件 模 式	描　　述
'r'	读模式（默认值）
'w'	写模式
'x'	排他的写模式（只能自己写）
'a'	追加模式
'b'	二进制模式（可添加到其他模式中使用）

续表

文 件 模 式	描　　述
't'	文本模式（默认值，可添加到其他模式中使用）
'+'	读写模式（必须与其他文件模式一起使用）

可以看到，在表 11-1 所示的文件模式中，主要涉及对文件的读写和文件格式（文本和二进制）的问题。使用 open 函数打开文件时默认是读模式，如果要想向文件中写数据，需要通过 open 函数的第 2 个参数指定文件模式。

```
f = open('./files/test.txt', 'w')          # 以写模式打开文件
f = open('./files/test.txt', 'a')          # 以追加模式打开文件
```

写模式和追加模式的区别是如果文件存在，写模式会覆盖原来的文件，而追加模式会在原文件内容的基础上添加新的内容。

在文件模式中，有一些文件模式需要和其他文件模式放到一起使用，如 open 函数不指定第 2 个参数时默认以读模式打开文本文件，也就是'rt'模式。如果要以写模式打开文本文件，需要使用'wt'模式。对于文本文件来说，用文本模式（t）打开文件和用二进制模式（b）打开文件的区别不大，都是以字节为单位读写文件，只是在读写行结束符时有一定的区别。

如果使用文本模式打开纯文本文件，在读模式下，系统会将'\n'作为行结束符，对于 Unix、Mac OS X 这样的系统来说，会将'\n'作为行结束符，而对于 Windows 来说，会将'\r\n'作为行结束符，还有的系统会将'\r'作为行结束符。对于'\r\n'和'\r'这样的行结束符，在文本读模式下，会自动转换为'\n'，而在二进制读模式下，会按原样读取，不会做任何转换。在文本写模式下，系统会将行结束符转换为 OS 对应的行结束符，如 Windows 平台会自动用'\r\n'作为行结束符。可以使用 os 模块中的 linesep 变量来获得当前 OS 对应的行结束符。

在表 11-1 最后一项是'+'文件模式，表示读写模式，必须与其他文件模式一起使用，如'r+'、'w+'、'a+'。这 3 个组合文件模式都可以对文件进行读写操作，它们之间的区别如下：

- r+：文件可读写，如果文件不存在，会抛出异常；如果文件存在，会从当前位置开始写入新内容，通过 seek 函数可以改变当前的位置，也就是文件指针。
- w+：文件可读写，如果文件不存在，会创建一个新文件；如果文件存在，会清空整个文件，并写入新内容。
- a+：文件可读写，如果文件不存在，会创建一个新文件；如果文件存在，会将要写入的内容添加到原文件的最后，也就是说，使用'a+'模式打开文件，文件指针会直接跳到文件的尾部，如果要使用 read 方法读取文件内容，需要使用 seek 方法改变文件指针，如果调用 seek(0)会直接将文件指针移到文件开始的位置。

11.2　操作文件的基本方法

在前面的部分已经介绍了如何打开文件，以及常用的文件模式。那么下一步就是操作这些文件，通常的文件操作就是读文件和写文件，在本节会介绍 Python 3 中基本的读写文件的方法。

11.2.1　读文件和写文件

使用 open 函数成功打开文件后，会返回一个 TextIOWrapper 对象，然后就可以调用该对象中的方法对文件进行操作了，TextIOWrapper 对象有如下 4 种常用的方法。

- write(string)：向文件写入内容，该方法返回写入文件的字节数。
- read([n])：读取文件的内容，n 是一个整数，表示从文件指针指定的位置开始读取的 n 字节。如果不指定 n，该方法就会读取从当前位置往后的所有的字节。该方法返回读取的数据。
- seek(n)：重新设置文件指针，也就是改变文件的当前位置。使用 write 方法向文件写入内容后，需要调用 seek(0)才能读取刚才写入的内容。
- close()：关闭文件，对文件进行读写操作后，关闭文件是一个好习惯。

下面的例子分别使用'r'、'w'、'r+'、'w+'等文件模式打开文件，并读写文件的内容，读者可以从中学习到不同文件模式操作文件的差别。

代码位置：src/file_stream/read_write_file.py

```python
# 以写模式打开 test1.txt 文件
f = open('./files/test1.txt','w')
# 向 test1.txt 文件写入 "I love "，运行结果：7
print(f.write('I love '))
# 向 test1.txt 文件写入 "python"，运行结果：6
print(f.write('python'))
# 关闭 test1.txt 文件
f.close()
# 以读模式打开 test1.txt 文件
f = open('./files/test1.txt', 'r')
# 从 test1.txt 文件中读取 7 字节的数据，运行结果：I love
print(f.read(7))
# 从 test1.txt 文件的当前位置开始读取 6 字节的数据，运行结果：python
print(f.read(6))
# 关闭 test.txt 文件
f.close()
try:
    # 如果 test2.txt 文件不存在，会抛出异常
    f = open('./files/test2.txt','r+')
except Exception as e:
    print(e)
# 用追加可读写模式打开 test2.txt 文件
f = open('./files/test2.txt', 'a+')
# 向 test2.txt 文件写入 "hello "
print(f.write('hello'))
# 关闭 test2.txt 文件
f.close()
# 用追加可读写模式打开 test2.txt 文件

f = open('./files/test2.txt', 'a+')
# 读取 test2.txt 文件的内容，由于目前文件指针已经在文件的结尾，所以什么都没读出来
print(f.read())
```

```
# 将文件指针设置到文件开始的位置
f.seek(0)
# 读取文件的全部内容，运行结果：hello
print(f.read())
# 关闭 test2.txt 文件
f.close()
try:
    # 用写入可读写的方式打开 test2.txt 文件，该文件的内容会清空
    f = open('./files/test2.txt', 'w+')
    # 读取文件的全部内容，什么都没读出来
    print(f.read())
    # 向文件写入"How are you?"
    f.write('How are you?')
    # 重置文件指针到文件的开始位置
    f.seek(0)
    # 读取文件的全部内容，运行结果：How are you?
    print(f.read())
finally:
    # 关闭 test2.txt 文件，建议在 finally 中关闭文件
    f.close()
```

在运行程序之前，先在当前目录建立一个 files 子目录，第一次运行程序的结果如图 11-2 所示。

尽管一个文件对象在退出程序后（也可能在退出前）会自动关闭，但建议在对文件进行读写操作后，应该使用 close 方法关闭文件，而且最好在 finally 子句中关闭文件，这样做可以保证文件在关闭时不会丢失数据或发生一些意想不到的事情。

图 11-2 第一次运行程序的结果

11.2.2 管道输出

微课视频

在 Linux、UNIX、macOS 等系统的 Shell 中，可以在一个命令后面写另外一个命令，前一个命令的执行结果将作为后一个命令的输入数据，这种命令书写方式被称为管道，多个命令之间要使用"|"符号分隔。下面是一个使用管道命令的例子。

```
ps aux | grep mysql
```

在上面的管道命令中先后执行了两个命令，首先执行 ps aux 命令查看当前系统的进程以及相关信息，然后将查询到的数据作为数据源提供给 grep 命令，grep mysql 命令表示查询进程信息中所有包含 mysql 字样的进程，图 11-3 是一种可能的输出结果。

```
chapter13 — -bash — 80×9
liningdeiMac:chapter13 lining$ ps aux | grep mysql
_mysql          113   0.0  1.3  3123336 450824   ??  Ss    7:39下午   0:02.29
/usr/local/mysql/bin/mysqld --user=_mysql --basedir=/usr/local/mysql --datadir=/
usr/local/mysql/data --plugin-dir=/usr/local/mysql/lib/plugin --log-error=/usr/l
ocal/mysql/data/mysqld.local.err --pid-file=/usr/local/mysql/data/mysqld.local.p
id --port=3307
lining        27122   0.0  0.0  2434840    792 s000  S+   11:08下午   0:00.00
grep mysql
liningdeiMac:chapter13 lining$
```

图 11-3 使用管道命令查询包含 mysql 字样的进程

在 Python 中，可以通过标准输入读取从管道传进来的数据，所以 python 命令也可以使用在管道命令中。

下面的例子从标准输入读取所有的数据，并按行将数据保存在列表中，然后过滤出所有包含 readme 的行，并输出这些行。

代码位置：src/file_stream/filter.py

```python
import sys
import os
import re
# 从标准输入读取全部数据
text = sys.stdin.read()
# 将字符串形式的文件和目录列表按行拆分，然后保存到列表中
files = text.split(os.linesep)
for file in files:
    # 匹配每个文件名和目录名，只要包含 "readme"，就符合条件
    result = re.match('.*readme.*', file)
    if result != None:
        # 输出满足条件的文件名或目录名
        print(file)
```

这个例子只是一个普通的程序，不过却可以使用在管道命令中。本例要执行的管道命令有如下 3 个：

● ls –al ~：列出 home 目录中所有的文件和目录。

● python filter.py：从管道接收数据（文件和目录列表），并过滤出所有包含 readme 的文件和目录。filter.py 文件是本例要编写的程序。

● sort：对过滤结果进行排序。

现在切换到控制台，进入 filter.py 文件所在的目录，然后执行下面的命令。

```
ls -al ~ | python filter.py | sort
```

执行上面的命令后，根据 home 目录中的具体内容，会输出不同的结果，图 11-4 是一种可能的输出结果。

```
● ● ●                          chapter13 — -bash — 84×5
liningdeiMac:chapter13 lining$ ls -al ~ | python filter.py | sort
-rw-r--r--    2 lining  staff       216   4 27  2017 link_readme
-rw-r--r--    2 lining  staff       216   4 27  2017 readme.txt
lrwxr-xr-x    1 lining  staff        10   4 25  2017 link_readme1 -> readme.txt
liningdeiMac:chapter13 lining$ ▮
```

图 11-4　过滤包含 readme 的文件名和目录名

11.2.3　读行和写行

微课视频

读写一整行是纯文本文件最常用的操作，尽管可以使用 read 和 write 方法加上行结束符来读写文件中的整行，但比较麻烦。因此，如果要读写一行或多行文本，建议使用 readline 方法、readlines 方法和 writelines 方法。注意，并没有 writeline 方法，写一行文本需要直接使用 write 方法。

readline 方法用于从文件指针当前位置读取一整行文本，也就是说，遇到行结束符停止读取文本，但读取的内容包括了行结束符。readlines 方法从文件指针当前的位置读取后面所有的数据，并将这些数据按行结束符分隔后，放到列表中返回。writelines 方法需要通过参数指定一个字符串类型的列表，该方法会将列表中的每个元素值作为单独的一行写入文件。

下面的例子通过 readline 方法、readlines 方法和 writelines 方法对 urls.txt 文件进行读行和写行操作，并将读文件后的结果输出到控制台。

代码位置： src/file_stream/read_write_line.py

```python
import os
# 以读写模式打开 urls.txt 文件
f = open('./files/urls.txt','r+')
# 保存当前读上来的文本
url = ''
while True:
    # 从 urls.txt 文件读一行文本
    url = f.readline()
    # 将最后的行结束符去掉
    url = url.rstrip()
    # 当读上来的是空串，结束循环
    if url == '':
        break;
    else:
        # 输出读上来的行文本
        print(url)
print('------------')
# 将文件指针重新设为 0
f.seek(0)
# 读 urls.txt 文件中的所有行
print(f.readlines())
# 向 urls.txt 文件中添加一个新行
f.write('https://jiketiku.com' + os.linesep)
#  关闭文件
f.close()
# 使用'a+'模式再次打开 urls.txt 文件
f = open('./files/urls.txt','a+')
# 定义一个要写入 urls.txt 文件的列表
urlList = ['https://geekori.com' + os.linesep, 'https://www.google.com' + os.linesep]
# 将 urlList 写入 urls.txt 文件
f.writelines(urlList)
# 关闭 urls.txt 文件
f.close()
```

在运行上面的程序之前，先要在当前目录中建立一个 files 子目录，并在该目录下建立一个 urls.txt 文件，并输入下面 3 行内容。

```
files/urls.txt
https://geekori.com
https://geekori.com/que.php
http://edu.geekori.com
```

程序运行结果如图 11-5 所示。

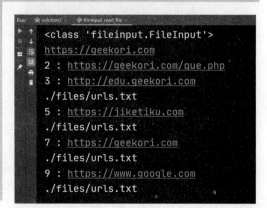

图 11-5 输入 3 行内容

第一次运行程序后，urls.txt 文件中的内容如下：

```
files/urls.txt
https://geekori.com
https://geekori.com/que.php
http://edu.geekori.com
https://jiketiku.com
https://geekori.com
https://www.google.com
```

11.3　使用 FileInput 对象读取文件

微课视频

如果需要读取一个非常大的文件，使用 readlines 函数会占用太多内存，因为该函数会一次性将文件所有的内容都读到列表中，列表中的数据都需要放到内存中，所以非常占内存，为了解决这个问题，可以使用 for 循环和 readline 方法逐行读取，也可以使用 fileinput 模块中的 input 函数读取指定的文件。

input 方法返回一个 FileInput 对象，通过 FileInput 对象的相应方法可以对指定文件进行读取，FileInput 对象使用的缓存机制，并不会一次性读取文件的所有内容，所以比 readlines 函数更节省内存资源。

下面的例子使用 fileinput.input 方法读取了 urls.txt 文件，并通过 for 循环获取了每行值，同时调用了 fileinput.filename 方法和 fileinput.lineno 方法分别获取了正在读取的文件名和当前的行号。

代码位置： src/file_stream/fileinput_read_file.py

```python
import fileinput
# 使用 input 方法打开 urls.txt 文件
fileobj = fileinput.input('./files/urls.txt')
# 输出 fileobj 的类型
print(type(fileobj))
# 读取 urls.txt 文件第 1 行
print(fileobj.readline().rstrip())
# 通过 for 循环输出 urls.txt 文件的其他行
for line in fileobj:
    line = line.rstrip()
    # 如果 file 不等于空串，输出当前行号和内容
    if line != '':
        print(fileobj.lineno(),':',line)
    else:
        # 输出当前正在操作的文件名
        print(fileobj.filename())
        # 必须在第 1 行读取后再调用，否则返回 None
```

程序运行结果如图 11-6 所示。

图 11-6　使用 fileinput 方法读取了 urls.txt 文件

要注意的是，filename 方法必须在第 1 次读取文件内容后调用，否则返回 None。

11.4　实战与演练

1. 编写一个 Python 程序，从控制台输入一个奇数，然后生成奇数行的星号（＊）菱形，并将该菱形保存到当前目录下的 stars.txt 文件中，效果如图 11-7 所示。

答案位置：src/file_stream/solution1.py

2. 编写一个 Python 程序，从当前目录的文本文件 words.txt 中读取所有的内容（全都是英文单词），并统计其中每个英文单词出现的次数。单词之间用逗号（,）、分号（;）或空格分隔，也可能是这 3 个分隔符一起分隔单词。将统计结果保存到字典中，并输出统计结果。

假设 words.txt 文件的内容如下：

```
test star test star star;bus  test bill,  new yeah bill,book bike God start python
what
```

统计后输出的结果如图 11-8 所示。

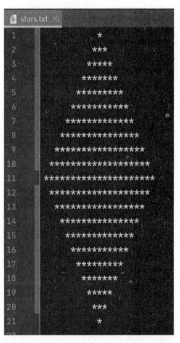

图 11-7　生成奇数行的星号（＊）菱形

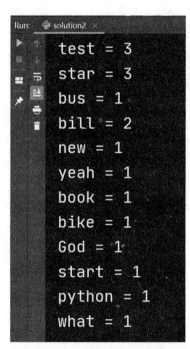

图 11-8　统计每个英文单词出现的次数

答案位置：src/file_stream/solution2.py

11.5　本章小结

本章介绍的内容是 Python 中文件读写的基础，是从最底层读写文件的方式。一般用于处理数据量不大，而且结构简单的数据。对于数据量非常大，而且结构复杂的数据，建议使用后面章节介绍的数据库以及 Excel 方式存储数据，这样效率更高。

第 12 章
CHAPTER 12

数 据 存 储

在第 11 章介绍的使用 open 函数打开文件，然后以文本或二进制形式读写文件中的内容的方式，尽管可以将数据保存到文件中，以及从文件中读取数据，但使用这种方式读写的数据都是原始的格式，而且非常简单。如果要保存非常多的数据，而且要求快速被程序识别，甚至在海量数据中搜索到想要的数据，就要使用结构化的存储方式，而且要配有相应的处理引擎。Python 通过模块支持了大量的数据存储和查找解决方案，如基于纯文本的 JSON、XML，桌面数据库 SQLite，关系型数据库 MySQL，还有 NoSQL、Excel 等。本章将带领读者一起进入 Python 数据存储的世界，让读者深入了解如何使用这些存储技术对数据进行处理。

12.1 处理 XML 格式的数据

在 Python 中操作 XML 文件有多种 API，本节将介绍对 XML 文件读写的基本方式，以及如何利用 XPath 搜索 XML 文件中的子节点。

12.1.1 读取与搜索 XML 文件

XML 文件已经被广泛使用在各种应用中，无论是 Web 应用还是移动应用，或是桌面应用以及其他应用，几乎都会有 XML 文件的身影。尽管目前很多应用都不会将大量的数据保存在 XML 文件中，但至少会使用 XML 文件保存一些配置信息。

微课视频

在 Python 中需要导入与 XML 相关的模块，并利用其中提供的 API 操作 XML 文件。例如，读取 XML 文件需要导入 xml.etree.ElementTree 模块，并通过该模块的 parse 函数读取 XML 文件。

下面的例子读取了一个名为 products.xml 的文件，并输出了 XML 文件中相应节点和属性的值。

代码位置：src/storage/read_search_xml.py

```
from xml.etree.ElementTree import parse
# 开始分析 products.xml 文件，files/products.xml 是要读取的 XML 文件的名字
doc = parse('files/products.xml')
# 通过 XPath 搜索子节点集合，然后对这个子节点集合进行迭代
for item in doc.iterfind('products/product'):
    # 读取 product 节点的 id 子节点的值
    id = item.findtext('id')
    # 读取 product 节点的 name 子节点的值
    name = item.findtext('name')
    # 读取 product 节点的 price 子节点的值
```

```
price = item.findtext('price')
# 读取 product 节点的 uuid 属性的值
print('uuid','=',item.get('uuid'))
print('id','=',id)
print('name', '=',name)
print('price','=',price)
print('-------------')
```

在运行上面的代码之前，需要在当前目录下建立一个 files 目录，并在 files 目录下建立一个 products.xml 文件，然后输入如下的内容：

```xml
<!-- products.xml -->
<root>
    <products>
      <product uuid='1234'>
            <id>10000</id>
            <name>iPhone9</name>
            <price>9999</price>
        </product>
        <product uuid='4321'>
            <id>20000</id>
            <name>特斯拉</name>
            <price>800000</price>
        </product>
        <product uuid='5678'>
            <id>30000</id>
            <name>Mac Pro</name>
            <price>40000</price>
        </product>
    </products>
</root>
```

从上面的代码可知，读取一个节点的子节点的值要使用 findnext 方法，读取节点属性的值，直接在当前节点下使用 get 方法即可。而且 XML 文件要有一个根节点，本例是<root>，不能直接用<products>作为顶层节点，因为要对该节点进行迭代。如果要迭代<products>节点中多个同名的子节点（如本例中的<product>），需要使用 "products/product" 格式。这是通过 XPath 查找 XML 文件中子节点的标准方式。

微课视频

12.1.2　字典转换为 XML 字符串

在 12.1.1 节只讲了如何读取 XML 文件，这些 XML 文件可能是手工录入的，也可能是其他程序生成的，不过更有可能是当前的程序生成的。

生成 XML 文件的方式很多，可以按字符串方式生成 XML 文件，也可以按其他方式生成文件。本节将介绍一种将 Python 中的字典转换为 XML 文件的方式。通过这种方式，可以实现定义一个字典变量，并为该变量设置相应的值，然后再将该字典变量转换为 XML 文件。

将字典转换为 XML 文件需要使用 dicttoxml 模块中的 dicttoxml 函数，在导入 dicttoxml 模块之前需要先使用下面的命令安装 dicttoxml 模块。

```
pip install dicttoxml
```

要注意的是，如果本机安装了多个版本的 Python，一定要确认调用的 pip 命令是否为当前正在使用的 Python 版本中的 pip，如果调用错了，就会将 dicttoxml 模块安装到其他 Python 版本中，而当前正在使用的 Python 版本还是无法导入 dicttoxml 模块。

如果想解析 XML 字符串，可以导入 xml.dom.minidom 模块，并使用该模块中的 parseString 函数。也就是说，如果要装载 XML 文件，需要使用 12.1.1 节介绍的 parse 函数，如果要解析 XML 字符串，需要使用 parseString 函数。

下面的例子将一个字典类型变量转换为 XML 字符串，然后再使用 parseString 函数解析这个 XML 字符串，并用带缩进格式的形式将 XML 字符串写入 persons.xml 文件。

代码位置： src/storage/dict2xml.py

```python
import dicttoxml
from xml.dom.minidom import parseString
import os
# 定义一个字典
d = [20,'names',
     {'name':'Bill','age':30,'salary':2000},
     {'name':'王军','age':34,'salary':3000},
     {'name':'John','age':25,'salary':2500}]
# 将字典转换为 XML 格式（bytes 形式）
bxml = dicttoxml.dicttoxml(d, custom_root = 'persons')
# 将 bytes 形式的 XML 数据按 utf-8 编码格式解码成 XML 字符串
xml = bxml.decode('utf-8')
# 输出 XML 字符串
print(xml)
# 解析 XML 字符串
dom = parseString(xml)
# 生成带缩进格式的 XML 字符串
prettyxml = dom.toprettyxml(indent = ' ')
# 创建 files 目录
os.makedirs('files', exist_ok = True)
# 以只写和 utf-8 编码格式的方式打开 persons.xml 文件
f = open('files/persons.xml', 'w',encoding='utf-8')
# 将格式化的 XML 字符串写入 persons.xml 文件
f.write(prettyxml)
f.close()
```

程序运行结果如图 12-1 所示。

```
C:\Anaconda3\python.exe D:/MyStudio/python/python_knowledge/common_resources/books/我写的书/清华大学出版社/
<?xml version="1.0" encoding="UTF-8" ?><persons><item type="int">20</item><item type="str">names</item>
```

图 12-1 将字典转换为 XML 字符串

运行本例后，就会看到 files 目录下的 persons.xml 文件的内容如下：

```xml
<?xml version="1.0" ?>
<persons>
```

```
    <item type="int">20</item>
    <item type="str">names</item>
    <item type="dict">
      <name type="str">Bill</name>
      <age type="int">30</age>
      <salary type="int">2000</salary>
    </item>
    <item type="dict">
      <name type="str">王军</name>
      <age type="int">34</age>
      <salary type="int">3000</salary>
    </item>
    <item type="dict">
      <name type="str">John</name>
      <age type="int">25</age>
      <salary type="int">2500</salary>
    </item>
</persons>
```

从控制台的输出内容和 persons.xml 文件的内容可以看出，将字典转换为 XML 字符串时在节点标签上加了一个 type 属性，表示该节点值的类型，如字典类型是“dict”，字符串是“str”，整数类型是“int”。

12.1.3　XML 字符串转换为字典

微课视频

将 XML 字符串转换为字典是 12.1.2 节讲的将字典转换为 XML 字符串的逆过程，需要导入 xmltodict 模块，首先，需要使用下面的命令安装 xmltodict 模块，注意事项与安装 dicttoxml 模块类似。

```
pip install xmltodict
```

下面的例子从 products.xml 文件中读取一个 XML 字符串，并使用 xmltodict 模块的 parse 函数分析这个 XML 字符串，如果 XML 格式正确，parse 函数会返回与该 XML 字符串对应的字典对象。

代码位置：src/storage/xml2dict.py

```
import xmltodict
# 打开 products.xml 文件
f = open('files/products.xml','rt',encoding="utf-8")
# 读取 products.xml 文件中的所有内容
xml = f.read()
# 分析 XML 字符串，并转换为字典
d = xmltodict.parse(xml)
# 输出字典内容
print(d)
f.close()
```

程序运行结果如图 12-2 所示。

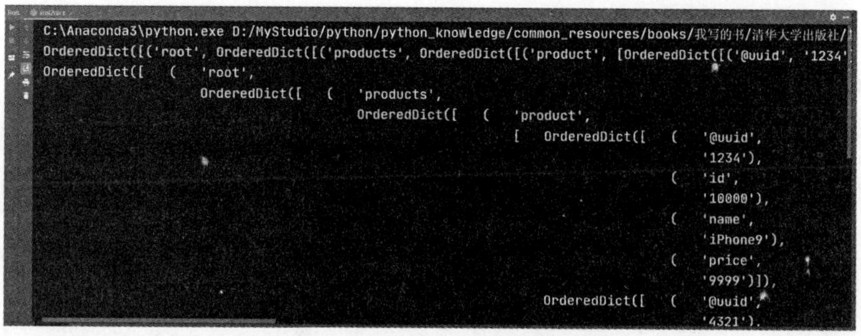

图 12-2　XML 字符串转换为字典

图 12-2 所示的输出结果明显很乱，为了让字典的输出结果更容易阅读，可以使用 pprint 模块中的
PrettyPrinter.pprint 方法输出字典。

```
import pprint
print(d)                                          # d 为字典变量
pp = pprint.PrettyPrinter(indent=4)
pp.pprint(d)
```

12.2　处理 JSON 格式的数据

JSON 格式的数据同样被广泛使用在各种应用中，JSON 格式要比 XML 格式更轻量，所以现在很多数据
都选择使用 JSON 格式保存，尤其是需要通过网络传输数据时，这对于移动应用更有优势，因为保存同样
的数据，使用 JSON 格式要比使用 XML 格式的数据尺寸更小，所以传输速度更快，也更节省流量，因此，
在移动 App 中通过网络传输的数据，几乎都采用了 JSON 格式。

JSON 格式的数据可以保存数组和对象，JSON 数组用一对中括号将数据括起来，JSON 对象用一对大括
号将数据括起来，下面就是一个典型的 JSON 格式的字符串。在这个 JSON 格式字符串中定义了一个有两个
元素的数组，每个元素的类型都是一个对象。对象的 key 和 value 之间要用冒号（:）分隔，key-value 对之
间用逗号（,）分隔。注意，key 和字符串类型的值要用双引号括起来，不能使用单引号。

```
[
    { "item1":"value1", "item2": 30, "item3":10},
    {"item1":"value2", "item2": 30, "item3":20}
]
```

12.2.1　JSON 字符串与字典互相转换

将字典转换为 JSON 字符串需要使用 json 模块的 dumps 函数，该函数需要将字典通过参数传入，然后
返回与字典对应的 JSON 字符串。将 JSON 字符串转换为字典可以使用下面两种方法。

（1）使用 json 模块的 loads 函数，该函数通过参数传入 JSON 字符串，然后返回与该 JSON 字符串对
应的字典。

（2）使用 eval 函数将 JSON 格式字符串当作普通的 Python 代码执行，eval 函数会直接返回与 JSON 格
式字符串对应的字典。

下面的例子将名为 data 的字典转换为 JSON 字符串，然后又将 JSON 字符串 s 通过 eval 函数转换为字典。
最后从 products.json 文件中读取 JSON 字符串，并使用 loads 函数和 eval 函数两种方法将 JSON 字符串转换

为字典。

代码位置：src/storage/json2dict.py

```python
import json
# 定义一个字典
data = {
    'name' : 'Bill',
    'company' : 'Microsoft',
    'age' : 34
}
# 将字典转换为 JSON 字符串
jsonStr = json.dumps(data)
# 输出 jsonStr 变量的类型，运行结果：<class 'str'>
print(type(jsonStr))
# 输出 JSON 字符串，运行结果：{"name": "Bill", "company": "Microsoft", "age": 34}
print(jsonStr)
# 将 JSON 字符串转换为字典
data = json.loads(jsonStr)
print(type(data))          # 运行结果：<class 'dict'>
# 输出字典
print(data)                # 运行结果：{'name':'Bill', 'company':'Microsoft', 'age':34}
# 定义一个 JSON 字符串
s = '''
{
    'name' : 'Bill',
    'company' : 'Microsoft',
    'age' : 34
}
'''
# 使用 eval 函数将 JSON 字符串转换为字典
data = eval(s)
print(type(data))          # 运行结果：<class 'dict'>
print(data)                # 运行结果：{'name':'Bill', 'company':'Microsoft', 'age':34}
# 输出字典中的 key 为 company 的值
print(data['company'])     # 运行结果：Microsoft
# 打开 products.json 文件
f = open('files/products.json','r',encoding='utf-8')
# 读取 products.json 文件中的所有内容
jsonStr = f.read()
# 使用 eval 函数将 JSON 字符串转换为字典
json1 = eval(jsonStr)
# 使用 loads 函数将 JSON 字符串转换为字典
json2 = json.loads(jsonStr)
# 运行结果：[{'name': 'iPhone9', 'price': 9999, 'count': 3000}, {'name': '特斯拉',
# 'price': 800000, 'count': 122}]
print(json1)
```

```
# 运行结果: [{'name': 'iPhone9', 'price': 9999, 'count': 3000}, {'name': '特斯拉',
# 'price': 800000, 'count': 122}]
print(json2)
print(json2[0]['name'])                        # 运行结果: iPhone9
f.close()
```

在运行上面程序之前，需要在当前目录建立一个 files 子目录，并且在 files 子目录中建立一个 products.json 文件，内容如下：

```
<!-- products.json -->
[
    {
    "name":"iPhone9",
    "price":9999,
    "count":3000},

    {"name":"特斯拉",
    "price":800000,
    "count":122}
]
```

尽管 eval 函数与 loads 函数都可以将 JSON 字符串转换为字典，但建议使用 loads 函数进行转换，因为 eval 函数可以执行任何 Python 代码，如果 JSON 字符串中包含了有害的 Python 代码，执行 JSON 字符串可能会带来风险。

12.2.2 将 JSON 字符串转换为类实例

微课视频

loads 函数不仅可以将 JSON 字符串转换为字典，还可以将 JSON 字符串转换为类实例。转换原理是通过 loads 函数的 object_hook 参数指定一个类或一个回调函数，具体处理方式如下。

● 指定类：loads 函数会自动创建指定类的实例，并将由 JSON 字符串转换成的字典通过类的构造方法传入类实例，也就是说，指定的类必须有一个可以接收字典的构造方法。

● 指定回调函数：loads 函数会调用回调函数返回类实例，并将由 JSON 字符串转换成的字典传入回调函数，也就是说，回调函数也必须有一个参数可以接收字典。

从前面的描述可以看出，不管指定的是类，还是回调函数，都会由 loads 函数传入由 JSON 字符串转换成的字典，也就是说，loads 函数将 JSON 字符串转换为类实例本质上是先将 JSON 字符串转换为字典，然后再将字典转换为对象。区别是指定类时，创建类实例的任务由 loads 函数完成，而指定回调函数时，创建类实例的任务需要在回调函数中完成，前者更方便，后者更灵活。

下面的例子会从 product.json 文件读取 JSON 字符串，然后分别通过指定类（Product）和指定回调函数（json2Product）的方式将 JSON 字符串转换为 Product 对象。

代码位置： src/storage/json2class.py

```
import json
class Product:
    # d参数是要传入的字典
    def __init__(self, d):
        self.__dict__ = d
```

```
# 打开 product.json 文件
f = open('files/product.json','r')
# 从 product.json 文件中读取 JSON 字符串
jsonStr = f.read()
# 通过指定类的方式将 JSON 字符串转换为 Product 对象
my1 = json.loads(jsonStr, object_hook=Product)
# 下面 3 行代码输出 Product 对象中相应属性的值
print('name', '=', my1.name)                    # 运行结果: name = iPhone9
print('price', '=', my1.price)                   # 运行结果: price = 9999
print('count', '=', my1.count)                   # 运行结果: count = 3000
print('-----------')
# 定义用于将字典转换为 Product 对象的函数
def json2Product(d):
    return Product(d)
# 通过指定类回调函数的方式将 JSON 字符串转换为 Product 对象
my2 = json.loads(jsonStr, object_hook=json2Product)
# 下面 3 行代码输出 Product 对象中相应属性的值
print('name', '=', my2.name)                    # 运行结果: name = iPhone9
print('price', '=', my2.price)                   # 运行结果: price = 9999
print('count', '=', my2.count)                   # 运行结果: count = 3000
f.close()
```

在执行前面的代码之前,需要在当前目录建立一个 files 子目录,并在 files 子目录中建立一个 product.json 文件,内容如下:

```
<!-- product.json -->
{"name":"iPhone9",
"price":9999,
"count":3000}
```

12.2.3 将类实例转换为 JSON 字符串

微课视频

dumps 函数不仅可以将字典转换为 JSON 字符串,还可以将类实例转换为 JSON 字符串。dumps 函数需要通过 default 关键字参数指定一个回调函数,在转换的过程中,dumps 函数会向这个回调函数传入类实例(通过 dumps 函数第 1 个参数传入),而回调函数的任务是将传入的对象转换为字典,然后 dumps 函数再将由回调函数返回的字典转换为 JSON 字符串。也就是说,dumps 函数的本质还是将字典转换为 JSON 字符串,只是如果将类实例也转换为 JSON 字符串,需要先将类实例转换为字典,然后再将字典转换为 JSON 字符串,而将类实例转换为字典的任务就是通过 default 关键字参数指定的回调函数完成的。

下面的例子会将 Product 类转换为 JSON 字符串,其中 product2Dict 函数的任务就是将 Product 类的实例转换为字典。

代码位置: src/storage/class2json.py

```
import json
class Product:
    # 通过类的构造方法初始化 3 个属性
    def __init__(self, name,price,count):
        self.name = name
```

```
        self.price = price
        self.count = count
# 用于将 Product 类的实例转换为字典的函数
def product2Dict(obj):
    return {
        'name': obj.name,
        'price': obj.price,
        'count': obj.count
    }
# 创建 Product 类的实例
product = Product('特斯拉',1000000,20)
# 将 Product 类的实例转换为 JSON 字符串，ensure_ascii 关键字参数的值设为 True，
# 可以让返回的 JSON 字符串正常显示中文
jsonStr = json.dumps(product, default=product2Dict,ensure_ascii=False)
# 运行结果：{"name": "特斯拉", "price": 1000000, "count": 20}
print(jsonStr)
```

12.2.4 类实例列表与 JSON 字符串互相转换

前面讲的类实例和 JSON 字符串直接地互相转换，转换的只是单个对象，如果 JSON 字符串是一个类实例数组，或一个类实例的列表，也可以互相转换。

下面的例子会从 products.json 文件读取 JSON 字符串，并通过 loads 函数将其转换为 Product 对象列表，然后再通过 dumps 函数将 Product 对象列表转换为 JSON 字符串。

代码位置： src/storage/classlist2json.py

```
import json
class Product:
    def __init__(self, d):
        self.__dict__ = d

f = open('files/products.json','r', encoding='utf-8')
jsonStr = f.read()
# 将 JSON 字符串转换为 Product 对象列表
products = json.loads(jsonStr, object_hook=Product)
# 输出 Product 对象列表中所有 Product 对象的相关属性值
for product in products:
    print('name', '=', product.name)
    print('price', '=', product.price)
    print('count', '=', product.count)
f.close()
# 定义将 Product 对象转换为字典的函数
def product2Dict(product):
    return {
        'name': product.name,
        'price': product.price,
        'count': product.count
    }
```

```
# 将 Product 对象列表转换为 JSON 字符串
jsonStr = json.dumps(products, default=product2Dict,ensure_ascii=False)
print(jsonStr)
```

程序运行结果如图 12-3 所示。

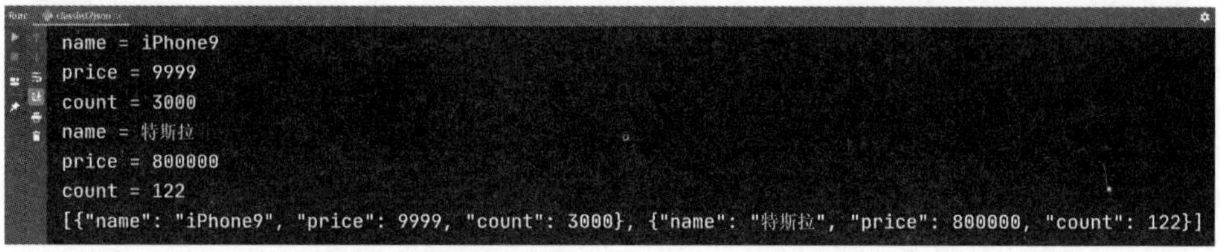

图 12-3 类实例列表与 JSON 字符串互相转换

12.3 将 JSON 字符串转换为 XML 字符串

将 JSON 字符串转换为 XML 字符串其实只需要做一下中转即可，也就是先将 JSON 字符串转换为字典，然后再使用 dicttoxml 模块中的 dicttoxml 函数将字典转换为 XML 字符串即可。

下面的例子会从 products.json 文件读取 JSON 字符串，并利用 loads 函数和 dicttoxml 函数，将 JSON 字符串转换为 XML 字符串。

代码位置：src/storage/json2xml.py

```
import json
import dicttoxml
f = open('files/products.json','r',encoding='utf-8')
jsonStr = f.read()
# 将 JSON 字符串转换为字典
d = json.loads(jsonStr)
print(d)
# 将字典转换为 XML 字符串
xmlStr = dicttoxml.dicttoxml(d).decode('utf-8')
print(xmlStr)
f.close()
```

程序运行结果如图 12-4 所示。

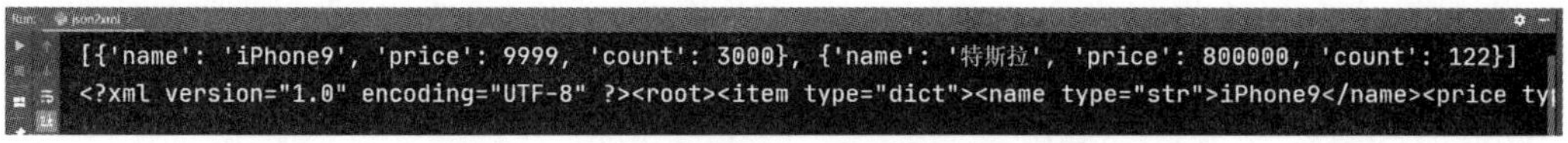

图 12-4 将 JSON 字符串转换为 XML 字符串

12.4 SQLite 数据库

SQLite 是一个开源、小巧、零配置的关系型数据库，支持多种平台，这些平台包括 Windows、macOS、Linux、Android、iOS 等，现在运行 Android、iOS 等系统的设备基本都使用 SQLite 数据库作为本地存储方案。尽管 Python 在很多场景用于开发服务端应用，使用的是网络关系型数据库或 NoSQL 数据库，但有些数据是需要保持到本地的，虽然可以用 XML、JSON 等格式保存这些数据，但对数据检索很不方便，因此将数据保存到 SQLite 数据库中就成为最佳的本地存储方案。

读者可以通过网址 http://www.sqlite.org 访问 SQLite 官网。

12.4.1　管理 SQLite 数据库

SQLite 数据库的管理工具很多，SQLite 官方提供了一个命令行工具用于管理 SQLite 数据库，不过这个命令行工具需要输入大量的命令才能操作 SQLite 数据库，太麻烦，并不建议使用。因此，本节将介绍一款跨平台的 SQLite 数据库管理工具 DB Browser for SQLite，这是一款免费开源的 SQLite 数据库管理工具。官网地址为 http://sqlitebrowser.org。

进入 DB Browser for SQLite 官网后，在右侧选择对应的版本下载即可，如图 12-5 所示。

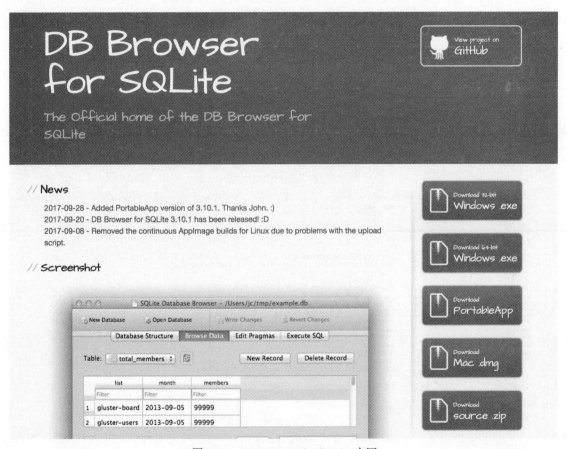

图 12-5　DB Browser for SQLite 官网

如果读者想要 DB Browser for SQLite 的源代码，到 github 上下载，地址为 https://github.com/sqlitebrowser/sqlitebrowser。

安装好 DB Browser for SQLite 后，直接启动即可看到如图 12-6 所示的主界面。

单击左上角的"新建数据库"和"打开数据库"按钮，可以新建和打开 SQLite 数据库。图 12-7 是打开数据库后的效果，在主界面会列出数据库中的表、视图等内容。

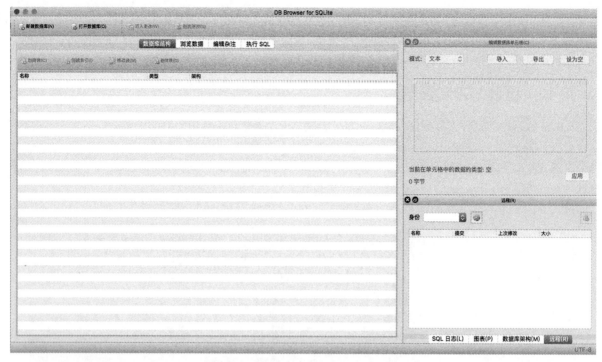

图 12-6　DB Browser for SQLite 主界面

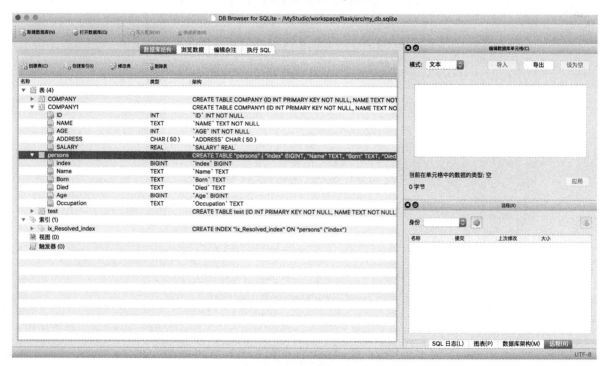

图 12-7　打开 SQLite 数据库

　　如果想查看表或视图中的记录，可以切换到主界面上方的"浏览数据"选项卡，再从下方的列表中选择要查看的表或视图，如图 12-8 所示。

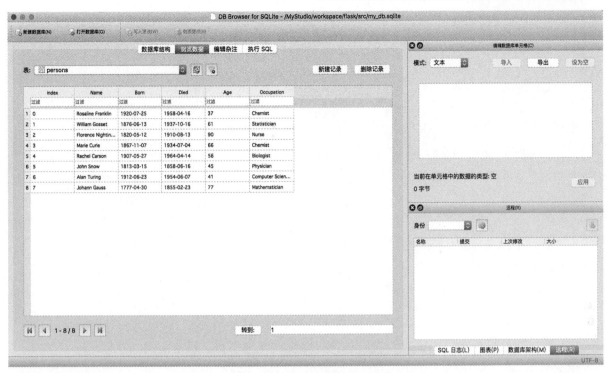

图 12-8　查看表或视图中的记录

从前面的描述可以看出，DB Browser for SQLite 在操作上非常简便，读者只要稍加摸索就可以掌握任何其他的功能，因此，本节不再深入探讨 DB Browser for SQLite 的其他功能，后面的部分会将主要精力放到 Python 语言上。

12.4.2　用 Python 操作 SQLite 数据库

在 Python 中操作 SQLite 数据库需要导入 sqlite3 模块，sqlite3 模块是 Python 内置的，不需要安装，直接导入该模块即可。

微课视频

sqlite3 模块中提供了丰富的函数可以对 SQLite 数据库进行各种操作，不过在对数据进行增、删、改、查以及其他操作之前，先要使用 connect 函数打开 SQLite 数据库，通过该函数的参数指定 SQLite 数据库的文件名即可。打开数据库后，通过 cursor 方法获取 sqlite3.Cursor 对象，然后通过 sqlite3.Cursor 对象的 execute 方法执行各种 SQL 语句，如创建表、创建视图、删除记录、插入记录、查询记录等。如果执行的是查询 SQL 语句（SELECT 语句），那么 execute 方法会返回 sqlite3.Cursor 对象，需要对该对象进行迭代，才能获取查询结果的值。

下面的例子使用 connect 函数在当前目录创建了一个名为 data.sqlite 的 SQLite 数据库，并在该数据库中建立了一个 persons 表，然后插入了若干条记录，最后查询 persons 表的所有记录，并将查询结果输出到控制台。

代码位置： src/storage/sqlite.py

```
import sqlite3
import os


dbPath = 'data.sqlite'
# 只有 data.sqlite 文件不存在时才创建该文件
if not os.path.exists(dbPath):
```

```python
    # 创建 SQLite 数据库
    conn = sqlite3.connect(dbPath)
    # 获取 sqlite3.Cursor 对象
    c = conn.cursor()
    # 创建 persons 表
    c.execute('''CREATE TABLE persons
        (id INT PRIMARY KEY     NOT NULL,
        name            TEXT    NOT NULL,
        age             INT     NOT NULL,
        address         CHAR(50),
        salary          REAL);''')

    # 修改数据库后必须调用 commit 方法提交才能生效
    conn.commit()
    # 关闭数据库连接
    conn.close()
    print('创建数据库成功')



conn = sqlite3.connect(dbPath)
c = conn.cursor()
# 删除 persons 表中的所有数据
c.execute('delete from persons')
# 下面的 4 条语句向 persons 表中插入 4 条记录
c.execute("INSERT INTO persons (id,name,age,address,salary) \
    VALUES (1, 'Paul', 32, 'California', 20000.00 )");
c.execute("INSERT INTO persons (id,name,age,address,salary) \
    VALUES (2, 'Allen', 25, 'Texas', 15000.00 )");

c.execute("INSERT INTO persons (id,name,age,address,salary) \
    VALUES (3, 'Teddy', 23, 'Norway', 20000.00 )");

c.execute("INSERT INTO persons (id,name,age,address,salary) \
    VALUES (4, 'Mark', 25, 'Rich-Mond ', 65000.00 )");
# 必须提交修改才能生效
conn.commit()

print('插入数据成功')
# 查询 persons 表中的所有记录，并按 age 升序排列
persons = c.execute("select name,age,address,salary from persons order by age")
print(type(persons))                    # 运行结果: <class 'sqlite3.Cursor'>
result = []
# 将 sqlite3.Cursor 对象中的数据转换为列表形式
for person in persons:
    value = {}
    value['name'] = person[0]
    value['age'] = person[1]
    value['address'] = person[2]
    result.append(value)
conn.close()
```

```
print(type(result))                    # 运行结果: <class 'list'>
# 输出查询结果
print(result)    # 运行结果: [{'name': 'Teddy', 'age': 23, 'address': 'Norway'}, …,]

import json
# 将查询结果转换为字符串形式，如果要将数据通过网络传输，就需要首先转换为字符串形式才能传输
resultStr = json.dumps(result)
print(type(resultStr))                 # 运行结果: <class 'str'>
print(resultStr)  # 运行结果: [{"name": "Teddy", "age": 23, "address": "Norway"},…,]
```

读者可以用 DB Browser for SQLite 打开 data.sqlite 文件，会看到 persons 表的结构如图 12-9 所示，persons 表中的数据如图 12-10 所示。

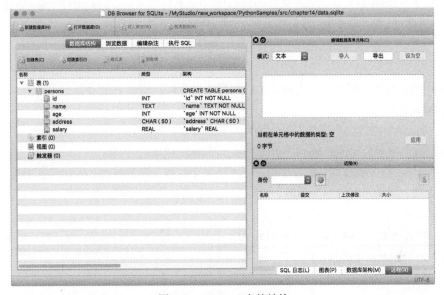

图 12-9　persons 表的结构

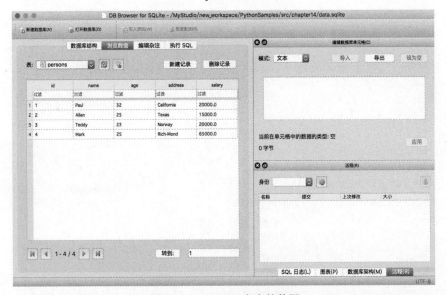

图 12-10　persons 表中的数据

12.5　MySQL 数据库

MySQL 是常用的关系型数据库，现在很多互联网应用都使用了 MySQL 数据库。在 Python 语言中需要使用 pymysql 模块来操作 MySQL 数据库。如果读者使用的是 Anaconda 的 Python 环境，需要使用下面的命令安装 pymysql 模块。

```
conda install pymysql
```

如果读者使用的是标准的 Python 环境，需要使用 pip 命令安装 pymysql 模块。

```
pip install pymysql
```

pymysql 模块中提供的 API 与 sqlite3 模块中提供的 API 类似，因为它们都遵循 Python DB API 2.0 标准，可通过网址 https://www.python.org/dev/peps/pep-0249 查看该标准的完整描述。

其实读者也不必详细研究 Python DB API 规范，只需要记住几个函数和方法，绝大多数的数据库的操作就可以搞定了。

- connect 函数：连接数据库，根据连接的数据库类型不同，该函数的参数也不同。connect 函数返回 Connection 对象。
- cursor 方法：获取操作数据库的 Cursor 对象。cursor 方法属于 Connection 对象。
- execute 方法：用于执行 SQL 语句，该方法属于 Cursor 对象。
- commit 方法：在修改数据库后，需要调用该方法提交对数据库的修改，commit 方法属于 Cursor 对象。
- rollback 方法：如果修改数据库失败，一般需要调用该方法进行数据库回滚，也就是将数据库恢复成修改之前的样子。

下面的例子通过调用 pymysql 模块中的相应 API 对 MySQL 数据库进行增、删、改、查操作。

代码位置：src/storage/mysql.py

```python
from pymysql import *
import json
# 打开 MySQL 数据库，其中 127.0.0.1 是 MySQL 服务器的 IP，root 是用户名，12345678 是密码
# test 是数据库名
def connectDB():
    db=connect("127.0.0.1","root","12345678","test",charset='utf8')
    return db
db = connectDB()
# 创建 persons 表
def createTable(db):
    # 获取 Cursor 对象
    cursor=db.cursor()
    sql='''CREATE TABLE persons
       (id INT PRIMARY KEY     NOT NULL,
      name          TEXT    NOT NULL,
      age           INT     NOT NULL,
      address       CHAR(50),
      salary        REAL);'''
    try:
```

```
            # 执行创建表的 SQL 语句
            cursor.execute(sql)
            # 提交到数据库执行
            db.commit()
            return True
        except:
            # 如果发生错误则回滚
            db.rollback()
        return False


# 向 persons 表插入 4 条记录
def insertRecords(db):
    cursor=db.cursor()
    try:
        # 首先将以前插入的记录全部删除
        cursor.execute('DELETE FROM persons')
        # 下面的几条语句向 persons 表中插入 4 条记录
        cursor.execute("INSERT INTO persons (id,name,age,address,salary) \
          VALUES (1, 'Paul', 32, 'California', 20000.00 )");
        cursor.execute("INSERT INTO persons (id,name,age,address,salary) \
          VALUES (2, 'Allen', 25, 'Texas', 15000.00 )");

        cursor.execute("INSERT INTO persons (id,name,age,address,salary) \
          VALUES (3, 'Teddy', 23, 'Norway', 20000.00 )");

        cursor.execute("INSERT INTO persons (id,name,age,address,salary) \
          VALUES (4, 'Mark', 25, 'Rich-Mond ', 65000.00 )");
        # 提交到数据库执行
        db.commit()
        return True
    except Exception as e:
        print(e)
        # 如果发生错误则回滚
        db.rollback()
    return False
# 查询 persons 表中全部的记录, 并按 age 字段降序排列
def selectRecords(db):
    cursor=db.cursor()
    sql='SELECT name,age,salary FROM persons ORDER BY age DESC'
    cursor.execute(sql)
    # 调用 fetchall 方法获取全部的记录
    results=cursor.fetchall()
    # 输出查询结果
    print(results)
    # 下面的代码将查询结果重新组织成其他形式
    fields = ['name','age','salary']
    records=[]
```

```
        for row in results:
            records.append(dict(zip(fields,row)))
        return json.dumps(records)


if createTable(db):
    print('成功创建 persons 表')
else:
    print('persons 表已经存在')

if insertRecords(db):
    print('成功插入记录')
else:
    print('插入记录失败')
print(selectRecords(db))
db.close()
```

前面的代码使用了名为 test 的数据库，所以在运行这段代码之前，要保证有一个名为 test 的 MySQL 数据库，并确保已经开启 MySQL 服务。

从前面的代码和输出结果可以看出，操作 MySQL 和 SQLite 的 API 基本是一样的，只是有如下两点区别。

- 用 Cursor.execute 方法查询 SQLite 数据库时会直接返回查询结果，而使用该方法查询 MySQL 数据库时返回了 None，需要调用 Cursor.fetchall 方法才能返回查询结果。
- Cursor.execute 方法返回的查询结果和 Cursor.fetchall 方法返回的查询结果的样式是不同的，这点从输出结果就可以看出来。如果想让 MySQL 的查询结果与 SQLite 的查询结果相同，需要使用 zip 函数和 dict 函数进行转换。

12.6　非关系型数据库

本节会介绍如何用 Python 操作非关系型数据，以及如何管理非关系型数据库。本节主要以 MongoDB 为例讲解非关系型数据库。

12.6.1　NoSQL 简介

随着互联网的飞速发展，电子商务、社交网络、各类 Web 应用会导致产生大量的数据，这些数据的结构非常复杂，使用关系型数据库描述这些数据，可能会让表和视图之间的关系错综复杂，非常不利于数据库的维护，为了解决这些问题，非关系型数据库（NoSQL）应运而生，并爆炸式地增长。

现在有很多非关系型数据库可供选择，不过这些非关系型数据库的类型不完全相同，这些非关系型数据库主要包括对象数据库、键–值数据库、文档数据库、图形数据库、表格数据库等。

12.6.2　MongoDB 数据库

MongoDB 是非常著名的文档数据库，所有的数据以文档形式存储。例如，如果要保存博客和相关的评论，使用关系型数据库，就需要至少建立两个表：t_blogs 和 t_comments。前者用于保存博文，后者用于保存与博文相关的评论，然后通过键值将两个表关联，t_blogs 与 t_comments 通常是一对多的关系。这样做尽管从技术上可行，但如果关系更复杂，则需要关联更多的表，而如果使用 MongoDB，就可以直接将博文以及该博文下的所有评论都放在一个文档中存储，也就是将相关的数据都放到一起，无须关联，查询的速度也更快。

　　MongoDB 数据库支持 Windows、Mac OS 和 Linux，而且同时提供了社区版本和企业版本（这一点和 MySQL 类似），社区版本是免费的，读者可以通过网址 https://www.mongodb.com/download-center#community 访问如图 12-11 所示的页面下载相应操作系统平台的二进制安装文件，直接安装即可。

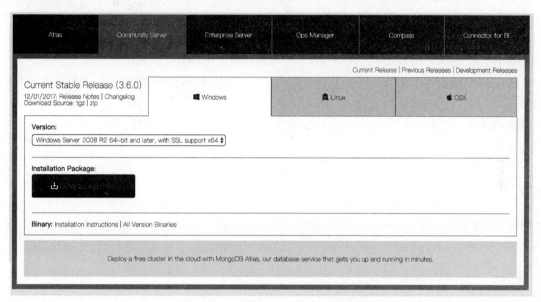

图 12-11　MongoDB 官网下载页面

　　安装完 MongoDB 后，直接在控制台（或命令行工具）中执行 mongod 命令即可启动 MongoDB 数据库，MongoDB 服务启动成功的效果如图 12-12 所示。

图 12-12　MongoDB 服务启动成功的效果

12.6.3　pymongo 模块

在 Python 语言中使用 MongoDB 数据库需要先导入 pymongo 模块，如果读者使用了 Anaconda Python 开发环境，pymongo 模块已经被集成到 Anaconda，如果读者使用的是标准的 Python 开发环境，需要使用下面的命令安装 pymongo 模块。

```
pip install pymongo
```

操作 MongoDB 数据库与操作关系型数据库需要完成的工作类似，例如，连接数据库、创建表、查询数据等。只不过在 MongoDB 数据库中没有数据库和表的概念，一切都是文档。在 Python 语言中，文档主要是指列表和字典。也就是说 MongoDB 数据库中存储的都是列表和字典数据。

连接 MongoDB 数据库需要创建 MongoClient 类的实例，连接 MongoDB 数据库后，就可以按文档的方式操作数据库了。

下面的例子演示了如何使用 pymongo 模块中提供的 API 操作 MongoDB 数据库的过程。

代码位置： src/storage/mongodb.py

```python
from pymongo import *
# 连接 MongoDB 数据库
Client = MongoClient()
# 打开或创建名为 data 的 collection，collection 相当于关系型数据库中的数据库
# 在 MongoDB 中，collection 是文档的集合
db = Client.data
# 或者使用类似引用字典值的方式打开或创建 collection
#db = Client['data']

# 定义要插入的文档（字典）
person1 = {"name": "Bill", "age": 55, "address": "地球", "salary": 1234.0}
person2 = {"name": "Mike", "age": 12, "address": "火星", "salary": 434.0}
person3 = {"name": "John", "age": 43, "address": "月球", "salary": 6543.0}
# 创建或打开一个名为 persons 的文档，persons 相当于关系型数据库中的表
persons = db.persons
# 先删除 persons 文档中的所有数据，以免多次运行程序导致文档中有大量重复的数据
persons.delete_many({'age':{'$gt':0}})

# 使用 insert_one 方法插入文档
personId1 = persons.insert_one(person1).inserted_id
personId2 = persons.insert_one(person2).inserted_id
personId3 = persons.insert_one(person3).inserted_id
print(personId3)
'''
也可以使用 insert_many 方法一次插入多个文档
personList = [person1,person2,person3]
result = persons.insert_many(personList)
print(result.inserted_ids)
'''
# 搜索 persons 文档中的第一条子文档，相当于关系型数据库中的记录
```

```
print(persons.find_one())
print(persons.find_one()['name'])
# 搜索所有数据
for person in persons.find():
    print(person)
print('--------------')
# 更新第 1 个满足条件的文档中的数据，使用 update_many 方法可以更新所有满足条件的文档
persons.update_one({'age':{'$lt':50}},{'$set':{'name':'超人'}})
#persons.delete_one({'age':{'$gt':0}})            # 只删除满足条件的第 1 个文档
# 搜索所有满足 age 小于 50 的文档
for person in persons.find({'age':{'$lt':50}}):
    print(person)


print('--------------')
# 搜索所有满足 age 大于 50 的文档
for person in persons.find({'age':{'$gt':50}}):
    print(person)
# 输出 persons 中的文档总数
print('总数', '=', persons.count())
```

程序运行结果如图 12-13 所示。

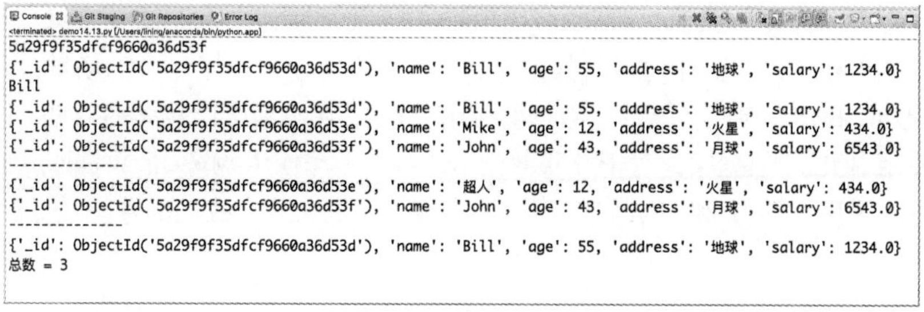

图 12-13　使用 pymongo 模块中提供的 API 操作 MongoDB 数据库

12.7　实战与演练

1. 编写一个 Python 程序，将 products.xml 文件的内容保存到 MongoDB 中，并且可以查找每个 product。
答案位置：**src/storage/solution1.py**
products.xml 文件的内容如下：

```
<!-- products.xml -->
<root>
    <products>
        <product uuid='1234'>
          <id>10000</id>
          <name>iPhone9</name>
          <price>9999</price>
      </product>
      <product uuid='4321'>
```

```
            <id>20000</id>
            <name>特斯拉</name>
            <price>800000</price>
        </product>
        <product uuid='5678'>
            <id>30000</id>
            <name>Mac Pro</name>
            <price>40000</price>
        </product>
    </products>
</root>
```

2. 编写一个 Python 程序，通过循环向 SQLite 数据库的 persons 表(支持自动建立数据库和表）中插入数据（字典可自己任意指定）。在任意字段输入"exit:"后退出循环，然后输出 persons 表中的所有数据。

答案位置：src/storage/solution2.py

12.8　本章小结

本章讲解了 Python 语言中大多数场景需要使用到的各种数据存储技术，主要包括文本格式文件（XML和 JSON）、关系型数据库（SQLite 和 MySQL）和非关系型数据库（MongoDB）。可能很多读者会有这样的疑问，讲了这么多数据存储方案，那么在实际的应用中，应该使用哪种数据存储方案呢？其实在大多数应用中，存储方案都是多元化的，因为任何一种数据存储方案，都不能适用于所有的场景，例如，存储配置信息一般会使用 XML 或 JSON，在网络上传输数据会使用 JSON，在本地存储较多的数据，而且希望可以快速检索，可以考虑使用 SQLite 数据库，对于互联网应用，可以考虑使用 MySQL 数据库，但对于数据关系比较复杂的情况，可以采用 MySQL 和 MongoDB 混合的方式。总之，适合我们的才是最好的。

第三篇　网络与并发

第三篇网络与并发（第13章~第15章）介绍了 Python 中的各种网络编程方式和技术，主要包括 TCP、UDP、HTTP。第15章还介绍了 Python 中的并发技术，主要包括线程与协程。本篇各章内容如下：

第13章　TCP 与 UDP 编程

第14章　网络高级编程

第15章　线程与协程

TCP 与 UDP 编程

网络是一个互联网应用的重要组成部分，在 Python 语言中提供了大量的内置模块和第三方模块用于支持各种网络访问，这些模块主要包括客户端套接字（Socket）、服务端套接字(socketserver)、用于访问 HTTP/HTTPS 资源的 urllib3、异步网络框架 twisted、用于访问 ftp 的 ftplib 等。使用这些模块，可以非常方便地访问各种网络资源。本章以及第 14 章会深入讲解这些模块的使用方法，并提供了大量的案例供读者进行练习。

13.1 套接字

套接字（Socket）是用于网络通信的数据结构。在任何类型的通信开始之前，都必须创建 Socket，可以将它们比作电话插孔，没有它就无法进行通信。

Socket 主要分为面向连接的 Socket 和无连接 Socket。面向连接的 Socket 使用的主要协议是传输控制协议，也就是常说的 TCP，TCP 的 Socket 名称是 SOCK_STREAM。无连接 Socket 的主要协议是用户数据报协议，也就是常说的 UDP，UDP Socket 的名字是 SOCK_DGRAM。本节会详细介绍如何使用 socket 模块进行面向连接的通信（TCP）以及无连接的通信（UDP）。

13.1.1 建立 TCP 服务端

微课视频

Socket 分为客户端和服务端两部分。客户端 Socket 用于建立与服务端 Socket 的连接，服务端 Socket 用于等待客户端 Socket 的连接。因此，在使用客户端 Socket 建立连接之前，必须要建立服务端 Socket。

服务端 Socket 除了要指定网络类型（IPv4 或 IPv6）和通信协议（TCP 或 UDP）外，还必须要指定一个端口号。所有建立在 TCP/UDP 之上的通信协议，都有默认的端口号，例如，HTTP 协议的默认端口号是 80，HTTPS 协议的默认端口号是 443，FTP 协议的默认端口号是 21。这些都是应用层协议，建立在 TCP 协议之上，这些内容会在本章稍后的部分讲解。

在 Python 语言中创建 Socket 服务端程序，需要使用 socket 模块中的 socket 类，创建 Socket 服务端程序的步骤如下：

（1）创建 Socket 对象。

（2）绑定端口号。

（3）监听端口号。

（4）等待客户端 Socket 的连接。

（5）读取从客户端发送过来的数据。

（6）向客户端发送数据。

（7）关闭客户端 Socket 连接。

（8）关闭服务端 Socket 连接。

上面的某些步骤可能会执行多次，例如，步骤（4）等待客户端 Socket 的连接，可以放在一个循环中，当处理完一个客户端请求后，再继续等待另外一个客户端的请求。这些步骤的伪代码描述如下：

```
# 创建 socket 对象
tcpServerSocket = socket(…)
# 绑定 Socket 服务端端口号
tcpServerSocket.bind(…)
# 监听端口号
tcpServerSocket.listen(…)
# 等待客户端的连接
tcpClientSocket = tcpServerSocket.accept()
# 读取服务端发送过来的数据
data = tcpClientSocket.recv(…)
# 向客户端发送数据
tcpClientSocket.send(…)
# 关闭客户端 Socket 连接
tcpClientSocket.close()
# 关闭服务端 Socket 连接
tcpServerSocket.close()
```

下面的例子使用 socket 模块中的相关 API 建立一个 Socket 服务端，端口号是 9876，可以使用浏览器、telnet 等客户端软件测试这个 Socket 服务。

代码位置：src/socket/tcp_server.py

```
# 导入 socket 模块中的所有 API
from socket import *
# 定义一个空的主机名，在建立服务端 Socket 时一般不需要使用 host
host = ''
# 用于接收客户端数据时的缓冲区尺寸，也就是每次接收的最大数据量（单位：字节）
bufferSize = 1024
# 服务端 Socket 的端口号
port = 9876
# 将 host 和 port 封装成一个元组
addr = (host,port)
# 创建 socket 对象，AF_INET 表示 IPv4，AF_INET6 表示 IPv6，SOCK_STREAM 表示 TCP
tcpServerSocket = socket(AF_INET, SOCK_STREAM)
# 使用 bind 方法绑定端口号
tcpServerSocket.bind(addr)
# 监听端口号
tcpServerSocket.listen()
print('Server port:9876')
print('正在等待客户端连接')
# 等待客户端 Socket 的连接，这里程序会被阻塞，直到接收到客户端的连接请求，才会往下执行
```

```
# 接收到客户端请求后，同时返回了客户端 Socket 和客户端的端口号
tcpClientSocket,addr = tcpServerSocket.accept()
print('客户端已经连接','addr','=',addr)
# 开始读取客户端发送过来的数据，每次最多会接收不超过 bufferSize 个字节的数据
# 如果客户端发送过来的数据量大于 bufferSize 所指定的字节数，那么 recv 方法只会返回 bufferSize 个
# 字节，剩下的数据会等待 recv 方法的下一次读取
data = tcpClientSocket.recv(bufferSize)
# recv 方法返回了字节形式的数据，如果要使用字符串，需要将其进行解码，本例使用 utf8 格式解码
print(data.decode('utf8'))
# 向客户端以 utf-8 格式发送数据
tcpClientSocket.send('你好, I love you.\n'.encode(encoding='utf-8'))
# 关闭客户端 Socket
tcpClientSocket.close()
# 关闭服务端 Socket
tcpServerSocket.close()
```

现在运行程序，会看到在终端输出如图 13-1 所示的信息。

测试服务端 Socket 的方法很多，只需要找一个 Socket 客户端应用就可以测试这个服务端 Socket 程序。telnet 就是最简单的一个应用，一般 telnet 会集成在当前的操作系统中。

图 13-1　运行服务端 Socket 程序

现在执行下面的命令通过 telnet 连接前面编写的服务端 Socket 程序。如果连接本机的服务，就用 localhost 或 127.0.0.1；如果连接远程的服务，需要使用服务所在机器的 IP，如本例的 192.168.31.26。

```
telnet 192.168.31.26 9876
```

如果成功连接到 Socket 服务端，就会在终端显示如图 13-2 所示的信息，要求输入字符串，这些字符串会被发送给 Socket 服务端。

接下来在 telnet 中输入 "hello world"，然后按回车键，这时服务端会收到客户端的请求，并且将 "你好，I love you." 发送给客户端。在 telnet 中会显示服务端发送过来的字符串，如图 13-3 所示。由于服务端处理完客户端请求后就关闭了连接，所以 telnet 也会退出。

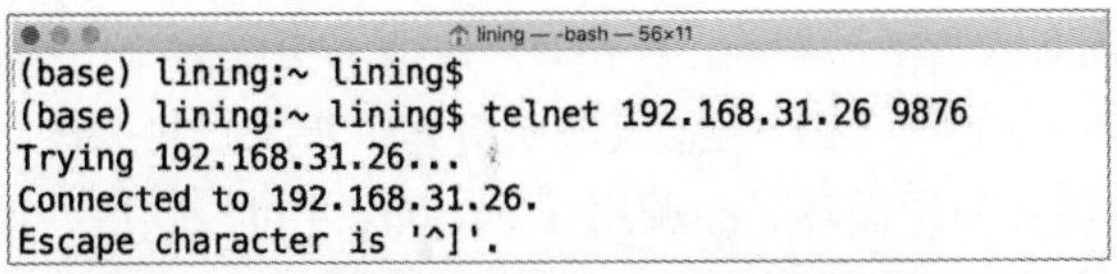

图 13-2　通过 telnet 连接 Socket 服务端程序

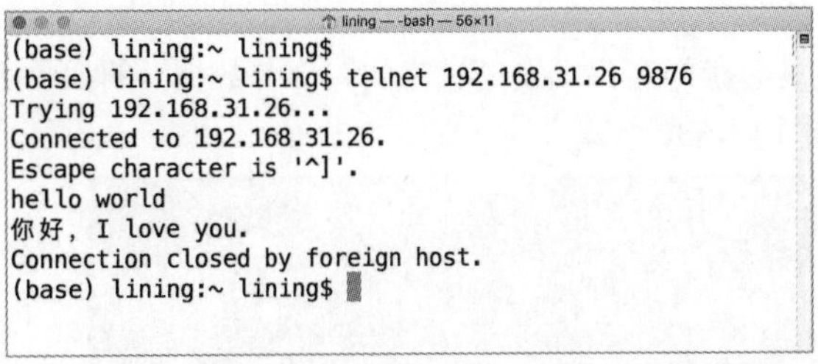

图 13-3　telnet 客户端与 Socket 服务端通信

Socket 服务端程序在收到客户端请求后，会读取从客户端发送过来的数据，并在 Console 中输出如图 13-4 所示的信息，然后关闭 Socket 服务端程序。

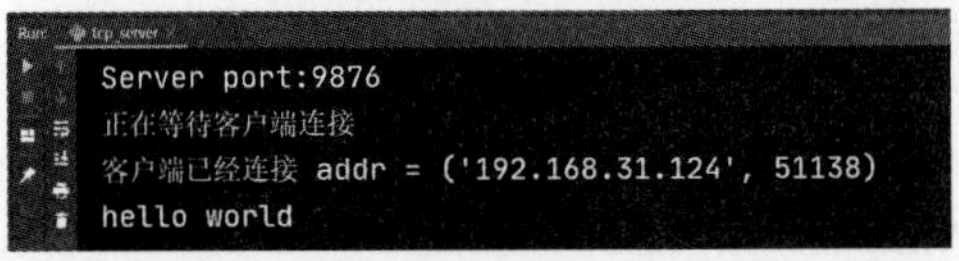

图 13-4　Socket 服务端程序在 Console 中输出
　　　　客户端发送过来的数据

尽管从表面上看，只有服务端 Socket 需要绑定端口号，其实客户端 Socket 在与服务端 Socket 连接时也需要一个端口号，这个客户端 Socket 的端口号一般是自动产生和绑定的，这个端口号由 Socket 对象的 accept 方法返回。图 13-4 中的

51138 就是客户端 Socket 的端口号，每个客户端 Socket 的端口号一般都是不同的。

除了使用 telnet 测试 Socket 服务端程序外，也可以使用浏览器进行测试，本例选择了 Google 的 Chrome 浏览器，首先启动 Socket 服务端程序，然后在 Chrome 浏览器地址栏中输入如下的 Url：

```
http://localhost:9876/geekori
```

其中 "/geekori" 是 Url 的路径（Path），由于 Socket 服务端程序并不是 HTTP 服务器，所以这个路径可以任意指定，浏览器只会使用 localhost 和后面的端口号（9876）连接 Socket 服务端。

输入上面的 Url，并按回车键后，在浏览器中会显示"该网页无法正常运作"或类似的信息，这个无关紧要，因为 Socket 服务端程序并没有返回 HTTP 响应头[①]和相关信息。出现这个信息也说明 Chrome 浏览器成功连接到了 Socket 服务端程序。

在服务端，会在终端输出如图 13-5 所示的信息。

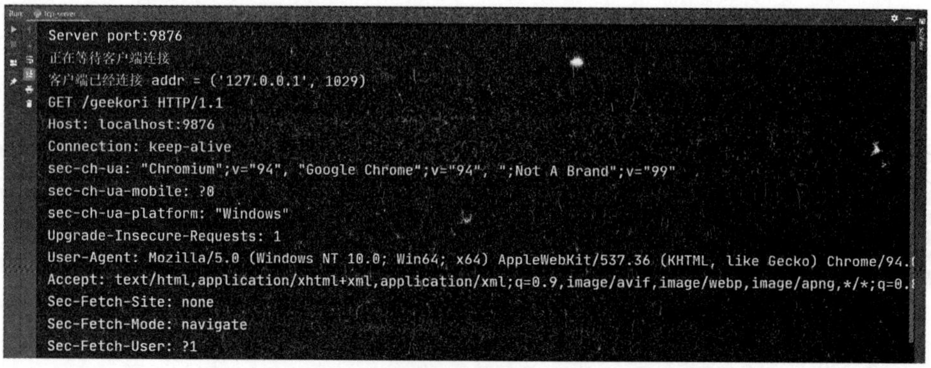

图 13-5　在终端显示 HTTP 请求头信息

在终端显示的都是 Chrome 浏览器发送给 Socket 服务端程序的 HTTP 请求头信息，如果服务端是 HTTP 服务器，那么应该给浏览器返回 HTTP 响应头信息，而目前服务端程序只给浏览器返回了"你好，I love python."，所以浏览器不会识别返回的信息，因此没有正常显示返回内容。

服务端之所以能在终端输出 Chrome 浏览器返回的 HTTP 请求头信息，是因为 bufferSize 设置得足够大（1024 字节），所以一次就可以获得浏览器发送给服务端的所有数据，如果 bufferSize 设置得比较小，那么就只会获得客户端发送过来的一部分数据。例如，如果将 bufferSize 设为 10，那么获取的 HTTP 请求头信息如图 13-6 所示。

图 13-6　服务端只获取了一部分 HTTP 请求头信息

很明显，在终端只输出了 HTTP 请求头的前 10 字节的内容（GET /geeko），要想获取所有客户端发送过来的数据，就需要使用循环不断调用 recv 方法才可以获取，最多每次获取 10 字节的数据，详细的实现过程见 13.1.2 节的内容。

---

① HTTP 协议（超文本传输协议）是 Web 应用中最常用的一种协议，建立在 TCP 之上。HTTP 客户端向 HTTP 服务端发送请求时需要先发送一个 HTTP 请求头，用于描述与请求相关的信息，如 Url 路径、HTTP 版本号、cookie 等。HTTP 服务端响应 HTTP 客户端时也会向客户端发送 HTTP 响应头，格式与 HTTP 请求头相同，只是内容不同。只有检测到有 HTTP 请求头或 HTTP 响应头时，才会认为是 HTTP 协议，否则不会被 HTTP 客户端或 HTTP 服务端识别。

13.1.2　服务端接收数据的缓冲区

如果客户端传给服务端的数据过多，需要分多次读取，每次最多读取缓冲区尺寸的数据，也就是 13.1.1 节例子中设置的 bufferSize 变量的值。如果要分多次读取，可以根据当前读取的字节数是否小于缓冲区的尺寸来判断是否后面还有其他未读的数据，如果没有，则可以终止循环。

下面的例子将 bufferSize 的值设为 2，也就是说，服务端 Socket 每次最多读取 2 字节的数据，并通过当前读取的字节数是否小于 bufferSize 变量的值来判断是否应该退出 while 循环。

代码位置： src/socket/server_buffer.py

```python
from socket import *
host = ''
# 将缓冲区设为 2
bufferSize = 2
port = 9876
addr = (host,port)
tcpServerSocket = socket(AF_INET, SOCK_STREAM)
tcpServerSocket.bind(addr)
tcpServerSocket.listen()
print('Server port:9876')
print('正在等待客户端连接')
tcpClientSocket,addr = tcpServerSocket.accept()
print('客户端已经连接','addr','=',addr)
# 初始化一个 bytes 类型的变量，用于保存完整的客户端数据
fullDataBytes = b''
while True:
    # 每次最多读取 2 字节的数据
    data = tcpClientSocket.recv(bufferSize)
    # 将读取的字节数据加到 fullDataBytes 变量的后面
    fullDataBytes += data
    # 如果读取的字节数小于 bufferSize，则终止循环
    if len(data) < bufferSize:
        break;
# 按原始字节格式输出客户端发送过来的信息
print(fullDataBytes)
# 将完整的字节格式数据用 ISO-8859-1 格式解码，然后输出
print(fullDataBytes.decode('ISO-8859-1'))
tcpClientSocket.close()
tcpServerSocket.close()
```

现在运行程序，然后使用下面的命令启动 telnet。

```
telnet localhost 9876
```

这时在 telnet 中输入"hello world"，会发现服务端程序在终端输出如图 13-7 所示的内容。

不过当在 telnet 中输入"abcd"，然后按回车键后，发现服务端的 Console 并没有任何反应，好像是进入了死循环。究其原因，输入的是偶数个字符，由于服务端每次读取两个字符，所以当读取"cd"时，读上来的正好是两个，所以终止循环的 if 语句根本没有执行，而又开始了下一次循环，这时客户端的数据已

经都读取完了，而且客户端并没有关闭。所以 recv 方法处于阻塞状态，等待客户端再次发送数据。除了强行中断客户端或服务端外，连接超时①后也会断开服务端与客户端的连接。

现在按 Ctrl+C 组合键强行中断 telnet，会看到服务端的 Console 输出如图 13-8 所示的信息，在"abcd"后还输出了一行奇怪的字符。

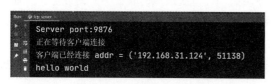

图 13-7　服务端通过循环读取的方式获取了
客户端发送过来的所有数据

图 13-8　客户端强行中断导致 TCP 连接中断

首先，强行中断 telnet 会造成 TCP 连接中断，这时 telnet 会在中断前向服务端发送最后的结束信息，也就是"\xff\xf4\xff\xfd\x06"，而这 5 字节的信息并不是 ASCII 字符，所以将其按 ISO-8859-1 格式转码后显示时就是图 13-8 所示的样式。还有就是在进行总体解码时建议使用 ISO-8859-1 格式，因为这种格式是按字节的原始格式转换为字符串的，不会出错，如果使用了 GBK 或 UTF-8 格式进行解码，恰巧客户端发送的数据中包含这些编码无法处理的数据，那么服务端会抛出异常。

13.1.3　服务端的请求队列

微课视频

通常服务端程序不会只为一个客户端服务，当 accept 方法在接收到一个客户端请求后，除非再次调用 accept 方法，否则将不会再等待下一个客户端请求。当然，可以在 accept 方法接收到一个客户端请求后启动一个线程（在 13.1.4 节讲解）处理当前客户端的请求，从而让 accept 方法尽可能快地再次被调用（一般会将调用 accept 方法的代码放在一个循环中，见 13.1.4 节的例子），但就算 accept 方法很快被下一次调用，也是有时间间隔的（如两次调用 accept 方法的时间间隔是 100ms），如果在这期间又有客户端请求，该如何处理呢？

在服务端 Socket 中有一个请求队列。如果服务端暂时无法处理客户端请求，会先将客户端请求放到这个队列中，而每次调用 accept 方法，都会在从这个队列中取一个客户端请求进行处理。不过这个请求队列也不能无限制地存储客户端请求，请求队列的存储上限与当前操作系统有关，例如，有的 Linux 系统的请求队列存储上限是 128 个。请求队列的存储上限也可以进行设置，只要通过 listen 方法监听端口号时指定请求队列上限即可（这个值也被称为 backlog），如果这个指定的上限超过了操作系统限制的最大值（如 128），那么会直接使用这个最大值。

下面的例子将服务端 Socket 的请求队列的 backlog 值设为 2，这就意味着加上当前正常处理的客户端请求，服务端最多可以同时接收 3 个客户端请求。

---

① 在客户端和服务端都没有任何反应的情况下，等待一定时间（如 30s）后，客户端和服务端会自动断开连接，称为超时。

代码位置：src/socket/server_queue.py

```python
from socket import *
host = ''
bufferSize = 1024
port = 9876
addr = (host,port)
tcpServerSocket = socket(AF_INET, SOCK_STREAM)
tcpServerSocket.bind(addr)
# 设置服务端 Socket 请求队列的 backlog 值为 2
tcpServerSocket.listen(2)
print('Server port:9876')
print('正在等待客户端连接')
while True:
    tcpClientSocket,addr = tcpServerSocket.accept()
    print('客户端已经连接','addr','=',addr)
    data = tcpClientSocket.recv(bufferSize)
    print(data.decode('utf8'))
    tcpClientSocket.send('你好, I love you.\n'.encode(encoding='utf-8'))
    tcpClientSocket.close()
tcpServerSocket.close()
```

现在运行服务端程序，然后启动 4 个终端，先在其中 3 个终端中输入下面的命令连接服务端。

```
telnet localhost 9876
```

由于请求队列的存在，这 3 个请求都会被服务端接收，telnet 的效果如图 13-9 所示。

如果在第 4 个终端仍然输入上面的命令连接服务端，那么会在终端输出如图 13-10 所示的信息。

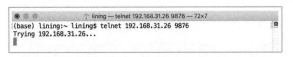

图 13-9　被服务端接收的 telnet 客户端请求　　　　图 13-10　服务端无法接收 telnet 客户端的请求

由于服务端正常处理一个客户端请求，请求队列现在已经被另外两个客户端请求占满了，所以再也无法处理第 4 个客户端请求了，因此客户端一直会尝试连接，直到连接超时而终止连接。

图 13-11 是这 4 个终端的启动顺序和处理顺序（圆圈中的序号表示启动顺序），现在分别在第 1、2、3 个终端中输入 hello1、hello2、hello3，然后必须在第 1 个启动的终端（也是第一个执行上面命令的终端）中按回车键向服务端发送请求，接下来在第 2 个和第 3 个终端按回车键发送请求，这时服务端按顺序处理了这 3 个终端发送的请求。而由于服务端的请求队列已经空了，而且现在 accept 方法正在等待下一个客户端请求，所以如果这时第 4 个终端没有超时的话，会立刻进入图 13-11 所示的连接状态，等待用户向服务端发送请求。

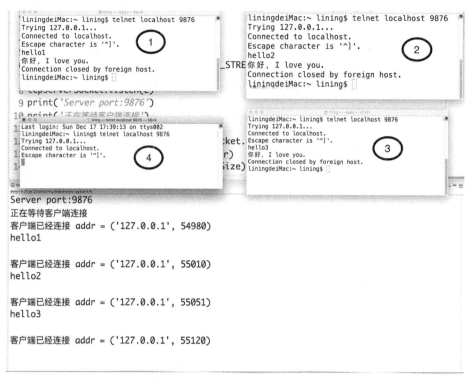

图 13-11　测试服务端的请求队列

13.1.4　时间戳服务端

本节会利用 Socket 实现一个可以将时间返回给客户端的时间戳服务端。当客户端向服务端发送数据后，服务端会将这些数据原样返回，并附带上服务器当前的时间。

下面的例子会使用 Socket 实现一个服务端程序，主要功能是使用 time 模块中的 ctime 函数获取当前时间，并连同客户端发送过来的信息一同发回给服务端。

代码位置：src/socket/time_stamp_server.py

```python
from socket import *
from time import ctime
host = ''
bufferSize = 1024
port = 9876
addr = (host,port)
tcpServerSocket = socket(AF_INET, SOCK_STREAM)
tcpServerSocket.bind(addr)
tcpServerSocket.listen(5)
while True:
    print('正在等待客户端连接')
    tcpClientSocket,addr = tcpServerSocket.accept()
    print('客户端已经连接','addr','=',addr)
    while True:
        # 接收客户端发送过来的数据
```

```
                data = tcpClientSocket.recv(bufferSize)
                if not data:
                    break;
                # 使用 ctime 函数获取当前时间，并将客户端发送过来的数据追加到时间的结尾返回给客户端
                tcpClientSocket.send(ctime().encode(encoding='utf-8') + b' ' + data)
            tcpClientSocket.close()
tcpServerSocket.close();
```

现在运行程序，然后在终端执行下面的命令运行 telnet。

```
telnet localhost 9876
```

接下来在 telnet 中输入一些字符串，并按回车键，就会看到从服务端返回的时间，以及返回同样的字符串，如图 13-12 所示。

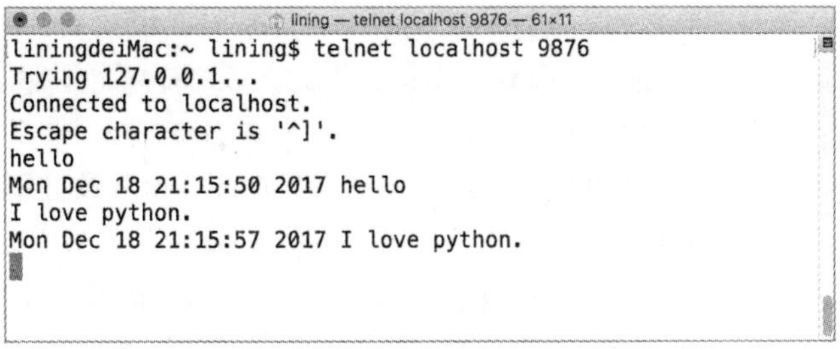

图 13-12　telnet 中接收到的服务端回应的信息

13.1.5　用 Socket 实现 HTTP 服务器

本节会使用 Socket 实现一个 HTTP 服务器。如果要实现 HTTP 服务器，服务端在接收数据时，以及向客户端发送数据时，必须遵循 HTTP 协议。也就是说，服务端在接收数据时，要解析 HTTP 请求头，向客户端发送数据时，要在发送的数据前面加上 HTTP 请求头。关于 HTTP 的详细信息可以访问网址 https://tools.ietf.org/html/rfc2616。

其实读者也不需要深入了解 HTTP 协议，因为 HTTP 协议是 Web 中经常使用的协议，已经有很多实现了，通常并不需要自己去实现完整的 HTTP 协议。本节之所以要自己实现 HTTP 协议，只是为了演示 Socket 的功能，而且并没有实现完整的 HTTP 协议，只是通过 HTTP 协议实现了一个最基本的 HTTP 服务器。

下面解释 HTTP 服务器的实现原理。首先应该了解 HTTP 请求头的格式。HTTP 请求头是纯文本形式，除了第 1 行，其他行都是 key-value 形式。例如，下面是一个典型的 HTTP 请求头。

```
GET /main/index.html HTTP/1.1
Host: geekori.com
Accept:*/*
Pragma: no-cache
Cache-Control: no-cache
Referer: http://download.microtool.de/
User-Agent:Mozilla/4.04[en](Win95;I;Nav)
Range:bytes=554554-
```

上面的大多数内容大家也不必理会，因为这些浏览器都会自动发送的，服务端也会自动处理。但第 1 行是必须了解的，因为在第 1 行中包含了请求路径。第 1 行分为如下 3 部分，中间用空格分隔。

（1）方法（GET、POST 等）。

（2）请求路径，需要将其映射成服务端对应的本地文件路径。

（3）HTTP 版本，目前一般是 1.1。

由丁本节要实现的是　个基本的 HTTP 服务器，所以只考虑第 1 行。

HTTP 响应头与 HTTP 请求头类似，下面是一个 HTTP 响应头的例子。

```
HTTP/1.1 200 OK
Date:Mon,31Dec2012 04:25:57GMT
Server:Apache/1.5(Unix)
Content-type:text/html
Content-length:1234
```

HTTP 响应头只有两处是必须指定的，一处是第 1 行和另一处是 Content-length 字段。第 1 行描述了 HTTP 版本、返回状态码等信息，其中 200 和 OK 描述了访问成功。如果页面没找到，可以返回 404。不过本节的例子不管找没找到服务端的页面，都返回了 200，只是在页面没找到时固定返回了 File Not Found 信息。读者可以自己修改这个例子，做更有趣的实验。

还有一点要注意，HTTP 响应头在返回时，一定要在 HTTP 响应头与正文之间有一个空行，浏览器会依赖这个空行区分 HTTP 响应头到哪里结束。

下面的例子通过 Socket 技术实现了一个基本的 HTTP 服务器，当在浏览器中输入一个 Url 后，如果 Url 在服务端不存在，那么会在浏览器上显示 File Not Found，如果在服务端找到要访问的文件，那么服务端程序会返回文件的内容（会加上 HTTP 响应头）。服务端程序会在当前目录下的 static 子目录寻找要访问的文件，默认文件是 index.html。

代码位置： src/socket/http_server.py

```python
from socket import *
import os
# 用于从文件中读取要返回的 HTTP 响应头文本，并设置返回数据长度为 length
def responseHeaders(file,length):
    f = open(file,'r')

    headersText = f.read()
    headersText = headersText % length
    return headersText
# 根据 HTTP 请求头的路径得到服务端的本地路径
def filePath(get):
    if get == '/':
        # 如果访问的是根路径，那么默认访问的文件是 static/index.html
        return 'static' + os.sep + 'index.html'
    else:
        paths = get.split('/')
        s = 'static'
        # HTTP 请求头中的路径与服务端的本地路径是一致的，只是需要把路径分隔符替换成相应操作系统的
        # 分隔符
        # Windows 是反斜杠（\），Mac OS X 和 Linux 是斜杠（/）
        for path in paths:
```

```
            if path.strip() != '':
                s = s + os.sep + path
        return s
host = ''
bufferSize = 1024
port = 9876
addr = (host,port)
tcpServerSocket = socket(AF_INET, SOCK_STREAM)
tcpServerSocket.bind(addr)
tcpServerSocket.listen(5)
while True:
    print('正在等待客户端连接')
    tcpClientSocket,addr = tcpServerSocket.accept()
    print('客户端已经连接','addr','=','addr')
    data = tcpClientSocket.recv(bufferSize)
    data = data.decode('utf-8')
    try:
        # 获取 HTTP 请求头的第 1 行字符串，这一行包含了请求路径
        firstLine = data.split('\n')[0]
        # 获取请求路径
        path = firstLine.split(' ')[1]
        print(path)
        # 将 HTTP 请求路径转换为服务端的本地路径
        path = filePath(path)
        # 如果文件存在，读取文件的全部内容
        if os.path.exists(path):
            file = open(path,'rb')
            content = file.read()
            file.close()
        else:
            # 如果文件不存在，向客户端发送 "File Not Found" 字符串
            content = '<h1>File Not Found</h1>'.encode(encoding='utf-8')
        # 从文件读取生成 HTTP 响应头信息，并设置返回数据的长度（单位：字节）
        rh = responseHeaders('response_headers.txt',len(content)) + '\r\n'
        # 连同 HTTP 响应头与返回数据一同发送给客户端
        tcpClientSocket.send(rh.encode(encoding='utf-8') + content)

    except Exception as e:
        print(e)
    tcpClientSocket.close()
tcpServerSocket.close();
```

现在运行程序，然后在当前目录建立一个 static 子目录，并在该目录中建立两个文件：test.txt 和 index.html。分别输入如下的内容：

```
text.txt
hello world
```

```
index.html
  <h1>Main Page</h1>
```

接下来在当前路径建立一个 response_headers.txt 文件，并输入如下内容。在该文件中使用了%d 作为格式化符号，在读取该文件时需要将%d 格式化为发送到客户端数据的长度，单位是字节。

```
HTTP/1.1 OK
Server:custom
Content-type:text/html
Content-length:%d
```

现在打开浏览器，在浏览器地址栏中输入如下的 Url：

```
http://localhost:9876
```

会在浏览器中显示如图 13-13 所示的内容。

如果在浏览器地址栏中输入 http://localhost:9876/test.txt，那么会输出如图 13-14 所示的内容。

如果在浏览器地址栏中输入 http://localhost:9876/file.html 或任何其他在服务端不存在的文件，在浏览器中会显示如图 13-15 所示的内容。

图 13-13　访问默认页面

图 13-14　访问服务端的 test.txt 文件　　　　图 13-15　访问服务端不存在的文件

13.1.6　客户端 Socket

微课视频

在前面的部分一直使用 telnet 和浏览器作为客户端测试 Socket 服务端，其实 Socket 类同样可以作为客户端连接服务器。socket 类连接服务端的方式与创建 Socket 服务端类似，只是这时 host（IP 或域名）就有用了，因为客户端 Socket 在连接服务端时，必须要指定服务器的 IP 或域名，当然，端口号也是必需的。在浏览器中使用 http/https 访问 Web 页面时之所以没有指定端口号，是因为使用了默认的端口号，http 的默认端口号是 80，https 默认的端口号是 443。

客户端 Socket 成功连接服务端后，可以使用 send 方法向服务端发送数据，也可以使用 recv 方法接收从服务端返回的数据，使用方法与服务端 Socket 相同。

下面的例子实现了一个客户端 Socket 应用，该应用会通过控制台输入一个字符串，然后连接 13.1.4 节实现的时间戳服务端，并接收时间戳服务端返回的数据，最后将这些数据输出到终端上。

代码位置： src\socket\client_socket.py

```
from socket import *
# 服务器的名称（可以是IP或域名）
host = 'localhost'
```

```
# 服务器的端口号
port = 9876
# 客户端 Socket 接收数据的缓冲区
bufferSize = 1024
addr = (host,port)
tcpClientSocket = socket(AF_INET, SOCK_STREAM)
# 开始连接时间戳服务端
tcpClientSocket.connect(addr)
while True:
    # 从终端采集用户输入信息
    data = input('>')
    # 如果什么都未输入，退出循环
    if not data:
        break
    # 将用户输入的字符串按 utf-8 格式编码成字节序列
    data = data.encode('utf-8')
    # 向服务端发送字节形式的数据
    tcpClientSocket.send(data)
    # 从服务端接收数据
    data = tcpClientSocket.recv(bufferSize)
    # 输出从服务端接收到的数据
    print(data.decode('utf-8'))
# 关闭客户端 Socket
tcpClientSocket.close()
```

在运行程序之前，先要运行 13.1.4 节实现的时间戳服务端程序，然后在终端输入一些字符串，并按回车键，如果不输入任何内容按回车键，程序会退出。输出的内容类似图 13-16 所示。

图 13-16　客户端 Socket 访问时间戳服务端

13.1.7　UDP 时间戳服务端

微课视频

UDP 与 TCP 的一个显著差异就是前者不是面向连接的，也就是说 UDP Socket 是无连接的，TCP Socket 是有连接的。那么什么是无连接，什么是有连接呢？有连接的网络传输协议（如 TCP）是指在网络数据传输的过程中客户端与服务端的网络连接会一直存在，而且面向连接的网络传输协议会通过某些机制保证数据传输的可达性，如果用比较科幻的说法就是在通过面向连接的网络协议在客户端和服务端建立一个稳定的虫洞，可以放心大胆地在虫洞中传递数据。面向无连接的网络协议（如 UDP）相当于将一束光射向远方，对于发射光源的一方只负责开启光源，至于射出的这束光能不能到达目的地，那就不管了。当然，这束光有可能会到达目的地，也有可能发生意外，如碰到某个障碍物或被散射。因此，通过像 UDP 这类无连接的网络协议传输的数据不能保证 100%到达目的地，但操作更简单，没有像 TCP 这类有连接的网络协议需要那么多设置。

本节会利用 UDP 服务实现一个与 13.1.4 节实现的时间戳服务端功能完全相同的服务端程序，当然，一般都是在本地测试（使用 localhost 或 127.0.0.1），所以几乎不会出现传输的数据不会到达目的地的情况，但在复杂的网络中运行本节的例子，就有可能会出现数据无法传输到目的地的情况。

下面的例子使用 UDP Socket 实现一个时间戳服务端，客户端连接时间戳服务端后，向服务端发送一个字符串，服务端会原样返回这个字符串，同时还会返回服务端的时间。

代码位置： src/socket/udp_time_stamp_server.py

```python
from socket import *
from time import ctime
host = ''
port = 9876
bufferSize = 1024
addr = (host, port)
# SOCK_DGRAM 表示 UDP
udpServerSocket = socket(AF_INET, SOCK_DGRAM)
udpServerSocket.bind(addr)
while True:
    print('正在等待消息…')
    # 接收从客户端发过来的数据
    data, addr = udpServerSocket.recvfrom(bufferSize)
    # 向客户端发送服务端时间和客户端发送过来的字符串
    udpServerSocket.sendto(ctime().encode(encoding='utf-8') + b' ' + data,addr)
    print('客户端地址：',addr)
udpServerSocket.close()
```

要注意的是，使用 UDP Socket 发送和接收数据的方法与 TCP Socket 不同。UDP Socket 接收数据的方法是 recvfrom，发送数据的方法是 sendto。

13.1.8　UDP 时间戳客户端

由于 telnet 不支持 UDP，所以只好自己编写程序来测试 13.1.7 节实现的 UDP 时间戳服务端。

下面的例子使用 UDP Socket 实现一个可以与 13.1.7 节实现的 UDP 时间戳服务端交互的客户端，功能是向服务端发送字符串，然后服务端会返回时间戳与发送的字符串。

代码位置： src/socket/udp_time_stamp_client.py

```python
from socket import *
host = 'localhost'
port = 9876
bufferSize = 1024
addr = (host, port)
# SOCK_DGRAM 表示 UDP
udpClientSocket = socket(AF_INET, SOCK_DGRAM)
while True:
    # 从终端采集向服务端发送的数据
```

```
    data = input('>')
    if not data:
        break
    # 向服务端发送数据
    udpClientSocket.sendto(data.encode(encoding='utf-8'),addr)
    # 接收服务端返回的数据
    data,addr = udpClientSocket.recvfrom(bufferSize)
    if not data:
        break
    print(data.decode('utf-8'))
udpClientSocket.close()
```

首先运行 13.1.7 节实现的 UDP 时间戳服务端程序，然后运行上面的程序，并输入一些字符串。服务端会将这些字符串按原样返回，如图 13-17 所示。

同时，时间戳服务端也会不断输出客户端的 IP 和端口号，如图 13-18 所示。只要不中断时间戳服务端，服务端就会一直接收时间戳客户端发送过来的信息。

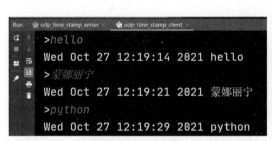

图 13-17　与时间戳服务端交互的时间戳客户端

图 13-18　时间戳服务端输出客户端的 IP 和端口号

13.2　socketserver 模块

socketserver 是标准库中的一个高级模块，该模块的目的是让 Socket 编程更简单。在 socketserver 模块中提供了很多样板代码，这些样板代码是创建网络客户端和服务端所必需的代码。本节会利用 socketserver 模块中的 API 重新实现时间戳客户端和服务端，从中会看到，使用 socketserver 模块实现的时间戳服务端的代码更简洁，也更容易维护。

13.2.1　实现 socketserver TCP 时间戳服务端

socketserver 模块中提供了一个 TCPServer 类，用于实现 TCP 服务端。TCPServer 类的构造方法有两个参数：第 1 个参数需要传入 host 和 port（元组形式）；第 2 个参数需要传入一个回调类，该类必须是 微课视频 StreamRequestHandler 类的子类。在 StreamRequestHandler 类中需要实现一个 handle 方法，如果接收到客户端的响应，那么系统就会调用 handler 方法进行处理，通过 handler 方法的 self 参数中的相应 API 可以与客户端进行交互。

下面的例子使用 socketserver 模块中的 TCPServer 类和 StreamRequestHandler 类实现一个时间戳服务端，功能与 13.1.4 节实现的时间戳服务端完全相同。

代码位置：src/socket/socketserver_time_stamp_server.py

```python
# 将 TCPServer 类重命名为 TCP，将 StreamRequestHandler 类重命名为 SRH
from socketserver import (TCPServer as TCP,StreamRequestHandler as SRH)
from time import ctime
host = ''
port = 9876
addr = (host,port)
# 定义回调类，该类必须从 StreamRequestHandler 类（已经重命名为 SRH）继承，
class MyRequestHandler(SRH):
    # 处理客户端请求的方法
    def handle(self):
        # 获取并输出客户端 IP 和端口号
        print('客户端已经连接，地址: ',self.client_address)
        # 向客户端发送服务端的时间，以及按原样返回客户端发过来的字符串
        self.wfile.write(ctime().encode(encoding='utf-8') + b' ' + self.rfile
.readline())
# 创建 TCPServer 类（已经重命名为 TCP）的实例
tcpServer = TCP(addr, MyRequestHandler)
print('正在等待客户端的连接')
# 调用 serve_forever 方法让服务端等待客户端的连接
tcpServer.serve_forever()
```

现在运行程序，然后使用下面的命令连接服务端。

```
telnet localhost 9876
```

在 telnet 中输入 "hello" 后按回车键，会收到时间戳服务端返回的信息，如图 13-19 所示。

从上面的代码可以看出，在 handler 方法中通过 self.rfile.readline 方法从客户端读取数据，通过 self.wfile.write 方法向客户端发送数据。由于读取客户端数据使用了 readline 方法，该方法读取客户端发送过来的数据的第 1 行，所以客户端发送过来的数据至少要有一个行结束符（"\r\n" 或 "\n"），否则服务端在读取客户端发送过来的数据时会一直处于阻塞状态，直到超时才结束读取。

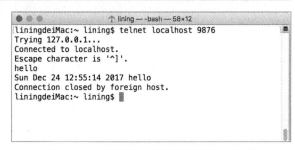

图 13-19　收到时间戳服务端返回的信息

13.2.2　实现 socketserver TCP 时间戳客户端

socketserver TCP 客户端与前面实现的 TCP Socket 客户端没什么区别，只是在向 socketserver TCP 时间戳服务端发送文本数据时要加一个行结束符。

下面的例子实现一个 socketserver TCP 时间戳客户端，在向时间戳服务端发送数据时会加上行结束符（"\r\n"）。

代码位置：src/socket/socketserver_time_stamp_client.py

```python
from socket import *
host = 'localhost'
```

```
port = 9876
bufferSize = 1024
addr = (host, port)
while True:
    tcpClientSocket = socket(AF_INET, SOCK_STREAM)
    # 连接时间戳服务端
    tcpClientSocket.connect(addr)
    # 从终端采集要发送的数据
    data = input('>')
    if not data:
        break
    # 向时间戳服务端发送数据
    tcpClientSocket.send(('%\r\n' % data).encode(encoding='utf-8'))
    # 接收从时间戳服务端返回的数据
    data = tcpClientSocket.recv(bufferSize)
    if not data:
        break
    # 输出从时间戳服务端接收到的数据
    print(data.decode('utf-8').strip())
    # 关闭客户端 Socket
    tcpClientSocket.close()
```

首先运行 13.2.1 节的 socketserver TCP 时间戳服务端，然后运行上面的程序，并输入一些字符串，会看到如图 13-20 所示的输出结果。

时间戳服务端也会在每次与客户端交互时输出客户端的 IP 和端口号，如图 13-21 所示。

图 13-20　输入一些字符串所看到的输出结果　　　图 13-21　时间戳服务端输出客户端的 IP 和端口号

13.3　实战与演练

1. 使用 TCP Socket 编写一个图像服务器，将图像文件放到 static 目录中，在浏览器中访问图像 Url，就可以在浏览器中显示 static 目录中对应的图像文件。图像文件大小限制在 100KB 以内。

答案位置：src/socket/solution1.py

2. 使用 UDP Socket 编写一个可以计算 Python 表达式的服务端应用，然后再编写一个用于测试这个服务端应用的客户端程序。在客户端程序中输入 Python 表达式，然后将表达式字符串传到服务端，服务端执行后，再将结果返回给客户端程序。

答案位置：src/socket/practice/solution2.py

13.4　本章小结

本章深入讲解了 Python 网络编程的基础：TCP 和 UDP。目前绝大多数网络应用，不管基于什么协议，底层都是基于 TCP 或 UDP 的。例如，经常使用的 HTTP/HTTPS、FTP、SMTP、POP3、IMAP 等都是基于 TCP 的。使用 TCP Socket，可以从零开始实现这些协议。尽管这么做从技术上没有任何问题，但完全没必要，因为这些常用的应用层协议已经有很多实现了，我们只管用就可以了，完全没必要自己另起炉灶。在第 16 章会深入介绍几种常用的应用层协议。

<table>
<tr><td>第 14 章
CHAPTER 14</td><td># 网络高级编程</td></tr>
</table>

尽管大多数应用层协议都是基于 TCP 的，但除了编写像 QQ 服务器那样的服务端应用，否则很少直接使用 TCP Socket 进行编程。一般编写基于应用层网络协议（HTTP、FTP 等）的应用都是直接使用封装相应协议的模块，这样开发效率会更高。例如，如果要使用 HTTP 或 HTTPS 开发 Python 应用，可以使用 urllib3、Twisted 以及其他类似的模块，FTP、SMTP、POP、IMAP 等常用协议也有对应的 Python 模块。本章会结合具体的应用案例讲解 Python 中用于开发网络应用的常用模块。

14.1　urllib3 模块

urllib3 是一个功能强大、条理清晰，用于编写 HTTP 客户端的 Python 库，许多 Python 的原生系统已经开始使用 urllib3 了。urllib3 提供了很多 Python 标准库里所没有的重要特性，这些特性包括：

- 线程安全。
- 连接池。
- 客户端 SSL/TLS 验证。
- 使用 multipart 编码上传文件。
- 协助处理重复请求和 HTTP 重定位。
- 支持压缩编码。
- 支持 HTTP 和 SOCKS 代理。
- 100%测试覆盖率。

urllib3 并不是 Python 的标准模块，因此，使用 urllib3 之前需要使用 pip 命令或 conda 命令安装 urllib3。

```
pip install urllib3
```

或

```
conda install urllib3
```

14.1.1　发送 HTTP GET 请求

微课视频

使用 urllib3 中的 API 向服务端发送 HTTP 请求，首先需要引用 urllib3 模块，然后创建 PoolManager 类的实例，该类用于管理连接池。最后通过 request 方法发送 GET 请求，request 方法的返回值就是服务端的响应结果，通过 data 属性直接可以获得服务端的响应数据。

当向服务端发送 HTTP GET 请求时，而且请求字段值包含中文、空格等字符，需要对其进行编码。在

urllib.parse 模块中有一个 urlencode 函数，可以将一个字典形式的请求值对作为参数传入 urlencode 函数，该函数返回编码结果。

```
# 使用 urlencode 函数将 "极客起源 "转换为 url 编码形式
print(urlencode({'wd':'极客起源'}))
```

执行上面的代码，会输出如下的内容：

```
wd=%E6%9E%81%E5%AE%A2%E8%B5%B7%E6%BA%90
```

使用 request 方法发送 HTTP GET 请求时，可以使用 urlencode 函数对 GET 字段进行编码，也可以直接使用 fields 关键字参数指定字典形式的 GET 请求字段。使用这种方式，request 方法会自动对 fields 命名参数指定的 GET 请求字段进行编码。

```
# http 是 PoolManager 类的实例变量
http.request('GET', url,fields={'wd':'极客起源'})
```

下面的例子通过 urllib3 中的 API 向百度（http://www.baidu.com）发送查询请求，然后获取并输出百度的搜索结果。

代码位置：src/advanced_net/http_get.py

```
from urllib3 import *
# urlencode 函数在 urllib.parse 模块中
from urllib.parse import urlencode
# 调用 disable_warnings 函数可以阻止显示警告消息
disable_warnings()
# 创建 PoolManager 类的实例
http = PoolManager()
'''
# 下面的代码通过组合 url 的方式向百度发送请求
url = 'http://www.baidu.com/s?' + urlencode({'wd':'极客起源'})
print(url)
response = http.request('GET', url)
'''
url = 'http://www.baidu.com/s'
# 直接使用 fields 命名参数指定 GET 请求字段
response = http.request('GET', url,fields={'wd':'极客起源'})
# 获取百度服务端的返回值（字节形式），并使用 UTF-8 格式对其进行解码
data = response.data.decode('UTF-8')
# 输出百度服务端返回的内容
print(data)
```

程序运行结果如图 14-1 所示。由于百度服务端返回的内容很多，这里只显示了一部分返回内容。

14.1.2 发送 HTTP POST 请求

如果要向服务端发送比较复杂的数据，通过 HTTP GET 请求就不太合适，因为 HTTP GET 请求将要发送的数据都放到了 Url 中。因此，当向服务端发送复杂数据时建议使用

图 14-1 API 向百度发送查询请求，获取并输出百度的搜索结果

微课视频

HTTP POST 请求。

　　HTTP POST 请求与 HTTP GET 请求的使用方法类似，只是在向服务端发送数据时，传递数据会跟在 HTTP 请求头后面，因此，可以使用 HTTP POST 请求发送任何类型的数据，包括二进制形式的文件（一般会将这样的文件使用 Base64 或其他编码格式进行编码）。为了能更好地理解 HTTP POST 请求，本节首先编写一个专门接收 HTTP POST 请求的服务端。可以使用第 13 章介绍的服务端 Socket 编写，不过手工处理 HTTP 请求太麻烦了，所以本节使用了一个基于 Python 语言的轻量级 Web 框架 Flask，只需要几行代码就可以轻松编写一个处理 HTTP POST 请求的服务端程序。

　　Flask 属于 Python 语言的第三方模块，需要单独安装，不过如果读者使用的是 Anaconda Python 开发环境，就不需要安装 Flask 模块了，因为 Anaconda 已将 Flask 模块集成到里面了。如果读者使用的是标准的 Python 开发环境，可以使用 pip install flask 命令安装 Flask 模块。本节只是利用了 Flask 模块编写一个简单的可以处理 HTTP POST 请求的服务端程序。如果读者对某些代码不理解也不要紧，在后面的章节会详细介绍 Flask 模块的使用方法。

　　下面的例子通过 Flask 模块编写一个可以处理 HTTP POST 请求的服务端程序，然后使用 urllib3 模块中相应的 API 向这个服务端程序发送 HTTP POST 请求，然后输出服务端的返回结果。

代码位置： src/advanced_net/server.py

```
# 支持 HTTP POST 请求的服务端程序
from flask import Flask, request
# 创建 Flask 对象，任何基于 Flask 模块的服务端应用都必须创建 Flask 对象
app = Flask(__name__)
# 设置/register 路由，该路由可以处理 HTTP POST 请求
@app.route('/register', methods=['POST'])
def register():
    # 输出名为 name 的请求字段的值
    print(request.form.get('name'))
    # 输出名为 age 的请求字段的值
    print(request.form.get('age'))
    # 向客户端返回 "注册成功" 消息
    return '注册成功'


if __name__ == '__main__':
    # 开始运行服务端程序，默认端口号是 5000
    app.run()
```

　　在这段代码中涉及一个路由的概念，其实路由就是在浏览器地址栏中输入的一个 Path（跟在域名或 IP 后面），Flask 模块会将路由对应的 Path 映射到服务端的一个函数，也就是说，如果在浏览器地址栏中输入特定的路由，Flask 模块的相应 API 接收到这个请求，就会自动调用该路由对应的函数。如果不指定 methods，默认可以处理 HTTP GET 请求，如果要处理 HTTP POST 请求，需要设置 methods 的值为['POST']。Flask 在处理 HTTP POST 的请求字段时，会将这些请求保存到字典中，form 属性就是这个字典变量。

　　现在运行上面的程序，会发现程序在终端输出一行如下的信息：

```
* Running on http://127.0.0.1:5000/ (Press CTRL+C to quit)
```

这表明使用 Flask 模块建立的服务端程序的默认端口号是 5000。

代码位置：src/advanced_net/http_post.py

```python
from urllib3 import *
disable_warnings()
http = PoolManager()
# 指定要提交 HTTP POST 请求的 url，/register 是路由
url = 'http://localhost:5000/register'
# 向服务端发送 HTTP POST 请求，用 fields 关键字参数指定 HTTP POST 请求字段名和值
response = http.request('POST', url,fields={'name':'李宁','age':18})
# 获取服务端返回的数据
data = response.data.decode('UTF-8')
# 输出服务端返回的数据
print(data)
```

在运行上面的程序之前，首先应运行 server.py，程序会在 Console 中输出"注册成功"消息，而服务端的终端会输出如图 14-2 所示的信息。

图 14-2　服务端程序获取客户端提交的 HTTP POST 请求字段的值

微课视频

14.1.3　HTTP 请求头

大多数服务端应用都会检测某些 HTTP 请求头，例如，为了阻止网络爬虫，通常会检测 HTTP 请求头的 user-agent 字段，该字段指定了用户代理，也就是用什么应用访问的服务端程序，如果是浏览器，如 Chrome，会包含 Mozilla/5.0 或其他类似的内容，如果 HTTP 请求头不包含这个字段，或该字段的值不符合要求，那么服务端程序就会拒绝访问。还有一些服务端应用要求只有处于登录状态才可以访问某些数据，所以需要检测 HTTP 请求头的 cookie 字段，该字段会包含标识用户登录的信息。当然，服务端应用也可能会检测 HTTP 请求头的其他字段，不管服务端应用检测哪个 HTTP 请求头字段，都需要在访问 Url 时向服务端传递 HTTP 请求头。

通过 PoolManager 对象的 request 方法的 headers 关键字参数可以指定字典形式的 HTTP 请求头。

```python
http.request('GET', url,headers = {'header1': 'value1', 'header2': 'value2'})
```

下面的例子通过 request 方法访问了天猫商城的搜索功能，该搜索功能的服务端必须要依赖 HTTP 请求头的 cookie 字段。

现在进到天猫首页（建议使用 Chrome 浏览器），输入要搜索的关键字。然后在右键菜单中单击"检查"菜单项（通常是最后一个），然后单击 Network 选项卡（一般是第 4 个选项卡），最后在右下方的一组选项卡中选择第一个 Headers 选项卡，并在左下方的列表中找到 search_product.htm 为前缀的 Url，在 Headers 选项卡中就会列出访问该 Url 时发送的 HTTP 请求头，以及接收到的 HTTP 响应头，如图 14-3 所示。

只需将要传递的 HTTP 请求头复制下来，再通过程序传递这些 HTTP 请求头即可。为了方便，本例将所有要传递的 HTTP 请求头都放在一个名为 headers.txt 的文件中。经过测试，天猫的搜索页面只检测 cookie 字段，并未检测 user-agent 以及其他字段，所以读者可以复制所有的字段，也可以只复制 cookie 字段。

图 14-3　获取 Url 的 HTTP 请求头以及接收到的 HTTP 响应头信息

代码位置： src/advanced_net/http_request_headers.py

```python
from urllib3 import *
import re
disable_warnings()
http = PoolManager()
# 定义天猫的搜索页面url
url = 'https://list.tmall.com/search_product.htm?spm=a220m.1000858.1000724.4.53ec
3e72bTyQhM&q=%D0%D8%D5%D6&sort=d&style=g&from=mallfp..pc_1_searchbutton#J_Filter'
# 从 headers.txt 文件读取 HTTP 请求头，并将其转换为字典形式
def str2Headers(file):
    headerDict = {}
    f = open(file,'r')
    # 读取 headers.txt 文件中的所有内容
    headersText = f.read()
    #
    headers = re.split('\n',headersText)
    for header in headers:
        result = re.split(':',header,maxsplit = 1)
        headerDict[result[0]] = result[1]
    f.close()
    return headerDict
headers = str2Headers('headers.txt')
# 请求天猫的搜索页面，并传递 HTTP 请求头
response = http.request('GET', url,headers=headers)
# 将服务端返回的数据按 GB18030 格式解码
data = response.data.decode('UTF-8')
print(data)
```

在运行程序之前，需要在当前目录建立一个 headers.txt 文件，并输入相应的 HTTP 请求头信息，每个字段一行，字段与字段值之间用冒号分隔，不要有空行。

现在运行程序，会输出如图 14-4 所示的信息。

图 14-4　向服务端发送 HTTP 请求头信息

如果不在 request 方法中使用 headers 关键字参数传递 HTTP 请求头，会在终端输出如图 14-5 所示的错误消息。很明显，这是由于服务端校验 HTTP 请求头失败而返回的错误消息。

图 14-5　由于服务端校验 HTTP 请求头失败而返回的错误消息

14.1.4　HTTP 响应头

使用 HTTPResponse.info 方法可以非常容易地获取 HTTP 响应头的信息。其中 HTTPResponse 对象是 request 方法的返回值。

下面的例子通过 info 方法获取请求百度官网返回的 HTTP 响应头信息。

代码位置： src/advanced_net/http_response_headers.py

```python
from urllib3 import *
disable_warnings()
http = PoolManager()
url = 'https://www.baidu.com'
response = http.request('GET', url)
# 输出 HTTP 响应头信息（以字典形式返回 HTTP 响应头信息）
print(response.info())
print('------------')
# 输出 HTTP 响应头中的 Content-Length 字段的值
print(response.info()['Content-Length'])
```

程序运行结果如图 14-6 所示。

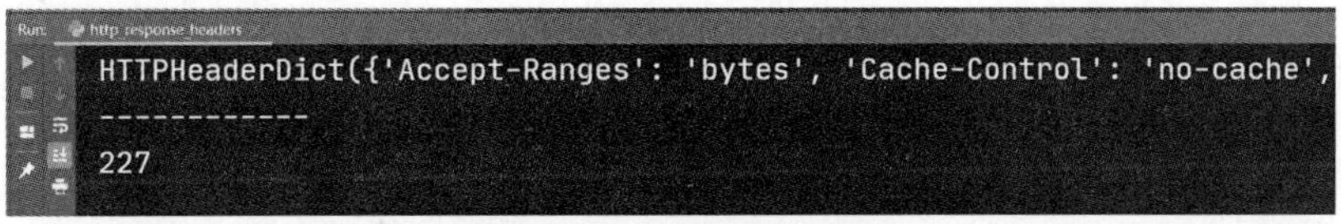

HTTPHeaderDict({'Accept-Ranges': 'bytes', 'Cache-Control': 'no-cache',
----
227

图 14-6　HTTP 响应头信息

14.1.5　上传文件

微课视频

客户端浏览器向服务端发送 HTTP 请求时有一类特殊的请求，就是上传文件，为什么特殊呢？因为发送其他值时，可能是以字节为单位的，而上传文件时，可能是以 KB 或 MB 为单位的，所以特殊就特殊在发送的文件尺寸通常比较大，所以上传的文件内容会用 multipart/form-data 格式进行编码，然后再上传。urllib3 对文件上传支持得非常好。只需要像设置普通的 HTTP 请求头一样在 request 方法中使用 fields 关键字参数指定一个描述上传文件的 HTTP 请求头字段，然后再通过元组指定相关属性即可，例如，上传文件名、文件类型等。

```
# http 是 PoolManager 类的实例
# 上传任意类型的文件（未指定上传文件的类型）
http.request('POST',url,fields={'file':(filename,fileData)})
# 上传文本格式的文件
http.request('POST',url,fields={'file':(filename,fileData,'text/plain')})
# 上传 jpeg 格式的文件
http.request('POST',url,fields={'file':(filename,fileData,'image/jpeg')})
```

下面的例子实现了一个可以将文件上传到服务端的 Python 程序，可以通过输入本地文件名上传任何类型的文件。

为了完整地演示文件上传功能，需要先用 Flask 实现一个接收上传文件的服务端程序，该程序从客户端获取上传文件的内容，并将文件使用上传文件名保存到当前目录的 uploads 子目录中。

代码位置： src/advanced_net/upload_server.py

```
import os
from flask import Flask, request
# 定义服务端保存上传文件的位置
UPLOAD_FOLDER = 'uploads'
app = Flask(__name__)
# 用于接收上传文件的路由需要使用 POST 方法
@app.route('/', methods=['POST'])
def upload_file():
    # 获取上传文件的内容
    file = request.files['file']
    if file:
        # 将上传的文件保存到 uploads 子目录中
        file.save(os.path.join(UPLOAD_FOLDER, file.filename))
        return "文件上传成功"
```

```
if __name__ == '__main__':
    app.run()
```

接下来编写上传文件的客户端程序。

代码位置： src/advanced_net/update_file.py

```python
from urllib3 import *
disable_warnings()
http = PoolManager()
# 定义上传文件的服务端url
url = 'http://localhost:5000'
while True:
    # 输入上传文件的名字
    filename = input('请输入要上传的文件名字（必须在当前目录下）：')
    # 如果什么也未输入，退出循环
    if not filename:
        break
    # 用二进制的方式打开要上传的文件名，然后读取文件的所有内容，使用with语句会自动关闭打开的文件
    with open(filename,'rb') as fp:
        fileData = fp.read()
    # 上传文件
    response = http.request('POST',url,fields={'file':(filename,fileData)})
    # 输出服务端的返回结果，本例是"文件上传成功"
    print(response.data.decode('utf-8'))
```

首先运行 upload_server.py，然后运行 update_file.py，输入几个在当前目录下存在的文件，如 headers.txt、server.py、http_get.py。会看到每次输入完文件名按回车键后，就会在终端输出"文件上传成功"，如图 14-7 所示。如果抛出未找到文件名错误，需要在文件名前使用"./"描述当前目录中的文件。

这时在 PyCharm 中刷新 uploads 目录，会看到刚上传的 3 个文件，如图 14-8 所示。

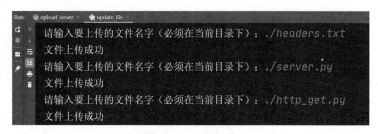

图 14-7　上传文件

图 14-8　uploads 目录中的文件

14.1.6　超时

由于 HTTP 底层是基于 Socket 实现的，所以连接的过程中也可能会超时。Socket 超时分为连接超时和读超时。连接超时是指在连接的过程中由于服务端的问题或域名（IP 地址）弄错了而导致的无法连接服务器的情况，当客户端 Socket 尝试连接服务器超过给定时间后，还没有成功连接服务器，那么就会自动中断连接，通常会抛出超时异常。读超时是指在从服务器读取数据时由于服务器的问题，导致长时间无法正常读取数据而产生的异常。

使用 urllib3 模块中的 API 设置超时时间非常方便，只需要通过 request 方法的 timeout 命名参数指定超时时间即可（单位是 s）。如果连接超时与读超时相同，可以直接将 timeout 命名参数值设为一个浮点数，表示超时时间。如果连接超时与读超时不相同，需要使用 Timeout 对象分别设置。

```
# http 是 PoolManager 类的实例
# 连接超时与读超时都是 5s
http.request('GET', url1,timeout=5.0)
# 连接超时是 2s，读超时是 4s
http.request('GET', url1,timeout=Timeout(connect=2.0,read=4.0))
```

如果让所有网络操作的超时都相同，可以通过 PoolManager 类构造方法的 timeout 命名参数设置连接超时和读超时。

```
http = PoolManager(timeout=Timeout(connect=2.0,read=2.0))
```

如果在 request 方法中仍然设置了 timeout 命名参数，那么将覆盖通过 PoolManager 类构造方法设置的超时。

下面的例子通过访问错误的域名测试连接超时，通过访问 http://httpbin.org 测试读超时。

代码位置：src/advanced_net/timeout.py

本例使用了一个特殊的网址用于测试读超时，通过为该网址指定读时间路径，可以控制在指定时间（单位是 s）后再返回要读取的数据。例如，要让服务器延迟 5s 再返回数据，可以使用下面的 URL：

```
http://httpbin.org/delay/5
```

读者可以在浏览器地址栏输入这个 URL，然后等 5s，浏览器才会显示服务器的返回内容。

```
from urllib3 import *
disable_warnings()
# 通过 PoolManager 类的构造方法指定默认的连接超时和读超时
http = PoolManager(timeout=Timeout(connect=2.0,read=2.0))
url1 = 'https://www.baidu1122.com'
url2 = 'http://httpbin.org/delay/3'
try:
    # 此处代码需要放在 try…except 中，否则一旦抛出异常，后面的代码将无法执行
    # 下面的代码会抛出异常，因为域名 www.baidu1122.com 并不存在
    # 由于连接超时设为 2s，
    http.request('GET', url1,timeout=Timeout(connect=2.0,read=4.0))
except Exception as e:
    print(e)
print('-------------')
# 由于读超时为 4s，而 url2 指定的 Url 在 3s 后就返回数据，所以不会抛出异常，
# 会正常输出服务器的返回结果
response = http.request('GET', url2,timeout=Timeout(connect=2.0,read=4.0))
print(response.info())
print('-------------')
print(response.info()['Content-Length'])
# 由于读超时为 2s，所以会在 2s 后抛出读超时异常
http.request('GET', url2,timeout=Timeout(connect=2.0,read=2.0))
```

程序运行结果如图 14-9 所示。

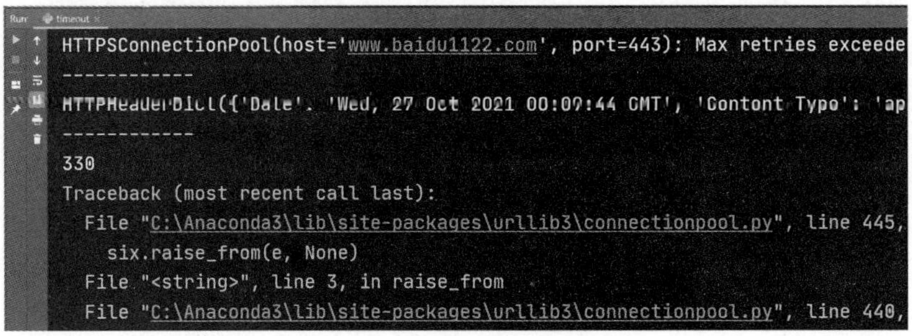

图 14-9　连接超时与读超时

14.2　Twisted 框架

Twisted 是一个完整的事件驱动的网络框架，利用这个框架可以开发出完整的异步网络应用程序。有很多著名的 Python 模块是基于 Twisted 框架的，例如，网络爬虫框架 Scrapy 就是使用 Twisted 编写的。

Twisted 并不是 Python 的标准模块，所以在使用之前需要使用 pip install twisted 安装 twisted 模块，如果使用的是 Anaconda Python 开发环境，也可以使用 conda install –c anaconda twisted 安装 twisted 模块。

14.2.1　异步编程模型

学习 Twisted 框架之前，先要了解一下异步编程模型。可能很多读者会认为，异步编程就是多线程编程，其实这两种编程模型有着本质的区别。目前常用的编程模型有如下 3 种：

- 同步编程模型。
- 线程编程模型。
- 异步编程模型。

下面就来看这 3 种编程模型有什么区别。

1. 同步编程模型

如果所有的任务都在一个线程中完成，那么这种编程模型称为同步编程模型。线程中的任务都是顺序执行的，也就是说，只有当第 1 个任务执行完后，才会执行第 2 个任务，多个任务的执行时间顺序如图 14-10 所示。

显然，同步编程模型尽管很简单，但执行效率比较低。可以想象，如果 Task2 由于某种原因被阻塞（可能是用户录入数据或其他原因），那么就意味着只要 Task2 不完成，Task3 将无限期等待下去。

2. 线程编程模型

如果要完成多个任务，比较有效的方式是将这些任务分解，然后启动多个线程[①]，每个线程处理一部分任务，最后再将处理结果合并。这样做的好处是当一个任务被阻塞后，并不影响其他任务的执行。图 14-11 是多线程编程模型中任务的执行示意图，很明显，从表面上看，Task1、Task2 和 Task3 是同时执行的。

---

① 线程从宏观上来看，类似于并行计算，但从单个 CPU 执行指令的角度来看，仍然是同步的，只是不同的线程在 CPU 上不断切换，所以从表面上看是同时运行的。关于线程的详细内容，会在第 15 章深入介绍。

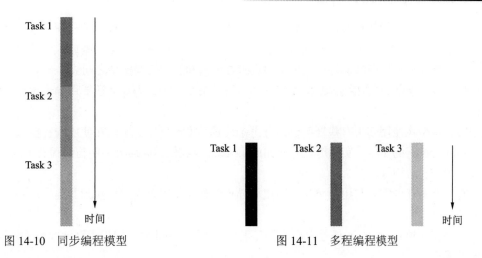

图 14-10 同步编程模型   图 14-11 多程编程模型

如果是单 CPU 单核的计算机，那么多线程其实也是同步执行的，只是任何一个线程都无法长时间独占 CPU 的计算时间，所以多个线程会不断交替在 CPU 上执行，也就是说，每个线程都可能被分成若干小的执行块，并根据某种调度算法获取 CPU 计算资源。但应该执行哪个线程、什么时间执行都不是由我们决定的，这通常是操作系统的底层机制决定的，所以对于应用层的程序是无法干预的。当然，对于多 CPU 多核这样的高性能计算机，线程是有可能同时运行的。因此，多线程执行效率的高低在某种程度上取决于计算机是否有多颗 CPU，以及每颗 CPU 有多少个核。不管怎样，线程编程模型在运行效率上肯定会远远高于同步编程模型。

3. 异步编程模型

异步编程模型的任务执行示意图如图 14-12 所示。

我们只考虑在单 CPU 上的异步编程模型，至于在多 CPU 上的异步编程模型，有一些类似于多线程编程模型，但更复杂，这里先不做考虑，其实基本的原理是相同的。

在单 CPU 上，如果采用同步编程模型，任务肯定会顺序执行的，如果其中一个任务被阻塞，那么该任务下面的所有任务都无法执行。不过要是采用异步编程模型，当一个任务被阻塞后，就会立刻执行另外一个任务，如图 14-13 所示。在异步编程模型中，从一个任务切换到另一个任务，要么是这个任务被阻塞，要么是这个任务执行完毕。而且，在异步编程模型中调度任务是由程序员控制的。

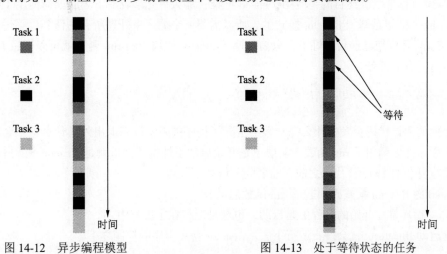

图 14-12 异步编程模型   图 14-13 处于等待状态的任务

从前面的描述可知，但就运行效率来看，同步编程模型是最低的，而线程编程模型是最高的，尤其是在多 CPU 的计算机上。异步编程模型也可以进行任务切换，但要等到任务被阻塞或执行结束才能切换到其他任务，因此，异步编程模型的运行效率介于同步编程模型和线程编程模型之间。

可能有很多读者会问，既然线程编程模型的运行效率最高，那么为什么还要用异步编程模型呢？主要原因如下：

- 线程编程模型在使用起来有些复杂，而且由于线程调度不可控，所以在使用线程模型时要认为这些线程是同时执行的（尽管实际情况并非如此），因此要在代码中加上一些与线程有关的机制，例如，同步、加锁、解锁等。
- 如果有一两个任务需要与用户交互，则使用异步编程模型可以立刻切换到其他的任务，这一切都是可控的。
- 任务之间相互独立，以至于任务内部的交互很少。这种机制让异步编程模型比线程编程模型更简单，更容易操作。

14.2.2　Reactor（反应堆）模式

异步编程模型之所以能监视所有任务的完成和阻塞情况，是因为通过循环用非阻塞模式执行完了所有的任务。例如，对于使用 Socket 访问多个服务器的任务。如果使用同步编程模型，会一个任务一个任务地顺序执行，而使用异步编程模型，执行的所有 Socket 方法都处于非阻塞状态（使用 setblocking(0) 设置），也就是说，使用异步编程模型需要在循环中执行所有的非阻塞 Socket 任务，并利用 select 模块中的 select 方法监视所有的 Socket 是否有数据需要接收。

这种利用循环体来等待事件发生，然后处理发生的事件的模型被设计成了一个模式：Reactor（反应堆）模式。Twisted 就是使用了 Reactor 模式的异步网络框架。Reactor 模式图形化表示如图 14-14 所示。

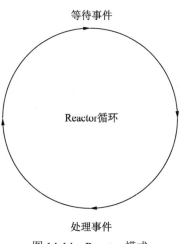

图 14-14　Reactor 模式

14.2.3　HelloWorld（Twisted 框架）

学习 Twisted 框架的最终目的是使用 Twisted 框架，那么首先来看一下到底如何使用 Twisted 框架。

由于 Twisted 框架是基于 Reactor 模式的，所以需要一个循环来处理所有的任务，不过这个循环并不需要我们写，Twisted 框架已经封装好了，只需要调用 reactor 模块中的 run 函数就可以通过 Reactor 模式以非阻塞方式运行所有的任务。

```
from twisted.internet import reactor
reactor.run()
```

运行上面的两行代码会发生什么呢？答案是除了程序被阻塞没有退出外，什么也不会发生，因为我们什么都没有做。这里调用了 run 函数，实质上是开始启动事件循环，也就是 Reactor 模式中的循环。

在继续写复杂的 Twisted 代码之前，需要先了解如下几点：

- Twisted 的 Reactor 模式必须通过 run 函数启动。
- Reactor 循环是在开始的进程中运行的，也就是运行在主进程中。
- 一旦启动 Reactor，就会一直运行下去。Reactor 会在程序的控制之下。

- Reactor 循环并不会消耗任何 CPU 资源。
- 并不需要显式创建 Reactor 循环，只要导入 reactor 模块即可。

Twisted 可以使用不同的 Reactor，但需要在导入 twisted.internet.reactor 之前安装它。例如，引用 pollreactor 的代码如下：

```
from twisted.internet import pollreactor
pollreactor.install()
```

如果在导入 twisted.internet.reactor 之前没有安装任何特殊的 Reactor，那么 Twisted 会安装 selectreactor。正因为如此，习惯性做法不要在最顶层的模块内引入 Reactor 以避免安装默认的 Reactor，而是在使用 Reactor 的区域内安装。

下面的代码安装了 pollreactor，然后导入和运行 Reactor。

```
from twisted.internet import pollreactor
# 安装 pollreactor
pollreactor.install()
from twisted.internet import reactor
reactor.run()
```

其实上面的这段代码还是没做任何事情，只是使用了 pollreactor 作为当前的 Reactor。

下面这段代码在 Reactor 循环开始后向终端打印一条消息。

```
def hello():
    print('Hello,How are you?')
from twisted.internet import reactor
# 执行回调函数
reactor.callWhenRunning(hello)
print('Starting the reactor.')
reactor.run()
```

程序运行结果如图 14-15 所示。

在上面的代码中，hello 函数是在 Reactor 启动后被调用的，这就意味着 Twisted 调用了 hello 函数。通过调用 Reactor 的 callWhenRunning 函数，让 Reactor 启动后回调 callWhenRunning 函数指定的回调函数。

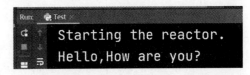

图 14-15　用 Twisted 输出字符串

这段代码可以在 basic-twisted/hello.py 中找到。

关于函数回调需要了解以下几点：

- Reactor 模式是单线程的。
- 像 Twisted 这种交互式模型已经实现了 Reactor 循环，这就意味着无须我们亲自去实现它。
- 仍然需要框架调用自己的代码来完成业务逻辑。
- 因为在单线程中运行，所以要想运行自己的代码，必须在 Reactor 循环中调用它们。
- Reactor 事先并不知道调用代码中的哪个函数。

回调并不仅是一个可选项，而是游戏规则的一部分，图 14-16 说明了回调过程中发生的一切。

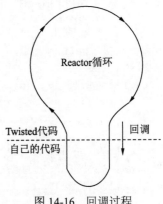

图 14-16　回调过程

很明显，用于回调的代码是传递给 Twisted 的。

14.2.4　用 Twisted 实现时间戳客户端

Twisted 框架的异步机制是整个框架的基础，可以在这个基础上实现很多基于异步编程模型的应用，在本节会利用 Twisted 框架的相关 API 实现一个时间戳客户端。

连接服务端 Socket，需要调用 connectTCP 函数，并且通过该函数的参数指定 host 和 port，以及一个工程对象，该工程对象对应的类必须是 ClientFactory 的子类，并且设置了 protocol 等属性。protocol 属性的类型是 Protocol 对象，Protocol 相当于一个回调类，Protocol 类的子类实现的很多父类的方法都会被回调。

下面的例子利用 Twisted 框架实现一个时间戳客户端程序，在终端输入字符串，然后按回车键将字符串发送给时间戳服务端，最后时间戳服务端会返回服务端的时间和发送给服务端的字符串。

代码位置：src/advanced_net/time_stamp_client.py

```python
# 导入 protocol 模块和 reactor 模块
from twisted.internet import protocol,reactor
host = 'localhost'
port = 9876
# 定义回调类
class MyProtocol(protocol.Protocol):
    # 从 Console 中采集要发送给服务端的数据，按回车键后，会将数据发送给服务端
    def sendData(self):
        data = input('>')
        if data:
            print('…正在发送 %s' % data)
            # 将数据发送给服务端
            self.transport.write(data.encode(encoding='utf-8'))
        else:
            # 发生异常后，关闭连接
            self.transport.loseConnection()
    # 发送数据
    def connectionMade(self):
        self.sendData()
    def dataReceived(self,data):
        # 输出接收到的数据
        print(data.decode('utf-8'))
        # 调用 sendData 函数，从 Console 采集要发送的数据
        self.sendData()
# 工厂类
class MyFactory(protocol.ClientFactory):
    protocol = MyProtocol
    clientConnectionLost = clientConnectionFailed = lambda
                            self,connector,reason:reactor.stop()
# 连接 host 和 port，以及 MyFactory 类的实例
reactor.connectTCP(host,port,MyFactory())
reactor.run()
```

　　首先运行 13.1.4 节的时间戳服务端，然后运行上面的程序，在终端输入任意字符串，然后按回车键，会看到在终端输出了服务端的时间，以及按原样返回的字符串，如图 14-17 所示。最后直接按回车键推出时间戳客户端（关闭 Socket 连接）。

图 14-17　在终端输出服务端的时间，
以及返回的字符串

14.2.5　用 Twisted 实现时间戳服务端

　　用 Twisted 编写服务端 Socket 程序与编写客户端 Socket 程序的步骤差不多，只是需要调用 listenTCP 监听端口号。编写服务端 Socket 程序同样需要一个 Factory 对象，以及一个从 Protocol 继承的类。

　　下面的例子利用 Twisted 框架实现一个时间戳服务端程序，启动后可以等待时间戳客户端程序连接。

代码位置：src/advanced_net/time_stamp_server.py

```python
from twisted.internet import protocol,reactor
from time import ctime
port = 9876
class MyProtocol(protocol.Protocol):
    # 当客户端连接到服务端后，调用该方法
    def connectionMade(self):
        获取客户端的 IP
        client = self.transport.getPeer().host
        print('客户端',client,'已经连接')
    def dataReceived(self,data):
        # 接收到客户端发送过来的数据后，向客户端返回服务端的数据
        self.transport.write(ctime().encode(encoding='utf-8') + b' ' + data)
# 创建 Factory 对象
factory = protocol.Factory()
factory.protocol = MyProtocol
print('正在等待客户端连接')
# 监听端口号，等待客户端的请求
reactor.listenTCP(port,factory)
reactor.run()
```

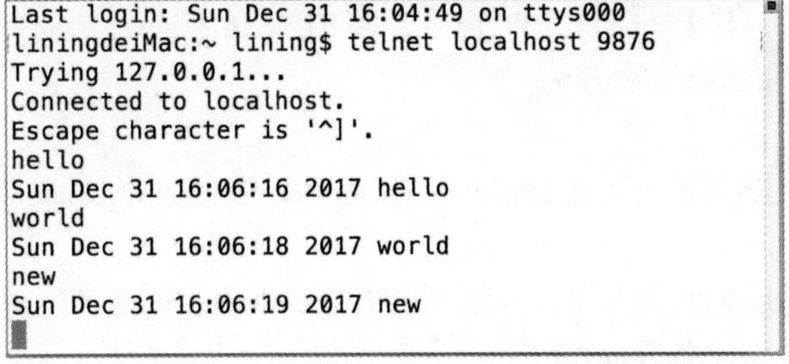

图 14-18　用 telnet 测试时间戳服务端

　　运行程序后，会一直处于等待状态。可以用 14.2.4 节实现的时间戳客户端测试本例，也可以使用 telnet 或其他客户端测试本例。这里选用了 telnet 进行测试。在终端执行 telnet localhost 9876，会运行 telnet，并连接服务端，然后输入字符串，并按回车键，不断重复这一操作，会看到 telnet 中输出如图 14-18 所示的信息。

14.3　FTP 客户端

FTP 是 File Transfer Protocol（文件传输协议）的缩写，与 HTTP 一样，都是常用的应用层协议，用于上传和下载文件。

Python 语言中内置了很多模块，封装了各种应用层协议，其中 ftplib 模块封装了 FTP。该模块中提供了若干 API，用于编写 FTP 客户端应用。

要想测试本节的例子，首先要有一个 FTP 服务器，Internet 上的或本地的都可以。现在有很多免费的 FTP 服务器可以选择，例如，Windows 的 IIS、FileZilla（FTP 服务器目前只有 Windows 版）等。如果读者使用 macOS，那就更简单了，只需要一行命令就可以开启 FTP 服务。

```
sudo -s launchctl load -w /System/Library/LaunchDaemons/ftp.plist
```

如果想关闭 macOS 的 FTP 服务，可以执行下面的命令：

```
sudo -s launchctl unload -w /System/Library/LaunchDaemons/ftp.plist
```

FTP 服务器的用户名和密码就是 macOS 的用户名和密码。FTP 服务器的根目录就是当前登录用户的根目录。假设当前登录用户名是 lining，那么 FTP 服务器的根目录是/Users/lining。

连接 FTP 服务器首先要创建一个 FTP 类的实例，FTP 服务器的 IP 或域名要通过 FTP 类构造方法的参数传入。在创建 FTP 对象后，就可以利用 FTP 对象的相关方法进行各种 FTP 操作，下面是几个常用的方法。

- login(username,password)：登录 FTP 服务器，如果 FTP 服务器不支持匿名登录，需要传入用户名和密码。
- cwd(dirname)：改变当前的目录。
- dir(callback)：列出当前目录中所有的子目录和文件，如果不指定回调函数，dir 方法会自己将所有的子目录和文件输出到终端。如果指定了回调函数，每得到一个子目录或文件，都会调用回调函数进行处理。
- mkd(dirname)：在当前目录下建立子目录。
- storlines(cmd, f)：向 FTP 服务器上传文本文件，其中 cmd 是 FTP 命令，如 STOR filename，f 是一个文件对象，要用文本形式打开文件，如 open(filename, 'r')。
- storbinary(cmd,f)：向 FTP 服务器上传二进制文件，其中 cmd 是 FTP 命令，如 STOR filename，f 是一个文件对象，要用二进制形式打开文件，如 open(filename, 'rb')。
- retrlines(cmd,f)：从 FTP 服务器下载文本文件，其中 cmd 是 FTP 命令，如 RETR filename，f 是一个文件对象，要用文本形式打开文件，如 open(filename, 'w')。
- retrbinary(cmd,f)：从 FTP 服务器下载二进制文件，其中 cmd 是 FTP 命令，如 RETR filename，f 是一个文件对象，要用二进制形式打开文件，如 open(filename, 'wb')。
- quit()：关闭 FTP 连接并退出。

FTP 对象的其他方法以及这些方法的详细使用方式读者可通过网址 https://docs.python.org/3/library/ftplib.html 查看官方文档。

下面的例子使用 ftplib 模块中的相关 API 连接和登录 FTP 服务器，并列出 FTP 服务器中当前目录的所有子目录和文件，然后测试了建立目录、上传文件、下载文件等操作。

代码位置：src/advanced_net/ftp.py

```python
import ftplib
# 定义 FTP 服务器的域名，这里使用的是本机，所以是 localhost
host = 'localhost'
# 为 dir 方法定义回调函数，处理每一个子目录名和文件名
def dirCallback(dir):
    # 按 utf-8 格式输出命令或文件名
    print(dir.encode('ISO-8859-1').decode('utf-8'))
def main():
    try:
        # 连接 FTP 服务器
        f = ftplib.FTP(host)
    except Exception as e:
        print(e)
        return
    print('FTP 服务器已经成功连接')
    try:
        # 登录服务器，将 login 方法的两个参数分别替换成真正的用户名和密码
        f.login('用户名','密码')
    except Exception as e:
        print(e)
        return
    print('FTP 服务器已经成功登录.')
    # 将当前目录切换到 Pictures
    f.cwd('Pictures')
    # 列出 Pictures 目录中所有的子目录和文件
    f.dir(dirCallback)
    print('当前工作目录: ',f.pwd())
    try:
        # 在当前目录建立一个名为 "新目录" 的子目录
        f.mkd('新目录'.encode('GBK').decode('ISO-8859-1'))
        # 将当前目录切换到 Pictures/新目录
        f.cwd('新目录'.encode('GBK').decode('ISO-8859-1'))
        # 在当前目录建立一个名为 dir1 的子目录
        f.mkd('dir1')
        # 在当前目录建立一个名为 dir2 的子目录
        f.mkd('dir2')
    except:
        f.cwd('新目录'.encode('utf-8').decode('ISO-8859-1'))

    print('-----')

    # 要上传的本地文件名
    upload_file = '/Users/lining/Desktop/a.png'
    # 打开要上传的本地文件
    ff = open(upload_file,'rb')
```

```
    # 上传本地文件，上传后的文件名仍为 a.png，并输出一共传输了多少个字节块
    # 上传的方式是每次读若干个字节一起上传，默认每次读 8192 字节
    print(f.storbinary('STOR %s' % 'a.png',ff))
    # 列出当前目录中的子目录和文件名
    f.dir(dirCallback)
    print('当前工作目录: ',f.pwd().encode('ISO-8859-1').decode('utf-8'))
    # 将刚上传的 a.png 文件下载，保存成本地文件 xx.png
    print(f.retrbinary('RETR %s' %
        'a.png',open('/Users/lining/Desktop/xx.png','wb').write))
    # 关闭 FTP 连接并退出
    f.quit()
if __name__ == '__main__':
    # 运行 main 函数开始执行 FTP 的各种操作
    main()
```

运行程序，就会显示 ftp 服务器相应目录中的内容。

14.4　实战与演练

1. 编写一个 Python 程序，使用 urllib3 模块下载淘宝首页的 HTML 代码，要求动态获取 HTML 编码（HTTP 响应头的 charset 字段的值）。

答案位置：src/advanced_net/solution1.py

2. 编写一个程序，从 FTP 服务器上下载一个图像文件（目录和文件名可任意指定），然后将这个下载的图像文件发送到指定的 Email 中。

答案位置：src/advanced_net/solution2.py

14.5　本章小结

本章深入讲解了 Python 语言中与网络有关的常用模块，这些模块主要用于通过 HTTP 和 FTP 协议与服务端进行交互。这些模块也是实现网络爬虫、HTTP 服务器等系统的基础。

## 第 15 章

线程与协程

本章讨论几种使代码并行运行的方法，开始讨论进程和线程的区别，以及多线程的概念，并给出一些 Python 多线程编程的例子，除此之外，本章还讲解如何使用 threading 模块实现 Python 多线程编程，以及如何在 Python 中使用协程。

15.1 线程与进程

线程和进程都可以让程序并行运行，但很多读者会有这样的疑惑，这两种技术有什么区别呢？本节将为读者解开这个疑惑。

15.1.1 进程

计算机程序有静态和动态的区别。静态的计算机程序就是存储在磁盘上的可执行二进制（或其他类型）文件，而动态的计算机程序就是将这些可执行文件加载到内存中并被操作系统调用，这些动态的计算机程序被称为一个进程。也就是说，进程是活跃的，只有可执行程序被调入内存中才称为进程。每个进程都拥有自己的地址空间、内存、数据栈以及其他用于跟踪执行的辅助数据。操作系统会管理系统中的所有进程的执行，并为这些进程合理地分配时间。进程可以通过派生（fork 或 spawn）新的进程来执行其他任务，不过由于每个新进程也都拥有自己的内存和数据栈等，所以只能采用进程间通信（IPC）的方式共享信息。

15.1.2 线程

线程（有时也被称为轻量级进程）与进程类似，不过线程是在同一个进程下执行的，并共享同一个上下文。也就是说，线程属于进程，而且线程必须要依赖进程才能执行。一个进程可以包含一个或多个线程。

线程包括开始、执行和结束三部分。它有一个指令指针，用于记录当前运行的上下文，当其他线程运行时，当前线程有可能被抢占（中断）或临时挂起（睡眠）。

一个进程中的各个线程与主线程共享同一片数据空间，因此相对于独立的进程而言，线程间的信息共享和通信更容易。线程一般是以并发方式执行的，正是由于这种并行和数据共享机制，使得多任务间的协作成为可能。当然，在单核 CPU 的系统中，并不存在真正的并发运行，所以线程的执行实际上还是同步执行的，只是系统会根据调度算法在不同的时间安排某个线程在 CPU 上执行一小会儿，然后就会让其他的线程在 CPU 上再执行一会儿，通过这种多个线程之间不断切换的方式让多个线程交替执行，因此，从宏观上看，即使在单核 CPU 的系统上仍然看着像多个线程并发运行一样。

　　当然，多线程之间共享数据并不是没有风险。如果两个或多个线程访问了同样数据，由于数据访问顺序不同，可能导致结果的不一致。这种情况通常称为静态条件（static condition），幸运的是，大多数线程库都有一些机制让共享内存区域的数据同步。也就是说，当一个线程访问这片内存区域时，这片内存区域就暂时被锁定，其他的线程就只能等待这片内存区域解锁后再访问了。

　　要注意的是，线程的执行时间是不平等的。例如，有 6 个线程，6s 的 CPU 执行时间，并不是为这 6 个线程平均分配 CPU 执行时间（每个线程 1s），而是根据线程中具体的执行代码分配 CPU 计算时间。例如，在调动一些函数时，这些函数会在完成之前处于阻塞状态（阻止其他线程获得 CPU 执行时间），这样这些函数就会长时间占用 CPU 资源，通常来讲，系统在分配 CPU 计算时间时会更倾向于这些贪婪的函数。

15.2　Python 与线程

本节会详细讲解在 Python 中使用线程的各种知识和技巧。

15.2.1　使用单线程执行程序

在使用多线程编写 Python 程序之前，先使用单线程的方式运行程序，然后再看看和使用多线程编写的程序在运行结果上有什么不同。

　　下面的例子会使用 Python 单线程调用两个函数——fun1 和 fun2，在这两个函数中都使用了 sleep 函数休眠一定时间，如果用单线程调用这两个函数，那么会顺序执行这两个函数。也就是说，直到第 1 个函数执行完后，才会执行第 2 个函数。

代码位置： src/thread/single_thread.py

```
from time import sleep, ctime
def fun1():
    print('开始运行 fun1:', ctime())
    # 休眠 4s
    sleep(4)
    print('fun1 运行结束:', ctime())


def fun2():
    print('开始运行 fun2:', ctime())
    # 休眠 2s
    sleep(2)
    print('fun2 运行结束:', ctime())


def main():
    print('开始运行时间:', ctime())
    # 在单线程中调用 fun1 函数和 fun2 函数
    fun1()
    fun2()
    print('结束运行时间:', ctime())


if __name__ == '__main__':
    main()
```

程序运行结果如图 15-1 所示。

很明显，以同步方式调用 fun1 函数和 fun2 函数，只有当 fun1 函数都执行完毕，才会继续执行 fun2 函数，而且执行的总时间至少是 fun1 函数和 fun2 函数执行时间的和（6s），不过执行其他代码也是有开销的。例如，print 函数，从 main 函数跳转到 fun1 函数和 fun2 函数，这些都需要时间，因此，本例的执行总时间应该大于 6s。

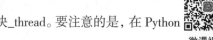

图 15-1　同步调用 fun1 函数和 fun2 函数

15.2.2　使用多线程执行程序

Python 提供了很多内建模块用于支持多线程，本节开始讲解第 1 个模块_thread。要注意的是，在 Python 2.x 时，这个模块称为 thread，从 Python 3.x 开始，thread 更名为_thread。

使用_thread 模块中的 start_new_thread 函数会直接开启一个线程，该函数的第 1 个参数需要指定一个函数，可以把这个函数称为线程函数，当线程启动时会自动调用这个函数。start_new_thread 函数的第 2 个参数是给线程函数传递的参数，必须是元组类型。

下面的例子会使用多线程调用 fun1 函数和 fun2 函数。我们会发现，这两个函数会交替执行。

代码位置： src/thread/multi_thread.py

```python
import _thread as thread
from time import sleep, ctime
def fun1():
    print('开始运行 fun1:', ctime())
    # 休眠 4s
    sleep(4)
    print('fun1 运行结束:', ctime())

def fun2():
    print('开始运行 fun2:', ctime())
    # 休眠 2s
    sleep(2)
    print('fun2 运行结束:', ctime())

def main():
    print('开始运行时间:', ctime())
    # 启动一个线程运行 fun1 函数
    thread.start_new_thread(fun1, ())
    # 启动一个线程运行 fun2 函数
    thread.start_new_thread(fun2, ())
    # 休眠 6s
    sleep(6)
    print('结束运行时间:', ctime())

if __name__ == '__main__':
    main()
```

图 15-2　使用多线程调用 fun1 函数和 fun2 函数

程序运行结果如图 15-2 所示。

从程序的运行结果可以看出，当第 1 个线程运行 fun1 函数的过程中，会使用第 2 个线程运行 fun2 函数。这是因为在 fun1 函数中调用了 sleep 函数休眠了 4s，当程序休眠时，会释放 CPU 的计算资源，这时 fun2 函数乘虚而入，抢占了 fun1 函数的 CPU 计算资源。而 fun2 函数只通过 sleep 函数休眠了 2s，所以当 fun2 函数执行完，fun1 函数还没有休眠完。

当 4s 过后，fun1 函数又开始执行了，这时已经没有要执行的函数与 fun1 函数抢 CPU 计算资源了，所以 fun1 函数会顺利地执行完。在 main 函数中使用 sleep 函数休眠了 6s，等待 fun1 函数和 fun2 函数都执行完，再结束程序。

15.2.3　为线程函数传递参数

通过 start_new_thread 函数的第 2 个参数可以为线程函数传递参数，该参数类型必须是元组。

下面的例子会利用 for 循环和 start_new_thread 函数启动 8 个线程，并为每个线程函数传递不同的参数值，然后在线程函数中输出传入的参数值。

代码位置：src/thread/thread_params.py

```python
import random
from time import sleep
import _thread as thread
# 线程函数，其中 a 和 b 是通过 start_new_thread 函数传入的参数
def fun(a,b):
    print(a,b)
    # 随机休眠一段时间（1~4s）
    sleep(random.randint(1,5))
# 启动 8 个线程
for i in range(8):
    # 为每个线程函数传入两个参数值
    thread.start_new_thread(fun, (i + 1,'a' * (i + 1)))
# 通过从终端输入一个字符串的方式让程序暂停
input()
```

程序运行结果如图 15-3 所示。

从图 15-3 所示的输出结果可以看出，由于每个线程函数的休眠时间可能都不相同，所以随机输出了这个结果，每次运行程序，输出的结果是不一样的。

在本例的最后使用 input 函数从终端采集了一个字符串，其实程序对这个从终端输入的字符串并不关心，只是让程序暂停而已。如果程序启动线程后不暂停，还没等线程函数运行，程序就结束了，这样线程函数将永远不会执行了。

图 15-3　向线程函数传递参数

15.2.4　线程和锁

在前面的代码中使用多线程运行线程函数，在 main 函数的最后需要使用 sleep 函数让程序处于休眠状态，或使用 input 函数从终端采集一个字符串，目的是让程序暂停，其实这些做法的目的只有一个，即在所有的线程执行完之前，阻止程序退出。因为程序无法感知是否有线程正在执行，以及是否所有的线程函数都执行完毕。因此，只能采用这些手段让程序暂时不退出。其实如果读者了解了锁的概念，就会觉得这些做法十分低级。

这里的锁并不是将程序锁住不退出，而是通过锁可以让程序了解是否还有线程函数没执行完，而且可以做到当所有的线程函数执行完后，程序会立刻退出，而无须任何等待。

使用锁需要创建锁、获取锁和释放锁。完成这 3 个功能需要_thread 模块中的一个函数和两个方法，allocate_lock 函数用于创建锁对象，然后使用锁对象的 acquire 方法获取锁，如果不需要锁了，可以使用锁对象的 release 方法释放锁；如果要判断锁是否被释放，可以使用锁对象的 locked 方法。

下面的例子启动了两个线程，以及创建了两个锁，在运行线程函数之前，获取了这两个锁，这就意味着锁处于锁定状态，然后在启动线程时将这两个锁对象分别传入两个线程各自的锁对象，当线程函数执行完后，会调用锁对象的 release 方法释放锁。在 main 函数的最后，使用 while 循环和 locked 方法判断这两个锁对象是否已经释放，只要有一个锁对象没释放，while 循环就不会退出，如果两个锁对象都释放了，那么main 函数立刻结束，程序退出。

代码位置：src/thread/thread_lock.py

```
import _thread as thread
from time import sleep, ctime
# 线程函数，index 是一个整数类型的索引，sec 是休眠时间（单位：s），lock 是锁对象
def fun(index, sec,lock):
    print('开始执行', index,'执行时间: ',ctime())
    # 休眠 sec 秒
    sleep(sec)
    print('执行结束',index,'执行时间: ',ctime())
    # 释放锁对象
    lock.release()

def main():
    # 创建第 1 个锁对象
    lock1 = thread.allocate_lock()
    # 获取锁（相当于把锁锁上）
    lock1.acquire()
    # 启动第 1 个线程，并传入第 1 个锁对象，10 是索引，4 是休眠时间，lock1 是锁对象
    thread.start_new_thread(fun,
            (10, 4, lock1))
    # 创建第 2 个锁对象
    lock2 = thread.allocate_lock()
    # 获取锁（相当于把锁锁上）
    lock2.acquire()
    # 启动第 2 个线程，并传入第 2 个锁对象，20 是索引，2 是休眠时间，lock2 是锁对象
```

```
thread.start_new_thread(fun,
        (20, 2, lock2))
# 使用 while 循环和 locked 方法判断 lock1 和 lock2 是否被释放
# 只要有一个没有释放, while 循环就不会退出
while lock1.locked() or lock2.locked():
    pass
if __name__ == '__main__':
    main()
```

程序运行结果如图 15-4 所示。

图 15-4　线程与锁程序运行结果

15.3　高级线程模块（threading）

本节将介绍更高级的线程模块——threading。在 threading 模块中有一个非常重要的 Thread 类，该类的实例表示一个执行线程的对象。在前面讲的_thread 模块可被看作线程的面向过程版本，而 Thread 类可被看作线程的面向对象版本。

15.3.1　Thread 类与线程函数

在前面的例子中使用锁检测线程是否释放，以及使用锁可以保证所有的线程函数都执行完毕再往下执行。如果使用 Thread 类处理线程就方便得多了，可以直接使用 Thread 对象的 join 方法等待线程函数执行完毕再往下执行，也就是说，在主线程（main 函数）中调用 Thread 对象的 join 方法，并且 Thread 对象的线程函数没有执行完毕，主线程会处于阻塞状态。

使用 Thread 类也很简单，首先需要创建 Thread 类的实例，通过 Thread 类构造方法的 target 命名参数执行线程函数，通过 args 命名参数指定传给线程函数的参数。然后调用 Thread 对象的 start 方法启动线程。

下面的例子使用 Thread 对象启动了两个线程，并在各自的线程函数中使用 sleep 函数休眠一段时间。最后使用 Thread 对象的 join 方法等待两个线程函数都执行完毕后再退出程序。

代码位置： src/thread/thread_func.py

```
import threading
from time import sleep, ctime
# 线程函数, index 表示整数类型的索引, sec 表示休眠时间, 单位: s
def fun(index, sec):
    print('开始执行', index, ' 时间:', ctime())
    # 休眠 sec 秒
    sleep(sec)
    print('结束执行', index, '时间:', ctime())
def main():
    # 创建第 1 个 Thread 对象, 通过 target 命名参数指定线程函数 fun, 传入索引 10 和休眠时间（4s）
    thread1 = threading.Thread(target=fun,
            args=(10, 4))
    # 启动第 1 个线程
    thread1.start()
    # 创建第 2 个 Thread 对象, 通过 target 命名参数指定线程函数 fun, 传入索引 20 和休眠时间（2s）
    thread2 = threading.Thread(target=fun,
```

```
                args=(20, 2))
    # 启动第 2 个线程
    thread2.start()
    # 等待第 1 个线程函数执行完毕
    thread1.join()
    # 等待第 2 个线程函数执行完毕
    thread2.join()

if __name__ == '__main__':
    main()
```

程序运行结果如图 15-5 所示。

从输出结果可以看出，通过 Thread 对象启动的线程只需要使用 join 方法就可以保证让所有的线程函数都执行完再往下执行，这要比_thread 模块中的锁方便得多，起码不需要在线程函数中释放锁了。

```
开始执行 10  时间: Wed Oct 27 19:30:07 2021
开始执行 20  时间: Wed Oct 27 19:30:07 2021
结束执行 20  时间: Wed Oct 27 19:30:09 2021
结束执行 10  时间: Wed Oct 27 19:30:11 2021
```

图 15-5　使用 Thread 对象启动线程

15.3.2　Thread 类与线程对象

微课视频

Thread 类构造方法的 target 命名参数不仅可以是一个函数，还可以是一个对象，可以称这个对象为线程对象。其实线程调用的仍然是函数，只是这个函数用对象进行了封装。这么做的好处是可以将与线程函数相关的代码都放在对象对应的类中，这样更能体现面向对象的封装性。

线程对象对应的类需要有一个可以传入线程函数和参数的构造方法，而且在类中还必须有一个名为 __call__ 的方法。当线程启动时，会自动调用线程对象的 __call__ 方法，然后在该方法中会调用线程函数。

下面的例子在使用 Thread 类的实例启动线程时，通过 Thread 类构造方法传入了一个线程对象，并通过线程对象指定了线程函数和相应的参数。

代码位置： src/thread/thread_object.py

```python
import threading
from time import sleep, ctime
# 线程对象对应的类
class MyThread(object):
    # func 表示线程函数，args 表示线程函数的参数
    def __init__(self, func, args):
        # 将线程函数与线程函数的参数赋给当前类的成员变量
        self.func = func
        self.args = args
    # 线程启动时会调用该方法
    def __call__(self):
        # 调用线程函数，并将元组类型的参数值分解为单个的参数值传入线程函数
        self.func(*self.args)
# 线程函数
def fun(index, sec):
    print('开始执行', index, ' 时间:', ctime())
    # 延迟 sec 秒
    sleep(sec)
```

```
        print('结束执行', index, '时间:', ctime())
def main():
        print('执行开始时间:', ctime())
        # 创建第 1 个线程，通过 target 命名参数指定了线程对象（MyThread），延迟 4s
        thread1 = threading.Thread(target = MyThread(fun,(10, 4)))
        # 启动第 1 个线程
        thread1.start()
        # 创建第 2 个线程，通过 target 命名参数指定了线程对象（MyThread），延迟 2s
        thread2 = threading.Thread(target = MyThread(fun,(20, 2)))
        # 启动第 2 个线程
        thread2.start()
        # 创建第 3 个线程，通过 target 命名参数指定了线程对象（MyThread），延迟 1s
        thread3 = threading.Thread(target = MyThread(fun,(30, 1)))
        # 启动第 3 个线程
        thread3.start()
        # 等待第 1 个线程函数执行完毕
        thread1.join()
        # 等待第 2 个线程函数执行完毕
        thread2.join()
        # 等待第 3 个线程函数执行完毕
        thread3.join()
        print('所有的线程函数已经执行完毕:',
ctime())
if __name__ == '__main__':
        main()
```

程序运行结果如图 15-6 所示。

图 15-6　通过 Thread 类构造方法传入线程对象

15.3.3　从 Thread 类继承

为了更好地对与线程有关的代码进行封装，可以从 Thread 类派生一个子类。然后将与线程有关的代码都放到这个类中。Thread 类的子类的使用方法与 Thread 相同。从 Thread 类继承最简单的方式是在子类的构造方法中通过 super() 函数调用父类的构造方法，并传入相应的参数值。

下面的例子编写一个从 Thread 类继承的子类 MyThread，并重写了父类的构造方法和 run 方法。最后通过 MyThread 类创建并启动了两个线程，并使用 join 方法等待这两个线程结束后再退出程序。

代码位置： src/thread/thread_inheritance.py

```
import threading
from time import sleep, ctime
# 从 Thread 类派生的子类
class MyThread(threading.Thread):
    # 重写父类的构造方法，其中 func 是线程函数，args 是传入线程函数的参数，name 是线程名
    def __init__(self, func, args, name=''):
        # 调用父类的构造方法，并传入相应的参数值
        super().__init__(target=func, name=name,
                args=args)
    # 重写父类的 run 方法
```

```
    def run(self):
        self._target(*self._args)
# 线程函数
def fun(index, sec):
    print('开始执行', index, '时间:', ctime())
    # 休眠 sec 秒
    sleep(sec)
    print('执行完毕', index, '时间:', ctime())

def main():
    print('开始:', ctime())
    # 创建第 1 个线程，并指定线程名为“线程 1”
    thread1 = MyThread(fun,(10,4),'线程 1')
    # 创建第 2 个线程，并指定线程名为“线程 2”
    thread2 = MyThread(fun,(20,2),'线程 2')
    # 开启第 1 个线程
    thread1.start()
    # 开启第 2 个线程
    thread2.start()
    # 输出第 1 个线程的名字
    print(thread1.name)
    # 输出第 2 个线程的名字
    print(thread2.name)
    # 等待第 1 个线程结束
    thread1.join()
    # 等待第 2 个线程结束
    thread2.join()

    print('结束:', ctime())

if __name__ == '__main__':
    main()
```

程序运行结果如图 15-7 所示。

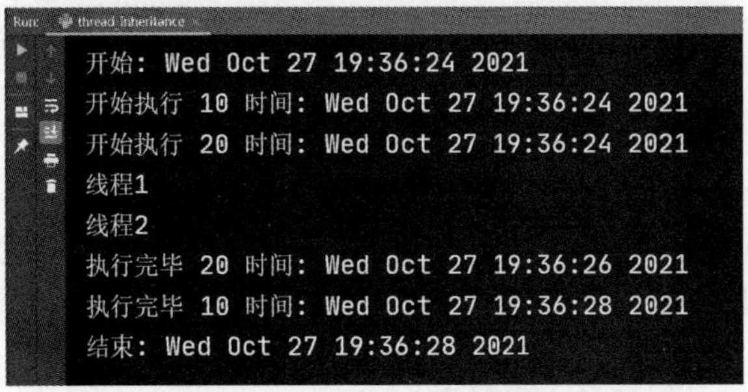
Run: thread inheritance
开始: Wed Oct 27 19:36:24 2021
开始执行 10 时间: Wed Oct 27 19:36:24 2021
开始执行 20 时间: Wed Oct 27 19:36:24 2021
线程1
线程2
执行完毕 20 时间: Wed Oct 27 19:36:26 2021
执行完毕 10 时间: Wed Oct 27 19:36:28 2021
结束: Wed Oct 27 19:36:28 2021

图 15-7 使用 Thread 类的子类创建和启动线程

在调用 Thread 类的构造方法时需要将线程函数、参数等值传入构造方法，其中 name 表示线程的名字，如果不指定这个参数，默认的线程名字格式为 Thread-1、Thread-2。每个传入构造方法的参数值，在 Thread 类中都有对应的成员变量保存这些值，这些成员变量都以下画线（_）开头，如_target、_args 等（这点从 Thread 类的构造方法中就可以看出）。在 run 方法中需要使用这些变量调用传入的线程函数，并为线程函数传递参数。

```
# Thread 类的构造方法
def __init__(self, group=None, target=None, name=None,
```

```
                args=(), kwargs=None, *, daemon=None):
    ...
    self._target = target
    self._name = str(name or _newname())
    self._args = args
    self._kwargs = kwargs
```

这个 run 方法不一定要在 MyThread 类中重写，因为 Thread 类已经有默认的实现了，不过如果想扩展一下这个方法，也可以进行重写，并加入自己的代码。

```
# Thread 类的 run 方法
def run(self):
    try:
        if self._target:
            self._target(*self._args, **self._kwargs)
    finally:
        del self._target, self._args, self._kwargs
```

15.4 线程同步

多线程的目的就是让多段程序并发运行，但在一些情况下，让多段程序同时运行会造成很多麻烦，如果这些并发运行的程序还共享数据，有可能会造成脏数据以及其他数据不一致的后果。这里的脏数据是指由于多段程序同时读写一个或一组变量，由于读写顺序的问题造成了最终的结果与我们期望的不一样的后果。例如，有一个整数变量 n，初始值为 1，现在要为该变量加 1，然后输出该变量的值，目前有两个线程（Thread1 和 Thread2）做同样的工作。当 Thread1 为变量 n 加 1 后，这时 CPU 的计算时间恰巧被 Thread2 夺走，在执行 Thread2 的线程函数时又对变量 n 加 1，所以目前 n 被加了两次 1，变成了 3。这时不管是继续执行 Thread2，还是接着执行 Thread1，输出的 n 都会等于 3。这也就意味着 n 等于 2 的值没有输出，如果正好在 n 等于 2 时需要做更多的处理，那么这些工作都不会按预期完成了，因为这时 n 已经等于 3 了。把这个变量当前的值称为脏数据，就是说 n 原本应该等于 2，而现在却等于 3。这一过程可以看下面的线程函数。

```
n = 1
# 如果用多个线程执行 fun 函数，就有可能造成 n 持续加 1 而未处理的情况
def fun()
    n += 1
    print(n)                              # 此处可能有更多的代码
```

解决这个问题的最好方法就是将改变变量 n 和输出变量 n 的语句变成原子操作，在 Python 线程中可以用线程锁来达到这个目的。

微课视频

15.4.1 线程锁

线程锁的目的是将一段代码锁住，一旦获得了锁权限，除非释放线程锁，否则其他任何代码都无法再次获得锁权限。

为了使用线程锁，首先需要创建 Lock 类的实例，然后通过 Lock 对象的 acquire 方法获取锁权限，当需

要完成原子操作的代码段执行完后，再使用 Lock 对象的 release 方法释放锁，这样其他代码就可以再次获得这个锁权限了。要注意的是，锁对象要放到线程函数的外面作为一个全局变量，这样所有的线程函数实例都可以共享这个变量，如果将锁对象放到线程函数内部，那么这个锁对象就变成局部变量了，多个线程函数使用的是不同的锁对象，所以仍然不能有效保护原子操作的代码。

下面的例子在线程函数中使用 for 循环输出线程名和循环变量的值，并通过线程锁将这段代码变成原子操作，这样就只有当前线程函数的 for 循环执行完，其他线程函数的 for 循环才会重新获得线程锁权限并执行。

代码位置： src/thread/thread_lock1.py

```python
from atexit import register
import random
from threading import Thread, Lock, current_thread
from time import sleep, ctime
# 创建线程锁对象
lock = Lock()
def fun():
    # 获取线程锁权限
    lock.acquire()
    # for 循环已经变成了原子操作
    for i in range(5):
        print('Thread Name','=', current_thread().name,'i','=',i)
        # 休眠一段时间（1~4s）
        sleep(random.randint(1,5))
    # 释放线程锁，其他线程函数可以获得这个线程锁的权限了
    lock.release()
def main():
    # 通过循环创建并启动了 3 个线程
    for i in range(3):
        Thread(target=fun).start()
# 当程序结束时会调用这个函数
@register
def exit():
    print('线程执行完毕:', ctime())
if __name__ == '__main__':
    main()
```

为了观察使用线程锁和不使用线程锁的区别，读者可以先将 fun 函数中的 lock.require( )和 lock.release( )语句注释掉，然后运行程序，会看到如图 15-8 所示的输出结果。

很明显，如果未使用线程锁，当调用 sleep 函数让线程休眠时，当前线程会释放 CPU 计算资源，其他线程就会乘虚而入，抢占 CPU 计算资源，因此，本例启动的 3 个线程是交替运行的。

现在为 fun 函数加上线程锁，再次运行程序，会看到如图 15-9 所示的输出结果。

从图 15-9 所示的输出结果可以看出，如果为 fun 函数加上线程锁，那么只有当某个线程的线程函数执行完，才会运行另一个线程的线程函数。

Thread Name = Thread-1 (fun) i = 0	Thread Name = Thread-1 (fun) i = 0
Thread Name = Thread-2 (fun) i = 0	Thread Name = Thread-1 (fun) i = 1
Thread Name = Thread-3 (fun) i = 0	Thread Name = Thread-1 (fun) i = 2
Thread Name = Thread-2 (fun) i = 1	Thread Name = Thread-1 (fun) i = 3
Thread Name = Thread-1 (fun) i = 1	Thread Name = Thread-1 (fun) i = 4
Thread Name = Thread-3 (fun) i = 1	Thread Name = Thread-2 (fun) i = 0
Thread Name = Thread-1 (fun) i = 2	Thread Name = Thread-2 (fun) i = 1
Thread Name = Thread-2 (fun) i = 2	Thread Name = Thread-2 (fun) i = 2
Thread Name = Thread-3 (fun) i = 2	Thread Name = Thread-2 (fun) i = 3
Thread Name = Thread-2 (fun) i = 3	Thread Name = Thread-2 (fun) i = 4
Thread Name = Thread-3 (fun) i = 3	Thread Name = Thread-3 (fun) i = 0
Thread Name = Thread-1 (fun) i = 3	Thread Name = Thread-3 (fun) i = 1
Thread Name = Thread-3 (fun) i = 4	Thread Name = Thread-3 (fun) i = 2
Thread Name = Thread-1 (fun) i = 4	Thread Name = Thread-3 (fun) i = 3
Thread Name = Thread-2 (fun) i = 4	Thread Name = Thread-3 (fun) i = 4
线程执行完毕: Wed Oct 27 19:45:06 2021	线程执行完毕: Wed Oct 27 19:42:56 2021

图 15-8　未使用线程锁的效果　　　　　　图 15-9　使用线程锁的效果

微课视频

15.4.2　信号量

从前面的例子可以看出，线程锁非常容易理解和实现，也很容易决定何时需要它们，然而，如果情况更加复杂，就可能需要更强大的技术配合线程锁一起使用。本节要介绍的信号量就是这种技术之一。

信号量是最古老的同步原语之一，它是一个计数器，用于记录资源消耗情况。当资源消耗时递减，当资源释放时递增。我们可以认为信号量代表资源是否可用。消耗资源使计数器递减的操作习惯上称为 P，当一个线程对一个资源完成操作时，该资源需要返回资源池中，这个操作一般称为 V。Python 语言统一了所有的命名，使用与线程锁同样的方法名消耗和释放资源。acquire 方法用于消耗资源，调用该方法计数器会减 1，release 方法用于释放资源，调用该方法计数器会加 1。

使用信号量首先要创建 BoundedSemaphore 类的实例，并且通过该类的构造方法传入计数器的最大值，然后就可以使用 BoundedSemaphore 对象的 acquire 方法和 release 方法获取资源（计数器减 1）和释放资源（计数器加 1）了。

下面的例子演示了信号量对象的创建，以及获取与释放资源。

代码位置：src/thread/thread_semaphore.py

```python
from threading import BoundedSemaphore
MAX = 3
# 创建信号量对象，并设置了计数器的最大值（也是资源的最大值），计数器不能超过这个值
semaphore = BoundedSemaphore(MAX)
# 输出当前计数器的值，运行结果：3
print(semaphore._value)
# 获取资源，计数器减 1
semaphore.acquire()
# 运行结果：2
print(semaphore._value)
# 获取资源，计数器减 1
semaphore.acquire()
# 运行结果：1
print(semaphore._value)
```

```
# 获取资源，计数器减 1
semaphore.acquire()
# 运行结果：0
print(semaphore._value)
# 当计数器为 0 时，不能再获取资源，所以 acquire 方法会返回 False
# 运行结果：False
print(semaphore.acquire(False))
# 运行结果：0
print(semaphore._value)
# 释放资源，计数器加 1
semaphore.release()
# 运行结果：1
print(semaphore._value)
# 释放资源，计数器加 1
semaphore.release()
# 运行结果：2
print(semaphore._value)
# 释放资源，计数器加 1
semaphore.release()
# 运行结果：3
print(semaphore._value)
# 抛出异常，当计数器达到最大值时，不能再次释放资源，否则会抛出异常
semaphore.release()
```

要注意信号量对象的 acquire 方法与 release 方法。当资源枯竭（计数器为 0）时调用 acquire 方法。acquire 方法的参数值为 True 或不指定参数时，acquire 方法会处于阻塞状态，直到使用 release 方法释放资源后，acquire 方法才会往下执行。如果 acquire 方法的参数值为 False，当计数器为 0 时调用 acquire 方法并不会阻塞，而是直接返回 False，表示未获得资源；如果成功获得资源，则会返回 True。

release 方法在释放资源时，如果计数器已经达到了最大值（本例是 3），会直接抛出异常，表示已经没有资源释放了。

15.5　协程

协程是一种用户态的轻量级线程，又称微线程、纤程。协程拥有自己的寄存器和栈，调度切换时，将寄存器和栈保存到其他地方，在切换回来时，恢复以前保存的寄存器和栈。因此，协程能保留上一次调用时的状态，每次切换回来时，就相当于进入上次调用的状态，换种说法，进入上次离开时所处逻辑流的位置，就好像从来没离开过一样。

那么协程与线程有什么区别和优势呢？线程的运作机制是抢占 CPU 资源，而且多个线程共享同一块内存空间，所以在多个线程读写共享数据时需要对数据加锁，否则很容易产生脏数据。而协程是在同一个线程中执行的，每个协程是一个函数，这些函数在执行时可以不断切换，从而达到并发的效果。也就是说，协程是单线程的，只是由于多个协程之间不断切换，从宏观上看才体现出并发的效果。那么既然协程是单线程的，又如何发挥多核、多 CPU 的优势呢？最好的解决方案是"进程+协程"，也就是说，启动多个进程，每个进程中包含多个协程。由于协程是单线程执行的，所以不需要对多个协程读写的数据加锁，因为从微

观上，多个协程会以同步的方式读写这些数据，肯定不会有死锁的情况发生。

线程的最大缺点是当线程数量不断增加时，就相当于正弦曲线，会有一个波峰，过了波峰，不但不会让性能提高，还会让性能降低。而且随着线程数量的增加，也会让死锁的概率大大增加。而协程有效避免了这两种情况的发生。由于协程是单线程的，所以避免了死锁的发生。同时会用多进程与多协程配合的方式达到并发的效果，而且进程之间是不共享数据的，所以可以最大限度地发挥硬件的多核、多 CPU 的优势。

15.5.1 同步协程

微课视频

协程有两种运行方式：同步和异步。这两种运行方式都需要依赖 asyncio 模块以及 async 和 await 机制。

一个协程本身是一个函数，只是这个函数前面需要加 async 关键字修饰，如果要等待一个协程执行完，再执行其他代码，需要使用 await 语句执行协程函数。

最后，协程需要一个入口点，也就是要执行一个协程入口函数，这个功能是由 asyncio 模块中的 run 函数完成的。

下面例子中 main 是协程入口函数，run 函数会执行 main 函数，然后在 main 函数中调用了另外一个协程函数 greet。所以在这个例子中共有两个协程。

代码位置： src/thread/sync_coroutine.py

```python
import asyncio
import time

async def greet(delay, msg):
    await asyncio.sleep(delay)
    print('hello',msg)

async def main():
    print("开始执行")
    startTime = time.time()
    await greet(1, 'Bill')           # 同步执行 greet 函数
    await greet(2, 'Mike')           # 同步执行 greet 函数
    print("运行时间:",time.time() - startTime)
    print("运行结束")

asyncio.run(main())                  # 运行协程
```

运行这段代码，会在终端输出如图 15-10 所示的内容。

由于两次调用 greet 函数都使用了 await 语句，所以只有第 1 个 greet 函数执行完后，才会执行第 2 个 greet 函数。

在协程函数中不仅可以调用协程函数，还可以调用普通函数，所以有时需要使用下面的代码判断函数是否为协程函数。

图 15-10　同步执行协程

```python
print(asyncio.iscoroutinefunction(greet))        # 运行结果：True
print(asyncio.iscoroutinefunction(main))         # 运行结果：True
```

微课视频

15.5.2 异步协程

在 15.5.1 节运行的两个协程都是同步执行的，这样是无法充分发挥硬件性能的，所以执行时间就是两个协程执行时间的总和。要想让协程并发执行，需要使用 create_task 函数为每个协程函数创建一个任务，然后并发执行协程任务，而在程序的最后要等待所有任务结束后再完成其他工作。这个过程相当于为 n 个人同时分派了任务，然后这 n 个人各自去完成任务，最后在同一个地点集合。早完成任务的人必须等待还未完成任务的人，直到所有人都完成任务后再进行下面的工作。

下面的例子演示了这一过程：

代码位置：src/thread/async_coroutine.py

```python
async def greet(delay, msg):
    await asyncio.sleep(delay)
    print('hello',msg)


async def main():
    print("开始执行")
    startTime = time.time()
    task1 = asyncio.create_task(greet(1, 'Bill'))        # 异步执行协程
    task2 = asyncio.create_task(greet(2, 'Mike'))        # 异步执行协程

    await task1                                          # 等待 task1 结束
    await task2                                          # 等待 task2 结束
    print("运行时间:",time.time() - startTime)
    print("运行结束")


asyncio.run(main())
```

运行程序，会在终端输出如图 15-11 所示的内容。从输出的运行时间可以看出，异步执行协程需要的时间就是最后一个完成任务的协程需要的时间，对于本例来说，比同步执行协程快了 50%（同步是 3s，异步是 2s）。

图 15-11 异步执行协程

15.6 实战与演练

1. 编写 Python 程序，使用_thread 模块中的相应 API 创建并运行两个线程，使用同一个线程函数，然后在线程函数中使用 for 循环输出当前线程的名字和循环索引变量值。

答案位置：src/thread/solution1.py

2. 使用线程锁将第 1 题的线程函数加锁，让每个 for 循环执行完，再运行另外一个线程函数。

答案位置：src/thread/solution2.py

3. 编写一个 Python 程序，从一个文本文件中读取图像 URL（每个 URL 占一行），然后利用多线程将 URL 指向的图像下载到本地，本地图像文件按 0.jpg、1.jpg、2.jpg 命名规则保存。

答案位置：src/thread/solution3.py

4. 通过信号量和线程锁模拟了一个糖果机补充糖果和用户取得糖果的过程，糖果机有 5 个槽，如果发

现每个槽没有糖果了，需要补充新的糖果。如果 5 个槽都满了，就无法补充新的糖果了，如果 5 个槽都是空的，顾客也就无法购买糖果了。为了方便，本例假设顾客一次会购买整个槽的糖果，每次补充整个槽的糖果。

答案位置：src/thread/solution1.py

程序运行结果如图 15-12 所示。

图 15-12　通过信号量和线程锁模拟补充和购买糖果的过程

5．使用线程锁和队列实现了一个生产者–消费者模型的程序。通过 for 循环产生若干生产者和消费者，并向队列中添加商品，以及从队列中获取商品。

答案位置：src/thread/solution5.py

15.7　本章小结

本章深入讲解了 Python 中线程和协程的实现。尽管线程并不是在每个 Python 应用中都需要，但为了提高程序的运行效率，尤其是在多核的硬件设备上，利用线程思想编写程序是一项必备的基本功，否则多核硬件对于单线程的应用基本上发挥不出来任何优势。

尽管线程在某种程度上会提供程序的运行效率，但对于初学者还是有一定难度的，尤其是线程死锁问题，一直困扰着很多人。而协程完美地弥补了线程的不足，利用进程和协程的组合，会让你的 Python 程序不仅性能优越，而且非常稳定。

第四篇 Python 高级技术

第四篇 Python 高级技术（第 16 章～第 26 章）介绍了 Python 中的各种高级技术，以及大量的实战项目。这些技术主要包括 PyQt6、PyGame、网络爬虫、Python 办公自动化、Django、用 Python 控制键盘和鼠标等。本篇各章内容如下：

第 16 章　GUI 库：PyQt6

第 17 章　PyQt6 游戏项目实战：俄罗斯方块

第 18 章　Python 游戏引擎：Pygame 基础知识

第 19 章　Python 游戏引擎：Pygame 高级技术

第 20 章　Pygame 游戏项目实战：塔防

第 21 章　网络爬虫与 Beautiful Soup

第 22 章　Python 办公自动化

第 23 章　Python 爬虫项目实战：抓取网络数据和图片

第 24 章　Python Web 框架：Django

第 25 章　Python Web 项目实战：基于 Django 的 58 同城网站

第 26 章　Python 扩展学习

<table>
<tr><td>

第 16 章

CHAPTER 16

</td><td>

GUI 库：PyQt6

</td></tr>
</table>

PyQt 是目前最流行的 Python GUI 框架，最新版本是 6，所以习惯上称为 PyQt6。由于 PyQt6 是用 Python 对 QT 库的封装，所以 PyQt6 底层仍然是使用 C++编写的 QT 库，因此 PyQt 在运行效率上非常高，编写的 GUI 程序与本地应用的效果完全一样的。QT 使用 C++语言，开发效率比较低，而使用 Python 语言进行封装后，开发效率也大大提升了，因此，PyQt 在开发效率和运行效率上都有非常好的表现。

16.1 PyQt6 简介

QT 是一套历史悠久的跨平台开源 GUI 库，使用 C++开发。QT 的第一版是 1991 年（比 Java 诞生时间还早 4 年）由挪威开源公司 Trolltech 发布。后来在 2008 年，Nokia 花了 1.5 亿美元收购了 Trolltech，并将 QT 应用于 Symbian 程序的开发。在 2012 年 Nokia 又将 QT 以 400 万欧元卖给了 Digia。QT 目前已经独立运营，包括社区版本和商业版本，这两个版本的核心功能相同，只是许可协议不同而已。

PyQt 是英国的 Riverbank Computing 公司开发的一套封装 QT 程序库的 Python GUI 库，由一系列 Python 模块组成。包含了超过 620 个类、6000 个函数和方法。能在很多流行的操作系统（UNIX、Linux、Windows、Mac OS 等）上运行。PyQt 同样也有两种授权：GPL 和商业授权。

PyQt6 类分为很多模块，主要模块有：

- QtCore：包含了核心的非 GUI 的功能。这些功能主要与时间、文件、文件夹、各种数据、流、URLs、mime 类文件、进程和线程有关。
- QtGui：包含了窗口系统、事件处理、2D 图像、基本绘画、字体和文字类。
- QtWidgets：包含了一系列创建桌面应用的 UI 元素。
- QtMultimedia：包含了处理多媒体的内容和调用摄像头 API 的类。
- QtBluetooth：包含了查找和连接蓝牙的类。
- QtNetwork：包含了网络编程的类，这些工具能让 TCP/IP 和 UDP 开发变得更加方便和可靠。
- QtPositioning：包含了定位的类，可以使用卫星、WiFi 等进行定位。
- QtWebSockets：包含了 WebSocket 协议的类。
- QtWebKit：包含了一个基于 WebKit2 的 Web 浏览器。
- QtXml：包含了处理 XML 的类，提供了 SAX 和 DOM API 的工具。
- QtSvg：提供了显示 SVG 内容的类，Scalable Vector Graphics (SVG)是一种基于可扩展标记语言（XML），用于描述二维矢量图形的图形格式。
- QtSql：提供了处理数据库的工具。

● QtTest：提供了测试 PyQt6 应用的工具。

16.2 PyQt6 运行环境安装

安装 PyQt6 相当简单，只需要执行下面的命令即可：

```
pip install PyQt6
```

要注意的是，执行这行命令不光是安装 PyQt6 本身，还会安装很多依赖库，所以要保证稳定而快速的网络连接。

如果要卸载 PyQt6，可以执行下面的命令：

```
pip uninstall PyQt6
```

安装完后，运行 Python 命令，进入 Python 的 REPL 环境，输入 import PyQt6，按回车键后，如果没有抛出异常，说明 PyQt6 已经安装成功了。

16.3 编写第一个 PyQt6 程序

编写一个 PyQt6 程序通常会使用两个类：QApplication 和 QWidget。这两个类都在 PyQt6.QtWidgets 模块中，所以首先要先导入这个模块。

QApplication 类的实例表示整个应用程序。该类的构造方法需要传入 Python 程序的命令行参数（需要导入 sys 模块），因此，基于 PyQt6 的程序也能在终端中执行，并传入命令行参数。

QWidget 类的实例相当于一个窗口，可以通过 QWidget 实例中的方法控制这个窗口。例如，通过 resize 方法改变窗口的尺寸，通过 move 方法移动窗口，通过 setWindowTitle 方法设置窗口的标题。最后，还需要调用 show 方法显示窗口。要注意的是，调用 show 方法显示窗口后，程序并不会处于阻塞状态，会继续往下执行，通常需要在程序的最后可以调用 app.exec 方法进入程序的主循环，在主循环中会不断检测窗口中发生的事件，如单击按钮事件，当窗口关闭后，主循环就会结束，一般会通过 sys.exit 函数确保主循环安全结束。

下面的例子实现了一个完整的 PyQt6 程序，读者通过这个例子可以更好地理解编写最基本的 PyQt6 程序的步骤。

代码位置：src/pyqt/first.py

```python
import sys
# 导入QApplication类和QWidget类
from PyQt6.QtWidgets import QApplication, QWidget
if __name__ == '__main__':
    # 创建QApplication类的实例，并传入命令行参数
    app = QApplication(sys.argv)
    # 创建QWidget类的实例，相当于创建一个窗口
    w = QWidget()
    # 将窗口的宽设为450，高设为260
    w.resize(450, 260)
    # 移动窗口
    w.move(300, 300)
```

```
# 设置窗口的标题
w.setWindowTitle('第一个 PyQt6 应用')
# 显示窗口
w.show()
# 进入程序的主循环，并通过 exit 函数确保主循环安全结束
sys.exit(app.exec())
```

程序运行结果如图 16-1 所示。

图 16-1　第一个 PyQt6 应用

16.4　窗口的基本功能

本节会介绍一些与窗口相关的功能，例如，设置窗口图标、显示提示框、关闭窗口等功能。

16.4.1　窗口图标

设置窗口图标需要使用 setWindowIcon 方法，不过 QApplication 类和 QWidget 类都有 setWindowIcon 方法，那么到底使用哪个 setWindowIcon 方法呢？

对于 Windows 系统来说，使用哪个 setWindowIcon 方法都一样，都会在窗口的左上角显示图标，但在 macOS 下，使用 QWidget 类的 setWindowIcon 方法不会在窗口上显示图标，只有调用 QApplication 类的 setWindowIcon 方法才会在窗口上显示图标。setWindowIcon 方法需要传入一个图像文件路径，文件格式可以使用 png、jpg 等格式。建议使用 png 格式，因为 png 格式支持透明背景。

下面的例子通过 QApplication 类的 setWindowIcon 方法向窗口添加一个图标。

代码位置：src/pyqt/icon.py

```
import sys
from PyQt6.QtWidgets import QApplication, QWidget
# 导入 QIcon 类，用于装载图像文件
from PyQt6.QtGui import QIcon
if __name__ == '__main__':
    app = QApplication(sys.argv)
    w = QWidget()
    # 设为窗口尺寸（300*300）和位置（x=300, y=220）
    w.setGeometry(300, 300, 300, 220)
    w.setWindowTitle('窗口图标')
    # 设置窗口图标
    app.setWindowIcon(QIcon('python.png'))
    w.show()
    sys.exit(app.exec())
```

运行本例之前，在当前目录应该有一个 python.png 文件，运行效果如图 16-2 所示。

图 16-2　窗口图标

16.4.2　提示框

提示框就是一个无法获得焦点的窗口。通常用提示框作为实时帮助或提示使用。例如，当鼠标指针放在一个按钮上，就会显示这个按钮的作用和使用方法。

提示框需要使用 QWidget 类的 setToolTip 方法创建。任何可视化控件类都有这个方法，因为可视化控件类是从 QWidget 类派生的。setToolTip 接收一个字符串类型的参数值，作为提示框显示的文本。并不是创建了提示框就会立刻显示，需要将鼠标放在添加了提示框的窗口或控件上，等待大概 1s，就会显示相应的提示框，如果鼠标不动，提示框会在数秒后自动关闭，如果鼠标移动，提示框会立刻关闭。

下面的例子在窗口上放置了一个按钮，并为窗口和按钮各添加了一个提示框，并设置了提示框中文本的字体和字号。

代码位置： src/pyqt/tooptip.py

```python
import sys
from PyQt6.QtWidgets import (QWidget, QToolTip,
    QPushButton, QApplication)
# 导入 QFont 类，用于设置字体和字号
from PyQt6.QtGui import QFont
if __name__ == '__main__':
    app = QApplication(sys.argv)
    w = QWidget()
    w.setGeometry(300, 300, 300, 220)
    w.setWindowTitle('提示框')
    # 设置提示框中文本的字体是 SansSerif，字号是 20
    QToolTip.setFont(QFont('SansSerif', 20))
    # 为窗口设置提示框
    w.setToolTip('这是一个窗口\n 设计者：李宁')
    # 创建一个按钮，并将按钮显示在窗口上
    btn = QPushButton('Button', w)
    # 为按钮设置提示框
    btn.setToolTip('这是一个按钮\n 设计者：Lining')
    btn.resize(btn.sizeHint())
    btn.move(50, 50)
    w.show()
    sys.exit(app.exec_())
```

图 16-3　按钮的提示框

现在运行程序，然后将鼠标指针放在按钮上，等待大概 1s，就会显示如图 16-3 所示的提示框，如果将鼠标放在窗口上，也会显示类似的提示框。

16.4.3　关闭窗口

关闭窗口可以直接使用系统内置的 quit 方法，如果单击按钮关闭窗口，可以直接将将按钮的单击事件与 quit 绑定。

下面的例子在窗口上添加了一个按钮，单击该按钮关闭窗口，同时会退出整个应用程序。

代码位置： src/pyqt/close_window.py

```python
import sys
from PyQt6.QtWidgets import QWidget, QPushButton, QApplication
from PyQt6.QtCore import QCoreApplication


if __name__ == '__main__':
```

```
app = QApplication(sys.argv)
w = QWidget()
w.setGeometry(300, 300, 300, 220)
w.setWindowTitle('关闭窗口')
qbtn = QPushButton('Quit', w)
# 将按钮的单击事件与quit绑定
qbtn.clicked.connect(QCoreApplication.instance().quit)
qbtn.resize(qbtn.sizeHint())
qbtn.move(50, 50)
w.show()
sys.exit(app.exec())
```

运行程序，然后单击按钮，窗口就会关闭。

16.4.4　消息盒子

消息盒子（MessageBox）其实就是各种类型的消息对话框，如信息对话框，警告对话框、询问对话框等。这些对话框的区别主要是对话框的图标以及按钮的个数。QMessageBox 类提供了若干静态方法可以显示各种类型的对话框，例如，information 方法用于显示信息对话框，warning 方法用于显示警告对话框，question 方法用于显示询问对话框。这些方法的使用方式类似。

下面的例子捕捉了窗口的关闭事件，并在关闭事件方法中使用 QMessageBox.question 方法显示一个询问对话框，询问是否真的关闭窗口，如果单击 No 按钮，则不会关闭窗口，单击 Yes 按钮才会真的关闭窗口。

代码位置：src/pyqt/dialog.py

```
import sys
from PyQt6.QtWidgets import QWidget, QMessageBox, QApplication
class MessageBox(QWidget):
    def __init__(self):
        super().__init__()
        # 初始化窗口
        self.initUI()
    def initUI(self):
        self.setGeometry(300, 300, 250, 150)
        self.setWindowTitle('消息盒子')
        # 显示窗口
        self.show()
    # 窗口的关闭事件
    def closeEvent(self, event):
        reply = QMessageBox.question(self, '消息',
            "你真的要退出吗?", QMessageBox.StandardButton.Yes |
                            QMessageBox.StandardButton.No)
        if reply == QMessageBox.StandardButton.Yes:
            event.accept()
        else:
            event.ignore()

if __name__ == '__main__':
```

```
app = QApplication(sys.argv)
# 创建 MessageBox 类的实例，在该类的构造方法中通过 initUI 方法初始化窗口，以及显示窗口
ex = MessageBox()
sys.exit(app.exec())
```

运行程序，然后关闭窗口，会弹出如图 16-4 所示的询问对话框，默认按钮是 No，如果单击 No 按钮，会取消关闭窗口动作，如果单击 Yes 按钮才会真正关闭窗口。

学习本例需要了解如下几点：

- 本例采用了面向对象的方式将与窗口相关的代码都封装在 MessageBox 类中，这是编写 PyQt6 程序的常用方式，以后编写的代码都会采用这种方式。

- closeEvent 方法是窗口的关闭事件方法，当窗口关闭时，会首先调用该方法。这个方法的调用是自动的，不需要我们干预，也不需要注册该方法，方法名字必须叫 closeEvent。

- closeEvent 方法的第 2 个参数是与关闭事件有关的对象。其中 accept 方法会让窗口关闭，ignore 方法会取消窗口关闭动作。如果这两个方法都不调用，那么窗口仍然会关闭。

图 16-4　询问是否真的关闭窗口

16.4.5　窗口居中

窗口对象（QWidget）并没有直接提供让窗口居中的方法，不过可以曲线救国，根据窗口的宽度、高度以及屏幕的宽度和高度，计算出窗口左上角的坐标，然后使用窗口对象的 move 方法将窗口移动到中心的位置。

下面的例子编写了一个可以在屏幕中心显示的窗口。

代码位置： src/pyqt/window_center.py

```
import sys
from PyQt6.QtWidgets import QWidget,QApplication
from PyQt6.QtGui import QGuiApplication
# 在屏幕中心显示的窗口类
class CenterWindow(QWidget):
    def __init__(self):
        super().__init__()
        self.initUI()
    def initUI(self):
        self.resize(250, 150)
        # 调用 center 方法让窗口在屏幕中心显示
        self.center()
        self.setWindowTitle('窗口居中')
        self.show()
    def center(self):
        screen = QGuiApplication.primaryScreen().availableGeometry()
        # 计算窗口处于屏幕中心时左上角的坐标，然后将窗口移动到中心的位置
        self.move(int((screen.width()- self.width())/2),
                        int((screen.height()- self.height())/2))
```

```
if __name__ == '__main__':
    app = QApplication(sys.argv)
    ex = CenterWindow()
    sys.exit(app.exec())
```

运行程序，会发现窗口正好居中显示。

16.5　布局

在一个 GUI 程序里，布局是非常重要的。布局的作用是管理应用中的控件在窗口上的摆放位置以及控件自身的尺寸。PyQt6 支持如下 3 种布局：绝对布局、盒布局和网格布局。

16.5.1　绝对布局

在窗口上是以像素为单位设置尺寸和位置的，所以可以用绝对定位的方式确定控件的尺寸，以及控件在窗口上的位置。

下面的例子在窗口上放置了 3 个 QLabel 控件，并通过绝对布局让这 3 个 QLabel 控件在不同位置显示。

代码位置： src/pyqt/absolute_layout.py

```
import sys
from PyQt6.QtWidgets import QWidget, QLabel, QApplication
class AbsoluteLayout(QWidget):
    def __init__(self):
        super().__init__()
        self.initUI()
    def initUI(self):
        lbl1 = QLabel('姓名', self)
        # 设置 QLabel 控件的位置是 15,10
        lbl1.move(15, 10)
        lbl2 = QLabel('年龄', self)
        # 设置 QLabel 控件的位置是 35,40
        lbl2.move(35, 40)
        lbl3 = QLabel('所在城市', self)
        # 设置 QLabel 控件的位置是 55,70
        lbl3.move(55, 70)
        self.setGeometry(300, 300, 250, 150)
        self.setWindowTitle('绝对布局')
        self.show()
if __name__ == '__main__':
    app = QApplication(sys.argv)
    ex = AbsoluteLayout()
    sys.exit(app.exec())
```

程序运行结果如图 16-5 所示。

绝对布局尽管非常灵活，可以任意摆放控件的位置，但也有其局限性。

图 16-5 绝对布局

- 控件的位置固定，不会随着窗口尺寸的变化而变化。例如，当窗口默认尺寸控件是在窗口中心时，如果窗口的尺寸改变，那么这个控件将不再处于窗口中心。
- 无法使用不同平台和不同分辨率的显示器。
- 更改字体大小可能会破坏布局。
- 如果决定对应用进行重构，那么还需要重新计算每个控件的位置和大小。

因此，绝对布局尽管非常灵活，但并不能适用于所有的情况，如果要让布局适应性更强，可以使用下面介绍的盒布局和网格布局。

16.5.2 盒布局

使用盒布局能让程序具有更强的适应性。盒布局分为水平盒布局和垂直盒布局，分别用 QHBoxLayout 类和 QVBoxLayout 类表示。水平盒布局是将控件沿水平方向摆放，垂直盒布局是将控件沿垂直方向摆放。

如果要对控件使用盒布局，需要通过盒布局对象的 addWidget 方法将控件添加到盒布局中，如果要将一个布局添加到盒布局中作为子布局存在，需要通过盒布局对象的 addLayout 方法将布局对象添加到盒布局中。

下面的例子在窗口上放置了两个按钮，并且让按钮在右下角。无论窗口尺寸如何变化，这两个按钮始终在右下角。

本例的实现思路是先建立一个水平盒布局，让两个按钮始终在右侧，然后再建立一个垂直盒布局，并且将水平盒布局添加到垂直盒布局中，最后让水平盒布局始终在屏幕的下方。这样分两步处理，两个按钮就在屏幕的右下角了。让水平盒布局的控件始终在右侧与让垂直盒布局的控件始终在下方，需要调用盒布局对象的 addStretch 方法。

代码位置：src/pyqt/box_layout.py

```python
import sys
from PyQt6.QtWidgets import (QWidget, QPushButton,
    QHBoxLayout, QVBoxLayout, QApplication)
class BoxLayout(QWidget):
    def __init__(self):
        super().__init__()
        self.initUI()


    def initUI(self):
        # 创建 "确定" 按钮
        okButton = QPushButton("确定")
        # 创建 "取消" 按钮
        cancelButton = QPushButton("取消")
        # 创建水平盒布局对象
        hbox = QHBoxLayout()
        # 让两个按钮始终在窗口的右侧
        hbox.addStretch()
```

```
            # 将 "确定" 按钮添加到水平盒布局中
            hbox.addWidget(okButton)
            # 将 "取消" 按钮添加到水平盒布局中
            hbox.addWidget(cancelButton)
            # 创建垂直盒布局对象
            vbox = QVBoxLayout()
            # 让控件始终在窗口的下方
            vbox.addStretch()
            # 将水平盒布局对象添加到垂直盒布局中
            vbox.addLayout(hbox)
            # 将垂直盒布局应用于当前窗口
            self.setLayout(vbox)

            self.setGeometry(300, 300, 300, 150)
            self.setWindowTitle('盒布局')
            self.show()


if __name__ == '__main__':

    app = QApplication(sys.argv)
    ex = BoxLayout()
    sys.exit(app.exec())
```

程序运行结果如图 16-6 所示。读者可以放大缩小窗口的尺寸，发现两个
按钮始终在窗口的右下角。

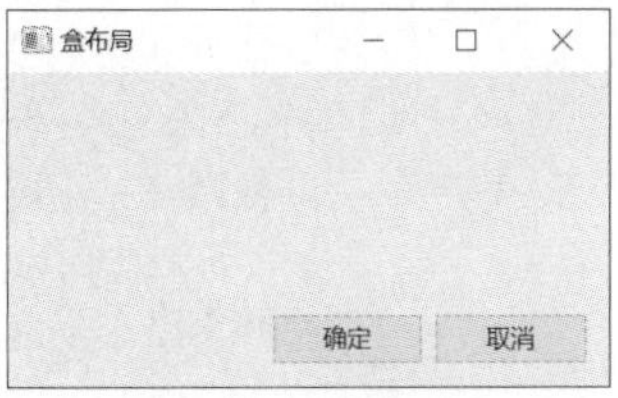

图 16-6　盒布局

16.5.3　网格布局

网格布局相当于一个二维表，将窗口划分为若干行，若干列。一个控件可以摆放在一个单元格中，也可以横跨多行多列。网格布局用 QGridLayout 类表示。该类中常用的方法是 addWidget，可以将一个控件添加到网格布局中，并指定该控件从第几行，第几列开始，以及占用几行几列。还可以使用 addSpacing 方法指定在水平和垂直方向单元格之间的距离。

下面的例子使用网格布局创建了一个提交数据的表单窗口。包含 3 个 QLabel 控件和 3 个文本编辑框架（QLineEdit 和 QTextEdit）。

代码位置：src/pyqt/grid_layout.py

```
import sys
from PyQt6.QtWidgets import (QWidget, QLabel, QLineEdit,
    QTextEdit, QGridLayout, QApplication)

class FormGridLayout(QWidget):

    def __init__(self):
        super().__init__()
        self.initUI()
```

```
    def initUI(self):
        title = QLabel('标题')
        author = QLabel('作者')
        summary = QLabel('摘要')
        titleEdit = QLineEdit()
        authorEdit = QLineEdit()
        summaryEdit = QTextEdit()
        # 创建网格布局对象
        grid = QGridLayout()
        # 设置单元格之间的距离
        grid.setSpacing(10)
        # 向网格布局添加 title 控件，位于第 2 行第 1 列
        grid.addWidget(title, 1, 0)
        # 向网格布局添加 titleEdit 控件，位于第 2 行第 2 列
        grid.addWidget(titleEdit, 1, 1)
        # 向网格布局添加 author 控件，位于第 3 行第 1 列
        grid.addWidget(author, 2, 0)
        # 向网格布局添加 authorEdit 控件，位于第 3 行第 2 列
        grid.addWidget(authorEdit, 2, 1)
        # 向网格布局添加 summary 控件，位于第 4 行第 1 列
        grid.addWidget(summary, 3, 0)
        # 向网格布局添加 summaryEdit 控件，位于第 4 行第 2 列，并且占用了 5 行 1 列
        grid.addWidget(summaryEdit, 3, 1, 5, 1)
        # 将网格布局应用于当前窗口
        self.setLayout(grid)

        self.setGeometry(300, 300, 350, 300)
        self.setWindowTitle('网格布局')
        self.show()
if __name__ == '__main__':

    app = QApplication(sys.argv)
    ex = FormGridLayout()
    sys.exit(app.exec())
```

程序运行结果如图 16-7 所示。当改变窗口尺寸时，最下方的文本输入框的尺寸会随着窗口的尺寸改变而改变。而前两个文本输入框的宽度只会随着窗口的宽度变化而变化，因为 QLineEdit 是单行输入控件，而 QTextEdit 是多行输入控件。

图 16-7　网格布局

16.6　控件

控件是开发 GUI 程序必不可少的组成部分。就像盖房子的砖和瓦一样，需要用一砖一瓦盖起高楼大厦。PyQt6 中的控件很多，本节会介绍几个常用的控件，其他的控件大同小异。本节介绍的控件包括 QPushButton（按钮控件）、QLineEdit（单行文

本编辑控件)、QCheckBox(复选框控件)、QSlider(滑块控件)、QProgressBar(进度条控件)、QPixmap(图像控件)、QComboBox(下拉列表框控件)和 QCalendarWidget(日历控件)。

16.6.1 QPushButton 控件

QPushButton 是一个按钮控件,不过这个按钮控件支持两种状态:一种是 Normal 状态,另外一种是 Checked 状态。Normal 状态就是正常的未按下的状态,而 Checked 状态就是按钮被按下的状态,按下后颜色变为蓝色,表示已经被选中。

下面的例子在窗口上放置了 3 个 QPushButton 控件和一个 QFrame 控件,这 3 个 QPushButton 控件分别表示红、绿、蓝 3 个状态。当单击某个或某几个按钮时,就会分别设置 RGB 的每个颜色分量,并将设置后的颜色设为 QFrame 控件的背景色。

代码位置: src/pyqt/button_demo.py

```python
from PyQt6.QtWidgets import (QWidget, QPushButton,
    QFrame, QApplication)
# 导入用于设置颜色的 QColor 类
from PyQt6.QtGui import QColor
import sys
class PushButton(QWidget):
    def __init__(self):
        super().__init__()
        self.initUI()

    def initUI(self):
        # 创建 QColor 对象,初始颜色为黑色
        self.color = QColor(0, 0, 0)
        # 创建表示红色的 QPushButton 对象
        redButton = QPushButton('红', self)
        # 必须用 setCheckable(True) 才能让按钮可以设置两种状态
        redButton.setCheckable(True)
        redButton.move(10, 10)
        # 将 setColor 方法与按钮的单击事件关联, bool 是一个类, 表示 setColor 参数类型是一个布尔
        # 类型
        # 这个布尔类型的参数值表示按钮按下和抬起两种状态
        redButton.clicked[bool].connect(self.setColor)
        # 创建表示绿色的 QPushButton 对象
        greenButton = QPushButton('绿', self)
        greenButton.setCheckable(True)
        greenButton.move(10, 60)
        greenButton.clicked[bool].connect(self.setColor)
        # 创建表示蓝色的 QPushButton 对象
        blueButton = QPushButton('蓝', self)
        blueButton.setCheckable(True)
        blueButton.move(10, 110)
        blueButton.clicked[bool].connect(self.setColor)
        # 创建用于显示当前颜色的 QFrame 对象
        self.square = QFrame(self)
```

```python
        self.square.setGeometry(150, 20, 100, 100)
        # 设置 QFrame 的背景色
        self.square.setStyleSheet("QWidget { background-color: %s }" %
            self.color.name())

        self.setGeometry(300, 300, 280, 170)
        self.setWindowTitle('按钮控件')
        self.show()

    # 按钮的单击事件方法，3 个按钮共享着一个方法
    def setColor(self, pressed):
        # 获取单击了哪个按钮
        source = self.sender()
        # pressed 参数就是前面 clicked[bool] 中指定的布尔类型参数值
        # 参数值为 True，表示按钮已经按下，参数值为 False，表示按钮已经抬起
        if pressed:
            val = 255
        else: val = 0
        # 红色按钮按下，设置颜色的红色分量
        if source.text() == "红":
            self.color.setRed(val)
        # 绿色按钮按下，设置颜色的绿色分量
        elif source.text() == "绿":
            self.color.setGreen(val)
        # 蓝色按钮按下，设置颜色的蓝色分量
        else:
            self.color.setBlue(val)
        # 用设置后的颜色改变 QFrame 的背景色
        self.square.setStyleSheet("QFrame { background-color: %s }" %
            self.color.name())

if __name__ == '__main__':

    app = QApplication(sys.argv)
    ex = PushButton()
    sys.exit(app.exec())
```

程序运行结果如图 16-8 所示。

现在单击"红"按钮和"绿"按钮，效果如图 16-9 所示。红和绿的混合色是黄色，所以 QFrame 控件的背景色变成了黄色。

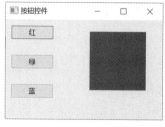

图 16-8　按钮控件

图 16-9　单击"红"按钮和"绿"按钮

16.6.2 QLineEdit 控件

QLineEdit 是用于输入单行文本的控件，以前多次使用过这个控件，本节再来回顾一下这个控件的基本使用方法。

下面的例子在窗口上放置一个 QLabel 控件和一个 QLineEdit 控件，当在 QLineEdit 控件中输入文本时，输入的文本会同步在 QLabel 控件中显示。

代码位置： src/pyqt/lineedit_demo.py

```python
import sys
from PyQt6.QtWidgets import (QWidget, QLabel,
    QLineEdit, QApplication)
class LineEdit(QWidget):
    def __init__(self):
        super().__init__()
        self.initUI()
    def initUI(self):
        # 创建 QLabel 对象
        self.label = QLabel(self)
        # 创建 QLineEdit 对象
        lineEdit = QLineEdit(self)
        lineEdit.move(80, 100)
        self.label.move(80, 40)
        # 将 onChanged 方法与 QLineEdit 控件的文本变化事件绑定，需要传入 onChanged 方法一个
        # 字符串类型的参数，用 str 表示字符串类型，str 是一个类
        lineEdit.textChanged[str].connect(self.onChanged)
        self.setGeometry(300, 300, 280, 170)
        self.setWindowTitle('QLineEdit 控件')
        self.show()
    # 文本变化时调用的方法，text 参数表示变化后的文本
    def onChanged(self, text):
        self.label.setText(text)
        self.label.adjustSize()

if __name__ == '__main__':
    app = QApplication(sys.argv)
    ex = LineEdit()
    sys.exit(app.exec())
```

运行程序，然后在 QLineEdit 控件中输入一行文本，会发现 QLabel 控件中也会显示同样的文本，如图 16-10 所示。

图 16-10 QLineEdit 控件

16.6.3 QCheckBox 控件

QCheckBox 是复选框控件，用于进行二值选择。也可以多个 QCheckBox 控件在一起使用，用于对多个设置项进行多选操作。QCheckBox 控件默认的是未选中状态，调用 QCheckBox 对象的 toggle 方法可以让 QCheckBox 控件处于选中状态。QCheckBox 控件常用的事件是 stateChanged，当 QCheckBox 控件选中状态发

生变化时会触发该事件。

下面的例子在窗口上放置了一个 QCheckBox 控件，QCheckBox 控件处于选中或未选中状态时，会改变窗口的标题。

代码位置：src/pyqt/checkbox_demo.py

```python
from PyQt6.QtWidgets import QWidget, QCheckBox, QApplication
from PyQt6.QtCore import Qt
import sys
class CheckBox(QWidget):
    def __init__(self):
        super().__init__()
        self.initUI()
    def initUI(self):
        # 创建 QCheckBox 对象
        cb = QCheckBox('请选择我', self)
        cb.move(20, 20)
        # 调用这个方法会让 QCheckBox 控件处于选中状态
        #cb.toggle()
        # 将 changeTitle 方法与 QCheckBox 控件的 stateChanged 事件绑定
        cb.stateChanged.connect(self.changeTitle)
        self.setGeometry(300, 300, 250, 150)
        self.setWindowTitle('还没有选择我')
        self.show()
    def changeTitle(self, state):
        # 2 表示选中状态,0 表示未选中状态
        if state == 2:
            self.setWindowTitle('已经选择我了')
        else:
            self.setWindowTitle('还没有选择我')
if __name__ == '__main__':
    app = QApplication(sys.argv)
    ex = CheckBox()
    sys.exit(app.exec())
```

现在运行程序，会看到如图 16-11 所示的默认效果。

当选中 QCheckBox 控件后窗口标题就会改变，如图 16-12 所示。

图 16-11　QCheckBox 控件未选中状态

图 16-12　QCheckBox 控件选中状态

16.6.4　QSlider 控件

QSlider 是滑块控件，用于控制值在一定的范围变化。可以将 QSlider 控件的 valueChanged 事件与一个方法绑定，用来监听滑块移动的动作。还可以使用 setMinimum 方法和 setMaximum 方法设置滑块可以变化的最小值和最大值。

下面的例子在窗口上放置了一个 QSlider 控件，QSlider 控件上的滑块左右滑动时，会将 QSlider 控件当前的值显示在右侧的 QLabel 控件中。

代码位置：src/pyqt/slider_demo.py

```python
from PyQt6.QtWidgets import (QWidget, QSlider,
    QLabel, QApplication)
from PyQt6.QtCore import Qt
import sys
class Slider(QWidget):
    def __init__(self):
        super().__init__()
        self.initUI()
    def initUI(self):
        # 创建 QSlider 对象
        sld = QSlider(Qt.Orientation.Horizontal, self)
        # 设置滑块的最小值为 10
        sld.setMinimum(10)
        # 设置滑块的最大值为 500
        sld.setMaximum(500)
        sld.setGeometry(30, 40, 100, 30)
        # 将 changeValue 方法与 QSlider 控件的 valueChanged 事件绑定
        sld.valueChanged[int].connect(self.changeValue)
        # 创建 QLabel 对象，用于显示滑块的当前值
        self.label = QLabel(self)
        self.label.setGeometry(160, 40, 80, 30)
        self.setGeometry(300, 300, 280, 170)
        self.setWindowTitle('QSlider 控件')
        self.show()

    def changeValue(self, value):
        # 在 QLabel 控件上显示滑块的当前值
        self.label.setText(str(value))

if __name__ == '__main__':
    app = QApplication(sys.argv)
    ex = Slider()
    sys.exit(app.exec())
```

运行程序，然后拖动滑块，会看到 QLabel 控件上显示滑块的当前值，如图 16-13 所示。

图 16-13　QSlider 控件

16.6.5 QProgressBar 控件

QProgressBar 是进度条控件，效果与 QSlider 控件类似，只是没有滑块，要想改变 QProgressBar 控件的当前值，需要通过 QProgressBar 控件的 setValue 方法设置。QProgressBar 控件默认最小值是 0，默认最人值是 100，可以通过 setMinimum 方法和 setMaximum 方法设置最小值和最大值，也可以通过 minimum 方法和 maximum 方法获得最小值和最大值。

下面的例子在窗口上放置了一个 QProgressBar 控件和一个 QPushButton 控件，单击按钮控件会开始一个定时器（QBBasicTimer)，定时器会每 100ms 更新一次 QProgressBar 控件的值，直到达到 QProgressBar 控件的最大值为止。

代码位置：src/pyqt/progressbar_demo.py

```python
from PyQt6.QtWidgets import (QWidget, QProgressBar,
    QPushButton, QApplication)
from PyQt6.QtCore import QBasicTimer
import sys
class ProgressBar(QWidget):
    def __init__(self):
        super().__init__()
        self.initUI()
    def initUI(self):

        self.pbar = QProgressBar(self)
        self.pbar.setGeometry(40, 40, 200, 25)
        # 创建 QPushButton 对象
        self.btn = QPushButton('开始', self)
        self.btn.move(40, 80)
        # 将按钮的单击事件与 doAction 方法关联
        self.btn.clicked.connect(self.doAction)


        # 创建定时器对象
        self.timer = QBasicTimer()
        # QProgressBar 控件的当前值
        self.value = 0
        self.setGeometry(300, 300, 280, 170)
        self.setWindowTitle('QProgressBar 控件')
        self.show()
    # 定时器调用的方法，必须命名为 timerEvent
    def timerEvent(self, e):
        # 当 self.value 大于或等于 100 时，表示任务完成，停止定时器
        if self.value >= 100:
            self.timer.stop()
            self.btn.setText('完成')
            return
        # 每次 QProgressBar 控件的当前值加 1
        self.value = self.value + 1
```

```
            # 更新 QProgressBar 控件的当前值
            self.pbar.setValue(self.value)
    # 按钮的单击事件方法
    def doAction(self):
        # 如果定时器处于活动状态，停止定时器
        if self.timer.isActive():
            self.timer.stop()
            self.btn.setText('开始')
        else: # 如果定时器还没有开始，启动定时器，时间间隔是100ms
            self.timer.start(100, self)
            self.btn.setText('停止')


if __name__ == '__main__':

    app = QApplication(sys.argv)
    ex = ProgressBar()
    sys.exit(app.exec())
```

运行程序，然后单击"开始"按钮，会看到按钮上方的 QProgressBar
控件的进度条不断前进，直到进度条处于最右端为止，如图 16-14 所示。

16.6.6　QPixmap 控件

QPixmap 是用于显示图像的控件，通过 QPixmap 类的构造方法可以指
定要显示的图像文件名。

下面的例子在窗口上放置了一个 QPixmap 控件，并显示了本地的一个
png 格式的图像。

图 16-14　QProgressBar 控件

代码位置： src/pyqt/pixmap_demo.py

```
from PyQt6.QtWidgets import(QWidget, QHBoxLayout,
    QLabel, QApplication)
from PyQt6.QtGui import QPixmap
import sys

class Pixmap(QWidget):
    def __init__(self):
        super().__init__()
        self.initUI()
    def initUI(self):
        hbox = QHBoxLayout(self)
        # 创建 QPixmap 对象，并指定要显示的图像文件
        pixmap = QPixmap("face.png")
        lbl = QLabel(self)
        lbl.setPixmap(pixmap)
        hbox.addWidget(lbl)
        self.setLayout(hbox)
```

```
        self.move(300, 200)
        self.setWindowTitle('显示图像（QPixmap 控件）')
        self.show()
if    name    == '  main   ':
    app = QApplication(sys.argv)
    ex = Pixmap()
    sys.exit(app.exec())
```

程序运行结果如图 16-15 所示。

16.6.7　QComboBox 控件

QComboBox 是下拉列表控件，允许在列表中显示多个值，但只能选择其中一个值。可以使用 QComboBox 对象的 addItem 方法添加列表项，并通过 QComboBox 控件的 activated 事件处理选择列表项的动作。

下面的例子在窗口上放置了两个 QComboBox 控件和一个 QLabel 控件，当左侧的 QComboBox 控件选择某个列表项后，就会在 QLabel 控件中显示这个选择的列表项。

图 16-15　显示图像（QPixmap 控件）

代码位置： src/pyqt/combobox_demo.py

```
from PyQt6.QtWidgets import(QWidget, QLabel,
    QComboBox, QApplication)
import sys

class ComboBox(QWidget):

    def __init__(self):
        super().__init__()

        self.initUI()

    def initUI(self):

        self.lbl = QLabel("中国", self)
        self.lbl.move(50, 150)
        combo = QComboBox(self)
        # 向第 1 个 QComboBox 控件添加若干列表项
        combo.addItem("中国")
        combo.addItem("美国")
        combo.addItem("法国")
        combo.addItem("德国")
        combo.addItem("俄罗斯")
        combo.addItem("澳大利亚")
        combo.move(50, 50)
```

```
        self.lbl.move(50, 150)
        # 将 onCurrentTextChanged 方法与 currentTextChanged 事件绑定
        combo.currentTextChanged[str].connect(self.onCurrentTextChanged)

        combo1 = QComboBox(self)
        # 向第 2 个 QComboBox 控件添加若干列表项
        combo1.addItem("Item1")
        combo1.addItem("Item2")
        combo1.addItem("Item3")
        combo1.move(200, 50)

        self.setGeometry(300, 300, 300, 200)
        self.setWindowTitle('QComboBox 控件')
        self.show()
    # currentTextChanged 事件要调用的方法
    def onCurrentTextChanged(self, text):
        # 当选择第 1 个 QComboBox 控件的列表项后，将列表项的文本显示在 QLabel 控件中
        self.lbl.setText(text)
        self.lbl.adjustSize()
if __name__ == '__main__':

    app = QApplication(sys.argv)
    ex = ComboBox()
    sys.exit(app.exec())
```

运行程序，单击第 1 个 QComboBox 列表项，会弹出如图 16-16 所示的国家列表，选择一个国家，就会在下方的 QLabel 控件显示这个国家的名称。

16.6.8　QCalendarWidget 控件

QCalendarWidget 是用于显示日历的控件，可以按年、月显示日历，通过 setGridVisible 方法可以设置是否在日期中显示网格，通过绑定 clicked 事件，可以处理单击日历某一天的动作。

图 16-16　QComboBox 控件

下面的例子在窗口上放置了一个 QCalendarWidget 控件和一个 QLabel 控件，当单击 QCalendarWidget 控件的某一天时，会在 QLabel 控件中显示这一天的完整日期（包括星期）。

代码位置：src/pyqt/calendar_demo.py

```
from PyQt6.QtWidgets import (QWidget, QCalendarWidget,
    QLabel, QApplication, QVBoxLayout)
from PyQt6.QtCore import QDate
import sys
class CalendarWidget(QWidget):
    def __init__(self):
        super().__init__()
        self.initUI()
```

```python
def initUI(self):
    vbox = QVBoxLayout(self)
    cal = QCalendarWidget(self)
    # 让日历控件显示网格
    cal.setGridVisible(True)
    # 将日历的 clicked 事件与 showDate 方法绑定
    cal.clicked[QDate].connect(self.showDate)
    vbox.addWidget(cal)

    self.lbl = QLabel(self)
    # 获取当前选择的日期
    date = cal.selectedDate()
    self.lbl.setText(date.toString())

    vbox.addWidget(self.lbl)

    self.setLayout(vbox)

    self.setGeometry(300, 300, 350, 300)
    self.setWindowTitle('Calendar 控件')
    self.show()

def showDate(self, date):
    # 选择某个日期后，会在 QLabel 控件中显示详细的时间
    self.lbl.setText(date.toString())

if __name__ == '__main__':

    app = QApplication(sys.argv)
    ex = CalendarWidget()
    sys.exit(app.exec())
```

程序运行结果如图 16-17 所示。

图 16-17　Calendar 控件

16.7　菜单

调用 QMainWindow 类的 menuBar 方法可以获得主窗口的 QMenuBar 对象，该对象表示主窗口的菜单栏，通过 QMenuBar 对象的 addMenu 方法可以在菜单栏中添加菜单项，然后通过 addAction 方法添加子菜单项。下面的例子在窗口上添加了若干菜单项，并为其中两个菜单项添加单击动作。

代码位置： src/pyqt/menu_demo.py

```python
import sys
from PyQt6.QtWidgets import QMainWindow,QMenu,QApplication
from PyQt6.QtGui import QAction

class Menu(QMainWindow):

    def __init__(self):
        super().__init__()


        self.initUI()
    def initUI(self):
        menubar = self.menuBar()
        # 添加“文件”菜单项
        fileMenu = menubar.addMenu('文件')
        # 添加“新建”菜单项
        newAct = QAction('新建', self)
        # 添加“导入”菜单项（带子菜单项）
        impMenu = QMenu('导入', self)
        impAct1 = QAction('从 PDF 导入', self)
        impAct2= QAction('从 Word 导入', self)
        # 为菜单添加单击处理事件
        impAct1.triggered.connect(self.actionHandler1)
        # 为菜单添加单击处理事件
        impAct2.triggered.connect(self.actionHandler2)
        # 下面的代码将前面建立的菜单项关联起来
        impMenu.addAction(impAct1)
        impMenu.addAction(impAct2)
        fileMenu.addAction(newAct)
        fileMenu.addMenu(impMenu)

        self.setGeometry(300, 300, 300, 200)
        self.setWindowTitle('菜单')
        self.show()
    # 响应菜单项的事件方法
    def actionHandler1(self):
        print('从 PDF 导入')
    def actionHandler2(self):
        print('从 Word 导入')
```

```
if __name__ == '__main__':
    app = QApplication(sys.argv)
    ex = Menu()
    sys.exit(app.exec())
```

如果在 macOS 下运行程序，会显示如图 16-18 所示的菜单。

如果在 Windows 下运行程序，会显示如图 16-19 所示的菜单。

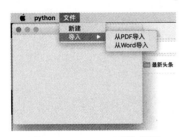

图 16-18　macOS 下的菜单

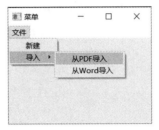

图 16-19　Windows 下的菜单

16.8　实战与演练

1．编写一个 Python 程序，使用网格布局设计如图 16-20 所示的计算器界面。

答案位置：src/pyqt/solution1.py

2．用 PyQt6 设计一个用户登录界面（包含用户名和密码）。然后使用 PyUIC 将.ui 文件转换为.py 文件，并编写相应的 Python 代码。通过单击"登录"按钮，可以验证用户输入的用户名和密码，然后通过消息盒子提示用户密码是否输入错误，单击"取消"按钮关闭登录窗口。用户名和密码可以硬编码在程序中，并且可以任意指定，登录界面如图 16-21 所示。

图 16-20　计算器界面

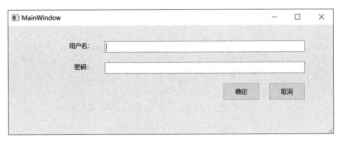

图 16-21　登录界面

答案位置：src/pyqt/solution2.py

16.9　本章小结

PyQt6 是一套非常强大的 GUI 库，通过使用 PyQt6，可以利用 Python 语言强大而易用的特性和庞大的第三方模块，以及 Qt 的高效运行和丰富的 UI 控件，开发出非常强大的 GUI 程序。PyQt6 的功能还远不止本章介绍得这么多，也不可能只通过一章的内容介绍完整个 PyQt6，本章的作用只是抛砖引玉，通过本章足可以对 PyQt6 有一个较深入的了解，然后读者可以再通过其他文档更深入学习 PyQt6，并且还可以通过本书后面章节提供的案例增加 PyQt6 的实战经验。

## 第 17 章

PyQt6 游戏项目实战：

俄罗斯方块

本章会使用 PyQt6 实现一款经典的游戏：俄罗斯方块。通常做一款游戏，尤其是大型游戏，会使用游戏引擎，如后面章节介绍的 Pygame，不过俄罗斯方块游戏并不算是大型游戏，而且界面比较简单，所以从理论上，可以使用任何支持图形绘制的技术来实现，因此用 PyQt6 做这款游戏完全绰绰有余。

项目源代码：src/tetris

17.1　游戏概述

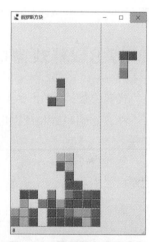

俄罗斯方块是一款非常古老和经典的游戏，拥有数以亿计的玩家。各种类型的俄罗斯方块游戏的玩法也千差万别，但不管什么样的玩法，基本的规则都不会变，就是不断产生新的方块，不断下落，当一整行填满后会被消除，每消除一行就会加分。如果新产生的方块由于下面已经被方块填满无法下落，游戏就结束。下面先看本章要实现的游戏的效果，如图 17-1 所示。

这款游戏包含了俄罗斯方块所有必要的元素，不断下落的方块、积分、方块消除机制，以及右侧即将产生的下一个方块。当然，还可以通过键盘控制下落的方块，如按上、下、左、右箭头键控制下落方块的旋转，按空格键会让方块快速下落。

图 17-1　俄罗斯方块主界面

17.2　实现游戏的思路

学习一款游戏的开发首先要做的并不是直接阅读游戏源代码，而是要理清这款游戏到底应该如何实现，在本节就看这款俄罗斯方块游戏需要完成哪些工作，以及这些工作都使用什么技术。

俄罗斯方块的主要功能如下：

- 不断产生下落的方块。
- 通过快捷键控制方块旋转和快速下落。
- 方块落到底或其他方块上，则停止下落。
- 已经落下的方块如果形成一整行，则将该行消除。
- 消除一行，加 1 分，分数在左下角的状态栏中显示。
- 游戏界面的右侧会显示下一个产生的下落方块，以便提前判断当前下落方块应该如何摆放。

这些功能都指向同一个东西，那就是方块，不管是正在下落的方块，还是已经落下的方块，都涉及方块。所以如何在游戏界面呈现方块，是最先需要解决的问题。

通常方块有两种呈现方式：

- 使用图像（通常是 png 格式）。
- 绘制图形。

这款俄罗斯方块游戏使用第 2 种方式呈现方块，因为方块比较简单，就是一个填充的正方形，非常容易绘制。当然，使用第 1 种方式也可以，但并不灵活，例如，变换每个方块的颜色就比较费劲，需要准备多个图像。一般比较简单的图像都会直接绘制出来，只有比较复杂、颜色绚丽、形状不规则（如宇宙飞船、星球、怪兽等）的图像才会直接使用图像。

PyQt6 提供的基本的绘图 API，只需要在窗口类中使用 paintEvent 方法，就可以轻松绘制直线、圆形、矩形等简单形状，并可以设置线宽、背景色、线条颜色等属性。

至于游戏的其他功能，则都是逻辑判断了，例如，判断方块是否可继续下落，需要考虑下面两个因素：

- 方块是否落到了底部。
- 方块即将下落的位置是否有其他方块。

现在对这款游戏的实现思路已经有了基本的理解，从 17.3 节开始，将逐步实现这款俄罗斯方块游戏。

17.3 游戏窗口

代码位置： src/tetris/Tetris.py

在开始编写游戏逻辑代码之前，需要先创建一个游戏窗口，然后所有的游戏元素都会在这个窗口中实现。

游戏窗口类 Tetris 是 QMainWindow 的子类，Tetris 类的 initUI 方法用来初始化游戏中的一些设置，以及让窗口居中。

```python
def initUI(self):
    # 设置游戏窗口的图标
    self.setWindowIcon(QIcon(os.path.join(os.getcwd(), 'images/icon.png')))
    # 每个小块的尺寸
    self.blockSize = 25
    # 游戏帧率，每 200ms 刷新一次（用于控制定时器）
    self.fps = 200
    # 创建定时器，用于定时刷新游戏
    self.timer = QBasicTimer()
    # 水平布局
    layout_horizontal = QHBoxLayout()
    # 创建游戏面板
    self.gameBoard = GameBoard()
    # 创建游戏外部面板
    self.externalBoard = ExternalBoard(self, self.blockSize, self.gameBoard)
    # 创建侧面面板
    self.sidePanel = SidePanel(self, self.blockSize, self.gameBoard)
    # 创建底部状态栏
```

```
    self.statusBar = self.statusBar()
    # 连接扩展面板的槽函数
    self.externalBoard.scoreSignal[str].connect(self.statusBar.showMessage)
    # 开始游戏
    self.start()
    # 将窗口设置为中心显示
    self.center()
    self.setWindowTitle('俄罗斯方块')
    # 显示游戏窗口
    self.show()
    # 设置游戏窗口的尺寸
    self.setFixedSize(self.externalBoard.width() + self.sidePanel.width(), self.sidePanel
.height() + self.statusBar.height())
```

在 initUI 方法中涉及多个自定义类，如 GameController、GameBoard、SidePanel 等，这些类会在本章后面的部分介绍。

游戏窗口会在屏幕中心显示，通过 center 方法，可以让游戏窗口居中，该方法的代码如下：

```
def center(self):
    # 获取屏幕对象
    screen = QGuiApplication.primaryScreen().availableGeometry()
    # 获取游戏窗口的尺寸
    size = self.geometry()
    # 经过计算，将游戏窗口移动到屏幕中心的位置
    self.move((screen.width() - size.width()) // 2, (screen.height() - size.height())
// 2)
```

17.4　创建新的方块

在 initUI 方法中调用 start 方法开始游戏，start 方法的代码如下：

```
def start(self):
    if self.isStarted:
        return
    self.isStarted = True
    # 产生新的小方块（由 4 个小方块组成）
    self.gameBoard.createNewTetris()
    # 开始定时器
    self.timer.start(self.fps, self)
```

在 start 方法中调用了 createNewTetris 方法创建一个新的方块组。通常俄罗斯方块组都是由 4 个小方块组成的，这 4 个小方块会组成如图 17-2 所示的 4 个形态。

createNewTetris 方法的代码如下：

图 17-2　俄罗斯方块的形态

代码位置：src/tetris/libs/gameboard.py

```
def createNewTetris(self):
    # 获取新方块的边界
    x_min, x_max, y_min, y_max = self.next_tetris.getRelativeBoundary(0)
    # 判断新产生的方块是否可以移动
    if self.ableMove([self.init_x, -y_min]):
        self.current_coord = [self.init_x, -y_min]
        self.currentGame = self.next_tetris
        # 产生下一个俄罗斯方块
        self.next_tetris = self.getNextTetris()
    else:                                        # 新产生的方块不可移动，游戏结束
        self.is_gameover = True
    self.shape_statistics[self.currentGame.shape] += 1
```

createNewTetris 方法会在多个地方调用，例如，当一个方块完成下落后，就会再次调用 createNewTetris 方法产生新的方块，然后在 createNewTetris 方法内部会判断新产生的方块是否可以下落，其实如果产生的新方块的位置已经有方块了，那么自然就不可以下落了，这时游戏就结束了。

17.5 绘制俄罗斯方块

现在到了最关键的地方，就是绘制俄罗斯方块，主要是绘制正在下落的方块和已经下落的方块。ExternalBoard 类表示游戏面板，绘制俄罗斯方块的工作就由该类完成。而 GameBoard 类的实例需要传给 ExternalBoard 类的实例，用于控制游戏的各种动作，如方块旋转、下落、整行消除等。

ExternalBoard 是 QFrame 类的子类，ExternalBoard 类的实例会放到游戏窗口上，作为游戏的主界面。在 ExternalBoard 类中有一个 paintEvent 方法，该方法用于绘制游戏面板上的俄罗斯方块，代码如下：

代码位置：src/tetris/libs/gameboard.py

```
def paintEvent(self, event):
    painter = QPainter(self)
    # 绘制已经落下的方块
    for x in range(self.inner_board.width):
        for y in range(self.inner_board.height):
            shape = self.inner_board.getCoordValue([x, y])
            # 开始绘制每个小方块
            drawCell(painter, x * self.blockSize, y * self.blockSize, shape,
self.blockSize)
    # 绘制正在下落的方块
    for x, y in self.inner_board.getCurrentTetrisCoords():
        shape = self.inner_board.currentGame.shape
        # 开始绘制每个小方块
        drawCell(painter, x * self.blockSize, y * self.blockSize, shape, self
.blockSize)
    painter.setPen(QColor(0x777777))
    # 下面开始用 4 条直线绘制游戏面板四周的边框
    painter.drawLine(0, self.height() - 1, self.width(), self.height() - 1)
```

```
    painter.drawLine(self.width() - 1, 0, self.width() - 1, self.height())
    painter.setPen(QColor(0xCCCCCC))
    painter.drawLine(self.width(), 0, self.width(), self.height())
    painter.drawLine(0, self.height(), self.width(), self.height())
```

在 paintEvent 方法中调用了 drawCell 方法，用于绘制每个小方块，该方法的代码如下：

代码位置：src/tetris/libs/misc.py

```
def drawCell(painter, x, y, shape, blockSize):
    # 小方块可以使用的颜色值
    colors = [0xCC6666, 0x66CC66, 0x6666CC, 0xCCCC66, 0xCC66CC, 0x66CCCC, 0xDAAA00]
    if shape == 0:
        return
    # 随机产生小方块的颜色
    color = QColor(colors[random.randint(0, 6)])
    # 绘制一个用随机颜色填充的小方块
    painter.fillRect(int(x + 1), int(y + 1), int(blockSize - 2), int(blockSize - 2),
color)
    painter.setPen(color.lighter())
    # 下面用 4 条线绘制小方块的边框
    painter.drawLine(int(x), int(y + blockSize - 1), int(x),int(y))
    painter.drawLine(int(x), int(y), int(x + blockSize - 1), int(y))
    painter.setPen(color.darker())
    painter.drawLine(int(x + 1), int(y + blockSize - 1), int(x + blockSize - 1),int( y
+ blockSize - 1))
    painter.drawLine(int(x + blockSize - 1), int(y + blockSize - 1), int(x + blockSize
- 1),int(y + 1))
```

17.6　响应键盘动作

游戏主窗口类 Tetris 中的 keyPressEvent 方法负责响应键盘事件，该方法的代码如下：

代码位置：src/tetris/Tetris.py

```
def keyPressEvent(self, event):
    if not self.isStarted or self.gameBoard.currentGame == tetrisShape().shape_empty:
        super(Tetris, self).keyPressEvent(event)
        return
    key = event.key()
    # P 键：暂停游戏执行
    if key == Qt.Key.Key_P:
        self.pause()
        return
    if self.isPaused:
        return
    # 左箭头：方块向左移动
    elif key == Qt.Key.Key_Left:
        self.gameBoard.moveLeft()
```

```
            # 右箭头：方块向右移动
            elif key == Qt.Key.Key_Right:
                self.gameBoard.moveRight()
            # 上箭头：方块逆时针旋转
            elif key == Qt.Key.Key_Up:
                self.gameBoard.rotateAnticlockwise()
            elif key == Qt.Key.Key_Down:   // 下箭头：方块顺时针旋转
                self.gameBoard.rotateClockwise()
            # 空格键：方块快速下落
            elif key == Qt.Key.Key_Space:
                self.externalBoard.score += self.gameBoard.dropDown()
            else:
                super(Tetris, self).keyPressEvent(event)
            # 更新窗口状态
            self.updateWindow()
```

17.7 移动和旋转方块

在 GameBoard 类中包含了很多用于控制游戏的方法，例如，判断当前方块是否可以移动，左移方块、右移方块、方块下落、快速下落等。这些方法也在 17.6 节给出的 keyPressEvent 方法中调用，所以游戏是通过按键调用这些方法实现的，现在给出部分用于控制游戏的方法。

代码位置：src/tetris/libs/gameboard.py

```
    # 用于判断在某一个方向上方块是否可以移动，这里的 direction 表示方块组旋转的方向
    def ableMove(self, coord, direction=None):
        assert len(coord) == 2
        if direction is None:
            direction = self.current_direction
        for x, y in self.currentGame.getAbsoluteCoords(direction, coord[0], coord[1]):
            # 判断方块是否超出游戏面板的边界
            if x >= self.width or x < 0 or y >= self.height or y < 0:
                return False
            # 判断当前位置是否已经有俄罗斯方块了
            if self.getCoordValue([x, y]) > 0:
                return False
        return True
    # 向右移动
    def moveRight(self):
        if self.ableMove([self.current_coord[0] + 1, self.current_coord[1]]):
            self.current_coord[0] += 1                    # 坐标加 1
    # 向左移动
    def moveLeft(self):
        if self.ableMove([self.current_coord[0] - 1, self.current_coord[1]]):
            self.current_coord[0] -= 1                    # 坐标减 1
    # 顺时针旋转
```

```
def rotateClockwise(self):
    # 判断方块是否可以顺时针旋转（如果右侧没有方块，或未超出边界，就可以旋转）
    if self.ableMove(self.current_coord, (self.current_direction + 1) % 4):
        self.current_direction = (self.current_direction+1) % 4
# 逆时针旋转
def rotateAnticlockwise(self):
    if self.ableMove(self.current_coord, (self.current_direction-1) % 4):
        self.current_direction = (self.current_direction-1) % 4
# 向下移动
def moveDown(self):
    removed_lines = 0
    if self.ableMove([self.current_coord[0], self.current_coord[1] + 1]):
        self.current_coord[1] += 1
    else:
        x_min, x_max, y_min, y_max =
self.currentGame.getRelativeBoundary(self.current_direction)

        #超出屏幕就判定游戏结束
        if self.current_coord[1] + y_min < 0:
            self.is_gameover = True
            return removed_lines
        # 消除整行
        self.mergeTetris()
        removed_lines = self.removeFullLines()
        self.createNewTetris()
    return removed_lines
# 快速下落
def dropDown(self):
    removed_lines = 0
    while self.ableMove([self.current_coord[0], self.current_coord[1] + 1]):
        self.current_coord[1] += 1
    x_min, x_max, y_min, y_max = self.currentGame.getRelativeBoundary(self.current_
direction)
    #超出屏幕就判定游戏结束
    if self.current_coord[1] + y_min < 0:
        self.is_gameover = True
        return removed_lines
    # 消除整行
    self.mergeTetris()
    removed_lines = self.removeFullLines()
    self.createNewTetris()
    return removed_lines
```

在这段代码中的 ableMove 方法是核心，已经在多处调用该方法。ableMove 方法用于判断当前方块是否可以移动，判断的依据如下：

- 当前方块是否超出游戏面板边界，如果超出，则无法移动。
- 当前方块下方是否有其他方块，如果有其他方块，则无法移动。

17.8　显示下一个俄罗斯方块

在游戏窗口的右侧显示了即将产生的下一个方块，这个功能由 SidePanel 类完成，该类中的 paintEvent 方法用于绘制右侧面板，代码如下：

```python
def paintEvent(self, event):
    painter = QPainter(self)
    x_min, x_max, y_min, y_max = self.inner_board.next_tetris.getRelativeBoundary(0)
    dy = 3 * self.blockSize
    dx = (self.width() - (x_max - x_min) * self.blockSize) / 2
    shape = self.inner_board.next_tetris.shape
    # 绘制俄罗斯方块的每个小方格
    for x, y in self.inner_board.next_tetris.getAbsoluteCoords(0, 0, -y_min):
        drawCell(painter, x * self.blockSize + dx, y * self.blockSize + dy, shape,
self.blockSize)
```

17.9　本章小结

本章介绍了俄罗斯方块的核心代码实现，由于篇幅所限，本章并未给出游戏的全部代码，如果读者想深入了解这款游戏的实现，可以阅读随书提供的源代码。这款游戏的核心其实就是 PyQt6 的绘图功能，其他业务逻辑，不管使用什么技术实现都是类似的。

## 第 18 章

Python 游戏引擎：Pygame

基础知识

在第 17 章已经通过 PyQt6 实现了一个俄罗斯方块游戏，从这个游戏本身看，其实就是一个可交互的绘图程序，这也是游戏应用的本质。

尽管俄罗斯方块游戏有很多种玩法，难度也并不低，但从技术实现上相对简单。基本上就是在画布上根据特定的规则绘制各种直线、矩形以及完成不同颜色的填充工作。要实现这些功能，直接使用 Python 难度并不大，但要实现更复杂的功能，例如，带人物和场景的游戏，就比较费劲了。主要是因为这类游戏往往需要各种特效，例如，复杂轨迹的物体移动、粒子特效等。当然，这些功能可以自己通过 OpenGL 等渲染引擎来实现，但这类渲染引擎使用起来很复杂，学习成本很高。而且这些功能往往都是通用的，要是每次都重复实现，岂不是太浪费人力和物力了。

为了解决上述问题，游戏引擎横空出世，例如，本章要讲解的 Pygame 就是一种基于 Python 的游戏引擎。在 Pygame 中封装了各种通用的游戏特效、精灵、粒子效果等游戏必备功能。使用 Pygame 编写游戏与编写普通的 Python 应用没什么太大区别。为了让读者更好地掌握 Pygame，本章以及第 19 章会详细介绍 Pygame 的核心知识点，并同时给出一些实际的案例来展示如何用 Pygame 以及 Python 来开发一款游戏。

18.1 Pygame 入门

在本节会介绍 Pygame 的基础知识，包括如何安装 Pygame，以及用 Pygame 绘制基本的图形。

18.1.1 搭建 Pygame 开发环境

Pygame 是 Python 的一个模块，可以使用下面的命令安装 Pygame：

```
pip install pygame
```

安装完 Pygame 后，可以进入 Python 的控制台，然后执行下面的代码验证是否成功安装 Pygame。

```
import pygame
```

执行完这行代码后，如果输出如图 18-1 所示的信息，说明 Pygame 已经安装成功。

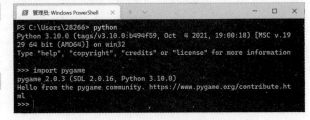

图 18-1　验证 Pygame 是否安装成功

18.1.2 使用 Pygame

学习 Pygame 的第一步就是学会如何使用它，也就是用 Pygame 编写游戏版的 Hello World。使用 Pygame

的一般步骤如下。

1. 导入必要的模块

使用 Pygame，必须要导入 pygame 模块，不过一般也需要导入 sys 模块，因为可能会调用 sys 模块中的某些 API，所以在程序的开始部分需要使用下面的代码导入这两个模块：

```
import pygame
import sys
```

2. 导入Pygame中的常量

这一步尽管不是必需的，但在用 Pygame 编写游戏时通常需要使用一些常量，这些常量都在 pygame.locals 模块中定义，所以需要使用下面的代码导入该模块中的所有常量。

```
from pygame.locals import *
```

3. 初始化Pygame

任何基于 Pygame 的游戏都需要使用下面的代码初始化。

```
pygame.init()
```

4. 设置游戏窗口的尺寸

通过 set_mode 函数可以设置游戏窗口的尺寸，代码如下：

```
screen = pygame.display.set_mode((600, 600))
```

使用 set_mode 函数设置游戏窗口尺寸时要注意，需要用一个元组指定窗口的尺寸，所以窗口的宽度和高度需要放到一对圆括号中。

5. 捕获游戏的事件

如果只使用前面的 4 步，游戏程序一运行就会立刻退出，要想让游戏窗口保持显示状态不退出，需要使用下面的代码不断监测窗口的事件。

```
# 定义要监测的事件
typeList = [QUIT]
# 通过循环不断监测窗口事件
while True:
    # 如果窗口触发了某个事件，就会进入循环体，并根据特定的事件类型进行处理
    for event in pygame.event.get():
        if event.type in typeList:
            # 当发现事件类型是退出后，直接结束程序
            sys.exit()
```

在这段代码中只监测一种事件，那就是退出事件。例如，当用户单击窗口右上角（针对 Windows 而言）的关闭按钮（一个小叉）后，就会触发该事件。如果不对该事件进行监测，那么就永远无法通过正常手段关闭游戏。

现在运行程序，就会显示一个黑色屏幕的游戏窗口，如图 18-2 所示。由于没有往窗口中添加任何游戏元素，所以窗口中什么也没有。在后面的章节中，将会在这个窗口中实现各种有趣的效果。

图 18-2　黑色屏幕游戏窗口

18.1.3　显示文本

本节做一个最简单的操作，就是将一行文本显示在窗口上，并设置窗口的背景颜色。在窗口上显示文本的原理是先将文本转换为图像，然后直接将图像绘制在窗口的特定位置。

将文字显示在窗口上的核心步骤如下。

1. 设置文字的字体和字号

与文本关联最紧密的两个属性是字体和字号，这两个属性需要通过下面的代码设置：

```
myFont = pygame.font.Font(None,60)
```

其中 60 是字号，这里字体为 None，也就是未设置字体。

2. 将文字转换为图像

文字要想显示在窗口上，需要通过 render 方法将文字转换为图像，实现代码如下：

```
textImage = myFont.render("Hello Pygame", True, yellow)
```

其中 "Hello Pygame" 是要转换的文本，True 表示将文字转换为图像后尽可能消除锯齿（抗锯齿），yellow 是一个元组，表示文字颜色。

3. 将带文本的图像显示在窗口上

通过 blit 方法可以将图像显示在窗口上，实现代码如下：

```
screen.blit(textImage, (10,60))
```

其中 textImage 是带文本的图像，(10, 60)是窗口中要显示文本的位置坐标。

下面的例子完整地演示了如何在窗口中显示文本，并设置了窗口的背景色。

代码位置：src/pygame/show_text.py

```python
import pygame
import sys
from pygame.locals import *
yellow = (255,255,0)                    # 文字颜色
blue = (0,0,200)                        # 背景颜色
pygame.init()
screen = pygame.display.set_mode((300,180))
# 设置字体和字号，其中 60 是字号，未设置字体
myFont = pygame.font.Font(None,60)
# 将文字转换为图像
textImage = myFont.render("Hello Pygame", True, yellow)
typeList = [QUIT]
screen.fill(blue)                       # 设置背景颜色
screen.blit(textImage, (10,60))         # 将文本图像显示在窗口特定的位置
# 更新窗口（重新绘制整个窗口中的内容）
pygame.display.update()
while True:
    for event in pygame.event.get():
        if event.type in typeList:
            sys.exit()
```

运行程序，会显示如图 18-3 所示的窗口。

18.1.4　显示中文

在游戏中可能要显示不同国家的文字，例如，显示中文。如果将 18.1.3 节的文本直接改成"你好 Pygame"，会看到如图 18-4 所示的效果。

图 18-3　显示文本　　　　　　　　　　图 18-4　中文未显示出来

这种将中文显示成方块的效果究其原因，是因为字体不支持中文，或未设置字体造成的。解决这个问题的方法也很简单，只需要找到一个支持中文的字体，并通过 Font 类构造方法的第 1 个参数指定该字体文件的路径即可。例如，将仿宋体的字体文件（simfang.ttf）复制到 show_text.py 文件所在的目录中，然后使用下面的代码设置该字体。

```
myFont = pygame.font.Font('simfang.ttf',50)
```

现在再运行程序，会看到如图 18-5 所示的效果。

图 18-5　成功显示中文

微课视频

18.1.5　绘制圆

使用 circle 函数可以绘制圆形，circle 函数在 draw 模块中，原型如下：

```
def circle(surface, color, center, radius, width = 0)
```

circle 函数参数的含义如下：

- surface：窗口对象。
- color：圆形的颜色，元组类型，元组的 3 个值分别表示红、绿、蓝。
- center：圆的中心坐标，元组类型，元组的两个值分别表示横坐标和纵坐标。
- radius：圆的半径。
- width：圆形边缘的宽度，默认值是 0。如果为 0，用 color 填充整个圆形。

下面的例子使用 circle 函数在窗口上绘制了 4 个不同颜色的圆。

代码位置：src/pygame/draw_circles.py

```
import pygame
import sys
from pygame.locals import *
pygame.init()
screen = pygame.display.set_mode((600,500))
# 设置窗口的标题
pygame.display.set_caption("绘制圆")
```

```
screen.fill((0, 0, 200))
# 下面的代码绘制 4 个圆
pygame.draw.circle(screen, (255, 255, 0), (200, 250), 120, 12)
pygame.draw.circle(screen, (0, 255, 0), (300, 350), 100, 12)
pygame.draw.circle(screen, (255, 0, 0), (300, 150), 100, 12)
pygame.draw.circle(screen, (255, 255, 255), (440, 250), 120, 12)
pygame.display.update()
typeList = [QUIT]
while True:
    for event in pygame.event.get():
        if event.type in typeList:
            sys.exit()
```

运行程序，会看到如图 18-6 所示的效果。

18.1.6 绘制矩形

使用 rect 函数可以绘制矩形，rect 函数在 draw 模块中，原型如下：

```
def rect(surface, color, rect, width = 0)
```

rect 函数参数的含义如下：

- surface：窗口对象。
- color：矩形的颜色，元组类型，元组的 3 个值分别表示红、绿、蓝。

微课视频

图 18-6　绘制 4 个不同颜色的圆

- rect：矩形的坐标和尺寸，元组类型，元组的 4 个值分别表示矩形的横坐标、纵坐标、宽度和高度。
- width：矩形边缘的宽度，默认值为 0。如果为 0，表示用 color 填充整个矩形。

下面的例子在屏幕上绘制一个黄色的矩形，并利用循环让矩形在窗口上每隔 10ms 移动一次。

实例位置：src/pygame/drawing_rectangles.py

```
import pygame
from pygame.locals import *
import sys
import time
pygame.init()
screen = pygame.display.set_mode((500,500))
pygame.display.set_caption("移动矩形")
posX = 300                         # 矩形的初始横坐标
posY = 250                         # 矩形的初始纵坐标
velX = 2                           # 矩形每次沿 X 轴移动的距离（单位：像素）
velY = 1                           # 矩形每次沿 Y 轴移动的距离（单位：像素）
typeList = [QUIT]
while True:
    for event in pygame.event.get():
        if event.type in typeList:
            sys.exit()
```

```
screen.fill((0, 0, 200))
# 改变矩形的坐标
posX += velX
posY += velY

# 让矩形仍然在屏幕上（阻止矩形超出屏幕范围）
if posX > 400 or posX < 0:
    velX = -velX
if posY > 400 or posY < 0:
    velY = -velY

# 绘制矩形
pygame.draw.rect(screen, (255,255,0), (posX, posY, 100, 100), 0)
# 休眠 10ms
time.sleep(0.01)
pygame.display.update()
```

运行程序，会看到如图 18-7 所示的效果。要注意，这个图是静态的，但实际的运行结果是这个黄色的矩形会从初始位置不断移动（每隔 10ms），直到遇到窗口的边缘，然后再向相反的方向移动。

其实本例的实现过程非常简单，就是利用程序最后的 while 循环，不断刷新窗口，不断重绘。在每次重绘矩形时，都改变了矩形的坐标，所以这个矩形就会不断移动了。因此，本例所有与绘制图形相关的代码必须放到 while 循环中。

图 18-7　移动的矩形

18.1.7　绘制直线

使用 line 函数可以绘制直线，line 函数在 draw 模块中，原型如下：

```
line(surface, color, start_pos, end_pos, width=1)
```

line 函数参数的含义如下：

● surface：窗口对象。
● color：直线的颜色，元组类型，元组的 3 个值分别表示红、绿、蓝。
● start_pos：直线起点的坐标，元组类型，元组的两个值分别表示起点的横坐标和纵坐标。
● end_pos：直线终点的坐标，元组类型，元组的两个值分别表示终点的横坐标和纵坐标。
● width：直线的宽度，默认值是 1。

下面的例子在屏幕上用不同颜色绘制两条直线，一条是水平直线，一条是斜线。

代码位置： src/pygame/drawing_lines.py

```
import pygame
from pygame.locals import *
import sys
pygame.init()
screen = pygame.display.set_mode((600,500))
pygame.display.set_caption("绘制直线")
```

```
screen.fill((0, 0, 200))
# 绘制斜线
pygame.draw.line(screen, (255, 255, 0), (100, 100), (500, 400), 12)
# 绘制直线
pygame.draw.line(screen, (255, 0, 0), (100, 200), (400, 200), 12)
pygame.display.update()
typeList = [QUIT]
while True:
    for event in pygame.event.get():
        if event.type in typeList:
            sys.exit()
```

运行程序，会看到如图 18-8 所示的效果。

18.1.8　绘制弧形

使用 arc 函数可以绘制弧形，arc 函数在 draw 模块中，原型如下：

```
def arc(surface, color, rect, start_angle, stop_angle,
width=1)
```

arc 函数参数的含义如下：

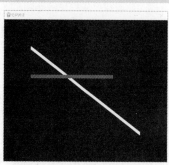

图 18-8　绘制两条直线

- surface：窗口对象。
- color：弧形的颜色，元组类型，元组的 3 个值分别表示红、绿、蓝。
- rect：弧形起点和终点的坐标，元组类型，元组的 4 个值分别表示起点的横坐标和纵坐标、终点的横坐标和纵坐标。
- start_angle：弧形开始的弧度。
- stop_angle：弧形结束的弧度。
- width：弧形线的宽度，默认值是 1。

要注意的是，这里的 start_angle 和 stop_angle 的单位是弧度，所以如果要用角度，需要将角度转换为弧度。

下面的例子在屏幕上用不同颜色绘制两个弧形，一个弧形开口向下，一个弧形开口向右。

代码位置：src/pygame/drawing_arcs.py

```
import math
import pygame
from pygame.locals import *
import sys
pygame.init()
screen = pygame.display.set_mode((600,500))
pygame.display.set_caption("绘制弧形")
screen.fill((0, 0, 200))
# 绘制弧形(开口向下)
pygame.draw.arc(screen, (255, 0, 255), (200, 150, 200, 200), math.radians(0),
math.radians(180), 10)
# 绘制弧形（开口向右）
pygame.draw.arc(screen, (255, 255, 0), (240, 150, 240, 250), math.radians(90),
```

```
math.radians(270), 18)
pygame.display.update()
typeList = [QUIT]
while True:
    for event in pygame.event.get():
        if event.type in typeList:
            sys.exit()
```

运行程序，会看到如图 18-9 所示的效果。

18.2 键盘和鼠标事件

本节介绍如何用 Pygame 捕捉键盘和鼠标事件，并响应相应的动作。

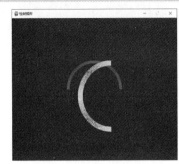

图 18-9 绘制弧形

18.2.1 键盘事件

捕捉键盘事件一般都需要在 while 循环中。因为这些事件需要持续不断地捕捉，所以要持续高频率获取当前键盘的按键信息。

通过 get_pressed 函数可以获取当前按键信息，该函数返回一个 ScancodeWrapper 类型的值，返回值包含了所有键以及对应的状态，操作方式类似 Python 中的字典。key 是按键的 key，value 是布尔类型，如果 key 指定的键是按下状态，则 value 为 True，否则为 False。

例如，判断当前按下的键是否为回车键，可以使用下面的代码：

```
keys = pygame.key.get_pressed()                  # 获取按键状态
if keys[K_RETURN]:
    print('回车键已经按下')
```

下面的例子捕捉了 Esc 键、回车键、左箭头键和右箭头键。按下 Esc 键和回车键会退出程序，按下左箭头键和右箭头键会在窗口上显示相应的文本。

实例位置：src/pygame/keyboard_demo.py

```
import sys, pygame
from pygame.locals import *

def showText(font, x, y, text, color=(255,255,255)):
    imgText = font.render(text, True, color)
    screen.blit(imgText, (x,y))

pygame.init()
screen = pygame.display.set_mode((200,200))
pygame.display.set_caption("键盘演示")
myfont = pygame.font.Font('simfang.ttf', 30)
showText(myfont, 100, 100, "按下左箭头")
while True:
    for event in pygame.event.get():
        if event.type == QUIT:
            sys.exit()
```

```
    keys = pygame.key.get_pressed()                    # 获取按键状态

    if keys[K_ESCAPE] or keys[K_RETURN]:
        sys.exit()
    screen.fill((0,100,0))
    if keys[K_LEFT]:
        showText(myfont, 20, 100, "按下左箭头")
    if keys[K_RIGHT]:
        showText(myfont, 20, 100, "按下右箭头")

    pygame.display.update()
```

运行程序，按 Esc 键或回车键，会退出程序。按下左箭头键或右箭头键，会分别在窗口上显示如图 18-10 和图 18-11 所示的文本。

图 18-10　按下左箭头键

图 18-11　按下右箭头键

18.2.2　鼠标事件

监听鼠标事件需要使用 Event.type、Event.pos、Event.button 等属性。例如，要获取鼠标按下时的坐标，可以使用下面的代码：

```
for event in pygame.event.get():
    if event.type == MOUSEBUTTONDOWN:
        # 获取鼠标单击位置的横坐标和纵坐标
        mouseDownX,mouseDownY = event.pos
```

下面的例子捕捉了鼠标的 3 个按键的按下和抬起事件，以及哪个按键按下和抬起，并在窗口上输出了鼠标单击的坐标，以及按键按下和抬起的信息。

代码位置：src/pygame/mouse_demo.py

```
import sys, pygame
from pygame.locals import *

def showText(font, x, y, text, color=(255,255,255)):
    imgText = font.render(text, True, color)
    screen.blit(imgText, (x,y))

pygame.init()
```

```python
screen = pygame.display.set_mode((500,300))
pygame.display.set_caption("鼠标演示")
myFont = pygame.font.Font('simfang.ttf', 20)
white = 255,255,255

seconds = 10
score = 0
mouseX = mouseY = 0
moveX = moveY = 0
mouseDown = mouseUp = 0
mouseDownX = mouseDownY = 0
mouseUpX = mouseUpY = 0

while True:
    for event in pygame.event.get():
        if event.type == QUIT:
            sys.exit()
        # 鼠标移动
        elif event.type == MOUSEMOTION:
            mouseX,mouseY = event.pos
            moveX,moveY = event.rel
        # 鼠标按下
        elif event.type == MOUSEBUTTONDOWN:
            mouseDown = event.button
            mouseDownX,mouseDownY = event.pos
        # 鼠标抬起
        elif event.type == MOUSEBUTTONUP:
            mouseUp = event.button
            mouseUpX,mouseUpY = event.pos

    keys = pygame.key.get_pressed()
    if keys[K_ESCAPE]:
        sys.exit()

    screen.fill((0,100,0))

    showText(myFont, 0, 0, "鼠标事件")
    showText(myFont, 0, 20, "鼠标位置: " + str(mouseX) +
            "," + str(mouseY))
    showText(myFont, 0, 40, "鼠标相对位置: " + str(moveX) +
            "," + str(moveY))

    showText(myFont, 0, 60, "鼠标按钮按下: " + str(mouseDown) +
            " at " + str(mouseDownX) + "," + str(mouseDownY))

    showText(myFont, 0, 80, "鼠标按钮抬起: " + str(mouseUp) +
            " at " + str(mouseUpX) + "," + str(mouseUpY))
```

```
showText(myFont, 0, 160, "鼠标检测")
# 使用另外一种方式获取鼠标当前的位置
x,y = pygame.mouse.get_pos()
showText(myFont, 0, 180, "鼠标位置: " + str(x)
+ "," + str(y))

b1, b2, b3 = pygame.mouse.get_pressed()
showText(myFont, 0, 200, "鼠标按钮状态: " +
          str(b1) + "," + str(b2) + "," +
str(b3))

pygame.display.update()
```

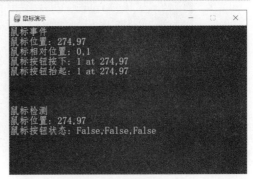

图 18-12　捕获鼠标事件

运行程序，鼠标在窗口上移动，以及按下和抬起鼠标左、中、右键，会在窗口上显示类似图 18-12 所示的信息。

18.3　实战与演练

1. 在窗口上放置 4 个数字，分别是 1、2、3、4。分别按下 1、2、3、4 按键，会通过绘制直线和圆弧的方式将这 4 个数字围起来，最终形成一个圆中用十字分成 4 个区域，区域里分别显示 1、2、3、4，如图 18-13 所示。如果未按完数字键，数字周围的边（两条直线和一个 1/4 圆弧）是红色，都按完数字键，数字周围的边是绿色。

答案位置：src/pygame/solution1.py

2. 在窗口上绘制一个指针时钟（带时针、分针和秒针），并在窗口左上角以数字形式显示当前时间，效果如图 18-14 所示。

图 18-13　按下数字键

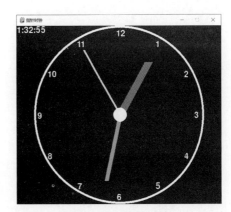

图 18-14　指针时钟

答案位置：src/pygame/solution2.py

3. 利用前面学习的知识，在 while 循环中通过三角函数计算大圆的每个角度的圆周上点的坐标，并以该坐标为圆心绘制一个半径为 20 的彩色实心圆。由于每次绘制的圆都不会被擦除，所以在 while 循环中就会在短时间内围绕大圆绘制多个彩色实心小圆，这样就会形成一个彩色的圆环。通过 1~9 按键，可以设置小圆的半径，从而形成不同厚度的彩色大圆，效果如图 18-15 和图 18-16 所示。

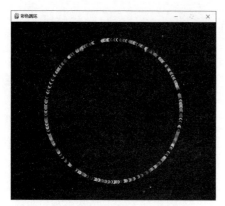

图 18-15　按 1 键的圆环

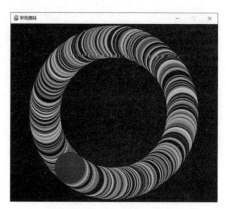

图 18-16　按 9 键的效果

答案位置：src/pygame/solution3.py

18.4　本章小结

本章主要介绍了 Pygame 的基础知识，利用这些知识，读者可以编写出简单的游戏。这些知识中，捕捉键盘和鼠标事件是最重要的。因为没有这两种技术，Pygame 就只是个绘图程序，并不能与用户交互。而任何复杂的游戏，都必须依赖键盘与鼠标（或其他输入设备）让玩家与游戏互动，这样才能让游戏具有可玩性。在后面的章节中，读者会看到大量使用键盘和鼠标事件完成各种好玩的效果。

第 19 章
CHAPTER 19

Python 游戏引擎：Pygame
高级技术

本章主要围绕 Pygame 的 3 个主题讲解，包括图像处理、Pygame 精灵（Sprite）和碰撞检测，它们也是游戏开发中最重要的 3 部分，绝大多数游戏都会涉及这 3 种技术。

19.1 图像处理

本节会讲解 Pygame 中与图像相关的操作，如设置背景、装载图像、选择图像等。

微课视频

19.1.1 装载位图

游戏中图像是必不可少的，而这些图像中最常用的就是各种位图。Pygame 可以通过相应的 API 装载大多数格式的位图文件。Pygame 支持的位图格式包括 JPG、PNG、GIF、BMP、PCX、TGA、TIF、LBM、PBM、PGM、PPM、XPM。

在装载位图时，需要使用 image 模块中的 load 函数，代码如下：

```
pygame.image.load("space.png").convert()
```

通过 load 函数的参数直接指定位图文件的路径即可。load 函数返回 Surface 对象，该对象表示一个图像。通过 Surface 对象的 convert 方法同样是返回 Surface 对象，只是该函数将位图转换为程序窗口的本地颜色深度，以此作为一种优化。

除了 convert 方法，还有一个 convert_alpha 方法，如果需要使用透明度，就要使用该方法。TGA 和 PNG 文件的 alpha 通道是透明的，如果使用其他位图格式，convert 方法与 convert_alpha 方法的效果是一样的。

19.1.2 装载星空背景

本节实现最基本的装载图像的操作。首先准备一张星空的图像（本例是 space.png），然后在窗口中显示这个图像，作为星空背景。

代码位置： src/pygame_advanced/space.py

```
import sys, pygame
from pygame.locals import *


pygame.init()
screen = pygame.display.set_mode((800,600))
```

```
pygame.display.set_caption("显示星空背景")
font = pygame.font.Font('simfang.ttf', 18)
# 装载图像
space = pygame.image.load("space.png").convert_alpha()
while True:
    for event in pygame.event.get():
        if event.type == QUIT:
            sys.exit()
    keys = pygame.key.get_pressed()
    if keys[K_ESCAPE]:
        sys.exit()

    # 绘制背景
    screen.blit(space, (0,0))

    pygame.display.update()
```

运行程序，会显示如图 19-1 所示的效果。

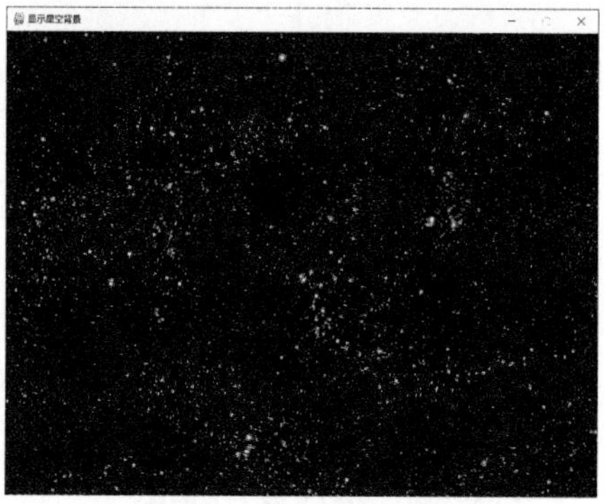

图 19-1　显示星空背景

19.1.3　显示和旋转地球

本节公在窗口的中心显示一个地球的图像，并让地球逆时针旋转。在窗口上显示一个地球图像与显示背景图类似。而旋转需要稍作处理。在默认情况下，Pygame 图像旋转并不是自转的，所以需要编写一个 rotateCenter 函数，让地球自转。

代码位置：src/pygame_advanced/earth.py

```
import sys, pygame,math
from pygame.locals import *
import time
# 保证角度不会超过 360°
def wrapAngle(angle):
    return angle % 360
pygame.init()
screen = pygame.display.set_mode((800,600))
pygame.display.set_caption("显示星空背景")
font = pygame.font.Font('simfang.ttf', 18)

space = pygame.image.load("space.png").convert_alpha()
# 装载 earth.png
earth = pygame.image.load("earth.png").convert_alpha()
angle = 0.0
# 图像自转
def rotateCenter(image, angle):
    # 获取图像的区域
    origRect = image.get_rect()
    # 旋转图像
    rotateImage = pygame.transform.rotate(image, angle)
```

```
    # 将图像区域复制一份
    rotateRect = origRect.copy()
    # 将图像旋转后区域的中心赋给新区域的中心
    rotateRect.center = rotateImage.get_rect().center
    # 重新生成一份以图像中心为轴旋转的图像
    rotateImage = rotateImage.subsurface(rotateRect).copy()
    return rotateImage
while True:
    for event in pygame.event.get():
        if event.type == QUIT:
            sys.exit()
    keys = pygame.key.get_pressed()
    if keys[K_ESCAPE]:
        sys.exit()
    # 绘制背景
    screen.blit(space, (0,0))
    # 获取 earth.png 的宽度和高度
    width, height = earth.get_size()
    # 让角度不会超过 360°
    angle = wrapAngle( angle)
    # 返回地球自转后的图像
    scratchEarth = rotateCenter(earth, angle)
    # 地球自转角度加 1，如果让地球顺时针，就减 1
    angle+=1
    # 将旋转后的地球绘制在窗口上
    screen.blit(scratchEarth, (400 - width / 2, 300 - height / 2))
    pygame.display.update()
    # 延迟 100ms，也就是说，地球每 100ms 会逆时针旋转 1°
    time.sleep(0.1)
```

运行程序，会看到窗口中心有一个不断逆时针旋转的地球，如图 19-2 所示。

微课视频

图 19-2　逆时针旋转的地球

19.2　Pygame 精灵（Sprite）

任何游戏引擎都有一个 Sprite 类（或类似的名字），这是游戏的灵魂，Sprite 的中文名字是"精灵"。我们玩游戏到底玩什么，其实就是玩 Sprite，或者说与 Sprite 交互。为了方便，在后面的章节中都将"精灵"称为 Sprite。

例如，在游戏中有一个英雄以及一堆怪兽，然后英雄发射导弹消灭怪兽。在这个场景中就有 3 类 Sprite：英雄、怪兽和导弹。

如果从技术层面理解 Sprite，其实 Sprite 就是封装了若干图像，以及带各种特效游戏的基本元素。任何游戏，无论多复杂，都会包含大量的 Sprite，当然，还会有其他游戏元素，如音效、背景等。

本节将介绍 Pygame 中 Sprite 的主要使用方法，以及如何用 Sprite 做出基本的动画效果。

19.2.1 为 Sprite 准备动画素材

Sprite 的核心就是图像，要想在 Sprite 中呈现动画效果，就需要若干图像，用帧动画的方式不断切换，所以 Sprite 动画效果本质上就是帧动画。

现在的问题是，Sprite 的动画资源到底是怎样的。可能有很多读者会想到使用动画 gif，其实 Sprite 完全不需要这么麻烦，只需要提供一个普通的 png 格式的图像文件即可（其他格式的图像也可以）。这个 png 图像是一张母图，里面包含了动画效果的每帧图像。只是这些图像占用的尺寸（宽度和高度）都是相同的，以便 Sprite 自动将其切开，形成独立的帧图像。例如，图 19-3 就是一个 png 母图，里面有 6 帧图像。

图 19-3　包含帧图像的母图

图 19-3 中的母图包含了 6 帧图像，而且是 2 行 3 列。那么还有一些母图并不包含完整的行列，例如，图 19-4 所示的母图包含了 2 行 8 列的图像。不过第 2 行只有 4 帧图像。

图 19-4　包含不完整帧图像的母图

在这种情况下，需要指定 Sprite 动画要使用帧的索引，从 0 开始。例如，只使用图 19-4 母图中前 7 个帧图像，那么需要指定的索引是从 0 ~ 6。

19.2.2 编写精灵类

在 Pygame 中，任何精灵类都需要从 pygame.sprite.Sprite 类派生。Sprite 类中包含了若干方法，会在不同场景被调用。例如 update 方法会在显示每个帧图像时调用。position 属性会在控制 Sprite 位置时使用。通常一个精灵类会是下面的样子：

```
class MySprite(pygame.sprite.Sprite):
    def __init__(self, target):
        pygame.sprite.Sprite.__init__(self)
        self.frame = 0                              # 当前帧索引
        # 其他初始化代码

    # 用于装载母图，并指定相关的参数，该方法可以是其他名字
```

```
    def load(self, filename, width, height, columns):
        # 业务代码
    # 该方法在显示每帧图像时调用
    def update(self, currentTime, rate=30):
        # 业务代码


    # position 属性，用于保存和获取 Sprite 的位置信息
    def getpos(self): return self.rect.topleft
    def setpos(self,pos): self.rect.topleft = pos
    position = property(getpos,setpos)
```

上面的代码只是精灵类的基本构架，在后面的章节会不断完善这个类。

19.2.3　装载 Sprite 动画资源

装载 Sprite 动画资源，也就是母图，需要经过下面步骤：

（1）装载整个母图，这一步其实就是使用 load 函数装载 png 图像（或其他格式的图像）。

（2）指定必要的信息，例如，指定每一帧图像的尺寸（width 和 height）、列数等。精灵类会保存这些信息，并在开始 Sprite 动画时使用这些信息截取每帧的图像。

这些功能都在 MySprite 类的 load 方法中完成，代码如下：

```
# filename：母图文件路径 width：帧图像的宽度 height：帧图像的高度  columns：帧图像的列数
def load(self, filename, width, height, columns):
    # 装载母图
    self.masterImage = pygame.image.load(filename).convert_alpha()
    self.frameWidth = width
    self.frameHeight = height
    self.rect = Rect(0,0,width,height)
    self.columns = columns
    # 重新计算整个母图的尺寸
    rect = self.masterImage.get_rect()
    # 计算最后一帧图像的索引
    self.lastFrame = (rect.width // width) * (rect.height // height) - 1
```

19.2.4　缩放 Sprite

可能是 Sprite 太大，或太小，或由于其他什么原因，需要将 Sprite 放大或缩小。要实现这种需求，就需要将母图整体放大或缩小，然后每个帧图像的尺寸和位置也要按相应的比例放大或缩小。为了实现这个功能，本节会改进 19.2.3 节实现的 load 方法，为 load 方法加一个 scale 参数，用于设置放大或缩小的比例，默认值为 1，表示按原样显示。如果要放大一倍，可以将 scale 设置为 2，如果要缩小一半，可以将 scale 设置为 0.5。

```
def load(self, filename, width, height, columns, scale = 1):
    # 按比例将帧图像的宽度按 scale 缩放
    width = width * scale
    # 按比例将帧图像的高度按 scale 缩放
    height = height * scale
```

```
                # 装载母图
                self.masterImage = pygame.image.load(filename).convert_alpha()
                #  获取母图的宽度和高度
                imageWidth,imageHeight = self.masterImage.get_size()
                # 对母图进行缩放
                self.masterImage = pygame.transform.smoothscale(self.masterImage, (int(imageWidth *
        scale), int(imageHeight * scale)))
                self.frameWidth = width
                self.frameHeight = height
                self.rect = Rect(0,0,width,height)
                self.columns = columns
                # 重新计算整个母图的尺寸
                rect = self.masterImage.get_rect()
                # 计算最后一帧图像的索引
                self.lastFrame = (rect.width // width) * (rect.height // height) - 1
```

19.2.5 绘制帧

绘制帧的工作是由 Sprite.draw 方法完成的，不过该方法是自动调用的，并不需要自己编写绘制代码，只要为 Sprite 提供必要的绘制信息即可。这些信息包括要绘制的图像，以及 Sprite 的位置信息。

这些功能是在 MySprite 类的 update 方法中完成的，核心代码如下：

```
def update(self, currentTime):
    ...
    if self.frame != self.oldFrame:
        frameX = (self.frame % self.columns) * self.frameWidth
        frameY = (self.frame // self.columns) * self.frameHeight
        rect = (frameX, frameY, self.frameWidth, self.frameHeight)
        self.image = self.masterImage.subsurface(rect)
        self.oldFrame = self.frame
```

在 update 方法中的核心是对 self.image 的设置，这是 Sprite 中的一个变量。Sprite.draw 方法绘制的 Sprite 实际上就是 self.image 指定的图像。在本例中使用 subsurface 方法根据 rect 指定的区域从母图中截取特定的帧图像。其中 frameX 和 frameY 是当前要截取的帧图像左上角的坐标，self.frameWidth 和 self.frameHeight 是帧图像的尺寸，在 load 方法中已经设置了。

update 方法本身也是自动调用的，系统会首先调用 update 方法设置相应的信息，然后再调用 draw 方法绘制 Sprite。

当然，正常来讲，Sprite 动画从第 1 帧开始，以此往后播放。但也可以根据具体的业务场景获取特定的帧图像，这样可以实现很多特殊的效果。

19.2.6 设置 Sprite 动画帧率

帧动画有一个非常重要的属性：频率，也就是每秒播放多少帧画面。要实现这个功能，需要使用下面的代码创建一个 Clock 对象。

```
framerate = pygame.time.Clock()
```

创建 Clock 对象后，需要使用下面的代码设置动画帧率。

```
framerate.tick(30)
```

如果想让动画播放得更快，可以将 tick 方法参数的值增大，如 40、50、60 等。

19.2.7　精灵组

在一款复杂的游戏中可能会有很多 sprite，那么分别控制它们可能比较麻烦，所以可以将类似的 sprite 加到精灵组中统一处理。创建一个精灵组可以使用下面的代码：

```
group = pygame.sprite.Group()
```

其中 group 是 pygame.sprite.Group 类型的变量。

如果创建了多个 sprite，可以通过 add 方法将这些 sprite 加入 group 中，代码如下：

```
sprite1 = MySprite1(screen)
sprite2 = MySprite2(screen)
sprite3 = MySprite3(screen)
group.add(sprite1)
group.add(sprite2)
group.add(sprite3)
```

为了控制 group 中的所有 sprite，需要依次调用 group 的 update 方法和 draw 方法。其中 update 方法会导致 group 中所有 sprite 的 update 方法被调用，group.update 方法的参数也会原封不动地传给 sprite.update 方法。调用 group.draw 方法会导致系统用 screen.blits 方法绘制所有的 sprite。调用 group.update 方法和 group.draw 方法的代码如下：

```
group1.update(ticks)
group2.update(ticks)
group3.update(ticks)
group1.draw(screen)
group2.draw(screen)
group3.draw(screen)
```

在上面的代码中，update 方法传入了一个 ticks 变量，那么这个变量是什么呢？其实 ticks 是一个 int 类型变量，具体起什么作用，将在 19.2.8 节详细介绍。

19.2.8　实现不同的帧率

如果只是简单地通过前面的方式在 while 循环中使用 Clock 设置帧率，那么所有 Sprite 的帧率就都一样了。但这在一个复杂的游戏中是不可能的。通常这些 Sprite 的动作有快有慢，例如，一只乌龟，肯定动作很慢；一只兔子，动作肯定比乌龟快。所以这就要求在一个 while 循环中多个 Sprite 要呈现不同的帧率。

要实现不同帧率的 Sprite，就要用到 group.update 方法的第 1 个参数和第 2 个参数。

下面先解释 group.update 方法的第 1 个参数，这个参数是一个 int 类型的值，在 19.2.7 节传入了 ticks 变量。这个变量是 get_ticks 函数的返回值，代码如下：

```
framerate.tick(30)
ticks=pygame.time.get_ticks()
```

tick 方法用于设置 Sprite 动画的帧率，但这个只相当于初始的帧率，或者认为是最大的帧率。而 tick 方法返回一个 int 类型的值，表示在当前帧率下的某个时刻的一个数值，如果到了下个时刻，这个值就会增加。现在来回答两个问题：

问题 1：时刻是指什么？

这里举例，假设 tick 方法设置的帧率是 10，那么就意味着每秒会播放 10 帧，每 100ms 播放一帧。而每 100ms 就是一个时刻，也就是说，每播放完一帧，ticks 就会变化一次。

问题 2：ticks 每次变化多少呢？

首先说明一点，ticks 每次变化都是递增的。通常来讲，如果帧率为 10，那么 ticks 每次会增加 100 左右；如果帧率为 5，每次会增加 200 左右；如果帧率为 20，每次会增加 50 左右。也就是说，帧率与 ticks 的增量的乘积约等于 1000。由于计算机计时器的原因，在毫秒级别有时并不十分准确，所以这里使用"左右"和"约等于"来描述帧率和 ticks 增量的关系。

现在来看 group.update 方法的第 2 个参数。

可能有的读者会有疑问，在前面的代码中，group.update 方法并没有第 2 个参数。那是因为到现在，还没给 sprite.update 方法加上第 2 个参数。而 group.update 方法的参数会原封不动地传给 sprite.update 方法。所以 group.update 方法参数的个数要与 sprite.update 方法参数的个数相同，否则可能会抛出异常。

其实 sprite.update 方法有几个参数都可以，这里就设定为 2 个参数（传入 MySprite 对象本身的 self 不算，这个在调用 update 方法时不体现），第 1 个参数是 currentTime，这个参数就是给 group.update 方法传入的 ticks。第 2 个参数是 rate，完整的 sprite.update 方法的原型如下：

```
def update(self, currentTime, rate = 0)
```

这里的 rate 是一个整数，默认值是 0。

那么如何利用 update 方法实现在同一个 while 循环中呈现不同帧率的效果呢？秘密就在 rate 这个参数中。下面先给出具体的实现代码：

```
def update(self, currentTime, rate = 0):
    if currentTime > self.lastTime + rate:
        self.frame += 1
```

在上面的代码中，用 self.lastTime + rate 与 currentTime 进行比较。其中 currentTime 是当前时刻的 ticks，而 self.lastTime 是上一时刻的 ticks。如果不使用 rate，那么 Sprite 动画的帧率就是通过 tick 方法设置的帧率。如果使用 rate，就意味着可以将帧率变小。假设 currentTime 与 self.lastTime 的差值是 50（初始帧率为 20 的情况下），那么如果 rate 的值超过 50，如 60，就意味着 currentTime 需要等待两个时刻（两帧），才会超过 self.lastTime + rate 的值，表示当前帧的 self.frame 变量才会加 1。也就是说，通过 rate 参数，直接让初始帧率从 20 变成了 10，rate 的值越大，帧率越小，播放速度越慢。

因此，为了通过 rate 控制帧率，需要通过 tick 方法设置一个最大的帧率，如 60，然后再用 rate 调节帧率，代码如下：

```
while True:
    framerate.tick(60)
    ticks=pygame.time.get_ticks()
    # 降低帧率
    group1.update(ticks, 60)
    # 让帧率更低
```

```
group2.update(ticks,120)
group1.draw(screen)
group2.draw(screen)
```

19.2.9　完整案例：Sprite 演示

在前面通过多节内容，深入解释了 Sprite 的基本功能，也给出了部分代码片段，不过头一次接触 Sprite 的读者可能还是不知道具体如何用 Sprite 实现基本的动画效果。本节将结合前面学习的技术，提供一个完整的案例来学习 Sprite 的使用。

下面的例子会使用两个母图，在窗口上实现两种动画效果。这两种动画效果都通过 scale 参数对 Sprite 进行了缩放处理，并通过循环显示多个不同大小的 Sprite。其中小人的 Sprite 是错开显示的，龙的 Sprite 是叠加在一起显示的，效果如图 19-5 所示。

图 19-5　Sprite 完整演示

代码位置：src/pygame_advanced/sprite_demo.py

```python
import sys, pygame
from pygame.locals import *
# 定义一个精灵类
class MySprite(pygame.sprite.Sprite):
    # 完成必要的初始化工作
    def __init__(self, target):
        pygame.sprite.Sprite.__init__(self)  # extend the base Sprite class
        self.frame = 0
        self.oldFrame = -1
        self.lastTime = 0
        self.firstFrame = 0
        self.lastFrame = 0
    # 用于装载母图，并设置相应的参数
    def load(self, filename, width, height, columns, scale = 1):
        # 根据 scale 参数缩放 Sprite 的宽度
        width = width * scale
        # 根据 scale 参数缩放 Sprite 的高度
        height = height * scale
        self.masterImage = pygame.image.load(filename).convert_alpha()
```

```python
        imageWidth,imageHeight = self.masterImage.get_size()
        # 根据 scale 参数缩放母图
        self.masterImage = pygame.transform.smoothscale(self.masterImage,
(int(imageWidth * scale), int(imageHeight * scale)))
        self.frameWidth = width
        self.frameHeight = height
        self.rect = Rect(0,0,width,height)
        self.columns = columns
        rect = self.masterImage.get_rect()
        # 计算最后一帧的索引
        self.lastFrame = (rect.width // width) * (rect.height // height) - 1
    # 更新帧动画的信息，并控制帧率
    def update(self, currentTime, rate = 0):
        if currentTime > self.lastTime + rate:
            self.frame += 1          # 切换到下一帧
            if self.frame > self.lastFrame:
                self.frame = self.firstFrame
            self.lastTime = currentTime
        # 只有当前帧发生变化时才会显示新的帧图像
        if self.frame != self.oldFrame:
            # 计算 Sprite 在母图中的横坐标
            frameX = (self.frame % self.columns) * self.frameWidth
            # 计算 Sprite 在母图中的纵坐标
            frameY = (self.frame // self.columns) * self.frameHeight
            # Sprite 在母图的区域，需要从母图上截取该区域的图像作为当前的 Sprite
            rect = (frameX, frameY, self.frameWidth, self.frameHeight)
            # 从母图上截取图像
            self.image = self.masterImage.subsurface(rect)
            # 更新上一帧的索引
            self.oldFrame = self.frame


    # position 属性，必须加这个属性，否则设置 Sprite 的位置不会起作用
    def getpos(self): return self.rect.topleft
    def setpos(self,pos): self.rect.topleft = pos
    position = property(getpos,setpos)
    def __str__(self):
        return str(self.frame) + "," + str(self.firstFrame) + \
            "," + str(self.lastFrame)


def showText(font, x, y, text, color=(255, 255, 255)):
    imgText = font.render(text, True, color)
    screen.blit(imgText, (x, y))

# 初始化游戏
pygame.init()
```

```
screen = pygame.display.set_mode((800, 400))
pygame.display.set_caption("Sprite 动画演示")
font = pygame.font.Font(None, 25)
# 创建定时器，用于控制初始帧率
framerate = pygame.time.Clock()
# 下面创建的 group1 和 group2 的帧率不同
# 创建第 1 个精灵组
group1 = pygame.sprite.Group()
# 创建第 2 个精灵组
group2 = pygame.sprite.Group()
# 通过循环动态创建多个精灵，并添加进不同的 Group
for i in range(1,12):
    scale = 0.2 * i
    player = MySprite(screen)
    player.load("man.png", 50 , 64 , 8,scale)
    player.firstFrame = 0
    player.lastFrame = 7
    player.position = 50+5 * i * i, 50
    group1.add(player)

    player = MySprite(screen)
    player.load("dragon.png",  260, 150 , 3,1)
    player.position = 10+5 * i, 200
    group2.add(player)

# 主循环
while True:
    # 设置初始帧率为 100
    framerate.tick(100)
    ticks= pygame.time.get_ticks()

    for event in pygame.event.get():
        if event.type == pygame.QUIT: sys.exit()
    key = pygame.key.get_pressed()
    if key[pygame.K_ESCAPE]: sys.exit()

    screen.fill((0, 0, 100))
    # 通过 update 方法的第 2 个参数，将帧率变慢
    group1.update(ticks, 60)
    group2.update(ticks,100)
    group1.draw(screen)
    group2.draw(screen)
    # 在窗口的左上角显示相关信息
    showText(font, 10, 10, "Sprite: " + str(player))

    pygame.display.update()
```

19.3 碰撞检测

碰撞检测是游戏中常用的技术，这里的碰撞是指 Sprite 之间的相互接触。例如，一枚导弹打中一只怪兽，这就涉及碰撞检测。需要检测导弹是否接触到了怪兽，如果发现已经接触到了，系统就会认为两个 Sprite（导弹和怪兽）发生了碰撞。至于碰撞后做什么，那就要看游戏的逻辑了。例如，怪兽可以掉一滴血，或干脆直接挂掉。

在 Pygame 中有多重碰撞检测方式，最简单的有矩形碰撞检测和圆形碰撞检测，稍微复杂的有遮罩碰撞检测。矩形和圆形碰撞检测相对简单，但并不精确，一般用于比较大和简单的 Sprite，但消耗的计算资源比较少。遮罩碰撞检测是像素级检测，可以做到非常精确（只要两个 Sprite 中各有一个像素重叠，就会认为发生了碰撞），但缺点是需要消耗大量的计算资源，所以在实际的游戏中，通常这几种碰撞检测会同时使用。本节会详细介绍这些碰撞检测技术的使用方法。

19.3.1 矩形碰撞检测

矩形碰撞检测是最简单的碰撞检测方式，只需要检测两个矩形（Sprite）是否有交集即可。

矩形碰撞检测需要使用 collide_rect 函数，该函数的原型如下：

```
def collide_rect(sprite1, sprite2)
```

其中 sprite1 和 sprite2 是两个 Sprite，如果这两个 Sprite 发生了碰撞，collide_rect 函数会返回 True，否则返回 False。

现在来看一个使用矩形碰撞检测的基本示例，代码如下：

```
sprite1 = MySprite('rect1.png')
sprite2 = MySprite('rect2.png')
result = pygame.sprite.collide_rect(sprite1, sprite2)
if result:
    showText(font, 10, 10, 'Sprite1 和 Sprite2 发生了碰撞')
```

collide_rect 函数还有一个变体，在某些情况下可以使用它来得到较好的效果，这取决于 Sprite 图像的尺寸。这个变体是 collide_rect_ratio 类。要注意，collide_rect_ratio 不是函数，它是一个类。collide_rect_ratio 类的构造方法有一个参数，用于指定一个浮点数。可以用这个参数来指定用于检测的矩形的百分比。当一个 Sprite 图像的周围有很多空白空间时非常有用。在这种情况下，需要将参数值设置成小于 1 的浮点数，如 0.8，那么系统就会检测 Sprite 的 80% 的矩形区域，外圈的 20% 就当不存在。collide_rect_ratio 类的使用方法如下：

```
result = pygame.sprite.collide_rect_ratio(0.8)(sprite1, sprite2)
```

19.3.2 圆形碰撞检测

圆形碰撞检测是在以 Sprite 图像中心为圆心，以特定距离为半径的圆之间进行检测。默认情况下，Pygame 会自己根据 Sprite 图像的尺寸计算圆的半径，如果圆周围有白边，可以设置 ratio 参数，就像矩形碰撞检测一样。

圆形碰撞检测需要使用 collide_circle 函数或 collide_circle_ratio 类，collide_circle 函数的原型如下：

```
def collide_circle(sprite1, sprite2)
```

其中 sprite1 和 sprite2 是两个 Sprite，如果这两个 Sprite 发生了碰撞，collide_circle 函数会返回 True，否则返回 False。

collide_circle_ratio 类与前面讲的 collide_rect_ratio 类的用法相同，如果圆周围有白边，可以通过 collide_circle_ratio 类的构造方法设置 ratio 参数。

现在来看一个使用圆形碰撞检测的基本示例，代码如下：

```
sprite1 = MySprite('circle1.png')
sprite2 = MySprite('circle2.png')
result1 = pygame.sprite.collide_circle(sprite1, sprite2)
if result1:
    showText(font, 10, 10, 'Sprite1 和 Sprite2 发生了碰撞')
result2 = pygame.sprite.collide_circle_ratio(0.8)(sprite1, sprite2)
if result2:
    showText(font, 10, 10, 'Sprite1 和 Sprite2 发生了碰撞')
```

19.3.3　遮罩碰撞检测

不管是矩形碰撞检测，还是圆形碰撞检测，都不是特别精确，如果遇到非常复杂的 Sprite，而且要求碰撞检测非常精确，那么就要用到遮罩碰撞检测。这种碰撞检测方式非常精确，甚至可以精确到像素级。Pygame 会为 Sprite 图像生成一张遮罩图像，用来遮蔽 Sprite 图像中不进行检测的部分。所谓遮罩图像，其实就是透明 png 图像的透明部分，所以只要将图像做成透明 png 格式，Pygame 会自动生成遮罩图像。

遮罩碰撞检测需要使用 collide_mask 函数，collide_mask 函数的原型如下：

```
def collide_mask(sprite1, sprite2)
```

其中 sprite1 和 sprite2 是两个待检测的 Sprite。

下面的例子会在窗口上绘制 3 个圆形、3 个矩形以及 1 个小鳄鱼的 Sprite，并通过上、下、左、右箭头键控制这 7 个 Sprite，按 1、2、3 键分别同时按住 1 键移动第 1 个圆形，同时按住 2 键移动第 2 个圆形，同时按住 3 键移动第 3 个圆形。然后在窗口的左上角实时显示哪几个 Sprite 发生了碰撞，效果如图 19-6 所示。

遮罩碰撞检测与圆形碰撞检测、矩形碰撞检测的代码大多都是相同的，主要区别就是 verifyCollision 函数，其他的不同就是创建了更多的 Sprite（一共 7 个），这些 Sprite 都放置在 spriteList 中。所以下面只给出了 verifyCollision 函数的实现，更完整的代码查看 collide_mask.py 文件。

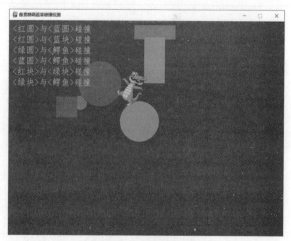

图 19-6　遮罩碰撞检测

代码位置： src/pygame_advanced/collide_mask.py

```
def verifyCollision():
    collisionState = ''
    xIndex = 0
    for i in range(0, len(spriteList)):
        for j in range(i + 1, len(spriteList)):
```

```
                    # 当前两个 Sprite 进行遮罩碰撞检测
                    result = pygame.sprite.collide_mask(spriteList[i], spriteList[j])
                    if result:
                        collisionState = f'<{spriteColors[i]}>与<{spriteColors[j]}>碰撞'
                        showText(font, 10, 10 + xIndex * 30, collisionState)
                        xIndex += 1
```

19.3.4　精灵与组之间的碰撞检测

在有些场景下，某个 Sprite 与其他 Sprite 碰撞时，并不需要区分到底是与哪个 Sprite 碰撞的，只需要判定与同类 Sprite 发生碰撞即可。例如，对于迷宫游戏，每堵墙是一个 Sprite，多堵墙就是多个 Sprite，那么在迷宫中行走的 Sprite 并不需要确定遇到的是哪堵墙的 Sprite，只要碰到任意表示墙的 Sprite 就会停止向前移动。为了实现这个需求，Pygame 提供了检测精灵与组之间碰撞的 spritecollide 函数，该函数的原型如下：

```
def spritecollide(sprite, group, dokill, collided=None)
```

spritecollide 函数参数的含义如下：

- sprite：待检测的精灵。
- group：待检测的组。
- dokill：boolean 类型，如果为 True，会将 group 中所有与 sprite 发生碰撞的 sprite 从窗口中删除，如果为 False，并不会对发生碰撞的 sprite 做任何事。
- collided：回调函数，如果不指定，spritecollide 函数会使用矩形碰撞检测，如果希望使用其他碰撞检测方式，需要指定这个回调函数。回调函数有两个参数：sprite1 和 sprite2，分别表示当前正在进行碰撞检测的两个 sprite。如果这两个 sprite 发生碰撞，回调函数则返回 True，否则返回 False。

spritecollide 函数返回一个列表，保存了所有与 sprite 发生碰撞的 sprite，如果没有与任何 sprite 发生碰撞，那么 spritecollide 函数返回一个空列表（长度为 0 的列表）。

下面是使用 spritecollide 函数检测 sprite 与 group 是否发生碰撞的例子：

```
# 回调函数
def callback(sprite1, sprite2):
    # 使用遮罩碰撞检测
    return pygame.sprite.collide_mask(sprite1, sprite2)
sprite = MySprite()
sprite1 = MySprite()
sprite2 = MySprite()
group = pygame.sprite.Group()
group.add(sprite1)
group.add(sprite2)
# collideSpriteList 返回了 group 中与 sprite 发生碰撞的 sprite
# 对于本例来说，就是 sprite1 和 sprite2
collideSpriteList = pygame.sprite.spritecollide(sprite,group,False,callback)
```

19.3.5　组与组之间的碰撞检测

如果要检测两类 sprite 之间是否发生碰撞，可以使用组与组之间的碰撞检测。不过这种碰撞检测方式类似于笛卡儿积，例如，如果两组中的 sprite 数都是 3 个，那么就需要进行 9 次碰撞检测。也就是需要进行 n*m 次碰撞检测，其中 n 是 group1 中的 sprite 数，m 是 group2 中的 sprite 数。所以除非必要，不要使用组与组之间的碰撞检测。

组与组之间的碰撞检测使用 groupcollide 函数，该函数的原型如下：

```
def groupcollide(groupa, groupb, dokilla, dokillb, collided=None)
```

该函数参数的含义如下：

● groupa：第 1 个参与检测的组。

● groupb：第 2 个参与检测的组。

● dokilla：如果该参数的值是 True，当 groupa 中某个 sprite 与 groupb 中某个 sprite 发生碰撞，则会删除 groupa 中的 sprite。

● dokillb：如果该参数的值是 True，当 groupa 中某个 sprite 与 groupb 中某个 sprite 发生碰撞，则会删除 groupb 中的 sprite。

● collided：回调函数，用于检测两个组中 sprite 是否发生碰撞，如果发生碰撞，则回调函数会返回 True，否则返回 False。

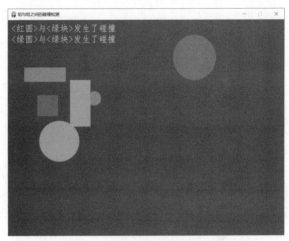

groupcollide 函数返回一个字典类型的值，key 是 groupa 中的某个 sprite，value 是一个列表，保存了 groupa 中的某个 sprite 与 groupb 中所有与这个 sprite 发生碰撞的 sprite。如果未发生碰撞，则返回空字典。

下面的例子会在窗口上放置 3 个圆形和 3 个矩形，分别属于 group1 和 group2。然后使用 groupcollide 函数检测 group1 和 group2 中的 sprite 是否发生碰撞，如果发生碰撞，会在窗口左上角显示碰撞信息，效果如图 19-7 所示。

图 19-7　组与组之间的碰撞检测

本例只给出了碰撞检测的核心代码，完整的代码查看 collide_group_group.py 文件。

代码位置：src/pygame_advanced/collide_group_group.py

```
def callback(sprite1, sprite2):
    return pygame.sprite.collide_mask(sprite1, sprite2)
def verifyCollision():
    # 进行组与组之间的碰撞检测
    collideDict = pygame.sprite.groupcollide(group1, group2, False, False, callback)
    i = 0
    for k, v in collideDict.items():
        for sprite in v:
            showText(font, 10, 10 + i * 30, f'<{k.name}>与<{sprite.name}>发生了碰撞')
            i += 1
```

19.4　给游戏加上音效

除非你想静音，否则任何游戏都是会有声音的，或者是背景音乐，或者是在 sprite 起了某些变化而触发的声效，如爆炸、开枪、击中目标等。Pygame 提供了基本的控制音频的 API，目前 Pygame 支持 wav 和

微课视频

ogg 两种音频格式。通常 wav 用于音效，一般是比较短的音频，如爆炸、移动等；ogg 类似于 mp3，可以提供比较长的音频，如背景音乐等。

之所以不提供 mp3 的支持，是因为 mp3 是有版权的。因此，在游戏中，ogg 是 mp3 的非常好的替代品。如果读者的音频文件都是 mp3，那么使用相应的工具将其转换为 ogg 或 wav 格式。

要播放 ogg 或 wav 音频文件，首先需要使用 Sound 对象装载音频文件，然后可以直接使用 Sound.play 方法播放音频，使用 Sound.stop 方法停止播放音频。不过这里推荐使用 find_channel 函数获取一个处理音频的频道来控制音频，这是因为 Pygame 的音频混合器在内部会处理频道，所以可以获得一个可用的频道。如果没有可用的频道，那么 Pygame 音频混合器会返回 None。通过频道可以对音频进行更好的控制，如调整播放音频时的音量。

下面的例子在运行程序后自动播放背景音乐，并在移动 sprite 时播放音效。本例的核心代码如下：

代码位置： src/pygame_advanced/sound_demo.py

```python
# 用于播放音频的函数，volume 参数表示音量，如果是 1，表示按原始音量播放
# volume 小于 1，按音量比例播放音频，如 0.5，就按原来音量的 50% 播放音频
def playSound(sound, volume = 1):
    channel = pygame.mixer.find_channel(True)
    channel.set_volume(volume)
    channel.play(sound)
# 装载背景音频文件
bgSound = pygame.mixer.Sound("bg.ogg")
# 装载音效文件
sound = pygame.mixer.Sound("sound.wav")
# 按 10% 的音量播放背景音乐
playSound(bgSound, 0.1)
```

接下来，就可以在移动 sprite 时播放音效了，代码如下：

```python
if keys[K_ESCAPE]:
    sys.exit()
elif keys[K_UP]:
    for k in range(0, len(spriteList)):
        if keys[49 + k]:
            spriteList[k].Y -= 1
            playSound(sound, 1)                        # 播放音效
elif keys[K_RIGHT]:
    for k in range(0, len(spriteList)):
        if keys[49 + k]:
            spriteList[k].X += 1
            playSound(sound, 1)                        # 播放音效
elif keys[K_DOWN]:
    for k in range(0, len(spriteList)):
        if keys[49 + k]:
            spriteList[k].Y += 1
            playSound(sound, 1)                        # 播放音效
elif keys[K_LEFT] :
    for k in range(0, len(spriteList)):
```

```
if keys[49 + k]:
    spriteList[k].X -= 1
    playSound(sound, 1)                      # 播放音效
```

现在运行程序，会听到播放了背景音乐，然后移动 sprite，会听到音效。

19.5　实战与演练

1. 实现在一个星空背景下，地球围绕太阳旋转的效果。太阳本身是自转的，地球也是自转的，同时围绕太阳旋转，效果如图 19-8 所示。

答案位置：src/pygame/solution1.py

2. 修改 19.3.3 节中的例子，让任意两个 sprite 只有在碰撞时才发出音效。

答案位置：src/pygame/solution2.py

3. 完善 19.1.3 节的例子。首先在窗口上显示一个飞船，这个飞船会顺时针绕着地球飞行。这里面有如下几点需要注意：

● 飞船不仅要围绕地球旋转，还要随着自身旋转的角度不断改变自身的角度，以便让飞船的头部始终朝着前进的方向。

● 飞船的旋转速度要快于地球的自转速度。

效果如图 19-9 所示。

图 19-8　旋转的太阳系

图 19-9　飞船绕地球旋转

答案位置：src/pygame/solution3.py

4. 实现用键盘（按空格键）控制精灵（小人）上下跳跃躲避火焰的攻击，效果如图 19-10。

答案位置：src/pygame/solution4.py

5. 在窗口上绘制 3 个不同尺寸和颜色的矩形，并通过上、下、左、右箭头键控制这 3 个矩形上、下、左、右移动，同时按住 1 键移动第 1 个矩形、按住 2 键移动第 2 个矩形、按住 3 键移动第 3 个矩形。然后在窗口的左上角实时显示哪几个矩形发生了碰撞（用矩形碰撞检测），效果如图 19-11 所示。

答案位置：src/pygame/solution5.py

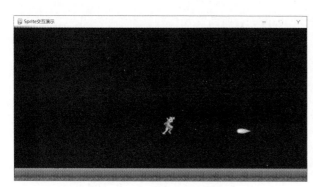

图 19-10　精灵躲避火焰攻击

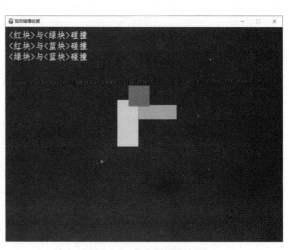

图 19-11　矩形碰撞检测

6．在窗口上绘制 3 个不同尺寸和颜色的圆形，并通过上、下、左、右箭头键控制这 3 个圆形上、下、左、右移动，同时按住 1 键移动第 1 个圆形、按住 2 键移动第 2 个圆形、按住 3 键移动第 3 个圆形。然后在窗口的左上角实时显示哪几个圆形发生了碰撞（用圆形碰撞检测），效果如图 19-12 所示。

答案位置：src/pygame/solution6.py

7．在窗口上放置一个可以移动的小人（有摆手的动画效果），在朝着上、下、左、右 4 个方向移动时，小人同时会有前后摆手和迈腿的特效。然后再放置 3 个矩形和 3 个圆形。当小人碰到这 6 个 Sprite 的任何一个，就会认为发生了碰撞，会将碰撞信息显示在窗口左上角。这 6 个 Sprite 同属于一个 Group。所以本例使用的是 Sprite 与 Group 之间的碰撞检测，效果如图 19-13 所示。

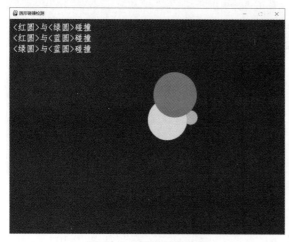

图 19-12　圆形碰撞检测

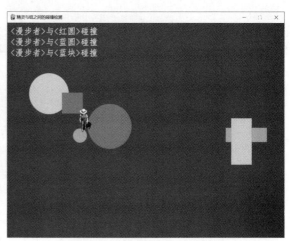

图 19-13　摆手精灵的碰撞检测

答案位置：src/pygame/solution7.py

19.6　本章小结

本章介绍了 Pygame 的一些高级技术。游戏的核心就是 sprite，这也是本章主要介绍的内容。而 sprite

也需要完成两样重要的功能：一是自身的特效，二是碰撞检测。前者其实与技术的关系不大，要想实现更好的特性，很大程度上依赖设计师的成果；而后者需要利用多种手段进行碰撞检测，包括粗略的碰撞检测（矩形碰撞检测和圆形碰撞检测）和精度更高的遮罩碰撞检测。如果 sprite 的速度移动得非常快，而且并不要求非要完全撞上才被检测到，可以使用矩形碰撞检测和圆形碰撞检测，这两种碰撞检测方式非常高效。如果要想非常精确地检测碰撞，那么就使用遮罩碰撞检测，这种碰撞检测方式是通过 png 图像的透明部分自动生成遮罩图像进行碰撞检测的，只要 png 图像做得非常精确，那么碰撞检测是非常准确的。遮罩碰撞检测唯一的缺陷就是太耗资源，并不建议游戏中所有的碰撞检测都使用这种方式，最好的方式是将这几种碰撞检测综合在一起使用。

## 第 20 章

Pygame 游戏项目实战：塔防

本章使用 Pygame 实现一个塔防游戏。所谓塔防游戏，是射击类游戏的一种。其实就是攻击防守类的游戏，相当于守城和攻城。如果在一定时间内守得住，就赢了；如果守不住，就输了。

项目源代码：src/tower_defense

20.1 游戏概述

塔防游戏使用鼠标控制防守者旋转的方向和发射箭头，当鼠标移动时，防守者会旋转到不同方向，每按一次鼠标左键或右键，就会发射一只箭头（也可以是其他武器），用来攻击不断从游戏界面右侧出现的敌人。通过上、下、左、右箭头键也可以移动防守者。在游戏界面的右上角会显示一个时间倒计时。如果在倒计时完成之前，左上方的绿色生命线没了，游戏就结束了，否则你就赢了。游戏界面如图 20-1 所示。

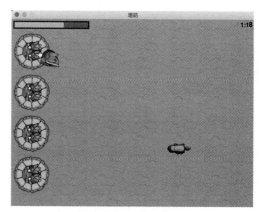

图 20-1 塔防游戏主界面

20.2 游戏中需要完成的工作

塔防游戏需要完成的工作如下：
- 绘制精灵（Sprite）。
- 鼠标和键盘事件。
- 发射箭头。
- 不同方向旋转和移动精灵。
- 碰撞检测。
- 音效。

完成这些工作涉及的技术在前面两章已经讲过了，下面主要介绍实现这些功能的一些核心代码。

20.3 游戏初始化

Game.py 是塔防游戏的主程序文件，该文件中的 initGame 函数负责初始化游戏，该函数的代码如下：

代码位置：src/tower_defense/Game.py

```python
def initGame():
    # 初始化 Pygame
    pygame.init()
    # 初始化音频混合器
    pygame.mixer.init()
    screen = pygame.display.set_mode(cfg.SCREENSIZE)
    # 设置游戏标题
    pygame.display.set_caption('塔防')
    # 加载图像
    game_images = {}
    for key, value in cfg.IMAGE_PATHS.items():
        game_images[key] = pygame.image.load(value)
    # 加载音频
    game_sounds = {}
    for key, value in cfg.SOUNDS_PATHS.items():
        if key != 'moonlight':
            game_sounds[key] = pygame.mixer.Sound(value)
    return screen, game_images, game_sounds
```

20.4　展现游戏角色

在这款游戏中主要有 3 个角色，这 3 个角色都是需要移动或旋转的，分别是防守者、箭头和攻击者。这 3 个角色是 3 个 Sprite，分别由 BunnySprite、ArrowSprite 和 BadguySprite 类表示，这 3 个类都是 pygame.sprite.Sprite 的子类，在每个类中都定义了与该 Sprite 相关的动作方法，例如，防守者（BunnySprite 类）可以通过上、下、左、右箭头移动，所以在 BunnySprite 类中定义了 move 方法，代码如下：

代码位置：src/tower_defense/modules/Sprites.py

```python
def move(self, screensize, direction):
    # 向左移动
    if direction == 'left':
        self.rect.left = max(self.rect.left-self.speed, 0)
    # 向右移动
    elif direction == 'right':
        self.rect.left = min(self.rect.left+self.speed, screensize[0])
    # 向上移动
    elif direction == 'up':
        self.rect.top = max(self.rect.top-self.speed, 0)
    # 向下移动
    elif direction == 'down':
        self.rect.top = min(self.rect.top+self.speed, screensize[1])
```

由于防守者需要用鼠标控制旋转，以方便攻击敌人，所以在 BunnySprite 类中还提供了 draw 方法，用来实现防守者的自转，draw 方法的代码如下：

```python
def draw(self, screen, mouse_pos):
    angle = math.atan2(mouse_pos[1]-(self.rect.top+32),
```

```
mouse_pos[0]-(self.rect.left+26))
    # 让图片旋转
    image_rotate = pygame.transform.rotate(self.image, 360-angle*57.29)
    # 重新确定防守者旋转后的位置
    bunny_pos = (self.rect.left-image_rotate.get_rect().width/2,
self.rect.top-image_rotate.get_rect().height/2)
    self.rotated_position = bunny_pos
    # 绘制旋转后的防守者
    screen.blit(image_rotate, bunny_pos)
```

ArrowSprite 类和 BadguySprite 类也提供了各自的 update 方法，在 while 循环中不断让箭头和攻击者移动，这两个类的 update 方法的实现如下：

ArrowSprite 类的 update 方法的代码如下：

```
# 箭头的移动方向与防守者的旋转方向一致
def update(self, screensize):
    velx = math.cos(self.angle) * self.speed
    vely = math.sin(self.angle) * self.speed
    self.rect.left += velx
    self.rect.top += vely
    if self.rect.right < 0 or self.rect.left > screensize[0] or self.rect.top >
screensize[1] or self.rect.bottom < 0:
        return True
    return False
```

BadguySprite 类 update 方法的代码如下：

```
# 攻击者的运行轨迹比较简单，只是从右向左水平匀速移动
def update(self):
    self.rect.left -= self.speed
    if self.rect.left < 64:
        return True
    return False
```

20.5 响应鼠标和键盘事件

Pygame 中响应鼠标和键盘事件，需要在 while 循环的 for 循环中（查看前面两章的相关内容），实现代码如下：

```
for event in pygame.event.get():
    if event.type == pygame.QUIT:
        pygame.quit()
        sys.exit()
    # 鼠标按键按下，开始发射箭头
    elif event.type == pygame.MOUSEBUTTONDOWN:
        # 播放音效
        game_sounds['shoot'].play()
        acc_record[1] += 1
```

```
        # 获得鼠标的单击位置
        mouse_pos = pygame.mouse.get_pos()
        # 根据鼠标单击位置和防守者的位置，使用三角函数计算出箭头的行进角度
        angle = math.atan2(mouse_pos[1]-(bunny.rotated_position[1]+32),
mouse_pos[0]-(bunny.rotated_position[0]+26))
        # 创建箭头精灵（ArrowSprite）
        arrow = ArrowSprite(game_images.get('arrow'), (angle,
bunny.rotated_position[0]+32, bunny.rotated_position[1]+26))
        arrow_sprites_group.add(arrow)

key_pressed = pygame.key.get_pressed()
# 上箭头：向上移动防守者
if key_pressed[pygame.K_UP]:
    bunny.move(cfg.SCREENSIZE, 'up')
# 下箭头：向下移动防守者
elif key_pressed[pygame.K_DOWN]:
    bunny.move(cfg.SCREENSIZE, 'down')
# 左箭头：向左移动防守者
elif key_pressed[pygame.K_LEFT]:
    bunny.move(cfg.SCREENSIZE, 'left')
# 右箭头：向右移动防守者
elif key_pressed[pygame.K_RIGHT]:
    bunny.move(cfg.SCREENSIZE, 'right')
```

20.6　碰撞检测

由于箭头与攻击者都是多个，所以本例使用了组与组之间的碰撞检测，不过并没有直接使用 groupcollide 函数，而是通过二重 for 循环对每个 Sprite 单独进行碰撞检测，并且使用了遮罩碰撞检测，代码如下：

```
for arrow in arrow_sprites_group:
    for badguy in badguy_sprites_group:
        # 对当前两个精灵进行遮罩碰撞检测
        if pygame.sprite.collide_mask(arrow, badguy):
            # 如果发生碰撞，播放音效
            game_sounds['enemy'].play()
            # 删除发生碰撞的箭头
            arrow_sprites_group.remove(arrow)
            # 删除发生碰撞的攻击者
            badguy_sprites_group.remove(badguy)
            acc_record[0] += 1
```

20.7　本章小结

本章利用 Pygame 实现了一个塔防游戏，其实这个游戏的核心就是移动 Sprite 和碰撞检测，事实上，所有的攻击类游戏都需要使用这两项技术。使用 Pygame 实现这两项技术，代码要少得多。如果不使用 Pygame，直接使用 PyQt6 实现这款游戏，需要编写更多的代码。

## 第 21 章

网络爬虫与 Beautiful Soup

微课视频

从本章开始，进入 Python 的另一个全新的领域：网络爬虫，也可以叫网络蜘蛛，英文叫 web crawler 或 web spider。那么网络爬虫到底是做什么的呢？其实网络爬虫的一个基本功能就是从网络上下载资源，如 HTML 页面、图像文件等。那么网络爬虫有什么用呢？用处可是相当的大！网络爬虫通常会作为其他系统的数据源。例如，数据分析、深度学习、搜索引擎、API 系统等。可以利用网络爬虫从天猫和京东网站上抓取数据，并经过一定的处理（可以利用 Beautiful Soup 或其他类似的 HTML 代码分析库进行分析）后保存到本地的文件或数据库中，然后再经过进一步的数据清洗，最后使用 Pandas、Matplotlib 等工具对数据进行分析统计和可视化。从这个案例可以看出，数据分析的第一步就是使用网络爬虫从网上抓取需要的数据。对于深度学习、API 系统也是一样。例如，要做一个查询城市 PM2.5 的微信小程序，核心问题只有一个，PM2.5 的数据从哪里来？当然，对于土豪来说，可以花钱买。但对于大多数想做个程序玩玩的人来说，花钱买就不值得了，而免费提供 PM2.5 API 接口的服务商又不多，就算有，提供的数据也可能不全。所以还剩下最后一张王牌：网络爬虫。现在有很多网站提供完整的 PM2.5 数据，但都是 HTML 版的，用程序根本无法直接获得有价值的数据。为了获得对我们有用的数据，可以先使用网络爬虫定向抓取 HTML 页面中 PM2.5 的数据，然后将这些数据保存到本地数据库中（如 SQLite、MySQL 等），最后再做一个 Web 服务端，直接从自己的数据库中查询数据。如果微信小程序、Android、iOS、HarmonyOS 等客户端也需要调用，可以用 API 形式提供数据接口。如果要实时更新，可以每隔一定时间抓取一次，然后更新旧的数据即可。通过这种迂回的方式，理论上可以将任何公开出来的 Web 数据做成我们自己的 API 服务。关于网络爬虫的案例还很多，这里不再一一陈述。下面就开始学习 Python 网络爬虫吧！

21.1 网络爬虫基础

本节会介绍网络爬虫的基础知识，如网络爬虫的分类、网络爬虫的基本原理、如何保存抓取到的数据，以及演示如何利用网络爬虫从百度上抓取比基尼美女图片。

21.1.1 爬虫分类

爬虫的主要功能是下载 Internet 或局域网中的各种资源。如 HTML 静态页面、图像文件、JS 代码等。网络爬虫的主要目的是为其他系统提供数据源，如搜索引擎（Google、Baidu 等）、深度学习、数据分析、大数据、API 服务等。这些系统都属于不同的领域，而且都是异构的，所以肯定不能通过一种网络爬虫来为所有的这些系统提供服务，因此，在学习网络爬虫之前，先要了解网络爬虫的分类。

如果按抓取数据的范围进行分类，网络爬虫可以分为如下几类。

- 全网爬虫：用于抓取整个互联网的数据，主要作为搜索引擎（如 Google、Baidu 等）的数据源。
- 站内爬虫：与全网爬虫类似，只是用于抓取特定网站的资源。主要作为企业内部搜索引擎的数据源。
- 定向爬虫：这种爬虫的应用相当广泛，我们讨论的大多都是这种爬虫。这种爬虫只关心特定的数据，如网页中的 PM2.5 实时监测数据、天猫胸罩的销售记录、美团网的用户评论等。抓取这些数据的目的也五花八门：有的是为了加工整理，供自己的程序使用；有的是为了统计分析，得到一些有价值的结果，例如，哪种颜色的胸罩卖得最好。

如果从抓取的内容和方式进行分类，网络爬虫可以分为如下几类：

- 网页文本爬虫。
- 图像爬虫。
- JS 爬虫。
- 异步数据爬虫（JSON、XML），主要抓取基于 AJAX 的系统的数据。
- 处理验证码登录的爬虫。
- 抓取其他数据的爬虫（如 Word、Excel、PDF 等）。

这些爬虫主要使用的是网页文本爬虫、图像爬虫和异步数据爬虫。本书关于网络爬虫的部分也会将主要精力放在第 3 种网络爬虫上。

21.1.2 编写第 1 个网络爬虫

本节会编写一个简单的网络爬虫，在编写代码之前，先来了解一下网络爬虫的基本原理。本节编写的网络爬虫数据属于全网爬虫类别，但我们肯定不会抓取整个互联网的资源。所以本节会使用 7 个 HTML 文件来模拟互联网资源，并将这 7 个 HTML 文件放在本地的 Nginx 服务器的虚拟目录，以便抓取这 7 个 HTML 文件。

全网爬虫要至少有一个入口点（一般是门户网站的首页），然后会用网络爬虫抓取这个入口点指向的页面，接下来会将该页面中所有链接标签（a 标签）中 href 属性的值提取出来。这样会得到更多的 Url（这里只考虑这些 Url 指向的是另一个 HTML 页面），然后再用同样的方式下载这些 Url 指向的 HTML 页面，再提取出这些 HTML 页面中 a 标签的 href 属性的值，然后再继续，直到所有的 HTML 页面都被分析完为止。只要任何一个 HTML 页面都是通过入口点可达的，使用这种方式就可以抓取所有的 HTML 页面。这很明显是一个递归过程，下面就用伪代码来描述这一递归过程。

从前面的描述可知，要实现一个全网爬虫，需要下面两个核心技术。

- 下载 Web 资源（HTML、CSS、JS、JSON）。
- 分析 Web 资源。

假设下载资源通过 download(url)函数完成，url 是要下载的资源链接。download 函数返回了网络资源的文本内容（这里只使用 download 函数下载 HTML 页面）。analyse(html)函数用于分析 Web 资源，html 是 download 函数的返回值，也就是下载的 HTML 页面代码。analyse 函数返回一个列表类型的值，该返回值包含了 HTML 页面中所有的 Url（a 标签的 href 属性值）。如果 HTML 页面中没有 a 标签，那么 analyse 函数返回空列表（长度为 0 的列表）。下面的 crawler 函数就是下载和分析 HTML 页面的函数，外部程序第 1 次调用 crawler 函数时传入的 Url 就是入口点 HTML 页面的链接。

```
def crawler(url)
{
```

```
    # 下载 url 指向的 HTML 页面
    html = download(url)
    # 分析 HTML 页面，并返回该页面中所有的 Url
    urls = analyse(html)
    # 对 Url 列表进行迭代，对所有的 Url 递归调用 crawler 函数
    for url in urls
    {
        crawler(url)
    }
}
# 外部程序第 1 次调用 crawler 函数，https://geekori.com 就是入口点的链接
crawler('https://geekori.com ')
```

下面的例子用递归的方式编写了一个全网爬虫，该爬虫会从本地的 Nginx 服务器（其他服务器也可以）抓取所有的 HTML 页面，并通过正则表达式分析 HTML 页面，提取出 a 标签的 href 属性值，最后将获得的所有 Url 输出到终端。

在编写代码之前，先要准备一个 Web 服务器（Nginx、Apache、IIS 都可以），并建立一个虚拟目录。Nginx 默认的虚拟目录路径是<Nginx 根目录>/html。然后准备一些通过链接关联的 HTML 文件，为了方便读者，本例已经准备好了 7 个 HTML 文件，都在如下的位置，读者将这些 HTML 文件所在的 files 目录放到 Web 服务器的虚拟目录下，Web 服务器的端口号是 8888，读者也可以使用任何其他端口号。

下面是本例的 7 个 HTML 文件的代码（所有的文件都在 src/bs/files 目录中），网络爬虫会抓取和分析这 7 个 HTML 文件的代码。

```html
<!-- index.html 入口点 -->
<html>
    <head><title>index</title></head>
    <body>
        <a href='a.html'>first page</a>
        <p>
        <a href='b.html'>second page</a>
        <p>
        <a href='c.html'>third page</a>
        <p>
    </body>
</html>
<!-- a.html -->
<html>
    <head><title>a</title></head>
    <body>
        <a href='aa.html'>aa page</a>
        <p>
        <a href='bb.html'>bb page</a>
    </body>
</html>
<!-- b.html -->
<html>
    <head><title>a</title></head>
    <body>
        <a href='cc.html'>cc page</a>
```

```
    </body>
</html>
<!-- c.html -->
c.html（No Content）
<!-- aa.html -->
aa.html(No Content)
<!-- bb.html -->
bb.html(No Content)
<!-- cc.html -->
cc.html(No Content)
```

在这 7 个 HTML 文件中，c.html、aa.html、bb.html 和 cc.html 只有一行文本，并没有任何的 a 标签，所以这 4 个页面就是递归的终止条件。

下面是基于递归算法的网络爬虫的代码。

代码位置：src/bs/firstspider.py

```python
from urllib3 import *
from re import *
http = PoolManager()
disable_warnings()
# 下载 HTML 文件
def download(url):
    result = http.request('GET', url)
    # 将下载的 HTML 文件代码用 utf-8 格式解码成字符串
    htmlStr = result.data.decode('utf-8')
    return htmlStr
# 分析 HTML 代码
def analyse(htmlStr):
    # 利用正则表达式获取所有的 a 标签，如<a href='a.html'>a</a>
    aList = findall('<a[^>]*>',htmlStr)
    result = []
    # 对 a 标签列表进行迭代
    for a in aList:
        # 利用正则表达式从 a 标签中提取出 href 属性的值，如<a href='a.html'>中的 a.html
        g = search('href[\s]*=[\s]*[\'"]([^>\'""]*)[\'"]',a)
        if g != None:
            # 获取 a 标签 href 属性的值，href 属性值就是第 1 个分组的值
            url = g.group(1)
            # 将 Url 变成绝对链接
            url = 'http://localhost:8888/files/' + url
            # 将提取出的 Url 追加到 result 列表中
            result.append(url)
    return result
# 用于从入口点抓取 HTML 文件的函数
def crawler(url):
    # 输出正在抓取的 Url
    print(url)
    # 下载 HTML 文件
    html = download(url)
    # 分析 HTML 代码
```

```
    urls = analyse(html)
    # 对每个 Url 递归调用 crawler 函数
    for url in urls:
        crawler(url)
# 从入口点 Url 开始抓取所有的 HTML 文件
crawler('http://localhost:8888/files')
```

运行程序，就会在终端输出前面 7 个 HTML 文件中包含的 Url。

21.1.3　保存抓取的数据

光抓取 HTML 文件，如果不保存，那岂不是白抓取了。因此，网络爬虫在抓取 Web 资源时，会将 Web 资源的原始数据保存到本地，待以后进一步分析。

将 HTML 文件保存到本地的方式很多，例如，可以保存到文本文件中，也可以保存到数据库中。为了提高效率，通常会先保存到文本文件中，这样更节省资源。因为访问数据库消耗的资源是很昂贵的，尤其是对于需要抓取成千上万 Web 资源的网络爬虫来说更是如此。

下面的例子编写的网络爬虫与 21.1.2 节编写的网络爬虫在功能上类似，只是将抓取到的 HTML 文件都保存到了本地。文件名用 Url 生成的十六进制编码字符串。所有下载的 HTML 文件都保存在当前目录下的 download 子目录中。

代码位置： src/bs/savedata.py

```python
from urllib3 import *
from re import *
import os
import hashlib
http = PoolManager()
disable_warnings()
# 在当前目录下创建一个 download 子目录，用于保存抓取的 HTML 文件
os.makedirs('download', exist_ok = True)
# 将字符串进行 MD5 编码成字节流，并将字节流转换为十六进制编码格式
def computeMD5hash(myString):
    m = hashlib.md5()
    # 开始提取 MD5 摘要
    m.update(myString.encode('utf-8'))
    # 将 MD5 摘要转换为十六进制编码格式
    return m.hexdigest()
# 以只写的方式打开 urls.txt 文件，该文件用于保存所有抓取到的 Url
f = open('download/urls.txt','w')
# 用于下载 Url 的函数
def download(url):
    result = http.request('GET', url)
    # 生成 HTML 文件名
    md5 = computeMD5hash(url)
    f.write(url + '\n')
    htmlStr = result.data.decode('utf-8')
    htmlFile =open('download/' + md5,'w')
    # 将 HTML 代码写入对应的文本文件
    htmlFile.write(htmlStr)
```

```
        htmlFile.close()
        return htmlStr
# 分析 HTML 代码的函数
def analyse(htmlStr):
    # <a href='a.html'>a</a>
    aList = findall('<a[^>]*>',htmlStr)
    result = []
    for a in aList:
        # <a href='a.html'>
        g = search('href[\s]*=[\s]*[\'"]([^>\'""]*)[\'"]',a)
        if g != None:
            url = g.group(1)
            url = 'http://localhost:8888/files/' + url
            result.append(url)
    return result
# 网络爬虫函数
def crawler(url):
    print(url)
    html = download(url)
    urls = analyse(html)
    for url in urls:
        crawler(url)
crawler('http://localhost:8888/files')
# 关闭打开的 urls.txt 文件
f.close()
```

运行程序，会发现 download 目录中多了一些文件，这就是被抓取的 HTML 文件。

21.1.4　从百度抓取海量比基尼美女图片

本节来编写一个比较有意思的网络爬虫，这个网络爬虫可以从百度上抓取任意多个比基尼美女图片。在这个案例中要使用 Chrome 浏览器的页面分析工具。

先打开 Chrome 浏览器，切换到百度的图片搜索，并输入"比基尼美女"，然后单击"百度一下"按钮开始搜索，这时会在页面下方列出很多比基尼美女图片，不过这只是在浏览器中呈现的样式。我们的目的是获得每个图片的链接，然后将这些图片下载到本地。不过当向下滑动浏览器图片列表时会发现，百度显示的图片随着向下滑动列表，会不断显示新的图片，好像拥有无穷无尽图片资源一样。其实这是目前一种常用的异步显示图片的方式。也就是说，当前的 HTML 页面和图像资源不是同时从服务端下载的。HTML 页面是用同步方式下载的，而图像资源是通过 AJAX 技术异步方式下载的，因此，需要找到异步下载图片的 Url。

现在来分析 HTML 代码。在页面右键菜单单击"检查"菜单项，会在 Chrome 浏览器右侧显示一个用于调试和分析的面板，切换到 Network 选项卡，这时该选项卡什么都没有，需要再次刷新页面，这时会在 Network 选项卡中显示刷新页面时向服务端请求的所有 Url。在 Network 选项卡上方的搜索框中输入 acjson，会列出 1～n 个 acjson 链接，如图 21-1 所示。

单击某个 acjson 链接，在右侧会显示该链接的 HTTP 请求头和 HTTP 响应头，单击旁边的 Preview 选项卡，会看到如图 21-2 所示的内容。

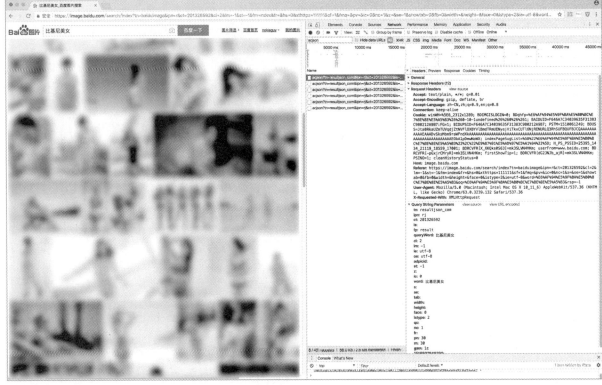

图 21-1 分析比基尼美女页面

图 21-2 acjson 链接的内容

很明显，Preview 选项卡中显示的是 JSON 格式的代码。根据代码内容，基本上可以断定，这就是我们要的数据。

下面再看完整的 acjson 链接，在链接中包含了两个 HTTP GET 请求字段：pn 和 rn。可以多看几个 acjson 链接，如下面的是第 1 个 acjson 链接。

https://image.baidu.com/search/acjson?... pn=30&rn=30&gsm=1e&1516507849790=

下面是第 2 个 acjson 链接。

https://image.baidu.com/search/acjson?...pn=60&rn=30&gsm=1e&1516507849790=

下面是第 3 个 acjson 链接。

https://image.baidu.com/search/acjson?...pn=90&rn=30&gsm=1e&1516507849790=

从上面 3 个 acjson 链接基本上可以猜出来。pn 随着不同的链接而变化，即 30、60、90，下一个应该是 120。rn 固定都是 30。所以基本上可以肯定，rn 表示每次返回的图像数，而 pn 表示每次从哪个图像开始返回。其实要获得海量的图像，也不必太细究 pn 到底表示什么，可以按这几个 acjson 链接确定 pn 和 rn 的值。例如，pn 可以从 30 开始，每循环一次增加 30，rn 就固定为 30 即可。读者也可以将 acjson 链接直接在浏览器中打开查看，会看到返回的就是 JSON 数据。为了更清楚地查看这些 JSON 数据，还是通过 Preview 选项卡查看。现在一切细节已经搞清楚了，然后就可以编写代码从百度网址下载比基尼美女图片了。

在这个例子中，会使用 urllib3 进行网络操作。由于百度服务端会校验客户端是否为浏览器，所以需要设置 HTTP 请求头的 User-Agent 字段。为了方便，本例在当前目录建立了一个 image_headers.txt 文件，将 User-Agent 字段的内容保存在这个文件中，以便随时修改。

代码位置：src/bs/girl_spider.py

```
from urllib3 import *
import os
import re
import json
http = PoolManager()
disable_warnings()
# 在当前目录建立 download/images 子目录，所有下载的比基尼美女图片文件都会保存在这个目录中
os.makedirs('download/images', exist_ok = True)
# 从 image_headers.txt 文件中读取 HTTP 请求头，并以字典形式返回
def str2Headers(file):
    headerDict = {}
    f = open(file,'r')
    headersText = f.read()
    # Linux、UNIX、Mac OS X 用\n 作为换行符
    # Windows 用\r\n 作为换行符，所以使用\n 分隔每行所有的操作系统都是可行的
    headers = re.split('\n',headersText)
    # 将每个 HTTP 请求头添加到字典中
    for header in headers:
        result = re.split(':',header, maxsplit=1)
        headerDict[result[0]] = result[1]
    f.close()
    return headerDict
```

```
# 将 image_headers.txt 文件中的 HTTP 请求头转化为字典对象
headers = str2Headers('image_headers.txt')
# 处理每个抓取的 JSON 文档
def processResponse(response):
    global count
    if count > 100:
      return
    s = response.data.decode('utf-8')
    # 将下载的 JSON 文本转化为 JSON 对象
    d = json.loads(s)
    n = len(d['data'])
    for i in range(n - 1):
      if count > 100:
          return
      # 获取比基尼美女图像的 Url
      imageUrl = d['data'][i]['hoverURL'].strip()
      if imageUrl != '':
          print(imageUrl)
          r = http.request('GET', imageUrl,headers = headers)
          count += 1
          # 将比基尼美女图像文件保存到本地文件，文件名用长度为 5 的序号，不足 5 位前面补 0
          imageFile = open('download/images/%0.5d.jpg' % count,'wb')
          imageFile.write(r.data)
          imageFile.close()
count = 0
pn = 30
rn = 30
# acjson 链接，已经将 pn 和 rn 替换成{pn}和{rn}，需要不断改变 pn 的值
url = 'https://image.baidu.com/search/acjson?tn=resultjson_com&ipn=rj&ct=20132659
2&is=&fp=result&queryWord=%E6%AF%94%E5%9F%BA%E5%B0%BC%E7%BE%8E%E5%A5%B3&cl=2&lm=
-1&ie=utf-8&oe=utf-8&adpicid=&st=-1&z=&ic=0&word=%E6%AF%94%E5%9F%BA%E5%B0%BC%E7%
BE%8E%E5%A5%B3&s=&se=&tab=&width=&height=&face=0&istype=2&qc=&nc=1&fr=&pn={pn}&rn
={rn}&gsm=1e&1512281761218='.format(pn=pn,rn=rn)
# 只下载 100 个比基尼美女图像文件
while count <= 100:
    r = http.request('GET',url)
    processResponse(r)
    # 每次 pn 加 30
    pn += 30
```

现在运行程序，会在 download/images 目录中出现很多比基尼美女的图像文件。本例为了测试，只下载了 100 个图像文件，如果读者要想下载更多比基尼美女图像文件，可以将 100 改成更大的值，如 100000。这些下载的图像用处是非常广的，例如，可以用于深度学习框架（如 TensorFlow）的数据源，用来训练深度学习模型，进行图片分类。通过这些图片，可以训练让机器自动识别某个女孩穿的是否是比基尼。

21.2 HTML 分析库：Beautiful Soup

网络爬虫的一个重要功能就是对抓取的数据进行分析，提取出我们感兴趣的信息。如果抓取的数据是 JSON、XML 等格式，那就好办多了。因为 Python 有很多处理这类数据格式的模块。如果抓取的数据是 HTML 格式，那就比较麻烦。因为 HTML 格式的数据太自由了。以前采用的方法是通过正则表达式从 HTML 代码中提取出我们需要的信息，不过正则表达式使用起来不那么人性化，也就是说比较难用（相对于其他方式而言）。我们希望能将 HTML 代码转换为对象树的形式，搜索 HTML 代码中的某个节点就像引用对象中的属性一样容易，而本节要介绍的 Beautiful Soup 就可以完美地达到这个目的。

21.2.1 如何使用 Beautiful Soup

Beautiful Soup 是第三方的开发库，在使用之前需要安装。读者可以使用下面的命令安装 Beautiful Soup。

```
pip install beautifulsoup4
```

如果使用的是 Anaconda Python 开发环境，可以使用下面的命令安装 Beautiful Soup。

```
conda install beautifulsoup4
```

安装 Beautiful Soup 后，在 Python 的 REPL 环境中执行下面的代码，如果未抛出异常，就说明 Beautiful Soup 已经安装成功了。

```
import bs4
```

bs4 模块中有一个核心类 Beautiful Soup，该类构造方法的第 1 个参数可以指定要分析的 HTML 代码，第 2 个参数表示 HTML 分析引擎。Beautiful Soup 类可以支持如表 21-1 所示的几种 HTML 分析引擎。

表 21-1 HTML分析引擎

引 擎 名	优 点	缺 点
html.parser	（1）Python内置的标准库，不需要安装； （2）执行速度适中； （3）文档容错能力强	Python 2.7.3或3.2.2以前的版本，对中文容错能力比较差
lxml	（1）速度快； （2）文档的容错能力强	需要安装C语言库
html5lib	（1）最好的容错性； （2）以浏览器的方式解析文档； （3）生成HTML5格式的文档	速度慢

由于 html.parser 是 Python 内置的 HTML 分析引擎，所以不需要单独安装。而 lxml 和 html5lib 都需要单独安装。

安装 lxml

```
pip install lxml
```

安装 html5lib

```
pip install html5lib
```

下面的例子会同时使用前面给出的 3 种 HTML 分析引擎处理 HTML 代码，并得到 HTML 代码中指定的内容。

代码位置：src/bs/first_bs.py

```python
from bs4 import BeautifulSoup
# 使用 html.parser 引擎
soup1 = BeautifulSoup('<title>html.parser 测试</title>','html.parser')
# 获取 title 标签
print(soup1.title)
# 获取 title 标签中的文本
print(soup1.title.text)
print('-----------')
# 使用 lxml 引擎
soup2 = BeautifulSoup('<title>lxml 测试</title>','lxml')
# 获取 title 标签中的文本
print(soup2.title.text)
print('-----------')
html = '''
<html>
    <head><title>html5lib 测试</title></head>
    <body>
        <a href='a.html'>first page</a>
        <p>
        <a href='b.html'>second page</a>
        <p>
        <a href='c.html'>third page</a>
        <p>
    </body>
</html>
'''
# 使用 html5lib 引擎
soup3 = BeautifulSoup(html,'html5lib')
# 获取 title 标签
print(soup3.title)
# 获取 title 标签中的文本
print(soup3.title.text)
# 获取第 1 个 a 标签中 href 属性的值
print(soup3.a['href'])
```

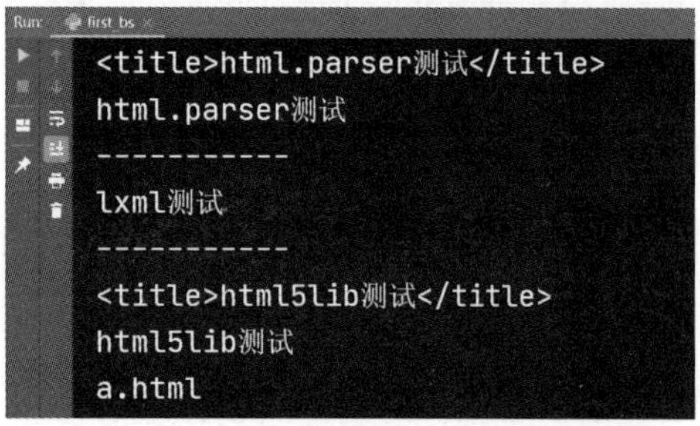

图 21-3　获取 HTML 代码中指定的内容

程序运行结果如图 21-3 所示。可以看到，Beautiful Soup 使用起来非常方便，一旦创建完 Beautiful Soup 对象，就可以用对象属性的方式获取 HTML 代码中的任何部分。

21.2.2　Tag 对象的 name 和 string 属性

使用 Beautiful Soup 对象装载 HTML 代码后，每个 HTML 代码中的元素都会变成一个 Tag 对象，在 Tag 对象中可以使用 name 属性获取标签名，使用 string 属性获取和设置某个标签中的文本。Beautiful Soup 对象可以将 HTML 代码中任何标签封装成 Tag 对象，包括自定义的标签。

下面的例子通过 name 属性将一个标签变成另外一个标签，并通过 string 属性获取和设置相应标签中的文本。

代码位置：src/bs/tag.py

```
from bs4 import Beautiful Soup
html = '''
<html>
    <head><title>index</title></head>
    <body>
        <a href='a.html'>first page</a>
        <p>
        <a href='b.html'>second page</a>
        <p>
        <a href='c.html'>third page</a>
        <p>
        <x k='123'>hello</x>
    </body>
</html>
'''
soup = BeautifulSoup(html,'lxml')
# 获取 HTML 文档中的第 1 个 a 标签
print(soup.a)
# 获取 Body 中的第 1 个 a 标签
print(soup.body.a)
# 获取第 1 个 a 标签中的文本
print(soup.a.text)
# ----设置节点名称------
# 将第 1 个 a 标签变成 div 标签
soup.a.name = 'div'
# 获取第 1 个自定义的 x 标签
print(soup.x)
print('--------')
# 获取第 1 个自定义的 x 标签中的文本
print(soup.x.string)
# 改变第 1 个 x 标签中的文本
soup.x.string = 'word'
# 获取第 1 个 x 标签中的文本
print(soup.x)
```

程序运行结果如图 21-4 所示。

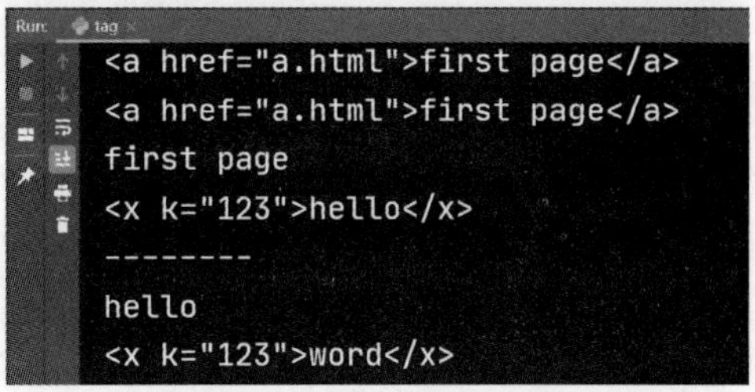

21.2.3　读写标签属性

节点的属性值类型分为两类：字符串和列表。大多数属性值的类型都是字符串，如 href 属性。还有少数的属性可能会有多个值，例如，几乎所有的标签都有的 class 属性。该属性需要设置一个或多个样式，如果是多个样式，中间用空格分隔。如

```
<a href="a.html">first page</a>
<a href="a.html">first page</a>
first page
<x k="123">hello</x>
--------
hello
<x k="123">word</x>
```

图 21-4　name 属性和 string 属性

果要读写这样的属性，就需要按列表的方式操作。

下面的例子演示了如何读取和设置标签（Tag 对象）的指定属性。

代码位置：src/bs/tag_read_write.py

```
html = '''
<html>
    <head><title>index</title></head>
    <body attr='test xyz' class='style1 style2'>
        <a rel='ok1 ok2 ok3' class='a1 a2' href='a.html'>first page</a>
        <p>
        <a href='b.html'>second page</a>
        <p>
        <a  href='c.html'>third page</a>
        <p>
        <x k='123' attr1='hello' attr2='world'>hello</x>
    </body>
</html>
'''
from bs4 import *


soup = BeautifulSoup(html,'lxml')
# 获取 body 标签所有属性的集合的类型（字典类型），可以通过 attrs 属性获取指定的属性值
print(type(soup.body.attrs))
# 获取 body 标签的 class 属性值（列表类型）
print('body.class','=',soup.body['class'])
# 获取 body 标签的 attr 属性值（字符串类型）
print('body.attr','=',soup.body['attr'])
# 获取 a 标签的 class 属性值（列表类型）
print('a.class','=',soup.a['class'])
# 设置 x 标签的 attr1 属性值
soup.x['attr1'] = 'ok'
# 获取 x 标签的 attr1 属性值
print('x.attr1','=',soup.x['attr1'])
# 设置 body 标签的 class 属性值，该值用列表形式设置
soup.body['class'] = ['x','y','z']
# 为 body 标签的 class 属性添加一个新的属性值
soup.body['class'].append('ok')
print(soup.body)
# 获取 a 标签的 rel 属性值
print(soup.a['rel'])
```

程序运行结果如图 21-5 所示。

阅读本例的代码，需要了解如下几点：

- 列表类型的属性是系统内定的，尽管自定义属性可以按 class 属性那样将多个值用空格分开，但 Beautiful Soup 仍然会认为这是一个字符串类型的属性。
- HTML 支持的列表类型属性，除了 class，还有 rel、rev、accept-charset、headers、accesskey 等。
- 对于列表类型的属性，如 class，在设置属性时，也要使用列表的语法，如使用 append 方法为属性添

加新的值。

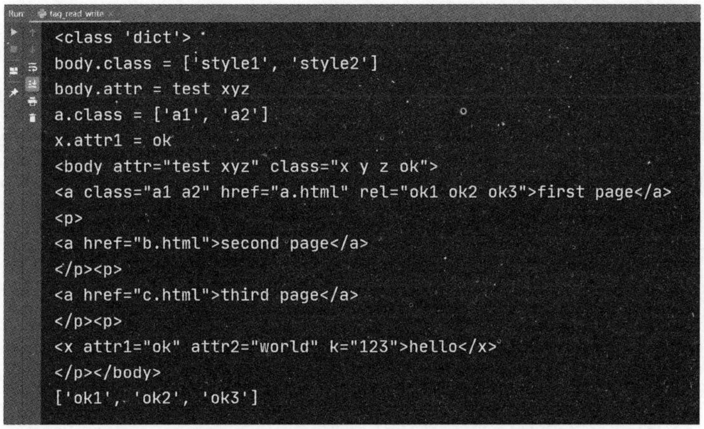

图 21-5　读取和设置标签（Tag 对象）的指定属性

21.2.4　用 Beautiful Soup 分析京东商城首页的 HTML 代码

在前面的部分一直用自己编写的 HTML 代码测试 Beautiful Soup，本节用 Beautiful Soup 分析京东商城的首页。

下面的例子演示了如何用 Beautiful Soup 分析京东商城的首页，并获取了 meta 标签、title 标签和 body 标签的相关内容。

代码位置： src/bs/bs_jd.py

```
from bs4 import *
from urllib3 import *
disable_warnings()
http = PoolManager()
# 下载京东商城首页的 HTML 代码
r = http.request('GET','https://www.jd.com')
soup = BeautifulSoup(r.data,'lxml')
# 获取 meta 标签
print(soup.meta)
# 获取 meta 标签的 charset 属性的值
print(soup.meta['charset'])
# 获取 title 标签的文本
print(soup.title.text)
# 获取 body 标签的 class 属性值
print(soup.body['class'])
```

程序运行结果如图 21-6 所示。

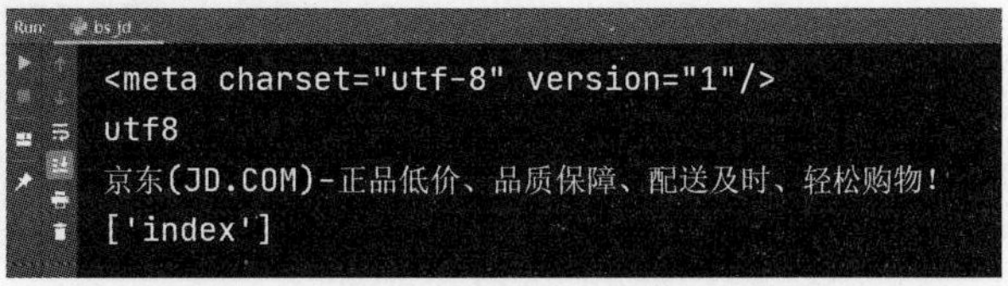

图 21-6　分析京东商城首页的 HTML 代码

21.2.5 通过回调函数过滤标签

对于大多数网络爬虫，关心的只是 HTML 代码中的一部分，所以需要根据某些规则从海量的 HTML 代码中提取出我们感兴趣的部分（一般是某些标签）。在 Beautiful Soup 中过滤标签的方法非常多，本节会介绍一种通用的方式：利用回调函数过滤标签。通过这种方式，每当扫描到一个标签，系统就会将封装该标签的 Tag 对象传入回调函数，然后回调函数就可以根据标签的属性、名称进行过滤，如果这个标签符合要求，回调函数则返回 True，否则返回 False。

下面的例子演示了如何通过回调函数过滤指定的标签。

代码位置：src/bs/callback.py

```python
from urllib3 import *
from bs4 import BeautifulSoup
disable_warnings()
html = '''
<html>
    <head><title>我的网页</title></head>
    <body attr="test" class = "style1">
    <a href='aa.html'>aa.html</a>
    <a href='bb.html' class = "style1">bb.html</a>
    <b>xyz</b>
    </body>
</html>
'''
soup = BeautifulSoup(html,"lxml")
from bs4 import NavigableString
# 用于过滤标签的回调函数
def filterFun(tag):
    # 该标签必须有一个 class 属性
    if tag.has_attr('class'):
        # class 属性必须有一个名为 style1 的样式
        if 'style1' in tag['class']:
            return True
    return False
# 对所有满足条件的标签进行迭代
for tag in soup.find_all(filterFun):
    print(tag)
    print('------------')
```

程序运行结果如图 21-7 所示。本例过滤了含有 class 属性，并且 class 属性值包含 style1 的所有标签，很明显，只有两个标签（body 标签和第 2 个 a 标签）满足条件。

图 21-7 通过回调函数过滤指定的标签

21.3 实战与演练

1. 用 Python 语言编写一个网络爬虫，提取淘宝首页

（https://www.taobao.com）如图 21-8 所示导航条的文本。

运行程序，需要得到如图 21-9 所示的结果。

天猫　聚划算　天猫超市　|　淘抢购　电器城　司法拍卖　中国质造　兴农扶贫

图 21-8　淘宝首页导航条

```
淘抢购
电器城
司法拍卖
中国质造
兴农扶贫
天猫
聚划算
天猫超市
```

图 21-9　分析淘宝首页导航条输出的结果

答案位置：src/bs/solution1.py

2．用 Python 编写一个网络爬虫，将如图 21-10 所示的京东图书信息转换为字典形式。

出版社：清华大学出版社	ISBN：9787302447849	版次：1	商品编码：12002469
包装：平装	丛书名：清华开发者书库	开本：16开	出版时间：2016-10-01
用纸：胶版纸	页数：524	字数：759000	正文语种：中文

图 21-10　京东图书信息

运行程序，会输出如图 21-11 所示的结果。

```
{'出版社': '清华大学出版社', 'ISBN': '9787302447849', '版次': '1', '商品编码': '12002469', '包装':
 '平装', '丛书名': '清华开发者书库', '开本': '16开', '出版时间': '2016-10-01', '用纸': '胶版纸', '页数': '
524', '字数': '759000', '正文语种': '中文'}
```

图 21-11　将京东图书信息转换为字典的结果

答案位置：src/bs/solution2.py

3．通过队列、线程锁、多线程、网络、Beautiful Soup 等多种技术编写一个基于多线程和下载队列的网络爬虫。读者可以任选一个网站作为入口，尽可能多地获取 Url，并将 Url 输出到终端，如图 21-12 所示。

```
https://geekori.com/edu
https://geekori.com/edu/course.php?c_id=3
https://geekori.com/edu/course.php?c_id=7
https://geekori.com/edu/course.php?c_id=6
https://geekori.com/edu/course.php?c_id=5
https://geekori.com/edu/course.php?c_id=28
https://geekori.com/edu/course.php?c_id=8
https://geekori.com/edu/course.php?c_id=4
https://geekori.com/edu/course.php?c_id=17
https://geekori.com/edu/course.php?c_id=18
https://geekori.com/edu/course.php?c_id=19
https://beian.miit.gov.cn/
https://geekori.com/edu
```

图 21-12　基于多线程和下载队列的网络爬虫

21.4　本章小结

网络爬虫是 Python 语言的一个重要领域。根据不同的需求，网络爬虫的类型也千差万别。网络爬虫就像英语，尽管有通用的英语语法，但放到不同的领域（如 IT、医学、物理等）就会形成专业英语。网络爬虫也一样，有通用的编写网络爬虫的方法，但需要和具体领域相结合，例如，搜索引擎和深度学习需要的网络爬虫是不一样的。所以除了网络爬虫的基础知识外，还需要补充各种相关的知识才能让自己编写的网络爬虫应用于各个领域。

## 第 22 章

Python 办公自动化

微课视频

　　有很多第三方模块允许 Python 与 Excel、Word、PowerPoint、PDF 等办公系统交互，这就意味着，这些办公系统从此又多了一种强大的脚本语言，而 Python 同时也拥有了这些办公系统的能力。例如，Python 可以借助 Excel 完成电子表格的处理，借助 Word 完成文档的处理，借助 PowerPoint 自动生成漂亮的 PPT。要想了解这一切到底是如何发生的，赶快阅读本章吧！

22.1　Python 与 Excel 交互

　　支持 Python 与 Excel 交互的模块很多，在本节主要介绍 openpyxl，因为这个模块并不依赖 Excel（可以不安装 Excel），而是直接读写 Excel 文件，所以 openpyxl 从理论上可以拥有 Excel 的全部功能。

22.1.1　Python 为什么要与 Office 交互

Python 与 Office（Excel、Word、PowerPoint 等）交互的理由主要有如下几点。

- 加快开发速度：Python 擅长网络和处理文本，但如何处理表格，尤其是变幻莫测的表格，并不是 Python 的长项（并不是做不到，只是比较费劲），而这项技能恰好是 Excel 最擅长的。所以最好的做法就是团队作战，适合 Python 的就由 Python 做，适合 Excel 的就由 Excel 做，没有完美的技术，只有完美的技术团队。
- 用户体验更好：在经过一系列猛如虎的操作后，生成了一大堆数据，用户希望这些数据以 Excel 形式提供，而不是打印出来或显示一个简陋的表格，而且 Excel 文档可以二次加工。所以不管是基于 Python 的 Web 应用，还是基于 PyQt6 的桌面应用，将数据导出为 Excel 文档是一个好主意。
- 让 Python 拥有更好的脚本语言：Office 有一种内置的脚本语言 VBA，这种语言其实就是 Basic 语言，非常简陋，极其难用，长久以来，VBA 一直是 Office 办公自动化的唯一选择，不过自从 Python 可以与 Office 交互以来，VBA 就显得没那么重要了，因为 Python 实在是太强大了。
- 共享生态：Python 的生态很强大，Office 的生态也很强大，如果能强强联手，将天下无敌。如果 Python 可以与 Office 交互，那么 Office 中的一切就是 Python 的，而 Python 中的一切也是 Office 的，所以 Python 与 Office 的融合就意味着两个生态的结合，将这种生态结合称为生态渗透。

22.1.2　Python 与 Office 交互的各种技术

Python 可以通过各种技术和模块与 Office 交互，常用的技术如下。

- COM 组件：这种技术只针对 Windows，通过 createObject 函数或类似的函数创建 Office 对象，如 Excel.Application，然后就可以通过 Office 对象任意调用 VBA 与 Office 交互了。这种方式的优点是可以 100%控制 Office（只要 VBA 支持，Python 就支持），但缺点也很明显，就是只能在 Windows 下使用（COM 组件是 Windows 特有的技术），而且必须安装 Office 才可以使用。

- 直接操作 Office 文档：由于新版 Office 文档都是基于 XML 格式的，而且标准是公开的，所以从理论上，任何人都可以通过这些公开的规范操作 Office 文档，不过 Office 文档的格式太复杂了，通常会使用现成的模块操作 Office 文档，本章要讲的 openpyxl 就是这种操作方式的典范。这种方式的优点是并不依赖 Office 本身，也就是说，在操作 Office 文档时，本机并不需要安装 Office，而且这种方式是跨平台的。但缺点是只能对文档进行操作，并不能完美控制 Office 本身，而且由于 Office 文档比较复杂，可能较新的格式 openpyxl 或其他类似的模块不支持。

- Office JavaScript API：这是微软提供的 JavaScript 库，通常是 office.js。可用 JavaScript 与 Office 交互。

- AppleScript：macOS 支持的脚本语言，可以利用 AppleScript 中的 API 与 Office 交互。不过这种技术只能用在 macOS。

目前常用的与 Office 交互的技术就是以上 4 种，不过有一些 Python 模块综合应用了上面的几种技术，例如，wlwings 就同时使用了 COM 和 AppleScript 与 Office 交互。在 Windows 下，wlwings 使用 COM 组件与 Office 交互；在 macOS 下，wlwings 使用 AppleScript 与 Office 交互。

22.1.3　安装 openpyxl

openpyxl 是第三方 Python 模块，在使用之前需要使用下面的命令安装：

```
pip install openpyxl
```

安装完 openpyxl 后，在 Python 的 REPL 环境执行 import openpyxl，如果不报错，说明成功安装了 openpyxl，也可以执行 openpyxl.__version__ 查看 openpyxl 的版本，执行结果如图 22-1 所示。

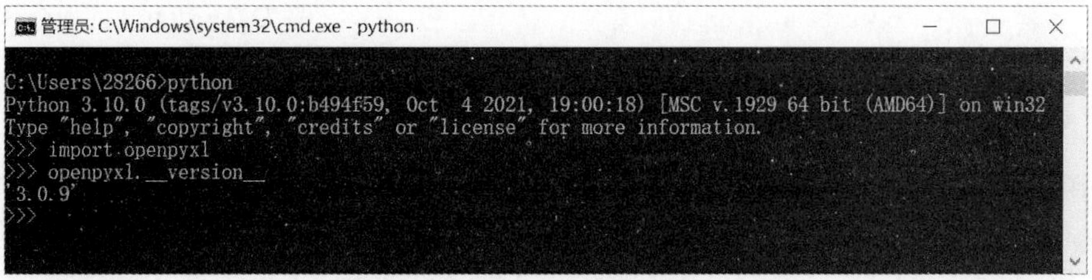

图 22-1　成功安装 openpyxl

22.1.4　创建和保存 Workbook

整个 Excel 就是一个工作簿（Workbook），一个工作簿可以有多个工作表（Sheet）。为了与 openpyxl 一致，后面都称为 Workbook 和 Sheet。Workbook 与 Sheet 的关系就相当于笔记本和每页纸。所以用 openpyxl 操作 Excel 的第 1 步就是创建一个新的 Excel 文件，在 Excel 文件中包含一个 Workbook 和多个 Sheet。

openpyxl 通过 Workbook 类描述 Workbook，所以首先要创建 Workbook 对象，同时会自动创建一个默认的 Sheet。

接下来需要使用 Workbook.create_sheet 方法在 Workbook 中创建新的 Sheet，create_sheet 方法的原型如下：

```
def create_sheet(self, title=None, index=None)
```

create_sheet 方法的两个参数（title 和 index）都是可选的，其中 title 表示 Sheet 的标题，index 表示 Sheet 的相对位置，也就是说，可以利用 index 参数将新创建的 Sheet 插入到某个位置。

到目前为止，已经创建了一个 Workbook，但 Workbook 仍然在内存中，所以最后需要使用 Workbook.save 方法将 Workbook 保存到硬盘上。save 方法的参数就是 Excel 文件名。

下面的例子完整地演示了 openpyxl 创建 Workbook 和 Sheet，并设置 Sheet 背景色的完整过程。

代码位置：src/office/create_workbook.py

```python
from openpyxl import Workbook
wb = Workbook()                                    # 在内存中创建了一个 Workbook
ws = wb.active                                     # 获取默认的 Sheet

print(ws.title)                                    # 输出 Sheet 的标题
ws.title = '我的标题'                               # 设置默认 Sheet 的标题

# 下面的代码添加 3 个新的 Sheet
ws1 = wb.create_sheet('新的sheet1')                # 在最后添加一个 Sheet
ws2 = wb.create_sheet('新的Sheet2',0)              # 在第 1 个位置插入 Sheet
ws3 = wb.create_sheet('新的Sheet3',-1)             # 在倒数第 2 个位置插入 Sheet

ws.sheet_properties.tabColor = '1072BA'            # 设置默认 Sheet 的背景色
ws3.sheet_properties.tabColor = 'FFDD00'           # 设置新添加的 Sheet 的背景色

wb.save('first.xlsx')                              # 保存 Excel 文档
```

执行上面的代码，会在当前目录生成一个 first.xlsx 文件，用 Excel 打开这个文件，会看到左下角有 4 个 Sheet，效果如图 22-2 所示。

图 22-2　新创建的 4 个 Sheet

22.1.5　读取 Excel 文档

本节会使用 openpyxl 读取 22.1.4 节生成的 first.xlsx 文件，所以在运行本节的例子之前，先确保当前目录存在 first.xlsx 文件。

读取 Excel 文档要使用 load_workbook 函数打开 Excel 文档，代码如下：

```python
wb = openpyxl.load_workbook('first.xlsx')
```

load_workbook 函数返回 Workbook 对象，该函数的原型如下：

```python
def load_workbook(filename, read_only=False, keep_vba=KEEP_VBA,
                  data_only=False, keep_links=True):
```

load_workbook 函数中的参数，除了 filename 外，其他参数都有默认值，这些参数的含义如下：

- filename：Excel 文件名。
- read_only：boolean 类型，如果该参数值是 True，则打开的文档是只读的，默认值是 False。
- keep_vba：是否保留 VBA 的内容，默认值是 KEEP_VBA。
- data_only：boolean 类型，是否保留单元格的公式，如果值为 False，则会将单元格中的公式转换为值后返回，默认值是 False。

- keep_links：boolean 类型，单元格的外部链接是否保留，如果为 True，则保留单元格的外部链接，默认值是 True。

下面的例子完整地演示了如何用 openpyxl 打开 Excel 文档，以及获取 Excel 文档中的 Sheet 数据和单元格数据。

代码位置： src/office/read_excel.py

```
import openpyxl
# 以只读方式打开 Excel 文档
wb = openpyxl.load_workbook('first.xlsx',data_only=True)
# 运行结果：<class 'openpyxl.workbook.workbook.Workbook'>
print(type(wb))
# 获取所有工作表的名字，运行结果：['新的 Sheet2', '我的标题', '新的 Sheet3', '新的 sheet1']
print(wb.sheetnames,'\n')
# 输出每个 Sheet 的标题
for sheet in wb:
    print(sheet.title)
# 获取特定的 Sheet
sheet = wb['新的 Sheet3']
# 输出 Sheet 的类型，运行结果：<class 'openpyxl.worksheet.worksheet.Worksheet'>
print(type(sheet))
# 获取 Sheet 的标题，运行结果：新的 Sheet3
print(sheet.title)
# 获取 Sheet 的背景色，运行结果：00FFDD00
print(sheet.sheet_properties.tabColor.rgb)
# 获取 E6 单元格的值，运行结果:None
print(sheet['E6'].value)
wb.close()
```

由于目前 first.xlsx 文件中没有任何值，所以单元格 E6 中的值是 None。

22.1.6　获取和设置单元格中的值

获取单元格的值有如下两种方法：

方法 1：使用 sheet["D11"]。

其中 D11 是单元格的坐标。在 Excel 中，用大写字母表示列，从 A 开始；用数字表示行，从 1 开始。所以 D11 就表示 11 行 4 列，而 sheet["D11"]就用来获取第 11 行第 4 列这个单元格的值。

方法 2：使用 sheet.cell(row = 11, column=4).value。

这种方法通过 cell 方法直接指定了行和列，都以数字指定，所以 D 列就是第 4 列。cell 方法还有一个 value 参数，如果指定该参数的值，就设置了单元格的值，例如，下面的代码将 D11 的值设为 "hello world"。

```
shell.cell(row = 11, column = 4, value = 'hello world')
```

下面的例子完整地演示了 openpyxl 如何读写单元格数据。

代码位置： src/office/cell_value.py

```
import openpyxl
wb = openpyxl.load_workbook('first.xlsx')
```

```
sheet = wb['新的 Sheet2']
c3 = sheet['C3']                       # 获取 C3 单元格
print(type(c3))                        # 运行结果: <class 'openpyxl.cell.cell.Cell'>
# 获取 C3 单元格数据，运行结果: C3:None
print(f'C3:{c3.value}')
# 获取 D11 单元格数据，运行结果: D11:None
print(f'D11:{sheet["D11"].value}')
# 获取 F7 单元格数据，运行结果: F7:None
print(f'F7:{sheet["F7"].value}')
# 设置单元格 C7 的值
sheet['C7'].value = '你好'
# 将单元格 B10 的值设置为一个公式（求 C3 和 D11 两个单元格的和）
sheet['B10'].value = '=sum(C3,D11)'

# 获取 7 行 3 列单元格的值，运行结果: 你好
print(sheet.cell(row = 7,column=3).value)
# 设置 7 行 3 列单元格的值，运行结果: 200
print(sheet.cell(row = 7,column=3,value = 200).value)
print('-----')
print(sheet.max_column)                # 输出最大列，运行结果: 6
print(sheet.max_row)                   # 输出最大行，运行结果: 11
# 根据最大列和最大行，迭代输出表格中的所有单元格的值，如果值为 None，则不输出
for x in range(1,sheet.max_row):
    for y in range(1,sheet.max_column):
        cell = sheet.cell(row = x,column=y)
        if cell.value != None:
            print(cell.value)
wb.save('first.xlsx')
wb.close()
```

由于 Excel 是无限表格，所以最大列和最大行就是读写最外面的单元格的行和列，例如，本例最大列是 6，最大行是 11。这是因为 F7 中的 F 表示第 6 列，而 D11 中的 11 表示第 11 行。所以无限表格就被限定在 11 行 6 列。更外面的单元格从来没有被读写过。

22.1.7　插入和删除行

插入行使用 Sheet.insert_rows 方法，代码如下：

```
# ws 是 Sheet 类型的变量
ws.insert_rows(2)
```

这行代码在第 2 行插入一个新行，如果要在某行插入多个空行，可以使用下面的代码：

```
ws.insert_rows(2,5)
```

这行代码在第 2 行插入 5 个新行。

删除行使用 Sheet.delete_rows 方法，代码如下：

```
ws.delete_rows(2)
```

这行代码删除第 2 行，如果想连续删除多行，可以使用下面的代码：

```
ws.delete_rows(2,5)
```

这行代码删除从第 2 行开始往后的 5 行。

下面的例子打开 table1.xlsx 文件，并向该文件插入多行和删除多行。

代码位置：src/office/insert_delete_rows.py

```
import openpyxl
wb = openpyxl.load_workbook('table1.xlsx')
ws = wb.active
# 在第 1 行的位置插入一个新行，原来的第 1 行变成了第 2 行
ws.insert_rows(1)

# 在第 1 行的位置插入 5 个新行
ws.insert_rows(1, 5)

# 删除第 28 行、29 行
ws.delete_rows(28,2)
wb.save('table1.xlsx')
wb.close()
```

22.1.8　插入和删除列

插入列使用 Sheet.insert_cols 方法，代码如下：

```
# ws 是 Sheet 类型的变量
ws.insert_cols(2)
```

这行代码在第 2 列插入一个新列，如果要在某列插入多个空列，可以使用下面的代码：

```
ws.insert_cols(2,5)
```

这行代码在第 2 列插入 5 个新列。

删除列使用 Sheet.delete_cols 方法，代码如下：

```
ws.delete_cols(2)
```

这行代码删除第 2 列，如果想连续删除多列，可以使用下面的代码：

```
ws.delete_cols(2,5)
```

这行代码删除从第 2 列开始往后的 5 列。

下面的例子打开 table1.xlsx 文件，并向该文件插入多列和删除多列。

代码位置：src/office/insert_delete_cols.py

```
import openpyxl
wb = openpyxl.load_workbook('table1.xlsx')
ws = wb.active
# 在第 1 列插入一个新列，原来的第 1 列变成了第 2 列
ws.insert_cols(1)
# 在第 1 列的位置插入 10 个新列
```

```
ws.insert_cols(1,10)
# 在第 3 列的位置插入 5 个新列
ws.insert_cols(3,5)
# 删除从第 3 列往后的 5 列
ws.delete_cols(3,5)
wb.save('table1.xlsx')
wb.close()
```

22.1.9 访问多个单元格

要确定一个矩形，需要确定左上角和右下角的坐标，对于多个单元格来说，也需要指定一个矩形的范围，就像图 22-3 所示的 4 个数字，包含在 B3 和 C4 之间。而 B3 和 C4 就是这个矩形的左上角和右下角坐标。在 Excel 中，用冒号（:）分隔这两个坐标，可以将这个范围写成 B3:C4。

openpyxl 使用与 Excel 类似的方式引用 Sheet 中的一个矩形区域，只是 openpyxl 会使用 Python 中的列表分片表示这个范围，例如，B3:C4 表示为 sheet['B3':'C4']。

图 22-3 Sheet 的矩形区域

sheet['B3':'C4'] 会返回一个二维元组，每个元组元素是一个 Cell 对象，openpyxl 会按每行返回 Cell 对象，也就是说，每行中的 Cell 组成一个一维元组，所有的行组成二维元组。如果输出 sheet['B3':'C4']，会得到下面的内容。

```
((<Cell 'Sheet1'.B3>, <Cell 'Sheet'.C3>), (<Cell 'Sheet1'.B4>, <Cell 'Sheet'.C4>))
```

下面的例子仍然读取 first.xlsx 文件，并获取一个矩形区域，同时以多种方式输出这个矩形区域中的所有单元格的值。

代码位置：src/office/multi_value.py

```python
import openpyxl

wb = openpyxl.load_workbook('first.xlsx')
sheet = wb['新的 Sheet2']
cell_range = sheet['C5':'E6']                    # 确定一个矩形区域
print(type(cell_range))
print(cell_range)

# 输出子表格中所有的 cell, 运行结果:
'''
<Cell '新的 Sheet2'.C5>
<Cell '新的 Sheet2'.D5>
<Cell '新的 Sheet2'.E5>
<Cell '新的 Sheet2'.C6>
<Cell '新的 Sheet2'.D6>
<Cell '新的 Sheet2'.E6>
'''
for rows in cell_range:
    for cell in rows:
```

```
            print(cell)

print('获取特定行和列的 cell 集合')

# 根据最大行确定结束范围
col = sheet['C']
print(col)
print('max_row:',sheet.max_row)

row = sheet['5']
print(row)
print('max_col:',sheet.max_column)

print('获取多列和多行')
cols = sheet['C':'E']
print(cols)
print(len(cols))


rows = sheet['3:6']
print(rows)
# 另一种输出 Cell 的方式
i = 1
# 先行后列
# min_row: 起始行    max_row: 结束行    max_col: 结束列    未指定开始列，则从 1 开始
for rows in sheet.iter_rows(min_row=1,max_col=3,max_row=2):
    for cell in rows:
        print(cell)
        cell.value = i
        i += 1
print('--------')
# 先列后行
i = 1
for cols in sheet.iter_cols(min_row=3,max_col=3,max_row=4):
    for cell in cols:
        print(cell)
        cell.value = i
        i += 1
wb.save('first.xlsx')
wb.close()
```

22.1.10　改变行高和列宽

改变行高使用 Sheet 的 row_dimensions 属性，代码如下：

```
# ws 是 Sheet 类型的变量
ws.row_dimensions[5].height = 40
```

这行代码将第 5 行的高度设置为 40。

改变列宽使用 Sheet 的 column_dimensions 属性，代码如下：

```
# ws 是 Sheet 类型的变量
ws.column_dimensions['C'] = 120
```

这行代码将 C 列（第 3 列）的宽度设置为 120。

下面的例子通过循环连续修改了多行和多列的高度和宽度。

代码位置：src/office/row_col_resize.py

```
import openpyxl
wb = openpyxl.load_workbook('table1.xlsx')
ws = wb.active
# 获取第 10 行当前的高度
print(f'height:{ws.row_dimensions[10].height}')
# 将第 10 行的高度设置为 38
ws.row_dimensions[10].height = 38
# 将 12、13、14 行的高度设置为 40
for i in range(12,15):
    ws.row_dimensions[i].height = 40

# 获取 A 列的宽度
print(ws.column_dimensions['A'].width)

# 将 A ~ G 列的宽度设置为 15
for col in 'ABCDEFG':
    ws.column_dimensions[col].width = 15
# 保存修改结果
wb.save('table1.xlsx')
wb.close()
```

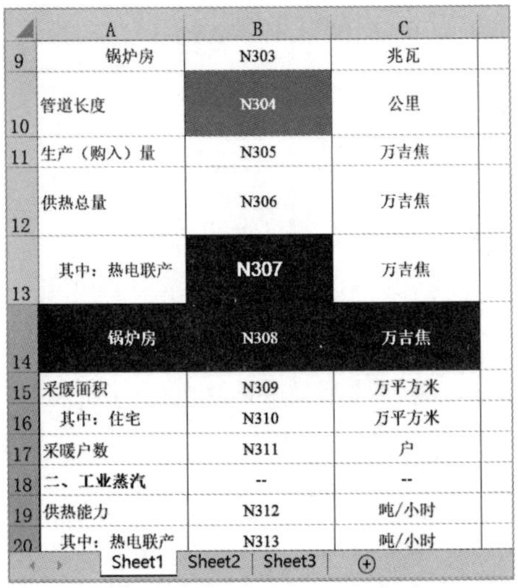

	A	B	C
9	锅炉房	N303	兆瓦
10	管道长度	N304	公里
11	生产（购入）量	N305	万吉焦
12	供热总量	N306	万吉焦
13	其中：热电联产	N307	万吉焦
14	锅炉房	N308	万吉焦
15	采暖面积	N309	万平方米
16	其中：住宅	N310	万平方米
17	采暖户数	N311	户
18	二、工业蒸汽	--	--
19	供热能力	N312	吨/小时
20	其中：热电联产	N313	吨/小时

图 22-4　修改 row 和 col 的尺寸

在运行这段程序之前，要确保当前目录有 table1.xlsx 文件。运行程序后，打开 table1.xlsx 文件，会看到如图 22-4 所示的效果。

22.1.11　设置单元格文字颜色、字体和背景色

设置文字颜色和字体，需要使用 Font 类，通过该类构造方法可以指定字体和文字颜色，代码如下：

```
font = Font(name = 'Arial', color='FF0000')
```

这行代码设置了字体和颜色，然后通过 Cell.font 属性设置单元格的字体即可。

设置单元格背景色使用 PatternFill 类，通过 PatternFill 类构造方法可以指定背景色和填充模式，代码如下：

```
blueFill = PatternFill('solid',fgColor='0000FF')
```

这行代码设置背景色为蓝色，以及填充模式为 solid（纯色填充）。

下面的例子完整地演示了 openpyxl 如何设置单元格文字颜色、字体和背景色。

代码位置： src/office/cell_style.py

```python
from openpyxl.styles import *
import openpyxl
wb = openpyxl.load_workbook('table1.xlsx')
ws = wb.active
# 设置文字颜色和字体
redFont = Font(name='Arial',color='FF0000')
# 为第13行第2列的单元格设置字体
ws.cell(13,2).font = redFont

# 设置背景色和填充方式
blueFill = PatternFill('solid',fgColor='0000FF')
# 为第13行第2列的单元格设置背景色
ws.cell(13,2).fill = blueFill

# 保存修改结果
wb.save('table1.xlsx')
wb.close()
```

22.1.12　使用公式

openpyxl 不仅能设置单元格的值，还能为单元格设置公式，只需要直接将字符串形式的公式赋给单元格即可，但要注意，公式前面要加等号（=）。

下面的例子创建一个新的 Workbook，然后为 B2、B3 和 C1 3 个单元格分别设置了公式。

代码位置： src/office/formula.py

```python
from openpyxl import Workbook
wb = Workbook()
ws = wb.active

ws.title = '使用公式'
# 设置公式求和
ws['B2'] = '=sum(1,2,3,4,5,6,7,8,9,10)'
# 设置公式计算正弦
ws['B3'] = '=sin(3.14/8)'

ws['A1'] = 10
ws['A2'] = 20
ws['A3'] = 30
# 设置公式计算 A1、A2、A3 3 个单元格中数字的和
ws['C1'] = '=sum(A1:A3)'
# 保存新创建的 Excel 文档
wb.save('formula.xlsx')
```

运行上面的代码，会在当前目录生成 formula.xlsx 文件，打开该文件，双击 B2、B3 或 C1 中的任意一个

单元格（本例双击 C1），会看到单元格中显示的不是值，而是一个公式，如图 22-5 所示。

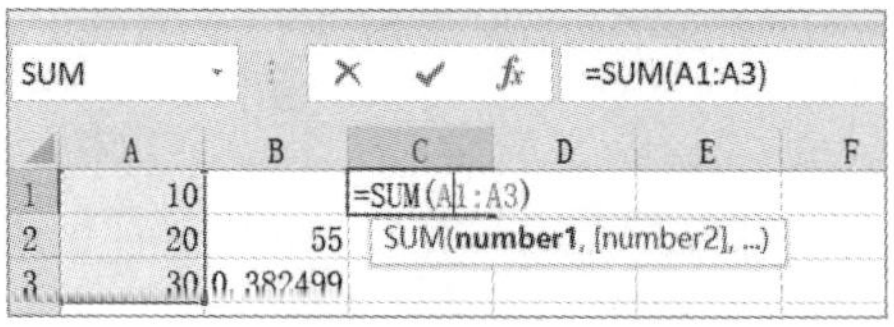

图 22-5　单元格中的公式

22.1.13　向 Excel 文档插入图像

将图像插入 Excel 文档，首先要用 Image 对象包装图像，然后通过 Sheet.add_image 方法将图像插入某个单元格中。

下面的例子将本地的 book.png 图像插入 B3 单元格中。

代码位置： src/office/insert_image.py

```python
from openpyxl import Workbook
wb = Workbook()
ws = wb.active
ws.title = '插入图像'
# 导入 Image 类
from openpyxl.drawing.image import Image
# 用 Image 对象封装 book.png
image = Image('book.png')
new_size = (200,200)
image.width,image.height = new_size          # 设置图像插入后的尺寸
ws.add_image(image,'B3')                      # 插入图像
wb.save('images.xlsx')                        # 保存 Excel 文档
```

在运行程序之前，要保证当前目录有一个 book.png 文件，程序运行后，会在当前目录生成一个 images.xlsx 文件，打开该文件，会看到文档里有一个图像，如图 22-6 所示。

22.1.14　格式化数字和日期

格式化数字需要使用 Cell.number_format 属性，该属性指定了格式化字符串，如下面的代码将单元格 A2 中的浮点数格式化为小数点后 1 位的数字。

图 22-6　在 Excel 文档中插入图像

```python
ws['A2'].value = 124.5685656556
ws['A2'].number_format ='0.0'
# 保留小数点后 1 位
```

日期本质上也是数字（一般是 1970-1-1 到现在的毫秒数），之所以可以将日期显示为各种格式，都是通过对日期数字格式化实现的。所以格式化日期同样需要使用 number_format 属性，例如，下面的代码将单元格 A3 中的值格式化为年月日形式。

```python
ws['A3'].number_format = 'yyyy年m月d日'
```

下面的例子完整地演示了如何用 openpyxl 格式化单元格中的数字和日期，并将格式化结果保存在 format.xlsx 文件中。

代码位置：src/office/format_number_date.py

```
from openpyxl import Workbook
import datetime
wb = Workbook()
ws = wb.active
ws.title = '格式化数字和日期'
ws.column_dimensions['A'].width = 50
ws['A2'].value = 124.5685656556                      # 设置单元格 A2 中的值
ws['A2'].number_format ='0.00'                        # 格式化数字，保留小数点后 2 位

# 格式化日期
# 方法 1：先用 Python 格式化完日期，然后再传给 Excel
ws.column_dimensions['C'].width = 50
ws['C2'].value = datetime.datetime(2020,6,1).strftime('今天是：%m/%d/%Y')

# 方法 2：在 Excel 中格式化日期
ws['C3'].value = datetime.datetime(2020,6,1)
ws['C3'].number_format = 'yyyy年m月d日'              # 格式化日期
```

运行程序，然后打开 format.xlsx 文件，会看到如图 22-7 所示的效果。

图 22-7　格式化数字和日期

在本例中格式化日期还使用了另外一种方式，就是将已经格式化好的日期传给 Excel，尽管 Excel 可以按日期格式显示，但 Excel 会将这个已经格式化好的日期当作字符串处理（在单元格左侧显示），而不是作为日期处理（在单元格右侧显示）。

另外，在格式化数字时，为单元格赋值要指定数字，不要指定字符串。Excel 只会格式化数字格式的单元格中的值，如果赋给单元格字符串，Excel 会原封不动地显示在单元格上。

22.1.15　合并单元格和取消单元格合并

代码位置：src/office/merge_cells.py

合并单元格使用 Sheet.merge_cells 方法，代码如下：

```
ws.merge_cells('A1:C2')
```

这行代码将 A1 ~ C2 共 6 个单元格合并成一个单元格，合并后的单元格如图 22-8 所示。

取消单元格合并使用 Sheet.unmerge_cells 方法，代码如下：

```
ws.unmerge_cells('A1:C2')
```

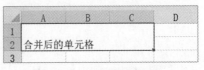

图 22-8　合并后的单元格

这行代码取消了 A1 ~ C2 单元格的合并，恢复如初。

22.1.16　Excel 与 Pandas 结合

Python 本身也有很多可以处理表格的模块，如著名的 Pandas，就是数据分析领域非常著名的模块。Pandas 与 NumPy、Matplotlib 并称为数据分析与科学计算领域的三剑客，关于这 3 个模块的详细使用方法读者可参考随书资源中带的电子文档，本节只给出一个例子，用于演示如何将 Excel 与 Pandas 放在一起使用。

在这个例子中，使用 Pandas 读取 Excel 文档，然后获取每个 Cell 中的值，再将这些值重新保存到另外一个 Excel 文档中。在数据导入导出的过程中，完全可以利用 Pandas 强大的数据处理功能对数据做进一步的处理，然后将处理结果以 Excel 文档形式提供。

在使用 Pandas 之前，需要使用下面的命令安装 Pandas：

```
pip install pandas
```

代码位置： src/office/pandas_excel.py

```python
# 导入 pandas 模块
import pandas as pd
# 读取 Excel 文档，members.xlsx 是要读取的 Excel 文档，sheet_name 指定了读取哪一个 Sheet
df = pd.read_excel('members.xlsx',sheet_name='marvel')
print(df.head())                                      # 输出前 5 行数据


# 读取第 1 行数据
print(df.iloc[0])
# 读取第 2 行数据
print(df.iloc[1])

print(df[1:2])                                        # 显示第 2 行

# 读取第 1 行第 2 列
print(df.iloc[0][1])

# 将 Excel 数据转换为二维列表
marvel_data = []
for i in df.index.values:
    marvel_data.append(df[i:i+1].values[0].tolist())
print(marvel_data)

from openpyxl import Workbook
wb = Workbook()

ws = wb.active

ws.sheet_properties.tabColor='FF0000'
ws.title = 'new_marvel'
# 将 Pandas 处理过的数据转存为 Excel
for row in range(len(marvel_data)):
```

```
        for col in range(len(marvel_data[row])):
            if col == len(marvel_data[row]) - 1:
                marvel_data[row][col] += 50
            ws.cell(row + 1,col + 1, marvel_data[row][col])
#生成 marvel.xlsx 文件
wb.save('marvel.xlsx')
wb.close()
```

执行上面的代码，Pandas 会从 members.xlsx 读取数据，经过处理后，再保存为 marvel.xlsx。

22.2　Python 与 Word 交互

本节介绍 Python 如何与 Word 交互，在这里使用 python-docx 模块操作 Word 文档，在使用该模块之前，需要使用下面的命令安装 python-docx 模块。

```
pip install python-docx
```

如果在 Python REPL 环境之下执行 import docx 没有报错，说明成功安装了 python-docx 模块。

22.2.1　读取 Word 文档的段落

现在有一个 demo.docx 文档，内容如图 22-9 所示。

demo.docx 文档中有 6 个段落，每个段落就是一段以回车换行符结尾的文本，可以使用 Document. paragraphs 属性获取当前文档中所有的段落，该属性是列表类型。

下面的例子用 for 循环获取并输出了 demo.docx 中的所有的段落。

代码位置：src/office/read_word_paragraph.py

```
import docx
# 打开 demo.docx 文档
doc = docx.Document('demo.docx')
n = len(doc.paragraphs)
# 循环输出每段的文本
for i in range(0,n):
    print(i,doc.paragraphs[i].text)
```

执行上面的代码，会输出如图 22-10 所示的内容。

文档标题

使用**粗体**和*斜体*的文本

Heading, level 1

> *Intense quote*

- first item in unordered list

1. first item in ordered list

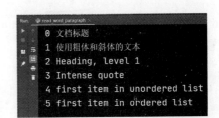

图 22-9　demo.docx 文档的内容　　　　图 22-10　输出 demo.docx 中所有段落的文本

22.2.2 获取段落中的样式文本

在段落中可能会有不同文本设置成不同的格式，例如，有的文本是粗体，有的文本是斜体，可以用 Paragraph.runs 属性获取一个段落中不同格式的文本，该属性返回一个列表类型的值。如果文本的下一个字符的格式有变化，那么 python-docx 就会将文本分开。

在 demo.docx 文档中第 2 段的"粗体"和"斜体"分别用粗体和斜体设置，所以第 2 段的 runs 属性值的长度是 5，这一段被拆成了"使用""粗体""和""斜体""的文本"。

代码位置：src/office/read_word_paragraph_runs.py

```python
import docx
doc = docx.Document('demo.docx')
# 获取第 2 段通过样式分开的文本列表
runs = doc.paragraphs[1].runs
n = len(runs)
# 用循环输出第 2 段所有的样式文本
for i in range(0,n):
    print(i,runs[i].text)
```

图 22-11　输出段落中的样式文本

运行程序，会输出如图 22-11 所示的效果。

22.2.3 设置文本的样式

通过 runs 属性也可以设置文本的样式，代码如下：

代码位置：src/office/set_word_styles.py

```python
import docx
doc = docx.Document('demo.docx')
# 将第 1 段的样式设为 Normal（正文的文本）
doc.paragraphs[0].style = 'Normal'
# 将第 2 段第 2 部分的文字添加下画线
doc.paragraphs[1].runs[1].underline = True
# 将第 2 段第 4 部分的文字添加下画线
doc.paragraphs[1].runs[3].underline = True
# 另存为 new.docx 文件
doc.save('new.docx')
```

运行程序，会在当前目录生成一个 new.docx 文件，读者可以打开该文件查看样式的设置情况。

22.2.4 向 Word 文档添加文本

向 Word 文档中添加文本可以使用 Document. add_paragraph 方法，该方法的参数就是要插入的文本。

代码位置：src/office/add_word_text.py

```python
import docx
# 创建一个新的 Word 文档
doc = docx.Document()
# 向 Word 文档中添加一段文本
```

```
p = doc.add_paragraph('Hello, world!')
# 将文本加上下画线
p.runs[0].underline = True
# 将文本设置为斜体
p.runs[0].italic = True
# 将 Word 文档保存为 helloworld.docx 文件
doc.save('helloworld.docx')
```

运行程序，会在当前目录生成一个 helloworld.docx 文件，打开该文件，会发现文本已经变成了带下画线的斜体字。

22.2.5　向 Word 文档添加标题

Word 的标题分为多级，最顶层的标题是 0 级，依次递减，如 1 级、2 级等。使用 Document. add_heading 方法为 Word 文档添加标题。该方法的第 1 个参数是标题的文本；第 2 个参数是标题的级别，从 0 开始，表示顶层标题。

下面的代码新创建一个 Word 文档，并为 Word 文档添加了 5 级（0～4 级）标题。

代码位置： src/office/add_word_heading.py

```
import docx
doc = docx.Document()
doc.add_heading('Header 0', 0)
doc.add_heading('Header 1', 1)
doc.add_heading('Header 2', 2)
doc.add_heading('Header 3', 3)
doc.add_heading('Header 4', 4)
doc.save('headings.docx')
```

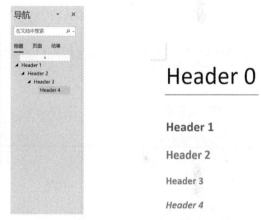

图 22-12　标题的样式

运行程序，会在当前目录生成一个 headings.docx 文件，打开该文件，会看到生成的 5 级标题，这些标题在左侧的导航面板以树状显示，如图 22-12 所示。

22.2.6　添加换页符

当输入的文本超过一页时，Word 会自动换页，但当内容没有到一页时想开启一个新页，需要使用 Run.add_break 方法。

代码位置： src/office/add_word_break.py

```
import docx
doc = docx.Document()
# 添加第 1 页的文本
doc.add_paragraph('这是第 1 页！')
# 添加换页符
doc.paragraphs[0].runs[0].add_break(docx.enum.text.WD_BREAK.PAGE)
# 添加第 2 页的文本
doc.add_paragraph('这是第 2 页')
doc.save('twoPage.docx')
```

运行程序，会在当前目录生成 twoPage.docx 文件，打开该文件，会看到 Word 文档有 2 页，每一页一行文本。

22.2.7　在 Word 文档中插入图像

使用 Document.add_picture 方法可以将本地的图像插入 Word 文档中，该方法的第 1 个参数是本地图像路径，可以使用 width 和 height 命名参数设置插入后图像的宽度和高度。

代码位置： src/office/add_word_image.py

```
import docx
doc = docx.Document()
# 将 book.png 插入 Word 文档中，宽度为 1.6in，高度为 4cm
doc.add_picture('book.png', width=docx.shared.Inches(1.6),
                       height=docx.shared.Cm(4))
doc.save('image.docx')
```

运行程序，会生成 image.docx 文件，打开 image.docx 文件，会发现左上角有一个图像。

22.2.8　将 Word 文档转换为 PDF 文档

Word 本身可以将文档另存为 PDF 格式，这个功能可以使用 VBA 调用，在 22.1.2 节介绍了几种 Python 与 Office 交互的方式，第 1 种是利用 COM 组件（仅支持 Windows），所以如果读者使用的是 Windows，可以使用 pywin32 模块创建 Word.Application 对象，然后利用 VBA 的功能将 Word 文档另存为 PDF 文档。

使用 pywin32 模块之前，要使用下面的命令安装该模块。

```
pip install pywin32
```

下面的例子通过 openpyxl 创建一个新的 Word 文档，然后利用 pywin32 模块将 Word 文档另存为 PDF 文档。

代码位置： src/office/word2pdf.py

```
# 导入 win32com.client 模块
import win32com.client
import docx
wordFilename = 'word_document.docx'
pdfFilename = 'pdf_filename.pdf'
# 下面的代码创建 Word 文档，并向文档中添加一些内容
doc = docx.Document()
doc.add_picture('book.png', width=docx.shared.Inches(1.6),
                       height=docx.shared.Cm(4))
doc.add_heading('Header 0', 0)
doc.add_heading('Header 1', 1)
doc.add_heading('Header 2', 2)

p = doc.add_paragraph('Word2Pdf')
p.runs[0].underline = True
p.runs[0].italic = True
# 将 Word 文档保存为 wordFilename 指定的文件
doc.save(wordFilename)
```

```
import os
# 获取 Word 文档的绝对路径
wordPath = os.path.abspath(os.path.dirname(wordFilename)) + os.sep + wordFilename
# 获取 PDF 文档的绝对路径
pdfPath = os.path.abspath(os.path.dirname(pdfFilename)) + os.sep + pdfFilename
# 设置格式序号，17 表示 PDF 格式
wdFormatPDF = 17
# 创建 Word.Application 对象
wordObj = win32com.client.Dispatch('Word.Application')
# 打开 Word 文档
docObj = wordObj.Documents.Open(wordPath)
# 另存为 PDF 格式的文档
docObj.SaveAs(pdfPath, FileFormat=wdFormatPDF)
# 关闭 Word.Application 对象
docObj.Close()
# 退出 Word
wordObj.Quit()
```

运行程序，会在当前目录生成一个 pdf_filename.pdf 文件。要注意，在打开 Word 文档和生成 PDF 文档时要使用绝对路径，否则 Word 会到自己的默认目录去寻找 Word 文档。Excel、PowerPoint 等 Office 成员也可以用类似的方式转换为 PDF 或其他格式的文档。

22.3　Python 与 PowerPoint 交互

Python 可以通过 python-pptx 模块操作 PowerPoint 文档，在使用该模块之前，先使用下面的命令安装该模块。

```
pip install python-pptx
```

22.3.1　读取幻灯片中的文本

使用 Presentation 类可以打开 pptx 文件，然后通过 Presentation.slides 属性获取文档中所有的幻灯片页面，最后通过 Slide.shapes 获取每个幻灯片中的所有元素，并通过 Shape.text_frame.text 获取幻灯片中的文本。

代码位置： src/office/read_pptx_text.py

```
from pptx import Presentation
# 打开 demo.pptx 文件
prs = Presentation("demo.pptx")
# 枚举 demo.pptx 中的所有幻灯片
for slide in prs.slides:
    for shape in slide.shapes:
        # 判断当前页面是否有包含文本的 frame
        if shape.has_text_frame:
            text_frame = shape.text_frame
            if text_frame.text != "":
                # 输出当前幻灯片中的所有文本
                print(text_frame.text)
```

22.3.2 获取某一页幻灯片中的文本

如果要想获取某一页幻灯片中的文本或其他内容，可以使用 enumerate 对象迭代 slides，代码如下：

代码位置： src/offlce/read_pptx_onepage_text.py

```
from pptx import Presentation
prs = Presentation("demo.pptx")
for i,slide in enumerate(prs.slides):
    # 获取第 3 页幻灯片
    if i == 2:
        for shape in slide.shapes:
            if shape.has_text_frame:
                text_frame = shape.text_frame
                if text_frame.text != "":
                    print(text_frame.text)
```

22.3.3 新建幻灯片

新建幻灯片需要使用模板，为了方便，这里使用默认的模板。在这个模板中只有两个文本框，一个是标题，另一个是描述，使用 Presentation.slide_layouts[0]获得默认模板，也是第 1 个模板。如果自定义了其他模板，可以用 slide_layouts[1]、slide_layouts[2]等来引用这些模板。

然后使用 Slide.placeholders 属性获取模板中的每个占位符（就是可以输入文本的文本框），默认模板只有两个占位符 placeholders[0]和 placeholders[1]，最后使用占位符的 text 属性设置文本。

代码位置： src/office/add_slide.py

```
from pptx import Presentation
prs = Presentation("demo.pptx")
# 使用默认模板新建一个幻灯片
slide = prs.slides.add_slide(prs.slide_layouts[0])
# 获得第 1 个占位符
book = slide.placeholders[0]
# 获得第 2 个占位符
author = slide.placeholders[1]
# 为第 1 个占位符设置文本
book.text = "《Python 从菜鸟到高手》"
# 为第 2 个占位符设置文本
author.text = "李宁"
prs.save("demo1.pptx")
```

22.3.4 为幻灯片添加一个文本框

使用 Slide.shapes.add_textbox 方法可以在幻灯片上添加一个文本框，代码如下：

代码位置： src/office/add_slide_textbox.py

```
from pptx import Presentation
prs = Presentation("demo.pptx")
```

```
from pptx.util import Cm, Pt

prs = Presentation()
slide = prs.slides.add_slide(prs.slide_layouts[0])
# 用于设置新添加的文本框的位置和尺寸
left = top = width = height = Cm(3)
text_box = slide.shapes.add_textbox(left, top, width, height)
tf = text_box.text_frame
# 为新文本框赋值
tf.text = "这是新添加的文本框"
# 添加新段落
p = tf.add_paragraph()
p.text = "这是第二段文字，加粗，字号 40"
p.font.bold = True
p.font.size = Pt(40)

prs.save("textbox.pptx")
```

22.3.5　向幻灯片添加图像

使用 Slide.shapes.add_pictures 方法可以向幻灯片的某个位置添加图像，代码如下：

代码位置： src/office/add_slide_image.py

```
from pptx import Presentation
from pptx.util import Cm
prs = Presentation()

black_slide_layout = prs.slide_layouts[0]
slide = prs.slides.add_slide(black_slide_layout)

left = top = Cm(2)
height = Cm(4)
# 按指定尺寸和位置添加图像
pic = slide.shapes.add_picture("book.png", left, top, height=height)

prs.save("image.pptx")
```

22.4　Python 与 PDF 交互

Python 可以通过 PyPDF2 模块操作 PDF 文档，在使用该模块之前需要使用下面的命令安装这个模块：

```
pip install PyPDF2
```

22.4.1　读取 PDF 文档的文本

通过 extractText 方法可以获得 PDF 文档中的文本，代码如下：

代码位置：src/office/read_pdf_text.py

```
import PyPDF2
# 以只读方式打开 pdf_filename.pdf 文件
pdfFileObj = open('pdf_filename.pdf', 'rb')
# 开始读取 pdf_filename.pdf 文件的内容
pdfReader = PyPDF2.PdfFileReader(pdfFileObj)
# 获取 pdf_filename.pdf 文件的页数
print('页数: ',pdfReader.numPages)
# 得到 pdf_filename.pdf 文件的第 1 页
pageObj = pdfReader.getPage(0)
# 获取第 1 页中的所有文本
print(pageObj.extractText())
# 关闭 PDF 文档
pdfFileObj.close()
```

22.4.2 创建 PDF 文档

使用 PdfFileWriter 对象可以创建新的 PDF 文档，代码如下：

代码位置：src/office/create_pdf.py

```
import PyPDF2
pdfFile = open('pdf_filename.pdf', 'rb')
pdfReader = PyPDF2.PdfFileReader(pdfFile)
# 创建 PdfFileWriter 对象
pdfWriter = PyPDF2.PdfFileWriter()
# 将 pdf_filename.pdf 中的每页原封不动地添加到新的 PDF 文档中
for pageNum in range(pdfReader.numPages):
    pageObj = pdfReader.getPage(pageNum)
    pdfWriter.addPage(pageObj)
# 打开要写入的 PDF 文件（demo.pdf）
pdfOutputFile = open('demo.pdf', 'wb')
# 生成 demo.pdf 文件
pdfWriter.write(pdfOutputFile)
pdfOutputFile.close()
pdfFile.close()
```

这段代码读取 pdf_filename.pdf 文件中的所有内容，然后将其原封不动地复制到 demo.pdf 文件中。

22.5 实战与演练

1. 编写一个函数（名字任意取），传入 Word 文件名，返回 Word 文件中的所有文本。
答案位置：src/office/solution1.py

2. 打开一个 Excel 文档，然后设置一个范围（Range）中所有单元格（Cell）的背景色。
答案位置：src/office/solution2.py

22.6　本章小结

本章介绍了 4 个 Python 模块，分别用来操作 Excel 文档、Word 文档、PowerPoint 文档和 PDF 文档，当然，Python 还可以操作更多类型的文档。Python 利用海量的模块，实现了强大的功能，尤其是可以利用大量的外部资源（如 Office），这让 Python 拥有了无限扩展性。所以要想学好 Python，掌握必要的第三方模块就变得非常重要，只有这样，才能突破 Python 自身的限制，实现对 Python 的无限扩展。

第 23 章
CHAPTER 23

Python 爬虫项目实战：
抓取网络数据和图片

本章实现了两个爬虫项目：第 1 个项目是抓取酷狗红歌榜的数据，并分析和输出；第 2 个项目稍微复杂些，利用百度搜索图像，然后抓取到本地，并保存到 Excel 文档以及独立的图像文件中。通过这两个项目案例，读者可以学会如何综合运用网络技术、分析技术和存储技术做一个完整的爬虫项目。

23.1 网络库 requests

由于 23.2 节的项目要用到 requests，所以本节先来介绍 requests 的基本用法。requests 是 Python 中非常流行的网络库，可以使用 HTTP/HTTPS 方式与服务端进行交互，如下载数据、提交数据等。

23.1.1 requests 的 HelloWorld

在开始使用 requests 之前，需要使用下面的命令安装 requests。

```
pip install requests
```

如果在 Python REPL 环境中执行 import requests 命令没有报错，说明已经成功安装了 requests 模块。

使用 requests 模块的 get 函数，恶意通过 HTTP GET 方法访问 Url，或获取返回值。下面的例子使用 get 方法访问淘宝首页（https://www.taobao.com），并获取 get 方法返回值类型、状态码、响应体、Cookie 等信息。

代码位置：src/requests/helloworld.py

```python
import requests
# 访问淘宝首页
r = requests.get('https://www.taobao.com')
# 输出 get 函数返回值类型
print(type(r))
# 输出状态码
print(r.status_code)
# 输出响应体类型
print(type(r.text))
# 输出 Cookie
print(r.cookies)
# 输出响应体
print(r.text)
```

运行代码，会在终端输出 Cookie、响应体等信息。

23.1.2　HTTP GET 请求

向服务端发送 HTTP GET 请求是最常见的操作之一，如果只是简单地发送 GET 请求，将 Url 传入 get 函数即可。要想为 HTTP GET 请求指定参数，可以直接将参数加在 Url 后面，用问号（？）分隔。不过还有另外一种更好的方式，就是使用 get 函数的 params 参数，该参数需要指定一个字典类型的值，在字典中每一对 key-value，就是一对参数值。如果同时在 Url 中和 params 参数指定 HTTP GET 请求的参数，那么 get 函数会将参数合并。如果出现同名的参数，会用列表存储。也就是同名参数的值会按出现的先后顺序保存在列表中。

下面的例子使用 get 方法访问 http://httpbin.org/get，并且同时使用 Url 和 params 参数的方式设置 HTTP GET 请求参数，并输出返回结果。

代码位置： src/requests/get.py

```
import requests
# 用字典定义 HTTP GET 请求参数
data = {
    'name':'Bill',
    'country':'中国',
    'age':20
}
# 发送 HTTP GET 请求
r = requests.get('http://httpbin.org/get?name=Mike&country=美国&age=40',params=data)
# 输出响应体
print(r.text)
# 将返回对象转换为 JSON 对象
print(r.json())
# 输出 JSON 对象中的 country 属性值,会输出一个列表,因为有两个 HTTP GET 请求参数的名字都是 country
print(r.json()['args']['country'])
```

23.1.3　添加 HTTP 请求头

有很多网站，在访问其 Web 资源时，必须设置一些 HTTP 请求头，如 User-Agent、Host、Cookie 等，否则网站服务端会禁止访问这些 Web 资源。使用 get 函数添加 HTTP 请求头相当容易，只需要设置 get 函数的 headers 参数即可。该参数同样是一个字典类型的值，每一对 key-value 就是一个 Cookie。如果要设置中文的 Cookie，仍然需要使用相关的函数进行编码和解码，如 quote 和 unquote，前者负责编码，后者负责解码。

下面的例子使用 get 函数访问 http://httpbin.org/get，并设置了一些请求头，包括 User-Agent 和一个自定义请求头 name，其中 name 请求头的值是中文。

代码位置： src/requests/headers.py

```
import requests
from urllib.parse import quote,unquote

headers = {
    'User-Agent':'Mozilla/5.0 (Macintosh; Intel Mac OS X 10_14_3) AppleWebKit/537.36
```

```
(KHTML, like Gecko) Chrome/72.0.3626.119 Safari/537.36',
    # 将中文编码
    'name':quote('李宁')
}
# 发送 HTTP GET 请求
r = requests.get('http://httpbin.org/get',headers=headers)
# 输出响应体
print(r.text)
# 输出 name 请求头的值（需要解码）
print('Name:',unquote(r.json()['headers']['Name']))
```

程序运行结果如图 23-1 所示。

图 23-1　输出 HTTP 请求头

23.1.4　抓取二进制数据

get 函数指定的 Url 不仅可以是网页，还可以是任何二进制文件，如 PNG 图像、PDF 文档等，不过对于二进制文件，尽管可以直接使用 Response.text 属性获取其内容，但显示的都是乱码。一般获取二进制数据，需要将数据保存到本地文件中。所以需要调用 Response.content 属性获得 bytes 形式的数据，然后再使用相应的 API 将其保存在文件中。

下面的例子使用 get 方法抓取一个 PNG 格式的图像文件，并将其保存为本地文件。

代码位置：src/requests/binary.py

```
import requests
# 抓取图像文件，其中 http://t.cn/EfgN7gz 是图像文件的短链接
r = requests.get('http://t.cn/EfgN7gz')
# 输出文件的内容，不过是乱码
print(r.text)
# 将图像保存为本地文件（Python 从菜鸟到高手.png）
with open('Python 从菜鸟到高手.png','wb') as f:
    f.write(r.content)
```

23.1.5　HTTP POST 请求

通过 post 函数可以向服务端发送 HTTP POST 请求，在发送 HTTP POST 请求时需要指定 data 参数，该参数是一个字典类型的值，每一对 key-value 是一对 HTTP POST 请求参数（表单字段）。

下面的例子使用 post 函数向 http://httpbin.org/post 发送一个 HTTP POST 请求，然后输出返回的响应数据。

代码位置: src/requests/post.py

```
import requests
data = {
    'name':'Bill',
    'country':'中国',
    'age':20
}
# 向服务端发送 HTTP POST 请求
r = requests.post('http://httpbin.org/post',data=data)
# 输出响应体
print(r.text)
# 将返回对象转换为 JSON 对象
print(r.json())
# 输出表单中的 country 字段值
print(r.json()['form']['country'])
```

23.1.6　响应数据

发送 HTTP 请求后,get 函数或 post 函数会返回响应数据,在前面的例子中已经使用了 text 属性和 content 属性获得了响应内容,除此之外, Response 对象还有很多属性和方法可以用来获取更多响应信息, 如状态码、响应头、Cookie 等。

在得到响应结果后, 通常需要判断状态码。如果状态码是 200, 说明服务端成功响应了客户端; 如果不是 200, 可能会有错误, 然后需要进一步判断错误类型, 以便做出合适的处理。判断状态码可以直接使用数值进行判断, 如 200、404、500 等, 不过 requests 提供了一个 codes 对象, 可以直接查询状态码对应的标识（一个字符串）, 这样会让程序更易读。

下面的例子使用 get 函数向简书（http://www.jianshu.com）发送一个请求, 然后得到并输出相应的响应结果。

代码位置: src/requests/response.py

```
import requests

headers = {
    'User-Agent':'Mozilla/5.0 (Macintosh; Intel Mac OS X 10_14_3) AppleWebKit/537.36
(KHTML, like Gecko) Chrome/72.0.3626.119 Safari/537.36',
}
# 向简书发送 GET 请求
r = requests.get('http://www.jianshu.com',headers=headers)
# 输出状态码
print(type(r.status_code),r.status_code)
# 输出响应头
print(type(r.headers),r.headers)
# 输出 Cookie
print(type(r.cookies),r.cookies)
# 输出请求的 Url
print(type(r.url),r.url)
```

```
# 输出请求历史
print(type(r.history),r.history)
# 根据 codes 中的值判断状态码
if not r.status_code == requests.codes.ok:
    print("failed")
else:
    print("ok")
```

23.2 项目 1：抓取酷狗红歌榜

本项目的功能是利用 requests 网络库抓取酷狗红歌榜，然后利用 Beautiful Soup 分析抓取的 HTML 数据，最后将分析结果输出到终端。

23.2.1 项目分析

首先在 Chrome 浏览器中使用下面的 Url 打开网络红歌榜页面。

```
https://www.kugou.com/yy/rank/home/1- 23784.html?from=rank
```

页面效果如图 23-2 所示。

图 23-2　网络红歌榜页面

网络红歌榜页面下方并没有用于切换页面的数字导航条，不过可以根据 Url 的格式进行尝试，例如 1～ 23784 中的 1 可能是页码，将 1 改成 2、3，果然，页面会显示指定页的数据。所以可以确定，这个 1 就是页面，例如，如果要显示第 5 页的网络红歌榜，Url 如下：

```
https://www.kugou.com/yy/rank/home/5- 23784.html?from=rank
```

本例要从网络红歌榜页面提取每首歌的排名、歌手、歌曲名、歌曲时长 4 个信息。

通过 Chrome 浏览器的开发者工具，很容易定位这 4 个信息。读者也可以通过右击菜单选择 Copy→Copy selector 菜单项复制这 4 个信息对应节点的 CSS 选择器代码，如图 23-3 所示。得到 CSS 选择器代码后，就可以使用 select 方法选取对应的节点信息了。

图 23-3　复制 CSS 选择器代码

23.2.2　项目的完整实现

这个项目使用 requests 库抓取了酷狗音乐的网络红歌榜前 10 页的榜单数据，并提取出相应的信息，然后将这些信息在终端输出。

代码位置： src/spider_projects/kugou/kugou_spider.py

```
import requests
from bs4 import BeautifulSoup
import time
headers = {
    'User-Agent':'Mozilla/5.0 (Macintosh; Intel Mac OS X 10_14_2) AppleWebKit/537.36
(KHTML, like Gecko) Chrome/72.0.3626.119 Safari/537.36'
```

```
}
# 抓取网络红歌榜某个页面的 HTML 代码，并提取出我们感兴趣的信息
def get_info(url):
    wb_data = requests.get(url,headers=headers)
    soup = BeautifulSoup(wb_data.text,'lxml')
    # 提取排名
    ranks = soup.select('span.pc_temp_num')
    # 提取歌手和歌曲名
    titles = soup.select('div.pc_temp_songlist > ul > li > a')
    # 提取歌曲时长
    times = soup.select('span.pc_temp_tips_r > span')
    for rank,title,time in zip(ranks,titles,times):
        data = {
            'rank':rank.get_text().strip(),
            'singer':title.get_text().split('-')[0],     # 提取歌手
            'song':title.get_text().split('-')[1],       # 提取歌曲名
            'time':time.get_text().strip()
        }
        print(data)

if __name__ == '__main__':

    # 产生网络红歌榜前 10 页的 Url
    urls = ['http://www.kugou.com/yy/rank/home/{}-23784.html'.format(str(i)) for i in
range(1,11)]
    # 处理网络红歌榜前 10 页的数据
    for url in urls:
        get_info(url)
        time.sleep(1)
```

运行结果如图 23-4 所示。

```
Run  kugou_spider
{'rank': '1', 'singer': '许佳慧 ', 'song': ' 预谋', 'time': '4:09'}
{'rank': '2', 'singer': '刘珂矣 ', 'song': ' 风筝误', 'time': '3:58'}
{'rank': '3', 'singer': '云菲菲 ', 'song': ' 殇雪', 'time': '4:44'}
{'rank': '4', 'singer': '千百顺 ', 'song': ' 很任性', 'time': '3:33'}
{'rank': '5', 'singer': '梦然 ', 'song': ' 没有你陪伴真的好孤单', 'time': '4:44'}
{'rank': '6', 'singer': '海鸣威 ', 'song': ' 老人与海', 'time': '4:27'}
{'rank': '7', 'singer': '门丽 ', 'song': ' 死心塌地去爱你', 'time': '3:39'}
{'rank': '8', 'singer': '金南玲 ', 'song': ' 逆流成河【我在锡林郭勒等你电视剧插曲】', 'time': '2:05'}
{'rank': '9', 'singer': '王奕心 ', 'song': ' 我的唇吻不到我爱的人', 'time': '4:39'}
{'rank': '10', 'singer': '庄心妍 ', 'song': ' 走着走着就散了【双世宠妃网络剧插曲】', 'time': '4:28'}
{'rank': '11', 'singer': '曹越 ', 'song': ' 你的眼角流着我的泪', 'time': '4:26'}
{'rank': '12', 'singer': '青蛙 ', 'song': ' 小跳蛙', 'time': '2:31'}
```

图 23-4　网络红歌榜前 10 页的数据

23.3　项目 2：抓取金字塔图片，并保存为 Excel 文档

本项目通过 urllib3 从百度搜索金字塔图片，然后利用 JSON 和正则表达式分析数据，并将金字塔图片下载到本地，最后将这些图片插入 Excel 文档中。

23.3.1　项目分析

在百度的图片搜索中输入"金字塔"，会看到很多金字塔的图片，这些图片都是异步加载的。经过分析，这些图片的相关信息可以通过下面的 Url 获得。

```
https://image.baidu.com/search/acjson?tn=resultjson_com&ipn=rj&ct=201326592&is=
&fp=result&queryWord=%E9%87%91%E5%AD%97%E5%A1%94&cl=2&lm=-1&ie=utf-8&oe=utf-
8&adpicid=&st=-1&z=&ic=0&word=%E9%87%91%E5%AD%97%E5%A1%94&s=&se=&tab=&width=
&height=&face=0&istype=2&qc=&nc=1&fr=&pn=0rn=30&gsm=1e&1512281761218=
```

这个 Url 比较长，不过不用管它，只需要找到关键数据即可。这个 Url 的关键数据有如下两个：

● pn：图像的起始索引。
● rn：每页返回的图像数量。

目前 pn 的值是 0，rn 的值是 30，表示从第 1 个金字塔图片开始，以每页 30 个图片的方式获取金字塔图片。这个 Url 返回 JSON 格式的数据。

23.3.2　webp 转换为 jpg 格式

最近百度图像搜索返回的图片格式修改了，都是以 webp 格式返回，所以需要将 webp 格式的图片转换为 jpg 格式的图片，才能插入 Excel 文档中。

在转换之前，需要使用下面的命令安装 Pillow 模块。

```
pip install Pillow
```

然后使用下面的代码将 webp 转换为 jpg。

```python
from PIL import Image as PILImage
# 格式转换
im = PILImage.open('image.webp').convert('RGB')
im.save('image.jpg','jpeg')
```

23.3.3　项目的完整实现

代码位置：src/spider_projects/image_excel.py

```python
from urllib3 import *
import os
import re
import json
from openpyxl import Workbook
from openpyxl.drawing.image import Image
wb = Workbook()        # 创建 Excel 文档
ws = wb.active
ws.title = '百度金字塔图片'
# 创建 PoolManager 对象，忽略 SSL 校验
http = PoolManager(cert_reqs='CERT_NONE')
# 禁止输出警告信息
disable_warnings()
# 创建用于保存金字塔图像（jpg 格式）的目录
```

```
os.makedirs('download/images', exist_ok=True)
headers = {
    'User-Agent':'Mozilla/5.0 (Macintosh; Intel Mac OS X 10_14_3) AppleWebKit/537.36
(KHTML, like Gecko) Chrome/72.0.3626.119 Safari/537.36',
    'Host': 'image.baidu.com',
    'Cookie': '…',
    …
}
headers1 = {
    'User-Agent':'Mozilla/5.0 (Macintosh; Intel Mac OS X 10_14_3) AppleWebKit/537.36
(KHTML, like Gecko) Chrome/72.0.3626.119 Safari/537.36',
    'Host': 'img0.baidu.com',
    'Cookie': '…',
    …
}
# 处理服务端响应数据
def processResponse(response):
    global count
    # 如果下载超过 100 个图片，则终止下载
    if count > 100:
        return
    # 将服务端响应数据使用 utf-8 编码转换为字符串 (JSON 格式)
    s = response.data.decode('utf-8')
    # 装载 JSON 格式字符串
    d = json.loads(response.data)
    # 所有的数据都在 data 节点中
    n = len(d['data'])
    # 迭代每个图像的数据
    for i in range(n - 1):
        if count > 100:
            return
        # 获取图像的 Url
        imageUrl = d['data'][i]['hoverURL'].strip()
        if imageUrl != '':
            print(imageUrl)
            # 下载图像
            r = http.request('GET', imageUrl, headers=headers1)
            # 计算 Excel 文档中插入图像的位置（每行最多 26 个图像）
            row = count // 26 + 1
            col = count % 26 + 1

            count += 1
            # 生成下载图像的保存路径
            fn = 'download/images/%0.5d.jpg' % count
            # 调整 Excel 文档的列宽
            ws.column_dimensions[chr(64 + col)].width = 12
```

```
                # 调整 Excel 文档的行高
                ws.row_dimensions[row].height = 80
                # 服务端返回的是 webp 格式的图像，先将这个图像保存为 temp.webp，等待转换
                imageFile = open('temp.webp', 'wb')
                imageFile.write(r.data)
                imageFile.close()
                from PIL import Image as PILImage
                # 开始转换 webp 到 jpg，并保存到 fn 指定的文件中
                im = PILImage.open('temp.webp').convert('RGB')
                im.save(fn, 'jpeg')
                image = Image(fn)
                image.width, image.height = (image.width // 5, image.height // 5)
                # 将图像插入 Excel 文档中
                ws.add_image(image, chr(64 + col) + str(row))


count = 0
row = 0
col = 0
pn = 0
rn = 30
# 定义初始的 Url
url = 'https://image.baidu.com/search/acjson?tn=resultjson_com&ipn=rj&ct=201326592
&is=&fp=result&queryWord=%E9%87%91%E5%AD%97%E5%A1%94&cl=2&lm=-1&ie=utf-8&oe=utf-
8&adpicid=&st=-1&z=&ic=0&word=%E9%87%91%E5%AD%97%E5%A1%94&s=&se=&tab=&width=
&height=&face=0&istype=2&qc=&nc=1&fr=&pn={pn}&rn={rn}&gsm=1e&1512281761218='
    .format(pn=pn, rn=rn)


# 开始通过不断改变 Url，下载更多的图像
while count <= 100:
    r = http.request('GET', url, headers=headers)
    print(url)
    processResponse(r)
    pn += 30
# 保存插入图像的 Excel 文档
wb.save('baidu_images.xlsx')
```

百度服务端要求比较严格，不仅 HTTP 请求头要指定 User-Agent、Host 等字段，也要指定 Cookie 和更多字段，由于 Cookie 字段以及其他字段的内容比较多，所以未放到书中，读者可以查看随书源代码。

另外，本例两次访问服务端，一次是获取 JSON 格式的图像列表，另一次是下载图像，这两次涉及的 Host 都不一样，所以使用了两个 HTTP 请求头：header 和 header1，分别用 Host 字段指定了 image.baidu.com 和 img0.baidu.com 两个域名，前者用于下载 JSON 格式的图像列表，后者用于下载图像。

下载运行程序，会发现 images 目录中多了很多 jpg 格式的图像，当程序运行结束后，会在当前目录生成一个 baidu_images.xlsx 文件，打开该文件，效果如图 23-5 所示。

图 23-5　插入金字塔图片的 Excel 文档

23.4　本章小结

本章给出了两个项目，都和爬虫有关。这两个项目涉及了网络库、正则表达式、Beautiful Soup、Excel 等技术，这些技术也是网络爬虫中常见的技术。网络爬虫的核心操作是访问服务端、下载数据、分析数据、存储数据。这些技术点本章的两个案例都有涉及。读者可以利用这两个项目案例中涉及的知识编写出更强大的网络爬虫。

## 第 24 章

Python Web 框架：Django

Django 是非常著名的 Python Web 框架。Django 非常庞大，几乎为我们准备了一切，尽管 Django 学习门槛比较高，但 Django 起步更早、更稳定，而且有许多成功的网站和 App[①]使用的都是 Django。Django 采用了流行的 MVC 设计模式，所以基于 Django 框架的 Web 应用更规范。

24.1　Django 安装环境搭建

不管读者是否使用的是 Anaconda Python 开发环境，都需要安装 Django 开发环境，因为 Anaconda 并没有集成 Django。如果已经安装了 Anaconda，可以使用下面的命令安装 Django：

```
conda install django
```

如果使用的是标准的 Python 开发环境，可以使用下面的命令安装 Django：

```
pip install django
```

安装完 Django 后，进入 Python 的 REPL 环境，输入如下的命令，如果未抛出异常，说明 Django 已经安装成功了。

```
import django
```

24.2　Django 基础知识

本节会介绍一些 Django 的基础知识，包括如何手工建立一个 Django 工程，如何使用 PyCharm 开发 Django 程序，以及获取用户请求信息，Cookie、Session 等内容。

24.2.1　建立第一个 Django 工程

本节将遵循学习新技术的标准做法，从 Hello World 开始学习 Django。为了让读者更有信心，本节首先要做的是让第一个 Django 程序能运行起来，而且不需要编写一行代码。

如果成功安装了 Django，会有一个名为 django-admin.py 的脚本文件，如果读者使用的是 Anaconda Python 开发环境，那么这个脚本文件就在 <Anaconda 安装目录>/bin 目录中，建议将这个目录添加到 PATH 环境变量中，这样在任何目录都可以执行 django-admin.py 脚本文件。

---

① Django 可以为 App 做服务端的 Restful API。

现在进入终端（Windows 是控制台），输入如下的命令，会在当前目录建立一个 HelloWorld 子目录，该目录就是 Django 工程目录。

```
django-admin.py startproject HelloWorld
```

现在进入 HelloWorld 目录，然后执行下面的命令运行程序。

```
python manage.py runserver
```

运行这行命令后，如果出现如图 24-1 所示的信息，表示某些资源未被初始化。

现在按 Ctrl+C 组合键终止程序，然后执行下面的命令进行初始化。

```
python manage.py migrate
```

执行这行命令后，会输出如图 24-2 所示的信息。

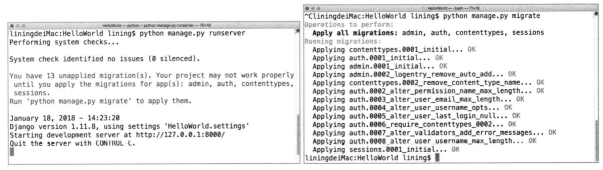

图 24-1　初始化之前运行服务　　　　　　　　　图 24-2　初始化工程

然后再执行 python manage.py runserver，就会正常运行程序，这个程序是 Django 内建的 Web 服务器，直接可以处理 HTTP 请求。现在打开浏览器，在浏览器地址栏中输入如下的 Url：

```
http://127.0.0.1:8000
```

如果在浏览器中显示如图 24-3 所示的内容，表示已经成功创建并运行了第一个基于 Django 的 Web 应用。

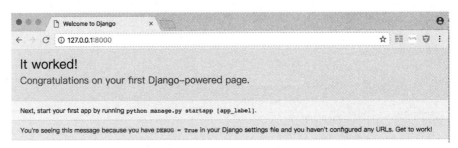

图 24-3　第一个基于 Django 的 Web 应用的运行效果

读者也可以试试访问 http://localhost:8000，也可以得到图 24-3 所示的效果。但通过远程访问的方式却显示"无法访问此网站"。例如，假设本机的 IP 地址是 192.168.31.3，访问 http://192.168.31.3:8000 是无法得到图 24-3 所示的页面的。要知道为什么会出现这个问题，以及如何解决这个问题，读者参看 24.2.3 节的内容。

24.2.2　Django 工程结构分析

在 24.2.1 节已经成功创建并运行了一个基于 Django 的 Web 应用。但这个 Web 应用到目前为止对我们还是黑盒的。Web 应用的目录结构以及每部分的具体作用完全是未知的。在本节会对 Django 工程结果做一个简要的分析，图 24-4 是 Django 工程的目录结构。

图 24-4　Django 工程的目录结构

在这个目录结构中涉及一个目录和 5 个 Python 脚本文件，它们的含义如下。

- HelloWorld：项目的容器目录。
- __init__.py：一个空脚本文件，告诉 Python 该目录是一个 Python 包。
- settings.py：Django 项目的配置文件。
- urls.py：Django 项目的 Url 声明，一份由 Django 驱动的网站"目录"。
- wsgi.py：一个与 WSGI 兼容的 Web 服务器的入口，以便运行你的项目。
- manage.py：一个实用的命令行工具，可让你以各种方式与该 Django 项目进行交互。

24.2.3　远程访问与端口号

在 24.2.1 节使用 django-admin.py 脚本文件创建了第一个基于 Django 的 Web 应用，并成功运行了这个 Web 应用。但有如下两个问题没有解决：

- 无法远程访问 Web 应用。
- 修改 Web 应用的默认端口号（8000）。

现在先来看第一个问题。Django 默认只支持本机访问 Web 应用，但在实际应用中，必须要支持远程访问，也就是通过本机的公网 IP 或域名访问 Web 应用。要达到这个目的，首先要使用下面的命令启动 Web 服务。

```
python manage.py runserver 0.0.0.0:8000
```

很明显，在命令行的最后跟着 0.0.0.0:8000，其中 0.0.0.0 表示可以匹配任何 IP，后面的 8000 表示端口号。如果使用上面的命令启动 Web 服务，就意味着支持任何 IP 访问端口号为 8000 的 Web 服务。现在打开浏览器，在浏览器地址栏中输入如下的 Url：

```
http://192.168.31.3:8000
```

结果并没有出现我们想要的效果，反而显示了如图 24-5 所示的页面。

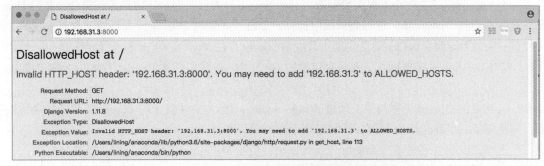

图 24-5　远程访问的错误页面

这是由于 Django 加了另外一道限制，就是除了 127.0.0.1 外，其他的 IP 或域名还需要单独设置才可以正常访问。

如果当前目录正处于 Django 工程的根目录，再进入里面的 HelloWorld 子目录，然后打开该目录中的 settings.py 文件，找到 ALLOWED_HOSTS 部分，在后面的中括号中添加允许访问的 IP 或域名。修改过的 ALLOWED_HOSTS 如下：

```
ALLOWED_HOSTS = [
'192.168.31.3'
]
```

如果允许多个 IP 或域名，中间用逗号（,）分隔，如下面的配置代码还允许通过 www.unitymarvel.com 访问 Web 应用。

```
ALLOWED_HOSTS = [
'192.168.31.3',
'www.unitymarvel.com',
]
```

如果允许所有的二级域名访问 Web 应用，也可以使用下面的配置代码：

```
ALLOWED_HOSTS = [
'192.168.31.3',
'.unitymarvel.com',
]
```

使用上面的配置代码后，www.unitymarvel.com、abc.unitymarvel.com、edu.unitymarvel.com 等域名就都可以访问 Web 应用了。

现在重新在浏览器地址栏中输入 http://192.168.31.3:8000，就可以显示如图 24-3 所示的页面。如果将 0.0.0.0:8000 中的 8000 修改成其他数值（需要在 0 ~ 65535），就会改变 Django Web 应用的默认端口号，如使用下面的命令启动 Web 服务，可以使用 http://192.168.31.3:1234 访问 Web 应用：

```
python manage.py runserver 0.0.0.0:1234
```

24.2.4 用 PyCharm 建立 Django 工程

完成一个复杂的 Django 项目需要一款好的 IDE 支持，PyCharm 就是比较出色的一款 Python IDE。如果读者使用的是 PyCharm 专业版，可以直接创建 Django 工程。

现在运行 PyCharm，单击 Create New Project 按钮，会弹出如图 24-6 所示的 New Project 窗口。

在 New Project 窗口的左侧是工程类型列表，其中两个工程类型我们会比较熟悉，第 2 个就是 Django。

现在选择左侧的 Django 项，在右侧页面中选择一个已经安装的 Python 开发环境，如果选择的 Python 开发环境没有安装 Django，PyCharm 会自动下载安装 Django。在 More Settings 中选择允许 Django 使用的模板。在最上方的 Location 文本框输入工程保存位置后，单击 Create 按钮创建 Django 工程，工程结构如图 24-7 所示。

MyCharm 建立的 Django 工程与手工通过 django-admin.py 脚本文件建立的 Django 工程的目录结构基本上一样，只是多了一个 templates 目录，该目录用于存放模板文件。

现在单击 MyCharm 主界面右上角的绿色运行按钮，会在 MyCharm 中启动 Django 服务。

启动 Django 服务后，就可以在浏览器地址栏中输入 http://127.0.0.1:8000，显示的页面与图 24-3 完全相同。

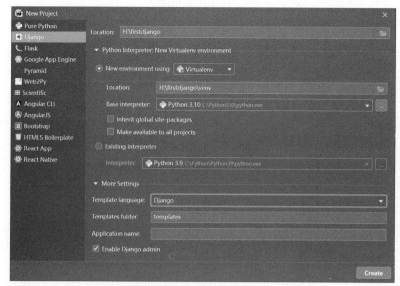

图 24-6　PyCharm 专业版的 New Project 窗口　　　图 24-7　用 PyCharm 建立的 Django 工程

24.2.5　添加路由

Django 需要使用路由将 Url 与服务端要执行的代码关联，这里的路由就是指 Url 中跟在 IP 或域名后面的路径，标识服务端资源的具体位置。

现在为前面建立的 firstDjango 工程添加第一个路由。首先在工程中的 firstDjango 目录建立一个 First.py 脚本文件，然后在 First.py 文件中编写如下的代码：

```python
from django.http import HttpResponse
def hello(request):
    # 返回值就是要发送到客户端的数据
    return HttpResponse("Hello world ! ")
```

接下来在 firstDjango 目录找到 urls.py 脚本文件，然后用下面的代码替换 urls.py 脚本文件中原来的代码：

```python
from django.conf.urls import url
from . import First
urlpatterns = [
    url(r'^$', First.hello),
]
```

现在启动 Django 服务，然后在浏览器地址栏中输入 http://127.0.0.1:8000，会在浏览器中显示如图 24-8 所示的页面。

上面代码中的 urlpatterns 列表是用来定义当前 Django 工程所有路由的匹配模式的。每个列表元素是一个 django.urls.resolvers .RegexURLPattern 类的实例，该实例也是 url 函数的返回值。url

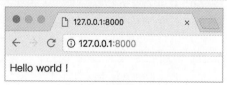

图 24-8　自定义根路由

函数的第 1 个参数是匹配 Url 路径的正则表达式，第 2 个参数是路由函数。本例的正则表达式是 "r'^$'"，其中 r 表示正则表达式字符串不对转义符进行转义。"^" 匹配 Url 路径的开始，"$" 匹配 Url 路径的结束。中间什么也没有，所以这个正则表达式匹配了根路径，也就是 "/"。

下面的例子通过修改 First.py 脚本文件和 urls.py 脚本文件的方式为 firstDjango 工程添加 3 个新路由，分别匹配如下形式的 Url：

- http://127.0.0.1:8000/your。
- Url 路径以 "/product" 开头，后面跟任意数字，如 http://127.0.0.1:8000/product123、http://127.0.0.1:8000/product4 等。
- Url 路径以 "/country" 开头，后面跟 China 或 America，如 http://127.0.0.1:8000/country/China。

代码位置： src/django/firstDjango/firstDjango/First.py

```
from django.http import HttpResponse
def hello(request):
    return HttpResponse("Hello world ! ")
# http://127.0.0.1:8000/your
def your(request):
    return HttpResponse('your')
# http://127.0.0.1:8000/product123
def product(request):
    return HttpResponse('product')
# http://127.0.0.1:8000/country/China
def country(request):
    return HttpResponse('country')
```

代码位置： src/django/firstDjango/firstDjango/urls.py

```
from django.conf.urls import url
from . import First
urlpatterns = [
url(r'^$', First.hello),
    # http://127.0.0.1:8000/your
    url(r'^your$', First.your),
    # product 后面可以跟任意的数字, http://127.0.0.1:8000/product123
    url(r'^product\d+$', First.product),
    # http://127.0.0.1:8000/country/China
    url(r'^country/China|America$', First.country),
]
```

现在启动 Django 服务（如果 Django 服务已经启动，则不需要重新启动，因为 Django 服务如果发现代码有变化，会自动重新装载这些代码），然后在浏览器地址栏中输入 http://127.0.0.1:8000/product456，在浏览器中会显示如图 24-9 所示的页面。将 Url 最后的 456 换成其他数字，也会显示同样的页面。读者也可以在浏览器地址栏中输入前面给出的其他 Url，看看会显示什么内容。

图 24-9　匹配不同的路径

24.2.6　处理 HTTP 请求

当客户端浏览器通过 Url 访问 Web 应用时，首先要做的就是获取用户提交的信息，也就是从 HTTP 请求数据中获得信息。HTTP 请求数据分为 HTTP 请求头和 Body。HTTP 请求头包含了一些 HTTP 请求字段和

HTTP GET 字段。Body 中可以包含任何类型的数据。这些数据中有一种是 HTTP POST 类型的值。这类值与 HTTP GET 字段的值类似，只是处于 HTTP 请求数据的不同位置。HTTP POST 类型的数据本章后面的部分会讲，本节先讨论如何获取常用的 HTTP 请求头信息以及 HTTP GET 字段的值。

　　每个路由函数都有一个 request 参数，这个参数用来获取 HTTP 请求的所有数据。request 参数值是一个 django.core.handlers.wsgi.WSGIRequest 对象，该对象提供了一些属性用于获取常用的信息，如 scheme 用于获取 Url 的协议头（如 HTTP、HTTPS 等），path 用于获取 Url 的路径，method 用于获取提交的方法（GET、POST 等）。通过 GET 属性可以获取 HTTP 请求的 GET 字段值，GET 属性就是一个字典，里面包含了所有的 HTTP GET 请求字段值，如 request.GET['name'] 可以得到名为 name 的字段值。

　　如果要想获得某个 HTTP 请求头字段的值，需要使用 META 属性，该属性与 GET 属性一样，也是一个字典类型，里面包含了所有 HTTP 请求头字段，如 request.META['REMOTE_ADDR'] 可以获取客户端的 IP 地址。META 属性包含的主要 HTTP 请求头字段如表 24-1 所示。

表 24-1　HTTP 请求头字段及含义

HTTP 请求头字段名	含　义
CONTENT_LENGTH	请求正文的长度
CONTENT_TYPE	请求正文的 MIME 类型
HTTP_ACCEPT	响应可接收的 Content-Type
HTTP_ACCEPT_ENCODING	响应可接收的编码
HTTP_ACCEPT_LANGUAGE	响应可接收的语言
HTTP_HOST	客服端发送的 HTTP Host 头部
HTTP_REFERER	Referring 页面
HTTP_USER_AGENT	客户端的 user-agent 字符串
QUERY_STRING	字符串形式的查询字符串（未解析）
REMOTE_ADDR	客户端的 IP 地址
REMOTE_HOST	客户端的主机名
REMOTE_USER	服务器认证后的用户
REQUEST_METHOD	HTTP 请求方法，如 GET、POST 等
SERVER_NAME	服务器的主机名
SERVER_PORT	服务器的端口

　　表 24-1 所示的 HTTP 请求头字段并不一定在任何情况下都有值，所以在获取 HTTP 请求头字段值时要注意这一点。

　　下面的例子演示了如何利用路由函数的 request 参数获取 HTTP 请求头字段信息以及 HTTP GET 请求字段值。

代码位置： src/django/BasicDjango/BasicDjango/request.py

```
from django.http import HttpResponse
def myRequest(request):
    response = 'scheme:' + request.scheme + '<br>'
    response += 'path:' + request.path + '<br>'
    response += 'method:' + request.method + '<br>'
```

```
    # 下面的代码获取 HTTP 请求头信息
    response += 'HTTP_ACCEPT:' + request.META['HTTP_ACCEPT'] + '<br>'
    response += 'HTTP_USER_AGENT:' + request.META['HTTP_USER_AGENT'] + '<br>'
    response += 'REMOTE_ADDR:' + request.META['REMOTE_ADDR'] + '<br>'
    response += 'QUERY_STRING:' + request.META['QUERY_STRING'] + '<br>'
    # 获取 name 字段的值
    response += 'name:' + str(request.GET['name'])+ '<br>'
    # 获取 age 字段的值
    response += 'age:' + str(request.GET.get('age')) + '<br>'
    return HttpResponse(response)
```

代码位置：src/django/BasicDjango/BasicDjango/urls.py

```
from django.conf.urls import url
from . import request
urlpatterns = [
    url(r'^request$', request.myRequest),
]
```

启动 Django 服务器，然后在浏览器地址栏中输入 http://127.0.0.1:8000/request?name=Bill，就会显示如图 24-10 所示的页面。

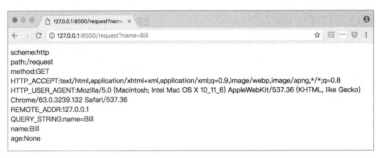

图 24-10　获取 HTTP 请求头字段信息以及 HTTP GET 请求字段值

由于 META 属性和 GET 属性都是字典类型，所以如果使用中括号形式（[…]）获取 key 对应的值，当这个 key 不存在时，会抛出异常。可以使用 try…catch 语句捕获异常，也可以使用 get(…)方法获取 key 对应的值。如果 key 不存在，则 get(…)方法返回 None。

24.2.7　Response 与 Cookie

Web 服务端要完成的任务的最后一步就是向客户端返回数据。如果客户端是浏览器，那么返回的数据通常是 HTML、JS、CSS 或其他类型的代码。这就要涉及服务端如何为客户端返回数据的问题了。

在 Django 中需要在路由函数中返回 HttpResponse 类的实例，HttpResponse 类的构造方法可以传入要返回的字符串，也可以通过 content_type 关键字参数设置返回数据的类型，如 text/html。

在 HttpResponse 类中有一个重要的 set_cookie 方法，该方法用于向客户端写入 Cookie 数据。Cookie 本质上是通过 HTTP 响应头的 Set-Cookie 字段设置的，所以 set_cookie 方法其实就是设置了 HTTP 响应头的 Set-Cookie 字段的值。如果要读取 Cookies 的值，需要使用路由函数的 request 参数，因为当客户端浏览器向服务端发送数据时，将保存到本地的 Cookie 通过 HTTP 请求头发送给了服务端，所以就需要通过 request

参数读取 HTTP 请求头中的 Cookie 信息。

```
# 读取名为 name 的 Cookie 值
request.COOKIES.get("name")
```

下面的例子通过 writeCookie 函数写入了两个 Cookie 值，然后通过 readCookie 读取了这两个 Cookie 值，并将它们又返回给了客户端。本例还设置了其中一个 Cookie 值的到期时间（20s）。

代码位置：src/django/BasicDjango/BasicDjango/responseCookie.py

```python
from django.http import HttpResponse
import datetime
def myResponse(request):
    return HttpResponse('<h1>hello world</h1>',content_type="text/html")
# 用于向客户端写入 Cookie
def writeCookie(request):
    # Cookie 的到期时间
    dt = datetime.datetime.now() + datetime.timedelta(seconds=int(20))
    response = HttpResponse('writeCookie')
    # 设置第 1 个 Cookie, 并设置了这个 Cookie 的有效期（未来 20s）
    response.set_cookie('name', 'Bill',expires=dt)
    # 设置第 2 个 Cookie
    response.set_cookie('age', 30)
    return response
def readCookie(request):
    result = ''
    # 读取名为 name 的 Cookie 值
    name = str(request.COOKIES.get("name"))
    # 读取名为 age 的 Cookie 值
    age = str(request.COOKIES.get('age'))
    result = '<h2>name:<font color="red">' + name + '</font></h2>'
    result += '<h2>age:<font color="blue">' + age + '</font></h2>'
    return HttpResponse(result,content_type="text/html")
```

接下来在 urls.py 脚本文件上添加上面 3 个路由函数的正则表达式映射。

代码位置：src/django/BasicDjango/BasicDjango/urls.py

```python
from django.conf.urls import url
from . import request
from . import responseCookie

urlpatterns = [
    url(r'^request$', request.myRequest),
    # 下面 3 行代码是本例配置的路由函数与正则表达式的映射
    url(r'^response$', responseCookie.myResponse),
    url(r'^writeCookie$', responseCookie.writeCookie),
    url(r'^readCookie$', responseCookie.readCookie),
]
```

现在启动 Django 服务，然后在浏览器地址栏中输入 http://localhost:8000/writeCookie，会将两个 Cookie

写入客户端浏览器，接下来输入 http://localhost:8000/readCookie，会在浏览器中显示如图 24-11 所示的页面。

　　如果没有设置 Cookie 的有效期，那么这个 Cookie 在不关闭当前页面时永远有效，但如果关闭当前页面，Cookie 立刻失效。如果设置了 Cookie 的有效期，在有效期内，无论是否关闭当前页面，Cookie 都会有效。一旦过了有效期，Cookie 就会失效。因此，名为 name 的 Cookie 只能在 20s 内有效，超过 20s 就会失效。而名为 age 的 Cookie，只要当前页面不关闭，就会永远有效，当关闭浏览器并重新启动后，age 就会失效。现在关闭浏览器，然后在 20s 内在浏览器地址栏中再次输入 http://localhost:8000/readCookie，会在浏览器中显示如图 24-12 所示的页面。由于名为 age 的 Cookie 失效了，所以读出的是 None。

图 24-11　读取 Cookie

图 24-12　第 2 个 Cookie 失效了

24.2.8　读写 Session

　　Session 与 Cookie 有些类似，都是通过字典管理 key-value 对。只不过 Cookie 是保存在客户端的字典，而 Session 是保存在服务端的字典。Session 可以在服务端使用多种存储方式，默认一般是存储在内存中，一旦 Web 服务重启，所有保存在内存中的 Session 就会消失。为了让 Session 即使在 Web 服务重启后仍然能够存在，也可以将 Session 保存到文件或数据库中。不管如何保存 Session，操作上都是一样的。

　　Session 的另外一个重要作用是跟踪客户端。也就是说，当一个客户端浏览器访问 Web 服务后，关闭浏览器，再次启动浏览器，再次访问 Web 服务。这时 Web 服务就会知道这个浏览器已经访问了两次 Web 服务，这就是通过 Session 跟踪的。每个客户端访问 Web 服务时都会创建一个单独的 Session，同时为这个 Session 生成一个 ID，这里就叫它 Session-ID。这个 Session-ID 会利用 Cookie 的方式保存在客户端，如果客户端再次访问 Web 服务时，这个 Session-ID 也会随着 HTTP 请求发送给 Web 服务，Web 服务会通过这个 Session-ID 寻找属于这个客户端的 Session。也就是说，如果客户端不支持 Cookie，那么 Session 是无法跟踪客户端的。

　　读写 Session 都需要使用路由函数的 request 参数，WSGIRequest 对象有一个 session 属性，这是一个字典类型的属性，所以可以用操作字典的方式读写 Session 中的 key-value。

　　下面的例子通过 session 属性读写了两对 key-value，并设置了 Session 的有效期。

代码位置： src/django/BasicDjango/BasicDjango/session.py

```python
from django.http import HttpResponse
def writeSession(request):
    # 设置名为 name 的 Session
    request.session['name'] = 'Bill'
    # 设置名为 age 的 Session
    request.session['age'] =20
    return HttpResponse('writeSession')
def readSession(request):
    result = ''
```

```
# 读取名为 name 的 Session，如果没有 name，则返回 None
name = request.session.get('name')
# 读取名为 age 的 Session，如果没有 age，则返回 age
age = request.session.get('age')
if name:
    result = '<h2>name:<font color="red">' + name + '</font></h2>'
if age:
    result += '<h2>name:<font color="blue">' + str(age) + '</font></h2>'
return HttpResponse(result,content_type="text/html")
```

接下来配置路由函数，在 urls.py 脚本文件中添加相应的代码。

代码位置：src/django/BasicDjango/BasicDjango/urls.py

```
from django.conf.urls import url
...
from . import session
urlpatterns = [
    ...
    # 下面的代码是本例添加的路由方法与正则表达式的映射
    url(r'^writeSession$', session.writeSession),
    url(r'^readSession$', session.readSession),
]
```

启动 Django 服务，在浏览器地址栏中输入如下的 Url 写 Session。

```
http://127.0.0.1:8000/writeSession
```

然后输入如下的 Url 读 Session。

```
http://127.0.0.1:8000/readSession
```

访问上面的 Url 后，会在浏览中显示如图 24-13 所示的页面。

要想精确控制 Session 的有效期，需要在 settings.py 脚本文件中设置 SESSION_COOKIE_AGE 变量，如下面的代码会将 Session 的有效期设为 20s。

```
SESSION_COOKIE_AGE = 20
```

如果使用了上面的设置，Session 在 20s 后将过期，过期的 Session 将无法读取。

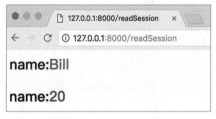

图 24-13　读取 Session

24.2.9　用户登录

本节会利用 Session 实现一个用户登录的例子，这也是最典型的 Session 案例。实现的基本原理是当登录成功后，会将用户名以及其他相关信息写入 Session。如果用户再用同一个浏览器访问该 Web 应用，就会从与客户端对应的 Session 中重新获取用户名和其他相关信息，这也表明用户处于登录状态，所以当用户第二次访问该 Web 应用时，除非 Session 过期，否则就无须登录了。

下面的例子使用 login 路由模拟用户登录，为了方便，使用 HTTP GET 请求指定用户名（user 字段），并使用 logout 注销登录（删除 Session 中的用户名）。

代码位置：src/django/BasicDjango/BasicDjango/user.py

```python
from django.http import HttpResponse
# 根路由，检测用户是否登录
def index(request):
    # 从 Session 获取用户名
    user = request.session.get('user')
    result = ''
    # 如果成功获取用户名，表明用户处于登录状态
    if user:
        result = 'user: %s' % user
    else:
        result = 'Not logged in'
    return HttpResponse(result)
# 用于登录的路由
def login(request):
    # 从 HTTP GET 请求中得到用户名
    user = request.GET.get('user')
    result = ''
    if user:
    # 如果成功获得用户名，就将用户名保存到 Session 中
        request.session['user'] = user
        result = 'login success'
    else:
        result = 'login failed'
    return HttpResponse(result)
# 用于注销登录的路由
def logout(request):
    try:
        # 删除 Session 中的用户名
        del request.session['user']
    except KeyError:
        pass
    return HttpResponse("You're logged out.")
```

接下来在 urls.py 脚本文件中配置路由。

代码位置：src/django/BasicDjango/BasicDjango/urls.py

```python
from django.conf.urls import url
...
from . import user
urlpatterns = [
    ...
    url(r'^$', user.index),
    url(r'^login$', user.login),
    url(r'^logout$', user.logout),
]
```

启动 Django 服务，然后在浏览器地址栏中输入如下 Url 就会成功登录：

```
http://127.0.0.1:8000/login?user=Bill
```

最后再输入 http://127.0.0.1:8000 就会在浏览器中显示如图 24-14 所示的登录用户名。

过 20s 后（Session 失效），或访问 http://127.0.0.1:8000/logout 注销用户登录状态，再次访问 http://127.0.0.1: 8000，将会显示如图 24-15 所示的未登录信息。

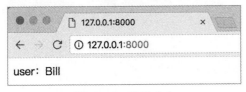

图 24-14　登录成功

图 24-15　用户未登录

24.2.10　静态文件

Django 默认的静态文件路径是 static，该目录位于 BasicDjango/BasicDjango 目录中。要想访问 static 目录中的静态资源，只建立 static 目录还不行，还需要在 settings.py 脚本文件的 INSTALLED_APPS 中添加当前 App 的包名，也就是 BasicDjango。

```
INSTALLED_APPS = [
    ...
    'BasicDjango'
]
```

然后在浏览器地址栏中输入 http://127.0.0.1:8000/static/test.png，就可以直接访问 static 目录中的 test.png 图像文件了。

下面的例子在 static 目录建立了一个 form.html 静态页面，该页面有一个<form>标签，用于向服务端提交 POST 请求。然后在 post.py 脚本文件中添加一个路由方法，用于处理 HTTP POST 请求，并返回请求字段值。

代码位置：src/django/BasicDjango/BasicDjango/post.py

```
from django.http import HttpResponse
from django.views.decorators.csrf import csrf_exempt
# 禁止 CSRF 校验
@csrf_exempt
def myPost(request):
    # 从 HTTP POST 请求中获取 user 字段值
    user = str(request.POST.get('user'))
    # 从 HTTP POST 请求中获取 age 字段值
    age = str(request.POST.get('age'))
    result = '<h2>name:<font color="red">' + user + '</font></h2>'
    result += '<h2>age:<font color="blue">' + age + '</font></h2>'
    return HttpResponse(result)
```

在 urls.py 脚本文件中配置路由函数。

代码位置：src/django/BasicDjango/BasicDjango/urls.py

```
from django.conf.urls import url
...
from . import post
urlpatterns = [
    ...
    url(r'^post$', post.myPost),
]
```

接下来编写静态页面 form.html 的代码。

代码位置：src/django/BasicDjango/BasicDjango/static/form.html

```
<!DOCTYPE html>
<html lang="en">
<head>
    <meta charset="UTF-8">
    <title>Form</title>
</head>
<body>
    <!-- 用于提交 POST 请求的 Form 表单 -->
    <form action="/post" method="post">
        User:<input name="user"/><br>
        Age:<input name="age"/><br>
        <input type="submit" value="提交">
    </form>
</body>
</html>
```

启动 Django 服务，然后在浏览器地址栏中输入如下的 Url：

```
http://127.0.0.1:8000/static/form.html
```

接下来在 User 和 Age 文本框中输入 geekori 和 20，如图 24-16 所示。

最后单击"提交"按钮，会将输入的数据用 POST 请求提交给 post 路由，该路由会返回如图 24-17 所示的页面。

图 24-16　form.html 静态页面 　　　　　　　　图 24-17　post 路由返回的页面

本例涉及一个 CSRF 校验的问题，CSRF 是 Cross-site request forgery（跨站请求伪造）的缩写，CSRF 校验就是为了防止 CSRF 攻击进行的校验，由于 CSRF 校验与本例的内容无关，所以本例使用@csrf_exempt 装饰器将 CSRF 校验关闭。

24.3　Django 模板

我们已经知道，模板函数的返回值就是返回给客户端的数据，但如果返回数据很复杂，如一个非常大的 HTML 页面，直接将页面代码固化在 Python 脚本文件中显得太臃肿，当然，可以将 HTML 页面代码放到一个文件中，然后通过 open 函数或其他 API 读取该文件的内容。这是一种非常好的方式，不过这些功能已经被 Django 封装了，而且还提供了更多的支持，这就是本节要讲的 Django 模板。Django 模板是 Django 内建的模板，无须单独安装。本节会介绍 Django 模板的基本用法。

24.3.1　编写第一个基于 Django 模板的应用

Django 模板就是 HTML 静态页（可能包含 CSS、JS 等前端代码）和标签的组合。也就是说，Django 模板与 HTML 静态页面非常类似，只是除了静态部分，还有动态部分，这一部分被称为标签。由于 Django 模板文件是通过路由函数返回给客户端的，所以在返回之前，Django 模板引擎会先将模板中所有的标签替换成静态的内容（主要是 HTML 代码），也就是说，Django 模板中的标签在浏览器中是看不到的，我们看到的都是这些标签转换而成的 HTML 代码。只有 Web 服务端才能看到这些标签，并进行相应的替换。

Django 模板文件默认都放在 templates 目录中，使用 MyCharm 创建 Django 工程时会自动创建这个目录。除了标签外，Django 模板中的其他部分和 HTML 页面没什么区别。所有的标签都使用{{…}}括起来，一般{{…}}内是一个标识符（如{{name}}），方便 Web 服务端替换标签。

返回 Django 模板文件需要使用 django.shortcuts 模块中的 render 函数，该函数需要指定 3 个参数：第 1 个参数是 request；第 2 个参数是 Django 模板文件名（如 hello.html）；第 3 个参数是一个字典类型，用于存储标签要替换的值。

下面的例子在 templates 目录建立了一个简单的 Django 模板文件（hello.html），然后会在 view.py 脚本文件中编写一个名为 hello 的路由函数，用于返回 hello.html 文件。

首先编写 Django 模板文件 hello.html。

代码位置：src/django/MyTemplates/templates/hello.html

```
<h1>{{ hello }}</h1>
```

接下来建立一个 view.py 脚本文件，然后编写 hello 路由函数。

代码位置：src/django/MyTemplates/MyTemplates/view.py

```
from django.shortcuts import render
def hello(request):
    values = {}
    # 设置替换标签的值
    values['hello'] = 'Hello World!'
    # 使用 render 函数返回 hello.html 文件
    return render(request, 'hello.html', values)
```

最后在 urls.py 脚本文件中配置路由函数。

代码位置：src/django/MyTemplates/MyTemplates/urls.py

```
from django.conf.urls import url
from . import view
```

```
urlpatterns = [
    url(r'^hello$', view.hello),
]
```

启动 Django 服务，在浏览器地址栏中输入 http://127.0.0.1:
8000/hello，会在浏览器中显示如图 24-18 所示的页面。

查看该页面的源代码后发现，{{hello}}已经被替换成 Hello
World 了。

```
<h1>Hello World!</h1>
```

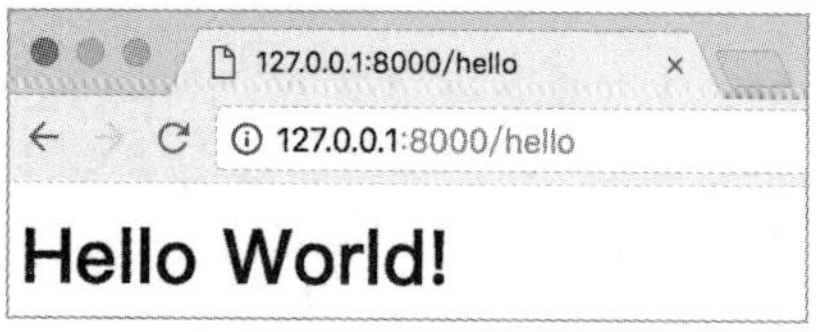

图 24-18　第一个基于 Django 模板的应用

24.3.2　条件控制标签

在 Django 模板中可以通过条件控制标签进行逻辑控制。条件控制标签的语法如下：

```
{% if condition1 %}
    ...
{% elif condition2 %}
    ...
{% else %}
    ...
{% endif %}
```

其中，elif 和 else 部分都可以没有，这一点与 Python 语言中的 if 语句相同。condition1、condition2 是条件标
识符。只有当条件标识符为 True 或其他非空值时才为 True，否则为 False。例如，condition1 为 None、False、
[]、{}等值时才为 False，否则为 True。

下面的例子在 templates 目录建立了一个 Django 模板文件（condition.html），该模板文件中会使用完整
的条件控制标签进行逻辑判断，然后会在 condition.py 脚本文件中编写一个名为 myCondition 的路由函数，
用于返回 condition.html 文件。在 myCondition 路由函数中会设置多个条件，用来检测条件控制标签的逻辑
判断。

首先编写 Django 模板文件 condition.html。

代码位置：src/django/MyTemplates/templates/condition.html

```
<!DOCTYPE html>
<html lang="en">
<head>
    <meta charset="UTF-8">
    <title>条件控制</title>
</head>
<body>
{% if condition1 %}
    <h1>条件 1</h1>
{% elif condition2 %}
    <h1>条件 2</h1>
{% else %}
    <h1>其他条件</h1>
{% endif %}
```

```
</body>
</html>
```

现在建立一个 condition.py 脚本文件，并编写一个名为 myCondition 的路由函数。

代码位置： src/django/MyTemplates/MyTemplates/condition.py

```
from django.shortcuts import render
def myCondition(request):
    values = {}
    values['condition1'] = True
    values['condition2'] = False
    return render(request, 'condition.html', values)
```

最后在 urls.py 脚本文件中配置 myCondition 路由函数。

代码位置： src/django/MyTemplates/MyTemplates/urls.py

```
from django.conf.urls import url
from . import view
from . import condition
urlpatterns = [
    url(r'^hello$', view.hello),
    url(r'^condition$', condition.myCondition),
]
```

启动 Django 服务，在浏览器地址栏中输入 http://127.0.0.1:8000/ condition，会在浏览器中显示如图 24-19 所示的页面。

在前面的代码中，condition1 的值为 True，所以第 1 个条件满足，如果将 condition1 设为 False 或[]，那么就会在浏览器中输出"其他条件"。

图 24-19　条件控制标签

24.3.3　循环控制标签

在 Django 模板中可以通过循环控制标签对列表进行迭代。循环控制标签又称为 for 标签，语法格式如下：

```
{% for value in value_list %}
    {{value}}
{% endfor %}
```

下面的例子在 templates 目录建立了一个 Django 模板文件（for.html），该模板文件会使用 for 标签对一个列表进行迭代，并输出列表中每个元素的 name 属性值。

首先编写 Django 模板文件 for.html。

代码位置： src/django/MyTemplates/templates/for.html

```
<!DOCTYPE html>
<html lang="en">
<head>
    <meta charset="UTF-8">
    <title>循环控制</title>
```

```
</head>
<body>
<ul>
<!--  values 是一个列表变量   -->
{% for value in values %}
    <!--  列表中每个元素（value）必须是一个包含 name 属性的字典或对象   -->
    <li>{{ value.name }}</li>
{% endfor %}
</ul>
</body>
</html>
```

现在建立一个 iteration.py 脚本文件，并编写一个名为 myFor 的路由函数。

代码位置： src/django/MyTemplates/MyTemplates/iteration.py

```
from django.shortcuts import render
class MyClass:
    name = 'Bill'
def myFor(request):
    # values 中既包含了字典类型值，也包含了对象，只要这些值有名为 name 的属性即可
    values = {'values':[{'name':'item1'},MyClass(),{'name':'Mike'}]}
    return render(request, 'for.html', values)
```

最后在 urls.py 脚本文件中配置 myFor 路由函数。

代码位置： src/django/MyTemplates/MyTemplates/urls.py

```
from django.conf.urls import url
from . import view
from . import condition
from . import iteration
urlpatterns = [
    url(r'^hello$', view.hello),
    url(r'^condition$', condition.myCondition),
    url(r'^for$', iteration.myFor),
]
```

启动 Django 服务，然后在浏览器地址栏中输入 http://127.0.0.1:
8000/for，会在浏览器中显示如图 24-20 所示的页面。

24.3.4 过滤器

通过 Django 模板的过滤器可以在无须编码的情况下完成一些基
本的工作，如字母的大小写转换、日期转换、获取字符串的长度等。

图 24-20 for 标签

过滤器要放到标签的标识符后面，中间用竖杠（|）分隔。如下面的过滤器会将 name 标识符的值中所有的
英文字母转换为大写。

```
{{name|upper}}
```

下面的例子在 templates 目录建立了一个 Django 模板文件（filter.html），该模板文件会通过一些过滤器

进一步处理服务端返回的值。

首先编写 Django 模板文件 filter.html。

代码位置： src/django/MyTemplates/templates/filter.html

```
<!DOCTYPE html>
<html lang="en">
<head>
    <meta charset="UTF-8">
    <title>过滤器</title>
</head>
<body>
<!-- 将 value1 中的字母都转换为大写 -->
{{ value1|upper }}
<br>
<!-- 取 value2 中的第 1 个字母，并将其转换为小写 -->
{{ value2|first|lower }}
<br>
<!-- 获取 value3 的长度 -->
{{ value3|length }}
</body>
</html>
```

现在建立一个 filter.py 脚本文件，并编写一个名为 myFilter 的路由函数。

代码位置： src/django/MyTemplates/MyTemplates/filter.py

```
from django.shortcuts import render
def myFilter(request):
    values = {}
    values['value1'] = 'hello'
    values['value2'] = 'WORLD'
    values['value3'] = 'abcdefg'
    return render(request, 'filter.html', values)
```

最后在 urls.py 脚本文件中配置 myFilter 路由函数。

代码位置： src/django/MyTemplates/MyTemplates/urls.py

```
from django.conf.urls import url
from . import view
from . import condition
from . import iteration
from . import filter
urlpatterns = [
    url(r'^hello$', view.hello),
    url(r'^condition$', condition.myCondition),
    url(r'^for$', iteration.myFor),
    url(r'^filter$',filter.myFilter)
]
```

启动 Django 服务，然后在浏览器地址栏中输入 http://127.0.0.1:8000/filter，会在浏览器中显示如图 24-21

所示的页面。

24.4　实战与演练

1．编写一个基于 Django 的 Python 程序，该程序在 static 目录有一个名为 form.html 的 HTML 文件，在该文件中有一个 form 表单，通过 POST 请求向 solution1 路由提交数据，然后该路由对应的函数会将这些数据保存到当前目录的 form.txt 文件中，每个字段和值是一行。表单提交的数据可自己指定，不做硬性要求。

答案位置：src/django/practice/practice/solution1.py

2．编写一个基于 Django 的 Python 程序，要求使用 Django 模板的 for 标签对一个对象类型的列表进行迭代。每个列表元素包含 name 和 age 属性，并通过类的构造方法传入这两个属性值。最终在浏览器显示的页面效果如图 24-22 所示。

图 24-21　过滤器

图 24-22　列表迭代

答案位置：src/django/practice/practice/solution2.py

24.5　本章小结

本章介绍了 Django 框架的基本功能，Django 是一个相当庞大的 Web 框架，本章不可能介绍 Django 中所有的功能，对于广大程序员来说，也不需要掌握 Django 的全部功能，但本章介绍的 Django 基础知识、Django 模板等功能是几乎任何基于 Django 的 Web 应用都需要用到的，所以这些内容必须掌握。

## 第 25 章

Python Web 项目实战：
基于 Django 的 58 同城网站

本章的项目会使用 Django 框架做一个 58 同城网站（使用 PyCharm 开发），由于 58 同城网站很多页面使用的技术都类似，所以本项目只实现了"招聘"和"二手车"页面的部分功能，通过从本项目学习到的技术可以实现更复杂的 Web 应用。

项目位置：src/django58

25.1　项目演示

本节会展示项目的一些页面，如图 25-1 ~ 图 25-3 所示。在运行本项目之前，使用工程目录中的 58.sql 脚本文件建立名为 58 的 MySQL 数据库名和相关的表、视图。

图 25-1　58 同城的首页

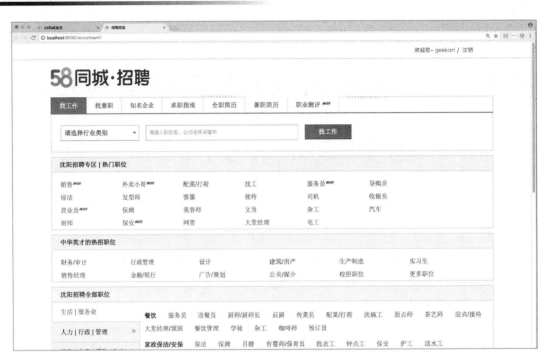

图 25-2　招聘页面

图 25-3　二手车页面

25.2　操作 MySQL 数据库

在项目中对 MySQL 数据库的操作仍然使用传统的方式，在 view.py 脚本文件中包含了一个 mysqlConnect

函数，该函数用于连接 MySQL 数据库，并执行传入的 SQL 语句，最后返回执行结果。

```
def mysqlConnect(sql):
    db = pymysql.connect("localhost","root","12345678","58",charset='utf8')
    cursor = db.cursor()
    cursor.execute(sql)
    data = cursor.fetchall()
    # 将执行结果转换为 JSON 格式的数据
    data = json.dumps(data)
    db.commit()
    db.close()
    return data
```

25.3　账号

本节主要介绍与账号有关的功能如何实现，主要包括用户注册和用户登录。

25.3.1　用户注册

在 view.py 脚本文件中有一个 register 函数，用于接收客户端注册用户的请求。

```
# 在 urls.py 中的映射代码：url(r'^register/$', view.register),
@csrf_exempt
def register(request):
    # 如果是 GET 请求，直接显示注册页面
    if request.method == "GET":
        return render(request, 'register.html')
    else:
        # 如果是 POST 请求，获取用户名和密码
        u=request.POST.get('username')
        p=request.POST.get('password')
        sql='select * from users where username="'+u+'"'
        res=mysqlConnect(sql)
        if res!="[]":
            # 用户名已经存在
            return HttpResponse('isset')
        else:
            # 将密码 md5 加密保存到数据库中
            sql2='insert into users(username,password)
                    values("'+u+'","'+md5(p.encode("utf-8"))+'")'
            mysqlConnect(sql2)
            # 将用户名保存到 session 中，下次免登录（注册成功自动转入登录状态）
            request.session['username'] = u
            return HttpResponse('success')
```

用户注册使用的模板是 register.html，该模板使用 AJAX 异步提交注册消息，下面是异步访问服务端
"/register" 路由的代码。

```
# 设置注册按钮的单击事件
$('#regButton').click(function(){
    # 从用户的输入获取用户名和密码
    var username=$('.regMobileUsername').val();
    var password=$('.regPassword').val();
    var repassword=$('.regRepassword').val();
    if(username.length==0){
        $('#regUsernameTipText').text('请输入用户名');
        return;
    }
    if(password != repassword || password.length==0){
        $('#regRepasswordTipText').text('两次输入密码不一致');
        return;
    }
}
# 异步提交用户注册请求
    $.ajax({
        url:"/register/",
        data:{username:username,password:
password},
        dataType:"TEXT",
        type:"POST",
        success:function(data){
            if(data=='isset'){
                $('#regUsernameTipText')
.text('用户名已存在');
            }
            if(data=='success'){
                alert('注册成功!')
                # 如果注册成功，重定向到首页
                window.location.href="/index"
            }
        }
    });
})
```

图 25-4　用户注册页面

用户注册页面如图 25-4 所示。

25.3.2　用户登录

在 view.py 脚本文件中有一个 login 路由函数，用于处理用户登录请求。

```
# 路由：/login
@csrf_exempt
def login(request):
    # GET 请求，直接显示用户登录页面
    if request.method == "GET":
        return render(request, 'login.html')
    else:
```

```
        # POST 请求，获取用户输入的用户名和密码
        u=request.POST.get('username')
        p=request.POST.get('password')
        sql='select * from users where username="'+u+'" and password="'+md5(
p.encode("utf-8"))+'"'
        # 从数据库中查询用户名和密码是否正确
        res=mysqlConnect(sql)
        if res=="[]":
            return HttpResponse('defeat')
        else:
            # 如果登录成功，会将用户名写入 session，下一次免登录
            request.session['username'] = u
            return HttpResponse('success')
```

登录页面使用 login.html 模板文件，该模板使用下面的代码异步提交登录请求。

```
// 设置登录按钮的点击事件
$('#loginButton').click(function(){
    # 获取用户输入的用户名和密码
    var username=$('#loginUsernameText').val();
    var password=$('#loginPasswordText').val();
    if(username.length==0){
        $('#regUsernameTipText').text('请输入用户名');
        return;
    }
}
# 异步请求 "/login" 路由，提交用户登录消息
    $.ajax({
        url:"/login/",
        data:{username:username,password:
password},
        dataType:"TEXT",
        type:"POST",
        success:function(data){
            if(data=='defeat'){
                $('#loginPasswordTipText')
.text('用户名或密码错误');
            }
            if(data=='success'){
                # 如果用户登录成功，直接跳转到首页
                window.location.href="/index"
            }

        }
    });
```

登录页面如图 25-5 所示。

图 25-5　用户登录页面

25.4　招聘页面

招聘页面的核心是每个具体工种的招聘页面，如图 25-6 所示。

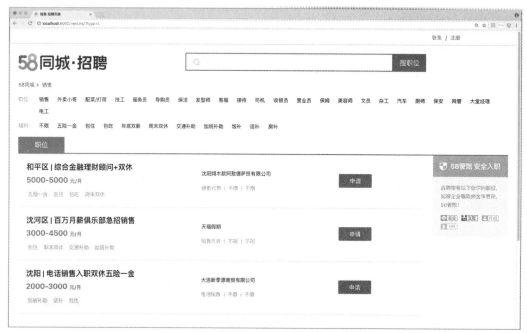

图 25-6　招聘页面

该页面中很多信息都是动态从服务端获取的，在 view.py 脚本文件中有一个 recList 路由函数，用于获取该页面的相关数据。

```python
# 路由：/recList
def recList(request):
    context = {}
    context['username']=request.session.get('username')
    # 获取当前筛选条件信息
    # 获取福利
    if request.GET.get('wid'):
        context['welfareInfo']=assocArr(mysqlConnect('select * from welfare where id='+str(request.GET.get('wid'))),['id','name'])[0]
        context['typeInfo']=assocArr(mysqlConnect('select * from rec_type where id='+str(request.GET.get('type'))),['id','name','hot','value'])[0]
    # 获取分类
    typeStr=mysqlConnect('select * from rec_type order by value')
    typePar=['id','name','hot','value']
    context['type']=assocArr(typeStr,typePar)

    # 只保留福利的 id 和 name 字段
    welfareStr=mysqlConnect('select * from welfare')
    welPar=['id','name']
    context['welfareList']=assocArr(welfareStr,welPar)
```

```
# 获取招聘信息（type 是招聘类型）
typeId=request.GET.get('type')

if request.GET.get('wid'):
    # 根据招聘类型获取福利列表
    sql="select * from v_all_rec_list where type="+str(typeId) + " and wid="+str
(request.GET.get('wid'))
else:
    sql="select * from v_rec_list where type="+ str(typeId)
recListStr=mysqlConnect(sql)
recPar=['id','type','company_id','money','title','job_name','edu','exp',
'cname','wid_list','mname_list']
recList=assocArr(recListStr,recPar)
resRecList=[]
# 将福利拆分，放到 resRecList 列表中
for row in recList:
    row['mname_list']=row['mname_list'].split(',')
    row['wid_list']=row['wid_list'].split(',')
    resRecList.append(row)
context['recList']=resRecList
return render(request, 'recList.html', context)
```

招聘页面使用的是同步的方式从服务端获取数据。使用了 recList.html 模板文件，该模板文件使用了 Django 模板标签展现从服务端获取的数据。下面是该模板的部分代码。

```
<div class="filter">
    <div class="select_options">
        <div class="filter_item" id="filterJob">
            <span class="filter_name">职位: </span>
            <ul class="filter_items clearfix">
                <!-- 对职位进行迭代 -->
                {%for item in type%}
                <li><a href="/recList?type={{item.id}}">{{item.name}}</a></li>
                {%endfor%}
            </ul>
        </div>
        <div class="filter_item" id="filterWel">
            <span class="filter_name">福利: </span>
            <ul class="filter_items clearfix">
                <li><a href="/recList?type={{typeInfo.id}}">不限</a></li>
                <!-- 对福利进行迭代 -->
                {%for item in welfareList%}
                <li><a href="/recList?type={{typeInfo.id}}&wid={{item.id}}">
{{item.name}}</a></li>
                {%endfor%}
            </ul>
        </div>
    </div>
</div>
```

25.5 二手车页面

二手车页面与招聘页面实现的技术类似。在 view.py 脚本文件中有一个 carAjaxInfo 路由函数，用于获取汽车信息。

```python
# 路由：carAjaxInfo
@csrf_exempt
def carAjaxInfo(request):
    # 汽车部分 Vue 异步获取新信息接口
    requesType=request.GET.get('type')
    if requesType=='carBrand':
        # 获取品牌
        carBrand=assocArr(mysqlConnect('select * from car_brand'),['id','name'])
        return HttpResponse(json.dumps(carBrand))
    elif requesType=='carType':
        # 获取类型 轿车 suv…
        carType=assocArr(mysqlConnect('select * from car_type'),['id','name'])
        return HttpResponse(json.dumps(carType))
    else :
        # 二手车信息列表
        if request.GET.get('tid') and request.GET.get('bid'):
            sql="select * from car where type_id="+request.GET.get('tid')+" and
brand_id="+request.GET.get('bid')
        elif not request.GET.get('tid') and request.GET.get('bid'):
            sql="select * from car where brand_id="+request.GET.get('bid')
        elif request.GET.get('tid') and not request.GET.get('bid'):
            sql="select * from car where type_id="+request.GET.get('tid')
        else :
            sql="select * from car"

        carList=assocArr(mysqlConnect(sql),['id','type_id','brand_id','title',
'rush','time','journey','cc','gear','price','hy','img'])
        return HttpResponse(json.dumps(carList))
```

二手车页面获取汽车信息也是通过同步的方式，使用 Django 模板标签获取，代码如下：

```html
<ul class="car_list ac_container">
    {% verbatim myblock %}
    <!-- 对汽车列表进行迭代 -->
    <li class="clearfix car_list_less ac_item" id="carItem" v-for="item in car" >
        <div class="col col1">
            <a target="_blank" class="ac_linkurl">
                <img src="{{item.img}}" />
            </a>
        </div>
        <div class="col col2">
            <a class="ac_linkurl">
                <h1 class="info_tit">
                    {{item.title}}
                    <span class="tit_icon tit_icon3" v-if="item.rush>0">急</span>
```

```
                    </h1>
                </a>
                <div class="info_param">
                    <span>{{item.time}}年</span>
                    <span>{{item.journey}}公里</span>
                    <span>{{item.cc}}升</span>
                    <span>{{item.gear}}</span>
                </div>

                <div class="info_tags">
                    <div class="tags_left" style="float: left;">
                        <a target="_blank" rel="nofollow">
                            <em>会员{{item.hy}}年</em>
                        </a>
                    </div>
                    <span class="im-chat"></span>
                </div>
            </div>
            <div class="col col3">
                <h3>{{item.price}}<span>万</span></h3>
            </div>
        </li>
        {% endverbatim myblock %}
    </ul>
```

二手车页面如图 25-7 所示。

图 25-7　二手车页面

25.6　本章小结

本章的 58 同城项目的目的是展现如何在一个 Web 项目中使用 Django 框架，并且同时使用异步和同步的方式与服务端交互。用户登录和用户注册主要使用了异步的方式（AJAX）向服务端提交请求。而其他页面大部分使用了同步（Django 模板标签）方式读取从服务端获取的数据。

## 第 26 章

Python 扩展学习

本章会介绍 Python 的一些有趣的内容，如用 Python 控制鼠标和键盘，可以自动玩游戏，还有 Python 与 C/C++之间的交互，让 Python 拥有无限扩展性，以及如何制作 Python 安装程序，让没有 Python 环境的计算机也能运行 Python 程序。

26.1　用 Python 控制鼠标和键盘

Python 通过 pyautogui 模块可以控制鼠标和键盘，在使用 pyautogui 模块之前，先通过下面的命令安装这个模块：

```
pip install pyautogui
```

26.1.1　获取鼠标的位置

使用 position 函数可以获取当前鼠标的位置，该函数没有参数，返回一个 Point 对象，其中 x 属性表示横坐标，y 属性表示纵坐标，x 和 y 都是相对于屏幕的位置。

代码位置：src/mouse_keyboard/mouse_position.py

```python
import pyautogui as pg
# 获取鼠标当前的位置
pos = pg.position()
print(pos)
print('x:', pos.x)
print('y:', pos.y)
```

执行代码，会在终端输出如图 26-1 所示的鼠标当前坐标。

26.1.2　实时获取鼠标的位置

如果想实时获取鼠标的位置，可以使用 while 循环，代码如下：

代码位置：src/mouse_keyboard/realtime_mouse_position.py

```python
import pyautogui
print('按 Ctrl-C 退出')
try:
    while True:
```

```
        x,y=pyautogui.position()
        positionStr = 'X:' + str(x).rjust(4)+ 'Y:'.rjust(4) + str(y).rjust(4)
        print(positionStr)
except KeyboardInterrupt:
    print('\n')
```

执行代码，会在终端输出如图 26-2 所示的鼠标实时位置信息。

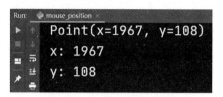

图 26-1　获取鼠标的当前位置

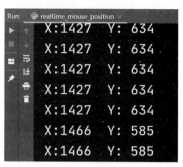

图 26-2　实时获取鼠标位置

26.1.3　移动和拖动鼠标

代码位置：src/mouse_keyboard/move_mouse.py

通过 moveTo 函数可以移动鼠标，该函数会将鼠标从当前位置移动到指定的位置，代码如下：

```
# 将鼠标从当前位置移动到(30,30)的位置
pyautogui.moveTo(30,30)
```

如果要模拟鼠标的拖动，可以使用 dragTo 函数，代码如下：

```
pyautogui.dragTo(20, 20, 2, button='left')
```

其中 20,20 是拖动的目的坐标，2 表示拖动的时间，left 表示按住鼠标的哪个按键，这条语句的含义是将鼠标在 2s 之内从当前位置移动到(20,20)的位置，在这一过程中需要按住鼠标左键，如果按住鼠标右键拖动，button 参数的值需要设置为 right。

26.1.4　模拟单击和双击鼠标

代码位置：src/mouse_keyboard/click_mouse.py

通过 click 函数可以模拟鼠标按键在当前位置单击，代码如下：

```
pyautogui.click()
```

默认是鼠标左键单击，如果想模拟鼠标右键单击，使用下面的代码：

```
pyautogui.click(button = 'right')
```

模拟鼠标左键双击，用下面的代码：

```
pyautogui.doubleClick()
```

模拟鼠标右键双击，用下面的代码：

```
pyautogui.doubleClick(button = 'right')
```

一般是移动鼠标与单击、双击配合使用，也就是说，先获得要单击（双击）位置的坐标，然后将鼠标移过去，再单击或双击。

26.1.5　模拟按键

按键一般有如下 3 种情况：

- 单击（按下并抬起）：使用 press 函数。
- 按下或抬起：使用 keyDown 函数或 keyUp 函数。
- 组合键（热键）：使用 hotkey 函数。

其中 press 函数模拟鼠标按下并抬起的动作，keyDown 函数模拟鼠标按下动作，keyUp 函数模拟鼠标抬起动作，hotkey 函数可以模拟组合键动作。

代码位置：src/mouse_keyboard/key.py

```python
import pyautogui
# 按回车键
pyautogui.press('enter')
# 按左箭头键
pyautogui.press('left')
# 按 Ctrl 键
pyautogui.press('ctrl')
# 按下 Ctrl 键
pyautogui.keyDown('ctrl')
# 抬起 Ctrl 键
pyautogui.keyUp('ctrl')
# 同时按 Ctrl、Shift 和 t 键
pyautogui.hotkey('ctrl','shift','t')
# 同时按 Ctrl 和 C 键
pyautogui.hotkey('ctrl','c')
```

26.1.6　模拟键盘输入

代码位置：src/mouse_keyboard/key_input.py

通过 write 函数可以模拟键盘输入，代码如下：

```python
pyautogui.write('I love Python!', interval=1.2)
```

write 函数的第 1 个参数表示要通过键盘输入的内容，如果不指定第 2 个参数，这些内容会瞬间输入；如果指定第 2 个参数（internal），这些内容会一个字母一个字母地输入，中间的时间间隔就是 interval 参数指定的值，单位是 s。本例指定了 1.2，所以"I love Python!"会逐个字母输入，时间间隔是 1.2s。在输入完成之前，程序会阻塞。

26.2　Python 与 C/C++交互

尽管 Python 功能强大，但在很多时候还是会有一些特殊需求无法解决，或者无法找到合适的模块，或者干脆没有这方面的模块，如与业务强相关的功能，这就要使用其他语言为 Python 做扩展，最常用的扩展

语言是 C 和 C++。也就是使用 C 或 C++将代码编译成动态库（.dll 或.so），然后 Python 调用这些动态库。由于 C 和 C++很容易调用其他语言（如 Go、Java、Rust 等）的动态或静态库，所以就意味着这些语言也可以为 Python 做扩展。本节会介绍如何用 Python 调用 C 语言实现的动态库，C++的实现方式与 C 类似。

Python 调用动态库有多种方式，比较常用的是 cffi 和 cython。

26.2.1 Python 通过 cffi 调用 C/C++动态库

使用 cffi 模块之前，用下面的命令安装 cffi 模块：

```
pip install cffi
```

建立一个 add.c 文件，并输入下面的代码：

代码位置： src/python_ext/add.c

```c
int add(int a, int b)
{
    return a + b;
}
```

然后使用下面的命令将 add.c 文件编译成.so 文件：

```
gcc -fPIC -shared -o libadd.so add.c
```

执行这行命令后，会在当前目录生成 libadd.so 文件（Windows、Mac OS 和 Linux 都一样）。

现在使用 Python 调用 libadd.so 中的 add 函数，代码如下：

代码位置： src/python_ext/cffi_demo.py

```python
from cffi import FFI
ffi = FFI()
# 装载 libadd.so 文件
so = ffi.dlopen("./libadd.so")
# 指定 add 函数的原型
ffi.cdef("int add(int a, int b);")
# 调用 add 函数
print(so.add(10, 20))
```

执行这段代码，就会在终端输出 30。

26.2.2 Python 通过 cython 调用 C/C++动态库

cython 是一种采用 C/C++ 数据类型的 Python 编程方式，调用 C 动态库的代码如下：

代码位置： src/python_ext/cpython_demo.py

```python
import ctypes
so = ctypes.CDLL("./libadd.so")
print(so.add(10, 20))
```

执行这段代码，同样会在终端输出 30。

26.3　制作 Python 安装程序

当我们费尽心思用 Python 完成了一个很酷的应用，打算将应用分发给用户，结果却发现运行不了，因为运行 Python 程序需要 Python 环境，而用户计算机上很可能没有 Python 运行环境，而且更糟糕的是，用户并不一定懂技术，所以让用户自己安装 Python 环境就不用考虑了。

解决这个问题的最好方法就是将 Python 环境与 Python 脚本一起打包，这样用户直接执行就可以运行了。为了实现这个需求，需要使用下面的命令安装 pyinstaller 模块。

```
pip install pyinstaller
```

现在用 26.2.2 节的例子做测试，在终端进入该例子所在的目录，然后执行下面的命令制作单独的可执行程序。

```
pyinstaller -F cython_demo.py
```

执行完命令后，会在当前目录生成 dist 和 build 目录，build 是一些临时文件，进入 dist 目录，里面会有一个 cython_demo.exe 文件，在终端执行，还是运行不了，这是因为 cython_demo.py 调用了 libadd.so 文件，所以需要将 libadd.so 文件复制到 cython_demo.exe 文件所在的目录，然后再次执行，会在终端输出 30。现在将 cython_demo.exe 和 libadd.so 一起复制到其他未安装 Python 环境的计算机上（需要 Windows 系统），可以直接执行。

pyinstaller 也同样支持 macOS 和 Linux，在这两个系统上制作可执行程序的方式与 Windows 类似，但要注意，制作哪个系统上的可执行程序，就要在哪个系统上使用 pyinstaller。

在前面使用了 pyinstaller 命令的–F 参数，该参数用于生成独立的可执行程序，pyinstaller 还有很多命令行参数，这些命令行参数的含义如表 26-1 所示。

表 26-1　pyinstaller 命令常用的命令行参数

命令行参数	含　　义
–h，--help	查看帮助信息
–F，–onefile	产生单个的可执行文件
–D，--onedir	产生一个目录（包含多个文件）作为可执行程序
–a，--ascii	不包含 Unicode 字符集支持
–d，--debug	产生 debug 版本的可执行文件
–w，--windowed，--noconsolc	指定程序运行时不显示命令行窗口（仅对 Windows 有效）
–c，--nowindowed，--console	指定使用命令行窗口运行程序（仅对 Windows 有效）
–o DIR，--out=DIR	指定 spec 文件的生成目录。如果没有指定，则默认使用当前目录生成 spec 文件
–p DIR，--path=DIR	设置 Python 导入模块的路径。也可使用路径分隔符（Windows 使用分号，Linux 使用冒号）分隔多个路径
–n NAME，--name=NAME	指定项目名字。如果省略该选项，那么第一个脚本的主文件名将作为项目的名字

26.4　实战与演练

1. 控制鼠标自动单击某个菜单的菜单项。

答案位置：src/mouse_keyboard/solution1.py

2．模拟键盘输入 hello world，每隔 0.2s 输入一个字符。

答案位置：src/mouse_keyboard/solution2.py

3．用 C 语言实现计算阶乘的函数，然后用 Python 调用，并输出计算结果。

答案位置：src/python_ext/solution1.py、src/python_ext/jc.c

26.5　本章小结

本章介绍了 Python 的一些编外知识，这些知识并不是必须掌握，不过如果掌握这些知识，会起到锦上添花的作用。例如，控制鼠标和键盘的功能在很多领域有广泛的应用，如自动化测试、自动玩游戏等。读者可以尝试用这个功能做些有趣的应用。还有 Python 与其他语言的交互，让 Python 可能很容易融入其他语言的生态。